Strahlenphysik, Dosimetrie und Strahlenschutz

Band 2 Anwendungen in der Strahlentherapie und der klinischen Dosimetrie

Von Dr. rer. nat. Hanno Krieger, Klinikum Ingolstadt
und Dr. rer. nat. Wolfgang Petzold, Universität Würzburg

Mit 131 Figuren, 34 Tabellen und 26 Beipielen

B. G. Teubner Stuttgart 1989

Dr. rer. nat. Hanno Krieger

Geboren 1942 in Heidelberg. Studium der Physik an der Justus-Liebig-Universität Gießen. Diplomarbeit und Promotion in Experimentalphysik und angewandter Kernphysik mit den Spezialgebieten Kernspektrometrie und Kernspaltung. Seit 1982 leitender Medizinphysiker und zentraler Strahlenschutzbeauftragter am Klinikum Ingolstadt. Dozent am Medizinischen Schulzentrum Ingolstadt für die Ausbildung Technischer Assistenten in der Medizin in den Fächern Radiologie, Röntgenphysik, Strahlenschutz und Dosimetrie. Kursleiter von Strahlenschutz-Fachkundekursen nach der Strahlenschutz- und der Röntgenverordnung am Klinikum Ingolstadt. Gastdozent bei der Gesellschaft für Strahlen- und Umweltforschung Neuherberg (GSF) für die Strahlenschutzausbildung von Radiologieärzten und Technischen Assistenten.

Dr. rer. nat. Wolfgang Petzold

Geboren 1927 in Berlin. Studium der Physik an der Freien Universität Berlin (Diplomphysiker, Promotion auf dem Gebiet der Röntgenoptik). Seit 1965 am Physikalischen Institut der Universität Würzburg (Akademischer Direktor und Strahlenschutzbeauftragter). Seit 1973 Dozent an der Schule für Medizinisch-Technische Assistenten in Würzburg für das Fach „Strahlenphysik, Dosimetrie und Strahlenschutz", Leiter von Fachkundekursen für Strahlenschutzbeauftragte nach der Röntgen- und der Strahlenschutzverordnung.

CIP-Titelaufnahme der Deutschen Bibliothek

Krieger, Hanno:
Strahlenphysik, Dosimetrie und Strahlenschutz / von Hanno Krieger
u. Wolfgang Petzold – Stuttgart : Teubner.
  Bd. 1 u.d.T.: Petzold, Wolfgang: Strahlenphysik, Dosimetrie und
  Strahlenschutz
NE: Petzold, Wolfgang:

Bd.2. Anwendungen in der Strahlentherapie und der klinischen
Dosimetrie. – 1989
  ISBN 3-519-03078-0

Das Werk einschließlich aller seiner Teile ist urheberrechtlich geschützt. Jede Verwertung außerhalb der engen Grenzen des Urheberrechtsgesetzes ist ohne Zustimmung des Verlages unzulässig und strafbar. Das gilt besonders für Vervielfältigungen, Übersetzungen, Mikroverfilmungen und die Einspeicherung und Verarbeitung in elektronischen Systemen.
© B. G. Teubner Stuttgart 1989
Printed in Germany
Gesamtherstellung: Präzis-Druck GmbH, Karlsruhe
Umschlaggestaltung: M. Koch, Reutlingen

Vorwort

Die Technisierung und die erweiterten Anwendungsmöglichkeiten ionisierender Strahlungen in der Medizin haben zu erhöhten Anforderungen an die medizinisch-technische Ausbildung im Bereich der medizinischen Radiologie geführt. Erfahrungsgemäß bestehen beim Lernenden große Schwierigkeiten, das strahlenphysikalische Grundlagenwissen auf die Anwendungsgebiete in der Medizin zu übertragen. Neben der Röntgendiagnostik und der Nuklearmedizin sind es vor allem die Gebiete der Strahlentherapie und der klinischen Dosimetrie, in denen die Strahlenphysik und die Strahlungsmeßtechnik quantitativ angewendet werden müssen.

Dieser zweite Band "**Strahlenphysik, Dosimetrie und Strahlenschutz**" beschreibt deshalb basierend auf den im ersten Band behandelten allgemeinen Grundlagen der Strahlenphysik die mehr anwendungsbezogenen, physikalisch-technischen und meßtechnischen Lerninhalte der Strahlentherapie und der klinischen Dosimetrie. Er soll den in der Berufspraxis oder der beruflichen Weiterbildung stehenden Medizinphysikern, Medizintechnikern und Strahlenschutzingenieuren, wie auch den Radiologen und den Medizinisch-Technischen Assistenten eine Reihe von Informationen und praktischen Hinweisen zur Anwendung ionisierender Strahlungen geben. Der Stoff orientiert sich deshalb auch an den Inhalten des Gegenstandskataloges für die ärztliche Prüfung und den Lernzielen der medizinisch-technischen Radiologieassistentenausbildung, wie sie in dem 1988 in Kraft getretenen neuen Lehrplan der Bayerischen Staatsregierung festgeschrieben wurden.

Nach einer zusammenfassenden Einführung in die für die Dosimetrie bedeutsamen Parameter der Wechselwirkungen ionisierender Strahlungen mit Materie werden ausführlich die physikalischen und technischen Grundlagen und Eigenschaften moderner medizinischer Bestrahlungsanlagen wie Elektronenlinearbeschleuniger, Kobaltanlagen und Afterloadinganlagen dargestellt. Für die sonstigen medizinischen Beschleuniger (Betatron, Mikrotron und Zyklotron) werden entsprechend ihrer geringeren Bedeutung für die Medizin nur kurze Darstellungen des Funktionsprinzips und der wichtigsten Eigenschaften gegeben.

Der zweite Schwerpunkt dieses zweiten Bandes liegt in der Darstellung der Grundlagen, Aufgaben und Anwendungen der klinischen Dosimetrie. Die wichtigsten Verfahren der klinischen Dosimetrie sind die Ionisationsmethode mit luftgefüllten Ionisationskammern und die Thermolumineszenzdosimetrie. Sie zeichnen sich durch hohe Genauigkeit, gute Reproduzierbarkeit und einigermaßen einfachen Umgang aus und sollten von jedem beherrscht werden, der mit der klinischen Dosimetrie befaßt ist. Ihre Grundlagen und die Anwendungen auf die Aufgaben der klinischen Dosimetrie werden daher in der notwendigen Ausführlichkeit dargestellt. Neben den mehr methodischen Aspekten der klinischen Dosimetrie werden die zur

Messung und Analyse von Dosisverteilungen im Patienten oder anderen Medien benötigten Meßgrößen und Verfahren für alle in der Radioonkologie verwendeten Strahlungsarten und Strahlungsqualitäten besprochen. Dieses Buch enthält deshalb auch ausführliche Tabellen aller für die praktische Dosimetrie benötigten Größen.

Medizinische Elektronenlinearbeschleuniger dienen zunehmend als Ersatz für veraltete Gammabestrahlungsanlagen mit radioaktiven Strahlern. Viele Medizinphysiker in strahlentherapeutischen Abteilungen werden deshalb zum ersten Mal mit der Beschaffung des für die Beschleunigerdosimetrie notwendigen Instrumentariums und der physikalischen Inbetriebnahme der Beschleuniger konfrontiert. Dieser Band enthält eine Zusammenstellung der wichtigsten einschlägigen gesetzlichen Regelungen und eine Beschreibung der notwendigen Geräte- und Raumausstattung für die klinische Dosimetrie und die an Beschleunigern vorgeschriebenen Sicherheitsüberprüfungen. Neben einem Vorschlag zur zeit- und aufwandsparenden Bewältigung der Erstdosimetrie an einem Elektronenlinearbeschleuniger werden auch Hinweise zur physikalischen Qualitätssicherung in der Strahlentherapie und zu den Methoden der Dosisberechnung in Therapieplanungssystemen gegeben, die die Entscheidungsfindung bei der Beschaffung solcher Systeme erleichtern sollen.

Literaturangaben wurden auf die in diesem Band verwendeten Fundstellen beschränkt. Die meisten der zitierten Arbeiten enthalten eine Vielzahl weiterführender Literaturangaben. Dies gilt insbesondere für die Deutschen Normen zur Radiologie (DIN) und die internationalen Berichte der International Commission on Radiation Units and Measurements (ICRU). Beide Sammlungen enthalten wichtige Ausführungen zur klinischen Dosimetrie und sollten deshalb unbedingt beschafft und für die konkrete medizin-physikalische Arbeit zu Rate gezogen werden.

Wir danken den Kollegen, die sich zu Diskussionen und Gesprächen bereitgefunden haben, ganz besonders aber Herrn Hans Damoune für seine Mithilfe bei der Anfertigung eines Teils der Zeichnungen für die Figuren in diesem Buch.

Ingolstadt und Würzburg, Februar 1989   H. Krieger und W. Petzold

Inhalt

1 Wechselwirkungen ionisierender Strahlungen mit Materie — 11

1.1 Photonenstrahlung — 11
- 1.1.1 Der Photoeffekt — 11
- 1.1.2 Der Comptoneffekt — 15
- 1.1.3 Die Paarbildung durch Photonen im Coulombfeld — 19
- 1.1.4 Die klassische Streuung — 20
- 1.1.5 Kernphotoreaktionen — 21
- 1.1.6 Die Bedeutung der verschiedenen Photonenwechselwirkungsprozesse in der medizinischen Radiologie — 21
- 1.1.7 Schwächung eines Photonenstrahlenbündels beim Durchgang durch Materie — 23
- 1.1.8 Energieumwandlung und Energieabsorption von Photonenstrahlung in Materie — 27

1.2 Elektronenstrahlung — 31
- 1.2.1 Das Bremsvermögen für Elektronen — 32
  (Das Stoßbremsvermögen 32, Das Strahlungsbremsvermögen 33, Das totale Bremsvermögen 34)
- 1.2.2 Energiespektren von Elektronen in Materie — 36
- 1.2.3 Richtungsänderungen von Elektronen, Streuvermögen — 38
- 1.2.4 Rückstreuung und Transmission von Elektronen — 40
- 1.2.5 Bahnlänge und Reichweiten von Elektronen in Materie — 43
- 1.2.6 Der Lineare Energietransfer (LET) — 47
- 1.2.7 Die Ionisierungsdichte und das Ionisierungsvermögen — 48

2 Physikalisch-technische Grundlagen der Strahlentherapie — 51

2.1 Strahlungsquellen in der Strahlentherapie — 51
2.2 Elektronenlinearbeschleuniger — 56
- 2.2.1 Klinische Anforderungen an Elektronenbeschleuniger — 56
- 2.2.2 Prinzipieller Aufbau von Elektronenlinearbeschleunigern — 57
- 2.2.3 Hochfrequenzquellen — 58
- 2.2.4 Die Beschleunigungseinheit — 60
  - 2.2.4.1 Die Elektronenkanone — 60
  - 2.2.4.2 Energiegewinn der Elektronen bei der Hochfrequenzbeschleunigung — 61
  - 2.2.4.3 Das Wanderwellenprinzip — 62
  - 2.2.4.4 Das Stehwellenprinzip — 64

		2.2.4.5 Vergleich von Wander- und Stehwellenprinzip	67
	2.2.5	Der Strahlerkopf im therapeutischen Elektronenbetrieb	70
		2.2.5.1 Grundlagen zur Strahloptik mit Magnetfeldern	71
		2.2.5.2 Umlenkung und Fokussierung des Elektronenstrahlenbündels	74
		2.2.5.3 Homogenisierung des Elektronenstrahlenbündels	78

(Das Streufolienverfahren 78, Das Scanverfahren 82)

		2.2.5.4 Kollimation des Elektronenstrahls	84
	2.2.6	Der Strahlerkopf im Photonenbetrieb	88

(Bremsstrahlungserzeugung und Auslegung des Bremstargets 88, Homogenisierung des Photonenstrahlenbündels 90, Kollimation des Photonenstrahlenbündels 95)

	2.2.7	Das Doppelmonitorsystem	97
2.3	**Weitere medizinische Beschleuniger**		100
	2.3.1	Das Mikrotron	100
	2.3.2	Das Betatron	102
	2.3.3	Das Zyklotron	105
2.4	**Kobaltbestrahlungsanlagen**		108
	2.4.1	Kobaltquellen	108

(Abschätzung der Selbstabsorption von Kobaltquellen 109)

	2.4.2	Der Strahlerkopf von Kobaltanlagen	110
2.5	**Afterloadinganlagen**		113
	2.5.1	Prinzip des medizinischen Afterloadings	113
	2.5.2	Strahlungsquellen für das medizinische Afterloading	115
	2.5.3	Erzeugung der therapeutischen Dosisleistungsverteilungen	116

3 Klinische Dosimetrie 120

3.1	Aufgaben der klinischen Dosimetrie	120
3.2	Dosimeter für die klinische Dosimetrie	122
3.3	Anforderungen an die Genauigkeit der klinischen Dosimetrie	124

4 Grundlagen der Ionisationsdosimetrie 128

4.1	**Strahlungsfeldbedingungen**	128

(Sekundärelektronengleichgewicht 130, BRAGG–GRAY–Bedingungen 131)

4.2	**Photonendosismessungen unter Elektronengleichgewicht**	133

(Standardionendosis 133, Luftkerma 134, Das Luftkermakonzept für Photonenstrahlung unter 600 keV 136, Das Wasserenergiedosiskonzept für Photonenenergien unter 3 MeV 137)

4.3 Photonendosismessungen unter BRAGG–GRAY–Bedingungen   138
(Charakterisierung der Strahlungsqualität ultraharter Photonenstrahlung 138, Die C_λ–Methode für Photonenstrahlung 140, Das Wasserenergiedosiskonzept für Photonenstrahlung unter Hohlraumbedingungen 141)

4.4 Elektronendosismessungen unter BRAGG–GRAY–Bedingungen   142
(Das Wasserenergiedosiskonzept für Elektronenstrahlung 143, Die C_E–Methode 144)

4.5 Dosimetrische Äquivalenz   144

4.6 Bauformen von Ionisationskammern für die klinische Dosimetrie   149

4.7 Kontrollen und Korrekturen bei der Ionisationsdosimetrie   152
(Luftdruck– und Temperaturkorrekturen 153, Sättigungskorrektur 154, Effektiver Meßort 155, Richtungsabhängigkeit der Dosimeteranzeigen 157, Eisensulfatkalibrierung 158)

5 Thermolumineszenzdosimetrie   160

5.1 Physikalische Grundlagen   161
(Das Bändermodell der Festkörper 161, Ideale und reale Kristalle 163, Lumineszenz 165, Thermolumineszenz 166, Glowkurven 168)

5.2 Dosimetrische Eigenschaften von Thermolumineszenz–Materialien   169
(Emissionsspektren von TLD 170, Struktur der Glowkurven 170, Dosisbereich und Linearität von TLD 172, Abhängigkeit der Dosimeteranzeige von der Photonen–Strahlungsqualität 175)

5.3 Praktische Aspekte der Thermolumineszenzdosimetrie   176
(Form von Thermolumineszenzdetektoren 176, Die Auswerteeinheit 177, Heizprofile 179, Kalibrierung von TLD 181)

6 Dosisleistungen therapeutischer Strahlungsquellen   183

6.1 Perkutane Strahlungsquellen   183

    6.1.1 Definition und Messung der Kenndosisleistung   184

    6.1.2 Feldgrößenabhängigkeit der Zentralstrahldosisleistungen   186
(Phantomstreuung 186, Strahlerkopfstreuung in Kobaltanlagen 188, Strahlerkopfstreuung in Elektronenlinearbeschleunigern 191, Die Methode der äquivalenten Quadratfelder 194)

    6.1.3 Abstandsabhängigkeit der Dosisleistung perkutaner Strahlungsquellen   197
(Das Abstandsquadratgesetz 197, Gültigkeit des Abstandsquadratgesetzes an Kobaltanlagen 200, Gültigkeit des Abstandsquadratgesetzes an Elektronenlinearbeschleunigern 202)

6.2 Kenndosisleistungen von Afterloadingquellen   204

7 Dosisverteilungen von Photonenstrahlung in Materie — 208

7.1 Perkutane Photonendosisverteilungen im homogenen Medium — 209
    7.1.1 Tiefendosisverteilungen — 210
        7.1.1.1 Der Dosisaufbaueffekt von Photonen in Materie — 211
        7.1.1.2 Entstehung der Phantomoberflächendosis — 214
        7.1.1.3 Verlauf der Photonendosis in der Tiefe des Phantoms — 217
            (Einfluß des Fokus–Haut–Abstandes 218, Einfluß der Strahlungsqualität 220)
    7.1.2 Weitere Tiefendosisgrößen — 221
        (Rückstreufaktoren 223, Gewebe–Luft–Verhältnisse und Gewebe–Maximum–Verhältnisse 225, Rechnerischer Zusammenhang der verschiedenen Dosis– und Tiefendosisgrößen 226)
    7.1.3 Dosisquerverteilungen — 227
        (Einflüsse auf das Dosisquerprofil 229, Homogenität und Symmetrie der Dosisverteilungen 231)

7.2 Isodosendarstellung perkutaner Photonendosisverteilungen — 232
7.3 Auswirkungen von Inhomogenitäten auf die Dosisverteilungen — 234
7.4 Methoden zur Berechnung der Dosisverteilungen perkutaner Photonenstrahlung — 238
    7.4.1 Die Monte–Carlo–Methoden — 239
    7.4.2 Die Matrix–Verfahren — 240
    7.4.3 Die Näherungsverfahren mit speziellen Funktionen — 241
    7.4.4 Die Separationsverfahren — 243
7.5 Energiedosisverteilungen um ruhende Afterloadingquellen — 247
    7.5.1 Messung der Dosisverteilungen — 247
        7.5.1.1 Die Matrixmethode — 248
        7.5.1.2 Die Zerlegungsmethode — 249
            (Messung und Beschreibung der radialen Dosisverteilung 249, Messung der Winkelverteilungen um Afterloadingquellen 251)
    7.5.2 Berechnung der Dosisverteilungen — 253
        7.5.2.1 Die Quantisierungsmethode — 254
        7.5.2.2 Eine empirische Näherungsformel zur Dosisleistungsberechnung — 258

8 Dosisverteilungen perkutaner Elektronenstrahlung — 261

8.1 Tiefendosisverteilungen — 261
    8.1.1 Messung der Tiefendosisverteilungen — 261
        (Meßsonden für die Elektronendosismessung 261, Umrechnung von Ionentiefendosis in Energietiefendosis 261)

8.1.2 Einflüsse auf die Elektronentiefendosiskurven 264
(Entstehung des Dosismaximums 264, Charakteristische Größen zur Beschreibung der Elektronen–Tiefendosiskurven 266, Einfluß des Elektronenspektrums auf die Tiefendosiskurve 270, Kontamination des Elektronenstrahlenbündels mit Bremsstrahlung 271, Abhängigkeit der Tiefendosiskurven von der Feldgröße 272, Einfluß des Fokus–Haut–Abstandes auf die Tiefendosiskurven 273)

8.2 Isodosenverteilungen 277
8.3 Auswirkungen von Inhomogenitäten auf Elektronendosisverteilungen 279
8.4 Berechnung der Elektronendosisverteilungen 282

9 Hinweise und Beispiele zur praktischen klinischen Dosimetrie 284

9.1 Gesetzliche Vorschriften 284
9.2 Geräteausstattung für die Dosimetrie von therapeutischen Bestrahlungsanlagen 285
9.3 Erstdosimetrie an einem Elektronenlinearbeschleuniger 291
9.4 Physikalische Qualitätssicherung in der Strahlentherapie 293
    9.4.1 Dosimetrische Qualitätskontrollen und Sicherheitsüberprüfungen 294
    9.4.2 Geometrische Kontrollen an Lokalisationseinrichtungen 296
    9.4.3 Qualitätssicherung an Bestrahlungsplanungssystemen 296
9.5 Messung der Luft-Kermaleistung von Afterloadingquellen im Festkörperphantom 297

10 Tabellenanhang 300

10.1 Massenschwächungskoeffizienten μ/ρ für monoenergetische Photonen 300
10.2 Massenenergieabsorptionskoeffizienten η'/ρ für monoenergetische Photonen 302
10.3 Verhältnisse von Massenenergieabsorptionskoeffizienten für monoenergetische Photonen 305
10.4 Faktoren zur Umrechnung der Standardionendosis in Luft- und Wasserkerma 307
10.5 Umgebungskorrekturfaktoren für handelsübliche Ionisationskammern 308
10.6 Faktoren zur Photonendosimetrie nach der C_λ-Methode 309
10.7 Verhältnisse von Massenstoßbremsvermögen für verschiedene Phantommaterialien 310
10.8 Massenstoßbremsvermögen für monoenergetische Elektronen 311
10.9 Massenstrahlungsbremsvermögen für monoenergetische Elektronen 314
10.10 Bremsstrahlungsausbeuten für monoenergetische Elektronen 315

10.11 Bestimmung der mittleren Elektronen–Eintrittsenergie aus der 316
Reichweite in Wasser
10.12 Verhältnisse von Massenstoßbremsvermögen für Elektronen in Wasser 317
und Luft
10.13 Kammerfaktoren zur Elektronendosimetrie 319
10.14 Verhältnisse von Massenstoßbremsvermögen für monoenergetische 321
Elektronen
10.15 Massenphotonenwechselwirkungskoeffizienten für Stickstoff (Z = 7) 322
10.16 Atomare Zusammensetzung verschiedener Gewebe, Phantommaterialien 323
und Dosimetersubstanzen

11 Literatur 324
11.1 Lehrbücher und Monografien 324
11.2 Deutsche Normen und Vorschriften zu Dosimetrie und Strahlenschutz 325
11.3 Nationale und internationale Protokolle und Reports zu Dosimetrie
und Strahlenschutz 326
11.4 Wissenschaftliche Einzelarbeiten 327

Sachregister 331

1 Wechselwirkungen ionisierender Strahlungen mit Materie

1.1 Photonenstrahlung

Für die Medizin verwendete Photonenstrahlung umfaßt den Bereich nieder- und hochenergetischer Röntgenstrahlung aus Röntgenröhren und Beschleunigern (10 keV – 50 MeV) und die von radioaktiven Atomkernen ausgesendete Gammastrahlung mit Energien zwischen wenigen Kiloelektronenvolt und mehreren Megaelektronenvolt. Bei der Wechselwirkung dieser Strahlungen mit Materie kann es zur vollständigen oder teilweisen Absorption der Energie und zur Streuung (Richtungsänderung) der Photonen kommen. Dabei entstehen freie, elektrisch geladene Sekundärteilchen wie Elektronen und Positronen. Diese können ihrerseits die sie umgebende Materie anregen und ionisieren und dabei Energie an die durchstrahlte Materie abgegeben. Da die Ionisation überwiegend indirekt über die Sekundärteilchen und nicht unmittelbar von den Photonen verursacht wird, zählt man Photonenstrahlung zu den indirekt ionisierenden Strahlungsarten.

Bei der Beschreibung der Wechselwirkung eines Photonenstrahlenbündels mit Materie sind drei Stufen zu unterscheiden, denen jeweils verschiedene physikalische Meßgrößen zuzuordnen sind. Die primären Wechselwirkungsprozesse der Photonen mit dem durchstrahlten Material bewirken eine Schwächung des Photonenstrahlenbündels, also einen Intensitätsverlust im Primärstrahlenbündel. Die Umwandlung von Photonenenergie in Bewegungsenergie, d. h. der Energieübertrag von Photonen auf geladene Sekundärteilchen, entspricht der dosimetrischen Meßgröße Kerma. Die Energieabsorption im Absorber, die vor allem von der Bewegungsenergie dieser Sekundärteilchen herrührt, ist ein Maß für die Energiedosis. Photonen können mit der Atomhülle oder mit den Atomkernen des Absorbers wechselwirken. Zu den Hüllenwechselwirkungen gehören die klassische Streuung (auch kohärente Streuung, Thomson-Streuung), die ohne Energieübertrag stattfindet, der Photoeffekt und der Comptoneffekt (inkohärente Streuung). Wechselwirkungsprozesse von Photonen mit den elektromagnetischen Feldern der Atomkerne sind der Paarbildungsprozess und der Kernphotoeffekt (Kernphotoreaktionen). Da Photonen keine elektrischen Ladungen tragen, ist die Wahrscheinlichkeit für eine Wechselwirkung der Photonen mit Materie wesentlich kleiner als die für die Wechselwirkung geladener Teilchen. Photonenstrahlung ist deshalb sehr durchdringend und erfordert einen aufwendigen Strahlenschutz. Andererseits ermöglicht Photonenstrahlung wegen der geringen Schwächung die perkutanen Bestrahlungen tiefliegender Tumoren oder die Durchleuchtung dicker Materieschichten in der Röntgendiagnostik oder der Materialprüfung.

1.1.1 Der Photoeffekt

Beim Photoeffekt (Photoionisation) setzt ein Photon durch Stoß ein Elektron aus inneren Schalen der Atomhülle frei. Dabei wird die gesamte Energie des einfallenden Photons auf das in der K–, L– oder M–Schale befindliche Elektron übertragen. Das Elektron übernimmt die Differenz von Photonenenergie E_γ und Elektronenbindungsenergie E_b als Bewegungsenergie (Gl. 1.1). Damit der Photoeffekt stattfinden kann, muß die Photonenenergie deshalb größer sein als die Bindungsenergie des gestoßenen Elektrons.

$$E_{kin} = E_\gamma - E_b \quad \text{und} \quad E_\gamma > E_b \tag{1.1}$$

Die Wahrscheinlichkeit für eine Photowechselwirkung wird durch den **Photoabsorptionskoeffizienten** τ beschrieben. Er nimmt mit der Dichte ρ und mit Z^4/A zu und ist daher für schwere Absorber mit hoher Ordnungszahl am größten. Da für die meisten stabilen leichten Atomkerne die Neutronenzahl N und die Ordnungszahl Z etwa übereinstimmen, ist die Massenzahl A ungefähr doppelt so groß wie Z. Das Verhältnis Z/A hat deshalb für diese Nuklide den Wert $Z/A \approx Z/2Z = 1/2$, die Photowechselwirkungswahrscheinlichkeit ist daher proportional zu Z^3, also der dritten Potenz der Ordnungszahl. Die Schutzwirkung von Blei, Wolfram oder Uran als Materialien für den Strahlenschutz bei Photonenstrahlung beruht daher bei niedrigen Photonenenergien überwiegend auf der Photowechselwirkung. Bleischürzen im Röntgen sind "Photoeffekt-Schürzen"! Für Photonenenergien oberhalb der K-Schalen-Energie der Absorberatome nimmt τ bei zunehmender Energie stetig mit $1/E_\gamma^3$ ab.

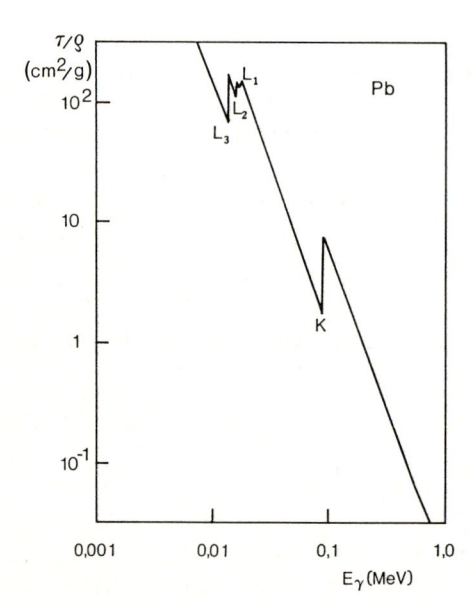

Fig. 1.1:

Energieabhängigkeit des Massen–Photoabsorptionskoeffizienten τ/ρ für Blei.

Die Wahrscheinlichkeit für eine Photoabsorption ist am höchsten, wenn die Energie von Photon und Elektronenschale exakt übereinstimmen. So zeigt der Photoabsorptionskoeffizient beispielsweise bei der Energie der K-Schale im Vergleich zu benachbarten Energien ein deutliches Maximum. Beim Unterschreiten dieses Energiewertes fällt τ um fast eine Größenordnung ab, steigt dann aber wieder umgekehrt proportional zur dritten Potenz der Energie bis zum Erreichen der nächsten Elektronenschale (L-Schale) an. Diese sprungartigen Veränderungen des Photoabsorptionskoeffizienten bei Erreichen der Energie der einzelnen Elektronenschalen bezeichnet man als Absorptionskanten (K-Kante, L-Kante, M-Kante, Fig. 1.1).

$$\tau \sim \rho \cdot Z^4/A \cdot E_\gamma^{-3} \approx \rho \cdot Z^3 \cdot E_\gamma^{-3} \qquad (1.2)$$

Die beim Stoß aus der Hülle entfernten Photoelektronen zeigen eine energieabhängige Winkelverteilung relativ zur Einfallsrichtung des Photonenstrahlenbündels. Bei kleinen Photonenenergien werden die meisten Photoelektronen fast senkrecht zum Strahl, einige wenige auch in Rückwärtsrichtung emittiert. Je höher die Energie des stoßenden Photons ist, um so mehr werden die Sekundärelektronen nach vorne emittiert (Fig. 1.2). Die Schale, aus der ein Photoelektron entfernt wurde, enthält nach der Wechselwirkung ein Elektronenloch. Aus energetischen Gründen wird dieses Loch sofort wieder durch Elektronen der äußeren Schalen aufgefüllt. Die charakteristische Energiedifferenz der beiden Schalen kann auf zwei Arten aus

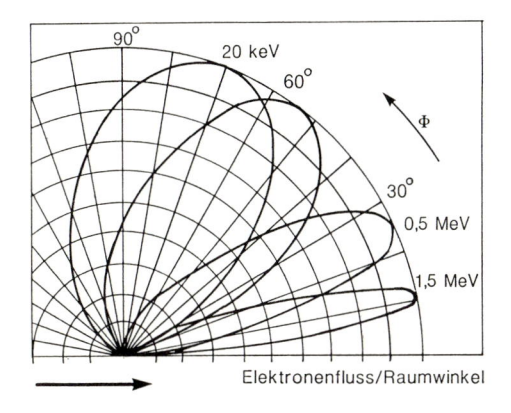

Fig. 1.2:

Polardiagramme der Winkelverteilungen von Photoelektronen bei der Absorption von Photonen in Abhängigkeit von der Photonenenergie (normiert auf das jeweilige Emissionsmaximum, der Pfeil deutet die Einschußrichtung der Photonen an, Φ ist der Emissionswinkel des Photoelektrons relativ zur Einschußrichtung des Photons.

dem Atom emittiert werden. Eine Möglichkeit ist die Abstrahlung der Überschußenergie in Form **charakteristischer Röntgenstrahlung**. In diesem Fall wird die Emission des Photoelektrons von der Abstrahlung einer Reihe für das Atom charakteristischer Röntgenquanten begleitet, deren Energien den sukzessiven Übergängen der Elektronen von höherenergetischen äußeren Elektronenschalen in die Löcher der jeweils inneren Schalen entsprechen. Die zweite Möglichkeit ist die unmittelbare Energieübertragung auf andere Hüllenelektronen, die dadurch aus der Atomhülle entfernt werden. Diesen Prozess nennt man **Augereffekt**, die freigesetzten Elektronen Augerelektronen. Lösen die in den äußeren Schalen beim Elektronenrücksprung entstehenden neuen Löcher wiederum Augerelektronen aus, so kann es zu einer regelrechten Entladungslawine (Augerkaskade) kommen, die zu einer vielfachen Ionisation der Hülle des Absorberatoms führen kann. Charakteristische Röntgenstrahlung tritt vor allem bei Elementen hoher Ordnungszahl auf, während bei leichteren Elementen der Augereffekt überwiegt. Bei mittelschweren Elementen ($Z \approx 30$) sind beide Effekte etwa gleich wahrscheinlich.

Die Abhängigkeit der relativen Ausbeuten für die beiden konkurrierenden Prozesse beim Auffüllen eines K–Schalen–Loches von der Ordnungszahl des Absorbers kann man folgendermaßen abschätzen: Bezeichnet man die Ausbeute für die Emission charakteristischer K–Röntgenstrahlung (die K–Fluoreszenzausbeute) mit ω und die Augerausbeute mit α, so gilt, da die Gesamtwahrscheinlichkeit natürlich immer 100% beträgt:
$$\omega + \alpha = 1 \quad (1.3).$$
Aus theoretischen und experimentellen Untersuchungen ist bekannt, daß die Wahrscheinlichkeit für die Rekombination unter Aussendung charakteristischer Röntgenstrahlung mit der vierten Potenz der Ordnungszahl Z anwächst. Die Wahrscheinlichkeit für den Augereffekt ist dagegen weitgehend unabhängig von Z. Ihr Wert ist konstant gleich dem Wert für die Röntgenquantenemission bei $Z \approx 30$. Es gilt also:
$$\omega \sim Z^4 \,, \quad \alpha = \text{const} = \alpha(30) \,, \quad \text{und} \quad \omega(30) = \alpha(30) \sim 30^4 \quad (1.4)$$
Für die relative K–Röntgenfluoreszenzausbeute ω erhält man daher (vergl. Fig. 1.3):
$$\omega(Z) = Z^4/(Z^4 + 30^4) \quad (1.5)$$

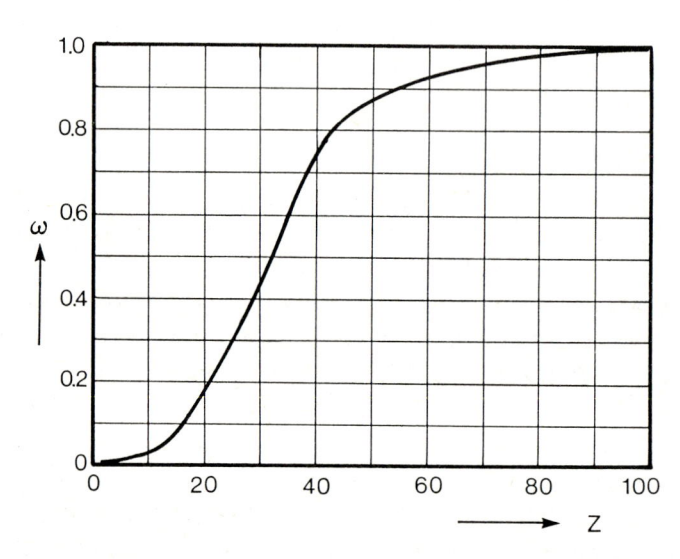

Fig. 1.3: Relative Ausbeute ω für die K–Schalen–Fluoreszenz in Abhängigkeit von der Ordnungszahl Z des Absorbers (nach Gl. 1.5), für die K–Schalen–Augerausbeute gilt $\alpha = 1-\omega$.

In menschlichem Gewebe ($Z \approx 7$) und anderen Substanzen niedriger Ordnungszahl wird die Rekombinationsenergie beim Auffüllen eines Elektronenloches in inneren Schalen also überwiegend über die Emission von Augerelektronen ausgesendet. Da die energiearmen Augerelektronen nur geringe Reichweiten in gewebeähnlichen Medien haben, ist die Augeremission von großer Bedeutung für die lokale mikroskopische Energiedosisverteilung. In der Nähe des Wechselwirkungsortes von Photoabsorptionsereignissen entsteht durch den Augereffekt eine hohe lokale Ionisierungs- und Energiedichte, die bei strahlenbiologischen Bewertungen und Überlegungen beachtet werden muß.

Zusammenfassung: Beim Photoeffekt wird das einfallende Photon absorbiert, aus einer der inneren Schalen der Absorberatome wird ein Photoelektron freigesetzt.
Bis auf den ordnungszahlabhängigen Bindungsenergieanteil übernimmt das Elektron die ganze Photonenenergie als Bewegungsenergie. Bei hohen Photonenenergien stimmen deshalb Energie des Photons und kinetische Energie des Elektrons fast überein.
Die Photoelektronen zeigen eine photonenenergieabhängige Winkelverteilung. Je höher die Energie des Photons ist, um so mehr werden die Photoelektronen nach vorne, also in Strahlrichtung emittiert.
Neben den Photoelektronen als eigentlichen Sekundärteilchen entstehen die isotrop (d. h. gleichmäßig in alle Richtungen) ausgestrahlte charakteristische Röntgenstrahlung und Augerelektronen, sowie als Folgeprodukt unter Umständen hochionisierte Atomionen.
Der Photoeffekt findet vor allem bei niedrigen Photonenenergien und hohen Ordnungszahlen des Absorbers statt. In menschlichem Gewebe spielt er nur in der Röntgendiagnostik eine Rolle.

1.1.2 Der Comptoneffekt

Der Comptoneffekt ist die Wechselwirkung eines Photons mit einem äußeren, schwach gebundenen (quasi freien) Hüllenelektron des Absorbers. Dabei überträgt das Photon einen Teil seiner Energie auf das Elektron. Das Photon wird aus seiner Bewegungsrichtung abgelenkt (gestreut). Das gestoßene Elektron verläßt die Atomhülle, das Absorberatom wird dadurch ionisiert. Die Wahrscheinlichkeit für die Comptonstreuung wird durch den **Comptonstreukoeffizienten** σ beschrieben. Er ist dem Verhältnis aus Ordnungszahl und Massenzahl des Absorbers Z/A proportional. Bei den meistens stabilen leichten Elementen außer beim Wasserstoff gilt $N \approx Z$ und deshalb auch wieder $Z/A \approx 1/2$ (s. o.). Der Comptonstreukoeffizient ist daher weitgehend unabhängig von der Ordnungszahl. Er ist darüberhinaus wie alle anderen Wechselwirkungskoeffizienten für Photonenstrahlung proportional zur Dichte ρ des Absorbers. Für die Abhängigkeit des Comptonkoeffizienten σ von der Photonenenergie gibt es keinen mathematisch einfachen, physikalisch begründeten formelmäßigen Zusammenhang. Man verwendet deshalb am besten Tabellen (s. Tabelle 10.15) oder Diagramme. In grober Näherung kann man die Energieabhängigkeit des Comptonstreukoeffizienten für Photonenenergien zwischen 0.2 und 10 MeV, das ist der Bereich, in dem der Comptoneffekt vorherrscht, mit einem einfachen empirischen Potenzausdruck beschreiben.

$$\sigma_c \sim Z/A \neq f(Z) \quad \text{und} \quad \sigma_c \sim \rho \cdot E^{-1/2} \tag{1.6}$$

Die Energie des einfallenden Photons wird beim Comptoneffekt auf das Comptonelektron und das gestreute Photon verteilt. Die übertragene Energie und der Streuwinkel sind von der Photonenenergie abhängig. Die Comptonelektronen und die gestreuten Photonen zeigen deshalb von der Primärphotonenenergie abhängige Winkel- und Energieverteilungen.

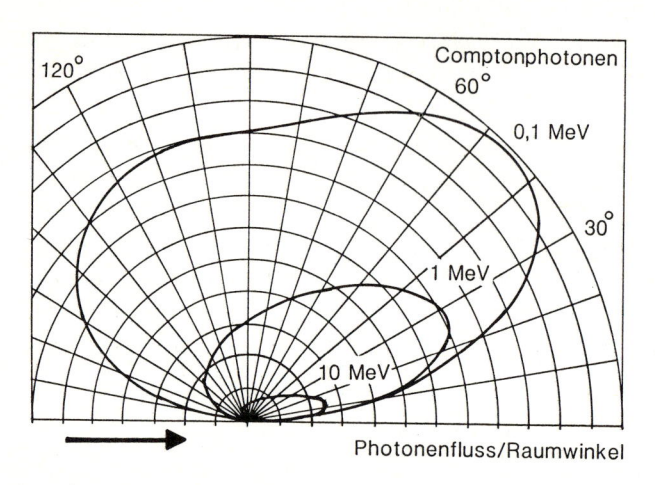

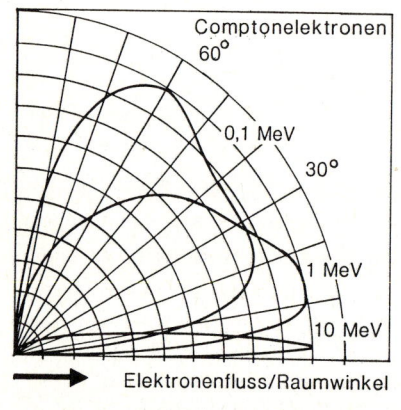

Fig. 1.4:
Oben: Winkelverteilungen von Comptonphotonen (nach Evans 1958). Unten: auf das jeweilige Maximum normierte Winkelverteilungen von Comptonelektronen (nach Whyte 1959). Die Pfeile deuten die Einschußrichtung der primären Photonen an.

Bei sehr niedrigen Energien sind die gestreuten Photonen fast symmetrisch um 90° zur Strahlrichtung verteilt. Ein erheblicher Teil der Photonen wird dabei sogar entgegen der Strahlrichtung abgelenkt. Ist der Streuwinkel der Photonen größer als 90°, so bezeichnet man dies als **Rückstreuung** (Backscatter). Mit zunehmender Energie werden die Photonen mehr und mehr nach vorne gestreut, die Intensität der gestreuten Photonen und der relative Rückstreuanteil nehmen entsprechend ab (Fig. 1.4 oben). Die Comptonelektronen erhalten ihre Bewegungsenergie durch Rückstoß von den Photonen. Sie bewegen sich deshalb grundsätzlich nach vorne oder seitlich zum einfallenden Photonenstrahl. Ihr Streuwinkel liegt zwischen 0° und 90°. Die nach dem Elektronenstoß beim Photon verbleibende Energie kann man aus dem Impuls- und Energiesatz berechnen. Für die Restenergie des Photons nach der Streuung erhält man (mit dem Streuwinkel φ des Photons und der Ruheenergie des Elektrons $m_o c^2$):

$$E'_\gamma = \frac{E_\gamma}{1 + \frac{E_\gamma}{m_o c^2}(1-\cos\varphi)} \qquad (1.7)$$

Für eine vorgegebene Energie des einfallenden Photons ist die Restenergie dann am kleinsten, wenn der Photonen-Streuwinkel $\varphi = 180°$ beträgt. In diesem Fall hat der Cosinus den Wert $\cos\varphi = -1$, der Nenner in Gleichung (1.7) wird maximal. Das Rückstoßelektron erhält nach Gleichung (1.8) den höchsten Energieübertrag. Für kleinere Winkel verliert das Photon wegen des Cosinusgliedes weniger Energie, es wird also auch weniger kinetische Energie auf das Comptonelektron übertragen. Die Energieverteilungen von Comptonelektronen sind kontinuierlich und haben bei der maximalen Energie eine scharfe obere Grenze, die Comptonkante (Fig. 1.5).

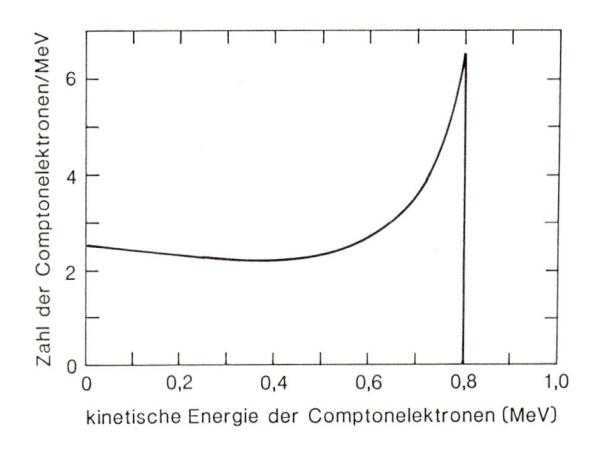

Fig. 1.5:

Energieverteilung von Comptonelektronen für Photonenstrahlung der Energie 1 MeV.

Die kinetische Energie des Elektrons ist die Differenz der Energie der ursprünglichen Photonen E_γ, der Restenergie E'_γ nach Gleichung (1.7) und der Bindungsenergie E_b des Elektrons. Da äußere Hüllenelektronen nur sehr schwach gebunden sind (Größenordnung wenige eV) kann die Bindungsenergie E_b im Vergleich zur Photonenenergie meistens vernachlässigt werden.

$$E_{kin} = E_\gamma - E'_\gamma - E_b \approx E_\gamma - E'_\gamma \qquad (1.8)$$

Aus den Gleichungen (1.7) und (1.8) kann man auch abschätzen, wie die Energieübertragung von der Photonenenergie abhängt. Entscheidend für den Photonenenergieverlust ist das Verhältnis E_γ/m_0c^2 im Nenner von Gleichung (1.7). $E_\gamma/m_0c^2 \ll 1$ gilt, wenn die Photonenenergie E_γ kleiner als die Ruheenergie des Elektrons (511 keV) ist. Dies ist z. B. bei diagnostischer Röntgenstrahlung der Fall. Die Restenergie des Photons ist nur geringfügig von der ursprünglichen Energie verschieden und wenig vom Streuwinkel abhängig. Das Comptonelektron übernimmt daher nur einen kleinen Teil der Photonenenergie. Comptonelektronen in der Röntgendiagnostik sind energiearm. Ist $E_\gamma \gg 511$ keV, so ist der Faktor vor dem Cosinusglied im Nenner von Gleichung (1.7) deutlich größer als 1. Dies bewirkt einen merklichen Einfluß des Streuwinkels auf den Energieübertrag auf die Comptonelektronen. Der Energieverlust der Photonen durch Comptonstreuung ist bei hohen Photonenenergien also höher und mehr vom Streuwinkel abhängig als bei niedrigen Photonenenergien, da die Comptonelektronen einen relativ größeren Teil der Photonenenergie übernehmen (Fig. 1.6).

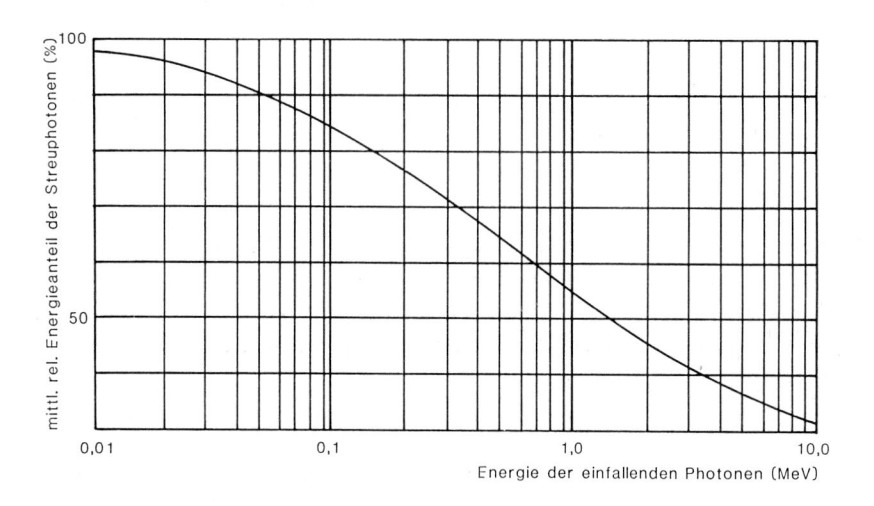

Fig. 1.6: Über alle Streuwinkel gemittelter Restenergieanteil comptongestreuter Photonen, bezogen auf die Energie des einfallenden Photons (nach Daten von Greening 1981).

<u>Zusammenfassung</u>: Der Comptoneffekt ist in menschlichem Weichteilgewebe und anderen Substanzen mit niedriger Ordnungszahl für therapeutische und diagnostische Photonenstrahlung der dominierende Wechselwirkungsprozeß.

Beim Comptonprozeß wird Energie vom Photon auf Hüllenelektronen übertragen. Diese werden dabei seitlich oder in Vorwärtsrichtung gestreut. Der dadurch entstehende Sekundärteilchenfluß ist um so stärker nach vorne ausgerichtet, je höher die Photonenenergie ist.

Das Photon wird zwar nicht absorbiert, verliert aber einen Teil seiner Energie. Je höher die

Photonenenergie und der Photonenstreuwinkel ist, um so größer ist auch der relative Energieübertrag auf die Rückstoßelektronen.
Die Photonen werden ebenfalls aus ihrer Richtung gelenkt. Dabei ist sogar Streuung in Rückwärtsrichtung möglich. Auch für die gestreuten Photonen gilt, daß sie mit zunehmender Photonenenergie mehr in Strahlrichtung gestreut werden. Die höchsten Rückstreubeiträge treten bei niedrigen Photonenenergien auf.

1.1.3 Die Paarbildung durch Photonen im Coulombfeld

Photonen sind **elektromagnetische** Energiepakete. Sie können daher mit dem elektrischen Feld geladener Teilchen der Atomkerne oder Elektronen wechselwirken. Übersteigt die Photonenenergie das Energie–Massen–Äquivalent für zwei Elektronen (2·511 keV), so können sich in starken Coulombfeldern aus der Photonenenergie spontan Elektron–Positron–Paare bilden. Die Photonenenergie wird dabei teilweise in die Masse des Teilchen-Antiteilchenpaares (e^- und e^+) verwandelt, das Photon wird vollständig absorbiert. Die während der Paarbildung nicht zur Teilchenerzeugung benötigte Photonenenergie wird als kinetische Energie auf die beiden Teilchen verteilt. Das positiv geladene Positron erhält wegen der Abstoßung durch das positive elektrische Feld des Atomkernes im Mittel eine etwas höhere Bewegungsenergie als das negative Elektron, das durch die Kernanziehung gebremst wird. Der Atomkern selbst bleibt bei der Paarbildung unverändert. Er dient nur zur Erfüllung des Impuls- und Energieerhaltungssatzes und wirkt wie ein Katalysator für die Materie–Antimaterie–Erzeugung. Das Teilchenpaar wird vor allem in der ursprünglichen Strahlrichtung emittiert. Die insgesamt zur Verfügung stehende Bewegungsenergie ist die Differenz der Photonenenergie und der Ruhemasse der beiden Teilchen.

$$E_{kin} = E_\gamma - 2 \cdot m_o c^2 = E_\gamma - 1022 \text{ keV} \tag{1.9}$$

Der Paarbildungsprozess kann erst oberhalb der Schwelle von 1022 keV vorkommen. Die Wahrscheinlichkeit für die Paarbildung wächst etwa mit dem Logarithmus der Photonenenergie und nimmt proportional zum Verhältnis Z^2/A, für die meisten leichten und mittleren Elemente also ungefähr mit Z zu. Für den **Paarbildungskoeffizienten** κ gilt daher:

$$\kappa \sim Z \cdot \rho \cdot \log E_\gamma \qquad \text{mit } E_\gamma > 1022 \text{ keV} \tag{1.10}$$

Elektron und Positron bewegen sich nach ihrer Entstehung durch den Absorber und geben durch Vielfachstöße ihre Bewegungsenergie in kleinen Portionen an das umgebende Medium ab. Wenn das Positron durch Wechselwirkungen mit dem Absorbermaterial beinahe zur Ruhe gekommen ist, rekombiniert es mit einem Hüllenelektron des Absorbers. Dabei wird die Ruhemasse der beiden Teilchen in der Regel in zwei 511-keV-Photonen, die sogenannte Vernichtungsstrahlung, umgewandelt, die unter 180° zueinander abgestrahlt werden. Diese Paarvernichtung ist der Umkehrprozess der vorherigen Paarbildung, die also immer von der dabei entstehenden Positronen-Vernichtungsstrahlung begleitet ist. In der Regel verlassen die beiden Vernichtungsquanten endliche Absorber, sie tragen zumindestens nur teilweise zur lokalen Entstehung einer Energiedosis im Absorber bei. Bei sehr hohen Photonenenergien und hohen Ordnungszahlen kann die Paarbildung zur dominierenden Wechselwirkung von Photonen mit Materie werden (vgl. Fig. 1.7).

In seltenen Fällen kann die Paarbildung auch im Feld eines Hüllenelektrons stattfinden. Das beteiligte Hüllenelektron wird wegen seiner kleinen Masse durch den bei der Paarbildung übertragenen Impuls (Rückstoß) anders als die um mehr als 3 Größenordnungen schwereren Atomkerne aus dem Atom entfernt. Es bewegt sich zusammen mit dem Elektron-Positron-Paar durch den Absorber und gibt dabei schrittweise seine Energie an diesen ab. Man nennt den Paarbildungsprozess im Elektronenfeld wegen der drei entstehenden Teilchen Triplettbildung. Sie ist aus Energie- und Impulserhaltungsgründen erst für Photonenenergien oberhalb des vierfachen Energiemassenäquivalentes für Elektronen (4·511 keV) möglich.

1.1.4 Die klassische Streuung

Beim Stoß von Photonen mit fest gebundenen Hüllenelektronen kann unter Umständen das gesamte Atom den Rückstoß aufnehmen. Das wechselwirkende Elektron verbleibt dann in seiner Schale. Es wird durch das einfallende Photon zusammen mit den anderen Elektronen der Hülle kurzfristig zu kollektiven Schwingungen angeregt und strahlt dabei die vom Photon absorbierte Energie wieder vollständig ab. Einfallendes und abgestrahltes Photon haben dieselbe Energie. Bei der klassischen Streuung (Thomson-Streuung) geht dem Photon keine Energie verloren. Die gestreuten Photonen werden kohärent, das heißt in fester Phasenbeziehung zum einfallenden Photon, und bevorzugt in Vorwärts- und Rückwärtsrichtung emittiert. Man spricht deshalb auch von kohärenter Streuung. Sie schwächt das Strahlenbündel durch Aufstreuung, nicht aber durch Energieumwandlung oder Absorption. Auf den Absorber wird aus diesem Grund auch keine Energie übertragen. Die klassische Streuung nimmt für Photonenenergien oberhalb etwa 10 keV ungefähr mit dem Quadrat der Photonenenergie ab. Sie nimmt außerdem mit $Z^{2.5}/A$ und der Dichte ρ des Absorbers zu. Für den **klassischen Streukoeffizienten** oberhalb 10 keV gilt deshalb ungefähr:

$$\sigma_k \sim \rho \cdot Z^{2.5}/A \cdot E_\gamma^{-2} \approx \rho \cdot Z^{1.5} \cdot E_\gamma^{-2} \qquad (1.11)$$

Klassische Streuung ist für Materialien mit niedrigen Ordnungszahlen wie menschliches Gewebe oder Wasser deshalb nur für Photonenenergien unterhalb von etwa 20 KeV von Bedeutung. Ihr Wechselwirkungsbeitrag beträgt für alle Elemente und Photonenenergien maximal 10–15% der Gesamtschwächung eines Photonenstrahlenbündels (vgl. Fig. 6.8 und 6.9 Petzold/Krieger Band 1).

1.1.5 Kernphotoreaktionen

Photonen können über ihre elektromagnetischen Eigenschaften auch mit den Nukleonen in Atomkernen wechselwirken. Die Energie des einfallenden Photons wird vom Kern absorbiert, der Kern wird dabei angeregt. Übertrifft die Anregungsenergie die Schwellenenergie zur Freisetzung eines Kernteilchens (Neutron n, Proton p), so kann es in der Folge zur Emission eines dieser Nukleonen kommen. Dazu muß das Photon allerdings mindestens die sogenannte Separationsenergie, also die Bindungsenergie des letzten Nukleons, auf den Kern übertragen haben. Diese Schwellenenergien liegen bei den meisten Elementen zwischen etwa 6 und knapp 20 MeV (Tab. 1.1). In Analogie zum Photoeffekt in der Hülle nennt man diesen Prozess Kernphotoeffekt, den zugehörigen Wechselwirkungskoeffizienten **Kernphotoabsorptionskoeffizient** σ_{kp}. Der Kernphotoeffekt tritt in Form einer Riesenresonanz auf, die ihr Maximum um 20–25 MeV hat und bei höheren Photonenenergien schnell auf sehr kleine Werte abfällt. Die wichtigsten Kernphotoreaktionen sind die (γ,n)–, die $(\gamma,2n)$– und die (γ,p)–Reaktionen. Schwere Kerne wie Uran können durch Photonen auch gespalten werden. Diese Kernreaktion wird Photospaltung genannt und mit dem Kürzel (γ,f) bezeichnet (f = fission, engl. für Spaltung). Für die Abhängigkeiten der Kernphotoreaktionen von der Ordnungs– oder Massenzahl gibt es keine einfachen Zusammenhänge. Reicht die Photonenenergie zur Teilchenemission nicht aus, so geht der angeregte Atomkern durch Emission von Gammaquanten wieder in den Grundzustand über (Kern–Fluoreszenz).

Reaktion	Schwelle (MeV)	Reaktion	Schwelle (MeV)
12–C(γ,n)	18.7	12–C(γ,p)	16.0
16–O(γ,n)	15.68	16–O(γ,p)	12.1
27–Al(γ,n)	13.1	27–Al(γ,p)	8.3
63–Cu(γ,n)	10.8	63–Cu(γ,p)	6.1
208–Pb(γ,n)	7.4	208–Pb(γ,p)	8.0

Tab. 1.1: Schwellenenergien für Kernphotoreaktionen bei einigen wichtigen Materialien.

1.1.6 Die Bedeutung der verschiedenen Photonenwechselwirkungsprozesse in der medizinischen Radiologie

Wie die bisherigen Ausführungen gezeigt haben, hängen die Wahrscheinlichkeiten für die einzelnen Prozesse in komplizierter Weise von der Photonenenergie und der Ordnungszahl des Absorbers ab (vgl. Tab. 1.2). Die wichtigsten Absorber in der Medizin, menschliches Gewebe und die dafür verwendeten Ersatzsubstanzen (Phantome), haben effektive Ordnungszahlen zwischen 7 und 8. Technische Materialien für den Strahlenschutz wie Blei, Wolfram oder Uran haben dagegen hohe Ordnungszahlen von 74 bis 92. Je nach Photonenenergie und Ordnungszahl des durchstrahlten Materials sind deshalb verschiedene Wechselwirkungsprozesse für die überwiegende Schwächung und Energieumsetzung der Photonenstrahlung verantwortlich.

Wechselwirkung	f(Z,A)	f(E_γ)	Sekundärstrahlung
Photoeffekt	Z^4/A	E_γ^{-3}	e^-, Röntgenstrl., Auger-e^-
Comptoneffekt	Z/A	$E_\gamma^{-1/2}$	γ', e^-
klass. Streuung	$Z^{2.5}/A$	E_γ^{-2}	—
Paarbildung	Z^2/A	$\log E_\gamma$, $E_\gamma > 1022$ keV	e^-, e^+
Kernphotoeffekt	Riesenresonanz	$E_\gamma > E_{schwelle}$	n, p, (Spaltung)

Tab. 1.2: Abhängigkeiten der Photonen–Wechselwirkungskoeffizienten von Photonenenergie, Ordnungszahl und Massenzahl des Absorbers

Die in Tabelle (1.2) ausgewiesenen Abhängigkeiten von Ordnungszahl, Massenzahl und Photonenenergie stellen Vereinfachungen der tatsächlichen Verhältnisse dar. Sie gelten nur unter den im Text beschriebenen Einschränkungen und sollen einen qualitativen Überblick über die wichtigsten Einflußgrößen auf den Schwächungskoeffizienten geben.

Der Photoeffekt überwiegt für schwere Elemente bis zu Photonenenergien von etwa 1 MeV. In menschlichem Gewebe leistet er dagegen nur bei sehr kleinen Photonenenergien einen spürbaren Beitrag zur Energieübertragung, z. B. in der Weichstrahl–Röntgendiagnostik (vgl. Fig. 1.7). Die klassische Streuung ist unabhängig vom Absorbermaterial oberhalb von 20 keV fast immer zu vernachlässigen. Insbesondere trägt sie wegen des fehlenden Energieübertrages auf das streuende Medium nicht zur Entstehung einer Energiedosis im Absorber bei. Für den Bereich der in der Medizin verwendeten Photonenenergien ist der Comptoneffekt für kleine Ordnungszahlen (bis etwa Z = 10) der dominierende Wechselwirkungsprozess. Paarbildung kann erst oberhalb der Paarbildungsschwelle von 1.022 MeV stattfinden. Für niedrige Ordnungszahlen gewinnt sie bei Photonenenergien ab 10–20 MeV, wie sie in Beschleunigern erzeugt werden können, eine gewisse Bedeutung. Bei schweren Absorbern (Z > 20) ist sie allerdings der wichtigste Wechselwirkungsprozess oberhalb von 10 MeV Photonenenergie. Der Wirkungsquerschnitt für Kernphotoreaktionen ist im Vergleich zu den anderen Wechselwirkungsprozessen im allgemeinen vernachlässigbar klein (maximal 5% der Hüllenwechselwirkungen). Obwohl Kernreaktionen kaum zur Energiedosis im Absorber beitragen, spielt die Aktivierung der Folgeprodukte nach Kernphotoprozessen für den Strahlenschutz an Beschleunigern mit hoher Photonenenergie eine nicht zu vernachlässigende Rolle. Beiträge zur Energieabsorption und zur Schwächung des Photonenstrahlenbündels durch Kernphotoreaktionen sind nur bei Photonenspektren zu erwarten, die den Bereich der Riesenresonanz (20–30 MeV) mit großer Intensität überlagern.

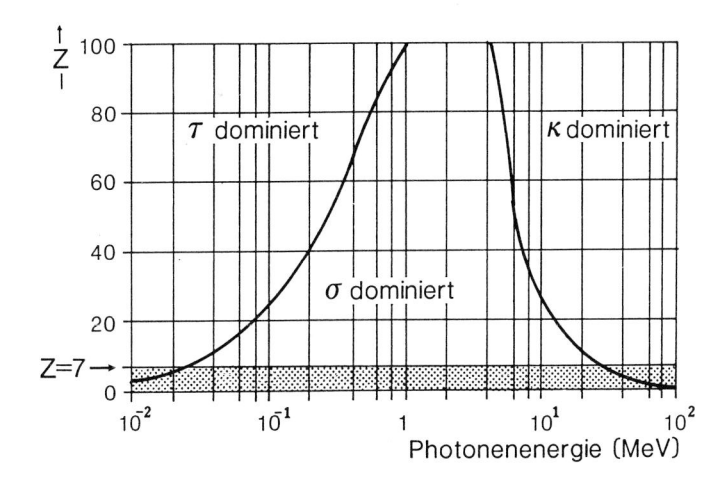

Fig. 1.7: Abhängigkeit der Photonen–Wechselwirkungswahrscheinlichkeit von Photonenenergie und Ordnungszahl des Absorbers (nach Evans 1968). Punktiert: Gewebe und Phantommaterialien. Die geschwungenen Linien zeigen die Bereiche von Ordnungszahl und Energie, in denen die jeweils angrenzenden Effekte (τ und σ_c bzw. σ_c und κ) gleich wahrscheinlich sind.

<u>Zusammenfassung:</u> Photoeffekt, Comptoneffekt und Paarbildung sind die in der medizinischen Radiologie wesentlichen Photonen–Wechselwirkungsprozesse. Sie liefern die größten Beiträge zur Energiedosis und damit zu den biologischen Strahlenwirkungen in menschlichem Gewebe.

1.1.7 Schwächung eines Photonenstrahlenbündels beim Durchgang durch Materie

Jede Wechselwirkung eines Photonenstrahlenbündels mit einem durchstrahlten Absorber schwächt die Intensität des primären, geradeaus gerichteten Photonenstrahls. Der Anteil der Photonen, der einem schmalen, monoenergetischen Photonenstrahlenbündel durch Absorption und Streuung verloren geht, wird durch das exponentielle Schwächungsgesetz beschrieben. Für die Intensität eines monoenergetischen Photonenstrahls mit der Anfangsintensität

I_0 nach Durchlaufen einer homogenen (einheitlich dichten) Absorberschicht der Dicke x gilt:

$$I(x) = I_0 \cdot e^{-\mu \cdot x} \qquad (1.12)$$

Die Größe μ heißt **linearer Schwächungskoeffizient**. Er ist eine für das Absorbermaterial charakteristische Konstante und setzt sich nach Gleichung (1.13) aus den Koeffizienten für die einzelnen Wechselwirkungsprozesse additiv zusammen. Aufgrund der verschiedenen Energieabhängigkeiten der einzelnen Komponenten (vgl. Tab. 1.2) zeigt der lineare Schwächungskoeffizient μ keinen einfachen Verlauf mit der Photonenenergie.

$$\mu = \tau + \sigma_c + \sigma_k + \kappa + \sigma_{kp} \qquad (1.13)$$

In formaler Analogie zur Halbwertzeit beim radioaktiven Zerfallsgesetz kann man beim Schwächungsgesetz wegen der mathematischen Gleichheit beider Funktionen (Exponentialfunktion) die Halbwertschichtdicke ($d_{1/2}$, d_{50} oder HWSD) für die Schwächung definieren (Gl. 1.14). Sie gibt diejenige Schichtdicke an, hinter der die Intensität eines schmalen Photonenstrahlenbündels auf 50% abgenommen hat. Die Halbwertschichtdicke für eine bestimmte Photonenenergie ist ebenso charakteristisch für das Material wie der Schwächungskoeffizient.

$$d_{1/2} = \ln2/\mu \quad \text{und} \quad I(x) = I_0 \cdot e^{-(\ln2 \cdot x/d_{1/2})} \qquad (1.14)$$

Die Koeffizienten für die Wechselwirkung von Photonen mit Materie sind proportional zur Dichte des Absorbers. Sieht man von ihrer Ordnungszahlabhängigkeit einmal ab, so unterscheiden sich die materialabhängigen Schwächungskoeffizienten wie die Dichten der bestrahlten Materie. Dichten typischer Substanzen in der medizinischen Radiologie wie menschliches Gewebe oder Wasser ($\rho \approx 1\text{g/cm}^3$), Luft ($\rho \approx 0.001 \text{ g/cm}^3$) oder Blei ($\rho = 11.3 \text{ g/cm}^3$) umfassen 4 Größenordnungen. Um die gleichen Faktoren variieren die Schwächungskoeffizienten. Aus praktischen Gründen bezieht man Schwächungskoeffizienten auf die Dichten, man bildet also den Quotienten aus linearem Schwächungskoeffizient und der Dichte, den sogenannten **Massenschwächungskoeffizienten** μ/ρ. Der Massenschwächungskoeffizient und seine massenbezogenen Bestandteile (τ/ρ, σ/ρ, κ/ρ usw.) unterscheiden sich für verschiedene Absorber nur noch wegen der Ordnungszahlabhängigkeiten. Das Schwächungsgesetz schreibt sich mit dem Massenschwächungskoeffizienten in der Form:

$$I(x\rho) = I_0 \cdot e^{-(\mu/\rho) \cdot x\rho} \qquad (1.15).$$

Das Produkt $x\rho$ heißt Flächenbelegung oder Massenbedeckung des durchstrahlten Materials und hat die Einheit Masse/Fläche (z. B. g/cm^2). Im Energiebereich um 1–4 MeV, in dem der

Comptoneffekt für alle Elemente dominiert, sind die Massenschwächungskoeffizienten weitgehend unabhängig vom Material und deshalb für alle Ordnungszahlen etwa gleich groß (vgl. Fig. 1.7). Gleiche Flächenbelegungen von Luft und Aluminium bewirken für diese Photonenenergien beispielsweise etwa die gleiche Schwächung des Photonenstrahlenbündels, sie sind bezüglich ihrer Schwächungswirkung nahezu äquivalent. Für praktische Abschätzungen der Schwächung von Photonenstrahlung in verschiedenen Materialien werden deshalb meistens Massenschwächungskoeffizient und Flächenbelegung herangezogen (numerische Werte s. Tabelle 10.1).

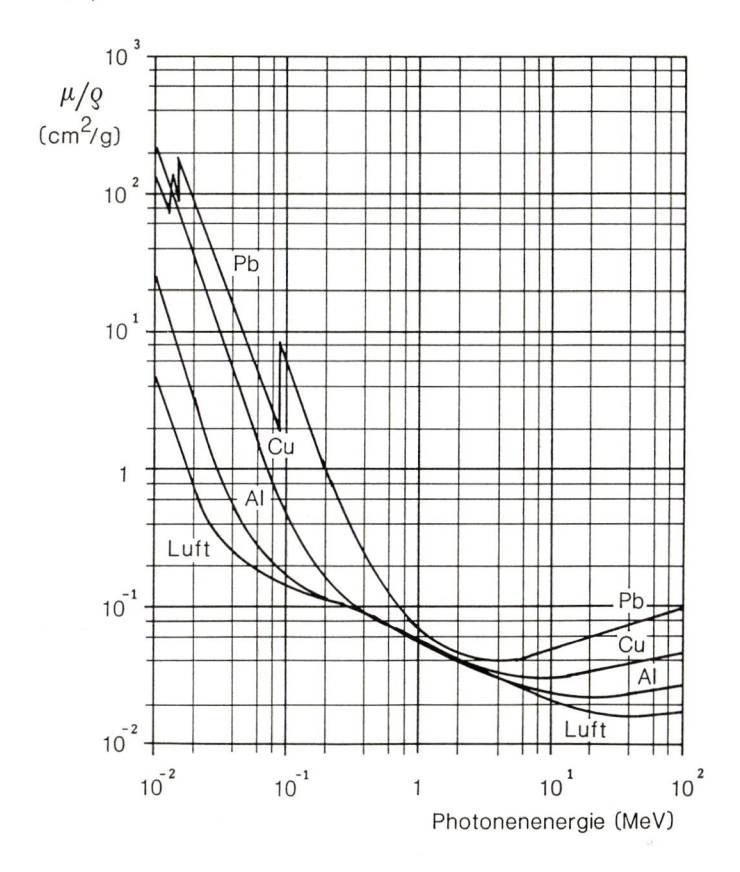

Fig. 1.8: Massenschwächungskoeffizienten μ/ρ (cm^2/g) einiger gebräuchlicher Materialien. Der Massenschwächungskoeffizient für Luft unterscheidet sich nur geringfügig von dem für Wasser.

Für heterogene Photonenstrahlung aus Röntgenröhren oder Beschleunigern folgt die Gesamtschwächung im allgemeinen keiner Exponentialfunktion. Wegen der starken Energieabhängigkeit des Schwächungskoeffizienten müßte das exponentielle Schwächungsgesetz für jede im Spektrum vorhandene Photonenenergie prinzipiell einzeln berechnet werden. Die

Gesamtschwächung ergäbe sich bei diesem Verfahren aus einer mit dem Photonenspektrum gewichteten Summe dieser Einzelschwächungen ("Faltung"). Man kann statt dessen auch mittlere Schwächungskoeffizienten durch Integration über das Photonenspektrum berechnen, die dann allerdings wegen der Veränderungen des Photonenspektrums im Medium (z. B. Aufhärtung) immer nur für kurze Strecken im Absorber gültig sind. Da solche Rechnungen in der Regel sehr aufwendig sind und das Photonenspektrum für viele reale Strahler auch nicht exakt bekannt ist, beschreibt man die Schwächung heterogener Photonenstrahlung besser mit Hilfe empirischer Schwächungskurven.

Wegen der großen Werte des Schwächungskoeffizienten bei kleinen Energien werden beim Durchstrahlen von Materie vor allem die weichen (niederenergetischen) Strahlungsanteile des Photonenspektrums herausgefiltert. Dadurch ändert sich die spektrale Zusammensetzung des Photonenspektrums mit der Tiefe im Absorber, das Strahlenbündel wird aufgehärtet. Der mittlere Schwächungskoeffizient wird wegen der zunehmenden effektiven Photonenenergie kleiner und die Halbwertschichtdicke nimmt mit der durchstrahlten Materiedicke zu. Erste und zweite Halbwertschichtdicke können bei heterogener Photonenstrahlung aus Röntgenröhren zur Kennzeichnung der Strahlungsqualität herangezogen werden. Wegen der Aufhärtung im Medium ist die zweite Halbwertschichtdicke bei heterogener Photonenstrahlung immer größer als die erste. Man kann diesen Sachverhalt auch zur Charakterisierung der Homogenität, also der Energieschärfe heterogener Photonenstrahlung, verwenden. Das Verhältnis von erster zu zweiter Halbwertschichtdicke wird als **Homogenitätsgrad H** bezeichnet.

$$H = \frac{(d_{1/2})_1}{(d_{1/2})_2} \leq 1 \qquad (1.16)$$

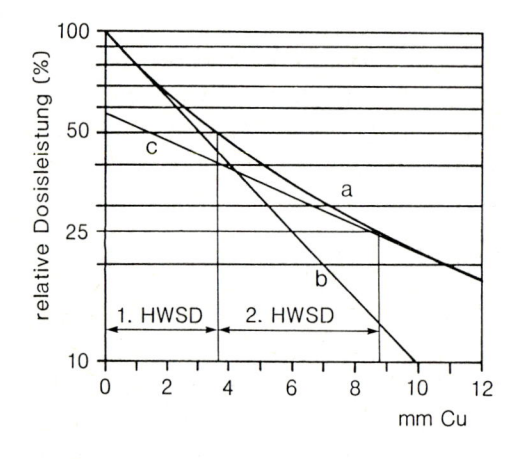

Fig. 1.9:

(a): Schwächungskurve heterogener Photonenstrahlung (H ≈ 0.7) mit erster und zweiter Halbwertschichtdicke in Kupfer. (b+c): Tangenten an die Schwächungskurve (Betrag der Steigungen ist der effektive Schwächungskoeffizient), die Änderung der Steigung mit zunehmender Absorbertiefe ist durch Aufhärtung (bevorzugte Absorption weicher Strahlungsanteile) verursacht.

Monoenergetische Photonenstrahlung hat den Homogenitätsgrad 1, da der Schwächungskoeffizient und deshalb auch die Halbwertschichtdicken unabhängig von der Tiefe im Absorber sind. Für heterogene Strahlung dagegen ist der Homogenitätsgrad immer kleiner als 1. Halbwertschichtdicken von Röntgenstrahlung werden meistens in Kupfer oder Aluminium, den typischen Filtermaterialien für diese Strahlungsart, angegeben.

Zusammenfassung: **Die Schwächung monoenergetischer Photonenstrahlung wird durch das exponentielle Schwächungsgesetz mit Hilfe des Schwächungskoeffizienten μ beschrieben. Bei heterogener Photonenstrahlung weicht die Schwächung von der einfachen Exponentialform ab. Durch die mit der Eindringtiefe zunehmende Aufhärtung des Photonenenergiespektrums unterscheiden sich erste und zweite Halbwertschichtdicke.**

1.1.8 Energieumwandlung und Energieabsorption von Photonenstrahlung in Materie

Bei der Wechselwirkung von Photonenstrahlung mit Materie übertragen die Photonen Energie auf Sekundärteilchen, die in der durchstrahlten Substanz ausgelöst werden. Sie selbst werden dabei entweder völlig absorbiert oder sie unterliegen Richtungsänderungen und teilweisem Energieverlust. Während beim Photoprozess die Photonenenergie fast vollständig auf das Photoelektron übertragen wird, wird beim Comptonprozeß immer nur ein Teil der Photonenenergie an das Sekundärelektron übergeben. Das Comptonphoton selbst behält eine gewisse Restenergie, die vom Wechselwirkungsort wegtransportiert wird und unter Umständen sogar den Absorber verlassen kann. Beim Auslösen von Hüllenelektronen muß außerdem deren Bindungsenergie aufgebracht werden. Bei der Paarbildung wiederum geht derjenige Anteil der Photonenenergie verloren, der dem Massenäquivalent des Elektron–Positron–Paares entspricht (2·511 keV). Die Summe der kinetischen Energien der Sekundärteilchen ist deshalb immer kleiner als der Energieverlust des primären Photonenstrahlenbündels. Die Energieumwandlung (Photonenenergie in Sekundärteilchenenergie) wird analog zum linearen Schwächungskoeffizienten mit dem **linearen Energieumwandlungskoeffizienten** η beschrieben. Auch er setzt sich wie der lineare Schwächungskoeffizient additiv aus den den einzelnen Wechselwirkungsprozessen zuzurechnenden Anteilen zusammen.

$$\eta = \eta_{\text{photo}} + \eta_{\text{compton}} + \eta_{\text{paar}} (+ \eta_{\text{kernphoto}}) \qquad (1.17)$$

Wegen der erwähnten Energieverluste bleibt der Umwandlungskoeffizient η zahlenmäßig hinter dem Schwächungskoeffizienten μ zurück. Besonders deutlich ist der Unterschied im Bereich dominierender Comptonwechselwirkung, in dem η fast eine Größenordnung kleiner sein kann als der Schwächungskoeffizient (vgl. Fig. 1.10). Auch der Energieumwandlungskoeffizient wird meistens als dichtebezogene Größe verwendet und heißt dann **Massenenergie-**

umwandlungskoeffizient η/ρ. Der Energieübertrag auf den Absorber wird fast ausschließlich durch die bei den Wechselwirkungen der Photonen mit der Materie entstehenden Sekundärteilchen vermittelt. Von Photonenstrahlenbündeln herrührende Dosisverteilungen in Materie spiegeln deshalb die Energieverluste, die Energieübertragung und die Verteilung dieser Sekundärteilchen im Absorber wieder.

Beispiel 1: Der Einfachheit halber sei angenommen, daß ein 1 MeV Photon über Photowechselwirkung absorbiert wurde. Bis auf die geringfügige Bindungsenergie des Elektrons wird die gesamte Photonenenergie als Bewegungsenergie auf das Elektron übertragen. Der Photoeffekt hinterläßt unmittelbar ein primäres Ionenpaar (Atomrumpf und freies Elektron). Das hochenergetische Elektron wird im Absorbermaterial durch Ionisation und Anregung von Atomen entlang seines Weges allmählich abgebremst. Bei jeder Wechselwirkung wird ein Teil seiner Bewegungsenergie auf den jeweiligen Reaktionspartner übertragen. Dabei kann dieser ionisiert oder angeregt werden. Etwa die Hälfte der Energie des Photoelektrons wird bei nicht ionisierenden Stößen übertragen. Der Rest dient zur Erzeugung freier Ladungsträger (Elektronen, Ionen). Die mittlere Energie zur Erzeugung eines solchen Ionenpaares in Wasser beträgt ungefähr 30 eV (nach ICRU 31). Bis zur vollständigen Bremsung wird das Elektron also im Mittel 1 MeV/30 eV ≈ 33000 Ionenpaare erzeugen und auf diese Bewegungsenergie übertragen. Der Fluß der Sekundärteilchen ist damit offensichtlich ausschlaggebend für den Energieübertrag und das Ausmaß der Ionisation.

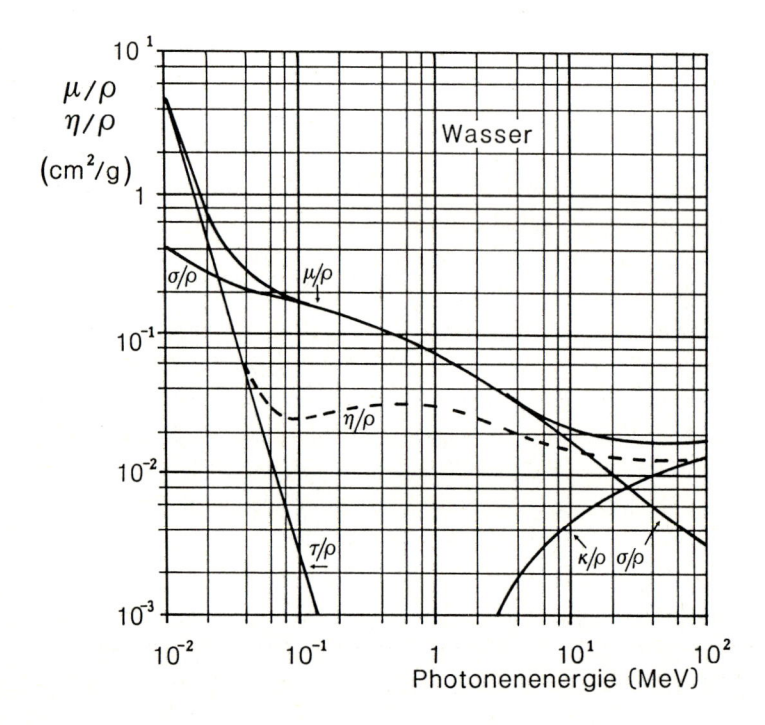

Fig. 1.10: Massenschwächungskoeffizient (μ/ρ) für Photonen in Wasser, seine Zusammensetzung aus den Koeffizienten (τ/ρ, σ/ρ, κ/ρ) sowie Massenenergieumwandlungskoeffizient (η/ρ) in Abhängigkeit von der Photonenenergie.

Bei der Berechnung der lokalen Absorption der Bewegungsenergie von Sekundärelektronen muß man berücksichtigen, daß Elektronen einen Teil ihrer Bewegungsenergie auch über die Strahlungsbremsung im Kernfeld, also durch Erzeugung von Bremsstrahlung, verlieren (vgl. Abschnitt 1.2.1). Dadurch wird Energie vom Wechselwirkungsort weggetragen, Bremsstrahlung höherer Energie verläßt den Absorber häufig ohne jede weitere Wechselwirkung. Der dadurch bedingte lokale Verlust an Energieabsorption wird in dem auf Bremsstrahlungsverluste korrigierten **Energieabsorptionskoeffizienten** η' berücksichtigt. Er beschreibt also nur die im Material lokal absorbierte Energie. Für den Zusammenhang der beiden Koeffizienten η und η' gilt (nach DIN 6814–3):

$$\eta' = \eta \cdot (1-G) \tag{1.18}$$

In dieser Gleichung ist G der Anteil der durch die Photonen auf die Sekundärelektronen übertragenen Bewegungsenergie, der in Bremsstrahlung umgesetzt wird. Die Energieabsorption unterscheidet sich nur in Materialien höherer Ordnungszahl und bei Absorbern, deren Abmessungen klein gegen die Reichweite der Strahlung sind, merklich von der Energieübertragung. Bei niedrigen Energien der Sekundärelektronen und bei Absorbern niedriger Ordnungszahl (z. B. menschlichem Gewebe) sind die Bremsstrahlungsverluste gering. Detaillierte numerische Werte für Absorptions– und Übertragungskoeffizienten finden sich in der einschlägigen Literatur (Jaeger/Hübner, Hubbell 1982) und auszugsweise für die wichtigsten Substanzen und Stoffgemische in Tabelle (10.2). Die Werte für den Strahlungsverlustanteil G in Tabelle (1.3) sind nach Greening (1981) zitiert.

Anfangsenergie der Elektronen (MeV)	Wasser	Luft (%)	Wolfram	Blei
0.01	0.0124	0.0146	0.287	0.337
0.10	0.0693	0.0794	1.42	1.97
1.0	0.486	0.549	7.63	8.67
10.0	4.16	4.28	31.8	33.6
100.0	31.7	29.9	75.4	76.4

Tab. 1.3: Relativer Energieanteil G der Anfangsenergie von Sekundärelektronen aus Photonenwechselwirkung, der in Bremsstrahlung umgewandelt wird (Angaben in %, nach Greening 1981).

<u>Zusammenfassung</u>: Für die Entstehung einer Energiedosis in Materie durch Photonenstrahlung sind vor allem die durch Wechselwirkungen mit dem Absorber entstehenden Sekundärelektronen verantwortlich. Die Umwandlung von Photonenenergie in Bewegungsenergie die-

ser Teilchen wird durch den Energieumwandlungskoeffizienten η beschrieben. Dieser Koeffizient wird hin und wieder auch als Energieübertragungskoeffizient bezeichnet. Sein Zahlenwert ist immer kleiner als der des Schwächungskoeffizienten μ.

Die lokale Absorption der Bewegungsenergie der Sekundärteilchen wird durch den linearen Energieabsorptionskoeffizienten η' beschrieben, der den Verlust von Bewegungsenergie der Sekundärteilchen durch Bremsstrahlungsproduktion mitberücksichtigt. Er allein ist ein Maß für die Entstehung der Energiedosis in der durchstrahlten Materie.

1.2 Elektronenstrahlung

Bei der Wechselwirkung indirekt ionisierender Strahlungsarten wie Photonen oder Neutronen wird die Energie des einfallenden Strahlenbündels zunächst in Bewegungsenergie elektrisch geladener Elementarteilchen (Elektronen, Positronen oder Protonen) umgewandelt. Diese Sekundärteilchen geben ihre Energie in Form vieler kleiner Energieüberträge schrittweise an den Absorber weiter. Sie sind verantwortlich für die Ionisation der durchstrahlten Materie und die darin entstehende Energiedosis. Die Kenntnis ihrer Wechselwirkungen ist deshalb die Grundlage der dosimetrischen Meßverfahren und der Untersuchungen der Ausbreitung direkt ionisierender Strahlenbündel in Materie.

Elektronen unterliegen beim Durchgang durch Materie wegen ihrer elektrischen Ladung wie auch andere geladene Elementarteilchen einer Reihe von Wechselwirkungen mit dem elektromagnetischen Feld der Absorberatome (Hüllen, Atomkerne). Bei Elektronenenergien unterhalb der Anregungs- oder Ionisierungsschwelle der Atomhülle übertragen Elektronen wegen ihrer im Vergleich zum Stoßpartner Atom verschwindend geringen Masse bei der Wechselwirkung im wesentlichen nur Impuls auf das Atom, das als ganzes den Rückstoß aufnimmt. Sie ändern dabei ihre Richtung, verlieren aber fast keine Bewegungsenergie (elastische Streuung). Bei höheren kinetischen Energien können sie jedoch Hüllenelektronen der Absorberatome anregen oder ionisieren. Sie können auch mit dem Coulombfeld der Atomkerne wechselwirken. Dabei werden sie entweder wieder ohne Energieverlust gestreut oder sie werden unter Entstehung von Bremsstrahlung abgelenkt (elastische bzw. unelastische Kernstreuung). Bei genügend hoher Energie können sie (ähnlich wie beim Kernphotoeffekt) auch Kernreaktionen auslösen. Man bezeichnet die entsprechenden Kernreaktionen als Elektrodisintegrationen, wenn der Atomkern Teilchen emittiert. Elektroneninduzierte Kernreaktionen werden symbolisch mit (e,e'x) gekennzeichnet, um anzudeuten, daß das einlaufende Elektron bei der Reaktion erhalten bleibt. Der Atomkern wird durch die vom Elektron übertragene Energie angeregt (e,e'γ), zur Teilchenemission veranlaßt (e,e'n; e,e'p) oder unter Umständen auch gespalten (e,e'f). Wegen der Schwellenenergien sind Elektrodisintegrationen der Atomkerne erst oberhalb einer für den Atomkern charakteristischen Energie möglich, da die Bindungsenergiedifferenz des Atomkerns vor und nach der Reaktion vom einlaufenden Elektron aufgebracht werden muß. Bei typischen therapeutischen Elektronenenergien spielen diese Reaktionen kaum eine Rolle. Sie sollen deshalb im weiteren außer acht gelassen werden. Es gibt also folgende Möglichkeiten der Elektronenwechselwirkung mit Materie:

- elastische Atomstöße,
- unelastische Stöße mit Hüllenelektronen (Ionisation, Anregung)
- elastische Streuung an Atomkernen
- unelastische Streuung an Atomkernen (Bremsstrahlungserzeugung)
- Kernreaktionen.

Bei der Wechselwirkung erleiden Elektronen Richtungsänderungen und Energieverluste. Die physikalischen Größen zur Beschreibung der Wirkung der durchstrahlten Materie auf die Elektronen sind das Bremsvermögen und das Streuvermögen des Absorbers. Mit ihrer Hilfe kann die energetische und räumliche Verteilung eines Elektronenstrahlenbündels in Materie verstanden werden. Die Energieübertragung vom Elektronenstrahl auf den Absorber bei den verschiedenen Wechselwirkungen ist für die in der durchstrahlten Materie entstehende Energiedosis und damit auch für die biologische Strahlenwirkung der Elektronen verantwortlich. Die physikalische Größe, die die Energieübertragung auf ein Volumenelement des Absorbers beschreibt, heißt Linearer Energie–Transfer (LET) oder lineares Energieübertragungsvermögen. Bei den meisten Wechselwirkungen der Elektronen mit Materie entstehen Ionenpaare aus freigesetzten Hüllenelektronen und positiv geladenen Atomrümpfen. In Gasen oder geeigneten (leitenden oder halbleitenden) Festkörpern können diese leicht mit den Mitteln der Ionisationsdosimetrie erfaßt werden. Die Ionisierung von Gasen beim Durchgang ionisierender Strahlungen spielt daher eine wesentliche Rolle für die Dosimetrie (Ionisationskammern). Die physikalischen Größen, die die Ionisierung der Materie durch Wechselwirkung mit ionisierender Strahlung beschreiben, sind die Ionisierungsdichte und das Ionisierungsvermögen. Die der im bestrahlten Medium erzeugten Ladung entsprechende dosimetrische Meßgröße ist die Ionendosisleistung.

1.2.1 Das Bremsvermögen für Elektronen

Das Stoßbremsvermögen: Den größten Teil ihrer Bewegungsenergie verlieren Elektronen durch unelastische Stoßprozesse mit den Atomhüllen der Absorberatome oder Moleküle. Die Energieübertragung beim Stoß führt entweder zu einer Anregung der Atomhüllen oder zu deren Ionisation. Im ersten Fall wird die übertragene Bewegungsenergie nach Rekombination der Hüllenelektronen wieder durch Strahlungsemission in Form von infrarotem, sichtbaren oder ultraviolettem Licht freigesetzt. Dieses wird in Festkörpern meistens sofort wieder absorbiert und trägt dort zur Wärmeentstehung bei. Bei der Ionisation steht die Differenz zwischen übertragener Energie und Bindungsenergie dem freiwerdenden Hüllenelektron (Sekundärelektron, δ–Elektron) als Bewegungsenergie zur Verfügung.

Mit Hilfe einer einfachen Modellüberlegung läßt sich die Abhängigkeit des Energieverlustes von der Elektroneneinschußenergie abschätzen. Nach der klassischen Mechanik ist der Impulsverlust des einlaufenden Elektrons und damit der Impulsübertrag dp auf das Hüllenelektron proportional zum Zeitintervall (dp ~ dt), während dessen sich die beiden Elektronen im gegenseitigen Wechselwirkungsbereich befinden (Wechselwirkungszeit). Dieses Zeitintervall und damit auch der Impulsübertrag auf das Hüllenelektron ist umgekehrt proportional zur Differenzgeschwindigkeit der beiden stoßenden Elektronen (dt ~ dp ~ 1/v). Nimmt man das Hüllenelektron vor dem Stoß näherungsweise als ruhend an, so ist sein Gesamtimpuls gleich dem Impulsübertrag (p = dp) und seine Bewegungsenergie gleich der beim Stoß übertragenen Energie. In klassischer Näherung ist die Bewegungsenergie proportional zum Quadrat des Impulses (E = $mv^2/2 = p^2/2m$).

Der Energieübertrag ist also proportional zum Quadrat des Impulsübertrages. Für den Energieverlust nichtrelativistischer Elektronen gilt deshalb $dE/dx \sim (dp)^2 \sim 1/v^2 \sim 1/E$, also:

$$dE/dx \sim 1/E \qquad (1.19)$$

Mit zunehmender Bewegungsenergie nähert sich die Geschwindigkeit der Elektronen der Lichtgeschwindigkeit ($v \rightarrow c$) Der Ausdruck $1/v^2 \approx 1/c^2$ ändert sich nicht mehr mit der Energie, der Energieverlust pro Wegstrecke bleibt konstant. Eine exakte relativistische Behandlung zeigt, daß bei kleinen Energien die einfache 1/E–Abhängigkeit tatsächlich gut erfüllt ist und daß für relativistische Elektronenenergien der Energieverlust sogar wieder leicht ansteigt (s. Fig. 1.11).

Der Energieverlust eines Elektrons durch Stöße pro Wegstrecke im Absorber wird als **Stoßbremsvermögen** S_{col} bezeichnet. Dieses ist proportional zur Dichte und zum Verhältnis Z/A des Mediums, also bei leichten und mittelschweren Atomkernen (wegen Z/A $\approx$ 1/2) nur wenig abhängig von der Ordnungszahl. Für nicht relativistische Energien ist es etwa umgekehrt proportional zum Quadrat der Elektronengeschwindigkeit bzw. der kinetischen Energie des einlaufenden Elektrons.

$$S_{col} = (dE/dx)_{col} \sim \rho \cdot Z/A \cdot 1/v_e^2 \approx \rho \cdot 1/E \qquad (1.20)$$

Die Bremsung des Elektronenstrahls durch unelastische Stöße mit Hüllenelektronen ist für leichtere Materialien und Elektronenenergien bis etwa 40 MeV, für Wasser sogar bis 80 MeV der dominierende Prozeß (vgl. Fig. 1.11). Sie bestimmt deshalb den Energieverlust von Elektronen in menschlichem Gewebe, Wasser und sonstigen Phantomsubstanzen bei den üblicherweise in der Medizin verwendeten Energien von Elektronenstrahlung.

Das Strahlungsbremsvermögen: Werden elektrisch geladene Teilchen im Coulombfeld eines Atomkerns oder anderer geladener Teilchen gebremst oder beschleunigt, so verlieren sie einen Teil ihrer Bewegungsenergie durch Photonenstrahlung. Diese Strahlung wird wegen ihrer Entstehungsweise Bremsstrahlung genannt. Der Energieverlust geladener Teilchen durch Bremsstrahlung hängt von ihrer Energie und von der Stärke des ablenkenden Coulombfeldes ab. Er verringert sich wegen der Abnahme der elektrischen Feldstärke mit der Entfernung des einlaufenden Teilchens vom Absorberatom. Der Energieverlust ist proportional zur Dichte und zum Quadrat der Ordnungszahl des Absorbers. Er ist proportional zum Quadrat der spezifischen Ladung (e/m) des einlaufenden Teilchens. Für den Energieverlust durch Bremsstrahlung geladener Teilchen, das **Strahlungsbremsvermögen** S_{rad}, gilt daher:

$$S_{rad} = (dE/dx)_{rad} \sim \rho \cdot (e/m)^2 \cdot Z^2 \cdot E \qquad (1.21)$$

Die dabei entstehenden Bremsspektren sind wegen der zufälligen Stoßentfernung kontinuierlich. Je höher die Teilchenenergie ist, um so mehr wird die Bremsstrahlung nach vorne abgestrahlt. Bei schweren geladenen Teilchen (Protonen, α–Teilchen) spielt die Bremsstrahlungserzeugung wegen der großen Teilchenmassen und der damit verbundenen geringen Ablenkung im Kernfeld keine wesentliche Rolle. Elektronen sind wegen ihrer um mehr als 3 Größenordnungen kleineren Massen dagegen leichter aus ihrer Bewegungsrichtung abzulenken. Bei höherer Ordnungszahl und höheren Elektronenenergien gewinnt die Strahlungsbremsung im Kernfeld zunehmend an Bedeutung. Für Blei ist die Strahlungsbremsung von Elektronen bereits bei etwa 10 MeV der dominierende Prozeß (s. Gleichung (1.24) und Fig. (1.11)).

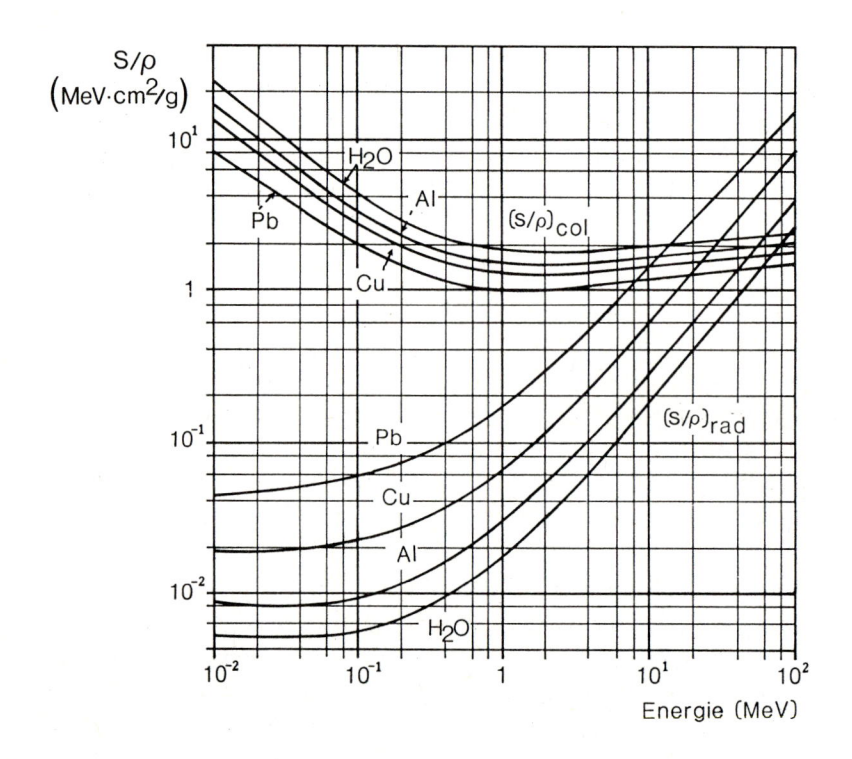

Fig. 1.11 Massenstoß– und Massenstrahlungsbremsvermögen $(S/\rho)_{col}$ bzw. $(S/\rho)_{rad}$ für Elektronen in verschiedenen Materialien (nach Daten von Berger/Seltzer 1964, 1966).

Das totale Massenbremsvermögen: Das totale Bremsvermögen von Elektronen in einem Medium (englisch: stopping power) ist definiert als der durch alle Wechselwirkungen bedingte gesamte Energieverlust des Elektrons pro Wegstrecke in Materie. Er setzt sich aus den Stoß– und den Strahlungsverlusten zusammen. Es gilt also:

$$S_{tot} = (dE/dx)_{tot} = S_{col} + S_{rad} \qquad (1.22)$$

Das Bremsvermögen wurde wegen seiner zentralen Bedeutung für die Strahlungsphysik von zahlreichen Autoren theoretisch und experimentell untersucht (s. z. B. Bethe, Moeller, Berger/Seltzer). Wegen der Proportionalität des Bremsvermögens zur Dichte des Absorbers verwendet man für praktische Zwecke besser die dichtebezogenen Werte, das sogenannte **Massenbremsvermögen** (engl.: mass stopping power). Für das totale Massenbremsvermögen gilt dann analog zu Gl. (1.22):

$$(S/\rho)_{tot} = (S/\rho)_{col} + (S/\rho)_{rad} \qquad (1.23)$$

Ausführliche neuere Datensammlungen finden sich im ICRU–Report 35 und der Zusammenstellung von Berger und Seltzer vom NBS (Berger/Seltzer 1982), Auszüge für einige wichtige Substanzen und Stoffgemische sind in Tabelle (10.3) zusammengefaßt. Für das Verhältnis von Massenstoß– und Massenstrahlungsbremsvermögen in verschiedenen Absorbern existieren praktische empirische Formeln (Gl. 1.24 und 1.25). Das Stoßbremsvermögen relativistischer Elektronen (E > 500 keV) ist nach Fig. (1.11) kaum von der Elektronenenergie abhängig; das Strahlungsbremsvermögen ist in diesem Energiebereich dagegen (nach Gl. 1.21) proportional zur Energie. Mit den Ordnungszahlabhängigkeiten aus den Gleichungen (1.20) und (1.21) und den entsprechenden Konstanten ergibt sich für das Verhältnis von Strahlungs– zu Stoßbremsvermögen extrem relativistischer Elektronen die Näherungsformel:

$$S_{rad}/S_{col} \approx ZE/800 \qquad (1.24)$$

Die Elektronenenergie E ist in MeV einzusetzen. Z ist die Ordnungszahl des Absorbers. Für Elektronenenergien bis 150 keV (das ist der Energiebereich der diagnostischen Röntgenstrahlung) ist das Stoßbremsvermögen umgekehrt proportional zur Elektronenenergie, das Strahlungsbremsvermögen ist dagegen nur wenig von der Energie abhängig, so daß das Verhältnis wieder ungefähr proportional zur Elektronenenergie ist. Dies ergibt die Näherungsformel:

$$S_{rad}/S_{col} \approx ZE/1400 \qquad (1.25)$$

Beispiel 1: Zu berechnen ist die Energie, bei der die Strahlungsbremsung die Stoßbremsung für Elektronen in Wasser (Z ≈ 7.2) übertrifft, S_{rad}/S_{col} also >1 gilt. Aus Formel (1.24) findet man E > 800/Z ≈ 111 MeV. Die Strahlungsbremsung für Elektronen in Wasser wird also erst oberhalb von 110 MeV dominant. Für Blei (Z = 82) ergibt sich aus der gleichen Rechnung E > 9.76 MeV, die Strahlungsbremsung in Blei überwiegt deshalb bereits bei therapeutischen Elektronenenergien.

Beispiel 2: Wie groß ist die relative Bremsstrahlungsausbeute in der Wolframanode (Z = 74) einer Röntgenröhre bei 90 kV? $S_{rad}/S_{col} \approx 74 \cdot 0.09/1400 \approx 0.5\%$. Der gleiche Anteil wird noch einmal an charakteristischer Röntgenstrahlung erzeugt, so daß etwa 99% der Elektronenenergie durch Stoßbremsung verloren geht (→ Kühlprobleme in der Röntgenröhre).

Zusammenfassung: Energieverluste von Elektronen beim Durchgang durch Materie werden durch das Massenstoßbremsvermögen und das Massenstrahlungsbremsvermögen beschrieben. Das Stoßbremsvermögen ist wenig von der Ordnungszahl und oberhalb einiger 100 keV auch nur wenig von der Elektronenenergie abhängig. Die Bremsstrahlungsausbeute nimmt mit der Energie der Elektronen und der Ordnungszahl des Mediums zu und dominiert deshalb bei hohen Elektronenenergien und schweren Absorbern.

1.2.2 Energiespektren von Elektronen in Materie

Energieverteilungen von Elektronen in einem Medium setzen sich aus den primären Elektronen und den durch sie freigesetzten Sekundärteilchen aller Generationen zusammen. Dazu kommen noch die Sekundärelektronen, die von den den Elektronenstrahl verunreinigenden (kontaminierenden) Photonen herrühren. Diese Photonen können beispielsweise Bremsstrahlungsphotonen sein, die durch die Strahlungsbremsung von Elektronen im durchstrahlten Medium entstehen, oder solche, die bereits in den Strahlungsquellen erzeugt wurden. Da die primären Elektronen beim Eindringen in einen Absorber durch Wechselwirkungen quasi kontinuierlich Energie verlieren, ist die Form des Elektronenenergiespektrums tiefenabhängig. Mit zunehmender Tiefe im Medium nimmt der Energieverlust zu, und damit die mittlere bzw. wahrscheinlichste Restenergie der Elektronen ab. Daneben findet man eine mit der Tiefe zunehmende Verbreiterung der Energieverteilung ("Energie–Straggling"), die u. a. durch die anwachsende Kontamination des Primärstrahlenbündels mit Sekundärelektronen verursacht ist. Zur Beschreibung der Spektren verwendete Größen (vgl. Fig. 1.12) sind mittlere, wahrscheinlichste und maximale Energie der Elektronen, Energiebreite des Spektrums (Halbwertbreite, FWHM) und der mittlere und wahrscheinlichste Energieverlust.

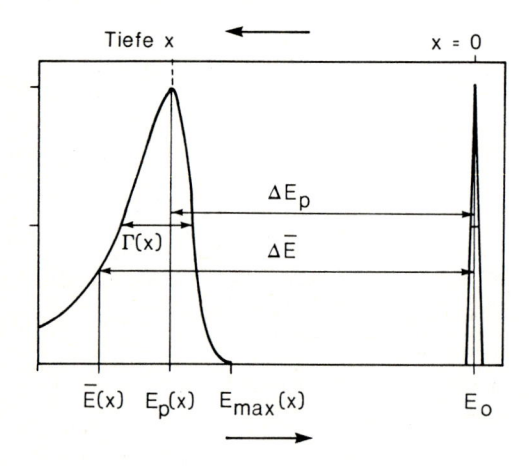

Fig. 1.12:

Charakterisierende Größen von Energiespektren von Elektronen (nach ICRU 35, Energieverteilungen auf das jeweilige Maximum normiert), E_o: mittlere bzw. wahrscheinlichste Energie beim Eintritt in das Medium.

$\bar{E}$ und $\Delta\bar{E}$: mittlere Energie bzw. mittlerer Energieverlust, E_p und ΔE_p: wahrscheinlichste Energie bzw. wahrscheinlichster Energieverlust, Γ: Breite des Energiespektrums (jeweils in der Tiefe x im Medium).

1.2 Elektronenstrahlung

Die dosimetrisch wichtige wahrscheinlichste Energie in der Tiefe x des Absorbers kann (nach Harder 1965, DIN 6809-1) näherungsweise durch die mittlere Elektronenenergie ersetzt werden. Es gilt die empirische Formel:

$$E_p \approx \bar{E}(x) = \bar{E}(0) \cdot (1 - x/R_p) \qquad (1.26)$$

Hier bedeuten x die Eindringtiefe in das Medium, $\bar{E}(0)$ die mittlere Elektronenenergie beim Eintritt in das Medium (x = 0), die bei symmetrischen schmalen Elektronenspektren gleich der wahrscheinlichsten Energie ist, und R_p die Praktische Reichweite (vgl. Abschnitt 1.2.5). Nach dieser Beziehung nimmt die mittlere Elektronenenergie also linear und kontinuierlich mit der Eindringtiefe ins Medium ab. Dies stellt zwar eine Vereinfachung der tatsächlichen Verhältnisse dar, ist aber eine für Dosimetriezwecke gut brauchbare Näherung. Experimentelle Beispiele für die Entwicklung des Energiespektrums eines schmalen, monoenergetischen Elektronenstrahls als Funktion des Winkels relativ zur Strahlachse und mit der durchstrahlten Tiefe in Kohlenstoff zeigen die Figuren (1.13) und (1.14).

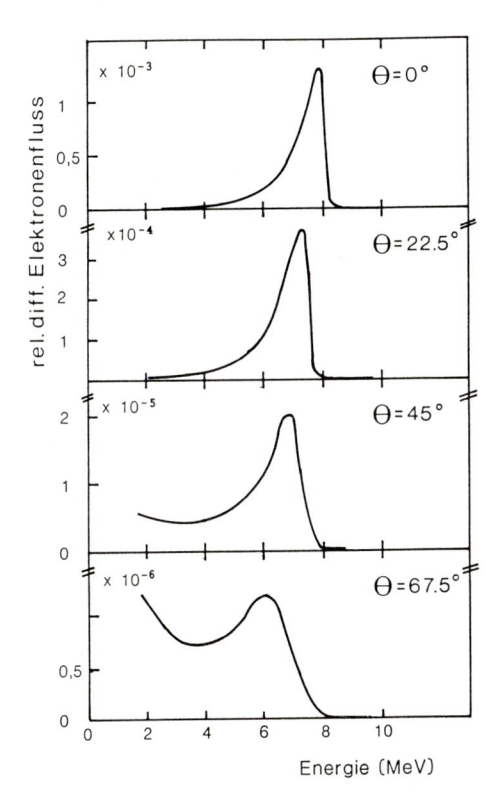

Fig. 1.13:

Energiespektren von 10–MeV–Elektronen hinter 1 cm Kohlenstoff als Funktion des Winkels Θ relativ zur ursprünglichen Strahlrichtung (nach Harder 1966, entnommen ICRU 35). Die niederenergetischen Ausläufer der Energiespektren für zunehmende Streuwinkel sind durch Sekundärelektronen verursacht.

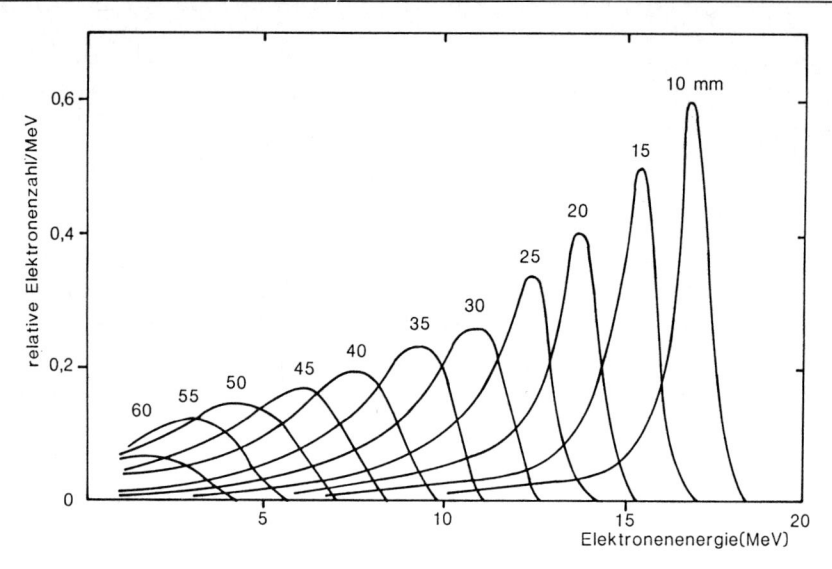

Fig. 1.14: Energiespektren von 20–MeV–Elektronen hinter Kohlenstoff als Funktion der Dicke x des Absorbers (nach Harder 1966).

1.2.3 Richtungsänderungen von Elektronen, Streuvermögen

Bei jeder Wechselwirkung von Elektronen mit Materie werden diese wegen ihrer kleinen Masse mehr oder weniger aus ihrer ursprünglichen Bewegungsrichtung abgelenkt. Je nach Zahl der von einem Elektron durchlaufenen Streuprozesse spricht man von Einzel–, Mehrfach– (2–20) oder Vielfachstreuung (>20 Streuungen). Die Wahrscheinlichkeit für die Streuung und der Streuwinkel hängen in komplizierter Weise von der Elektronenenergie und den Eigenschaften (ρ, Z) des streuenden Materials ab. Die wichtigsten Beiträge zur Streuung von Elektronen liefern die elastische Kernstreuung und die Strahlungsbremsung. Mit zunehmender Schichtdicke des Absorbers wächst die Wahrscheinlichkeit für Mehrfach– und Vielfachstreuung. Das beim Eintritt in ein Medium anfangs stark nach vorne ausgerichtete Elektronenstrahlenbündel wird mit zunehmender Tiefe breiter. Die Winkelverteilungen der Elektronen können nach mehreren Streuvorgängen statistisch beschrieben werden. Die Verteilung der Streuwinkel Θ geht allmählich in eine Normalverteilung (Gaußverteilung) über.

$$W(\Theta)/W(0) = e^{-\Theta^2/\overline{\Theta}^2} \qquad (1.27)$$

$\overline{\Theta}^2$ heißt mittleres Streuwinkelquadrat und ist ein Maß für die Breite der Verteilungen nach Gleichung (1.27) und damit für die mittlere Strahlaufstreuung. $\overline{\Theta}^2$ nimmt zunächst proportional zur durchstrahlten Schichtdicke zu (Fig. 1.15) und zwar um so langsamer, je höher die Elektronenenergie ist. Die Winkelverteilung wird also mit zunehmender Eindringtiefe in den

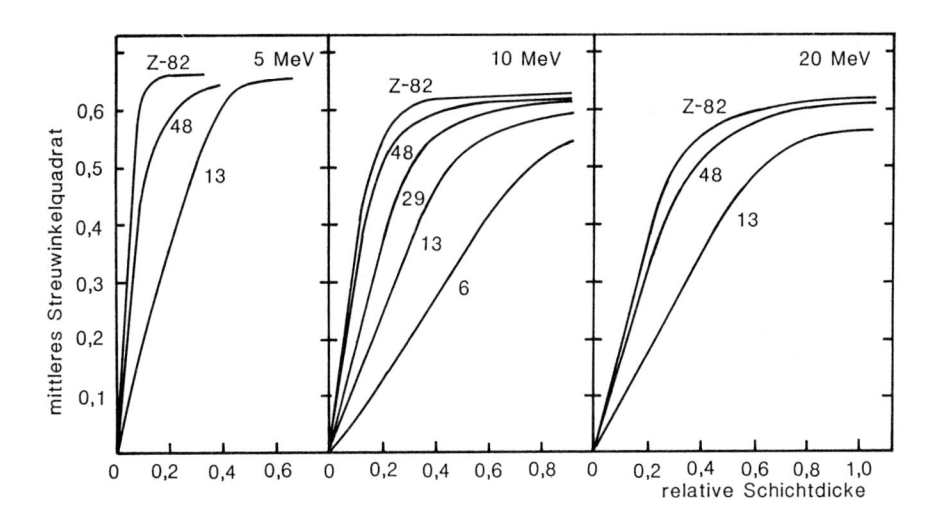

Fig. 1.15: Verlauf des mittleren Streuwinkelquadrates $\overline{\Theta}^2$ (Einheit sr^{-2}) mit der Schichtdicke (in Einheiten der wahren mittleren Bahnlänge ℓ) in unendlich ausgedehnten Absorbern für Kohlenstoff (Z = 6), Aluminium (Z = 13), Kupfer (Z = 29), Cadmium (Z = 48) und Blei (Z = 82) für Elektroneneintrittsenergien von 5 bis 20 MeV (nach Daten von Roos 1973).

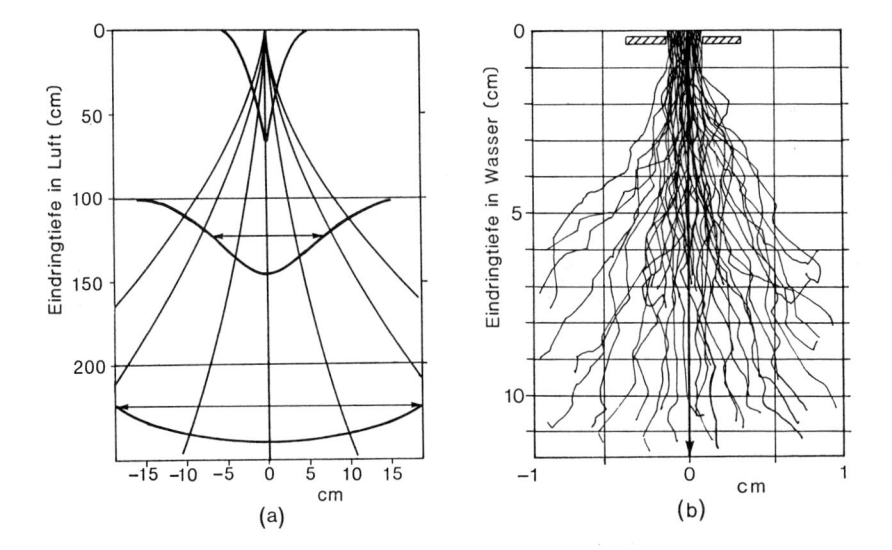

Fig. 1.16: (a): Seitliche Teilchenfluenz eines Elektronenstrahlenbündels in Luft (mit eingezeichneten Trajektorien, schematisch). (b): Bahnspuren von 11–MeV–Elektronen in Wasser (gezeichnet nach Nebelkammeraufnahme in flüssigem Propan, korrigiert auf die Reichweite in Wasser).

Absorber breiter. Etwa ab der halben praktischen Reichweite im jeweiligen Material verändern sich die Winkelverteilungen für leichte Elemente kaum noch. Der Wert des Streuwinkelquadrates erreicht dann einen Sättigungswert, die bis dahin erreichte Divergenz bleibt im wesentlichen konstant. Den experimentellen Daten in Fig. (1.15) entnimmt man auch, daß die Streuung die Sättigung am schnellsten für hohe Ordnungszahlen, also schwere Absorber, erreicht. Für den Wert des mittleren Streuwinkelquadrates gilt nach theoretischen Untersuchungen folgende Energie-, Dichte- und Ordnungszahlabhängigkeit:

$$\overline{\Theta}^2 \sim \rho/A \cdot (Z+1)^2/E^2 \qquad (1.28)$$

In Anlehnung an die Beschreibung der Energieverluste von Elektronen mit Stoß- und Strahlungsbremsvermögen kann man das Massenstreuvermögen ($\overline{\Theta}^2/\rho x$) definieren, das als Funktion von Elektronenenergie und Ordnungszahl unter anderem auch für einige dosimetrisch interessante Stoffgemische tabelliert wurde (ICRU 35).

Zusammenfassung: Jede Wechselwirkung von Elektronen mit Materie ist mit einer Streuung verbunden, verändert also die Bewegungsrichtung der Elektronen. Die Streuung ist um so stärker, je niedriger die Energie der Elektronen und je höher Dichte und Ordnungszahl des durchstrahlten Mediums sind. Bei genügender Eindringtiefe erreicht der mittlere quadratische Streuwinkel einen Sättigungswert. Dieser Zustand wird als vollständige Diffusion bezeichnet.

1.2.4 Rückstreuung und Transmission von Elektronen

Treffen Elektronen auf eine Materieschicht, so werden sie entweder zurückgestreut, absorbiert oder sie durchdringen den Absorber. Die entsprechenden relativen Anteile des Primärelektronenflusses eines Strahlenbündels bei der Wechselwirkung mit Materie beschreibt man mit dem **Rückstreukoeffizienten** η_b, dem **Absorptionskoeffizienten** η_a und dem **Transmissionskoeffizienten** η_t. Die Summe der drei relativen Anteile muß 100% ergeben, deshalb gilt:

$$\eta_b + \eta_a + \eta_t = 1 \qquad (1.29)$$

Rückstreuung und Transmission der primären Elektronen sind Experimenten direkt zugänglich. Experimentelle Transmissionskurven zeigen einen von der Energie der Elektronen beim Eintritt in das Medium weitgehend unabhängigen und sehr charakteristischen Verlauf (vgl. Fig. 1.17). Der primäre Elektronenfluß bleibt bei dünnen durchstrahlten Schichten zunächst nahezu konstant bei 100% und fällt bei größerer Absorbertiefe schnell gegen Null. Die abfallende Flanke der Transmissionskurven in der Tiefe des Absorbers ist um so steiler, je niedriger die Ordnungszahl des Mediums ist. Erst bei hohen Elektroneneintrittsenergien hängt die

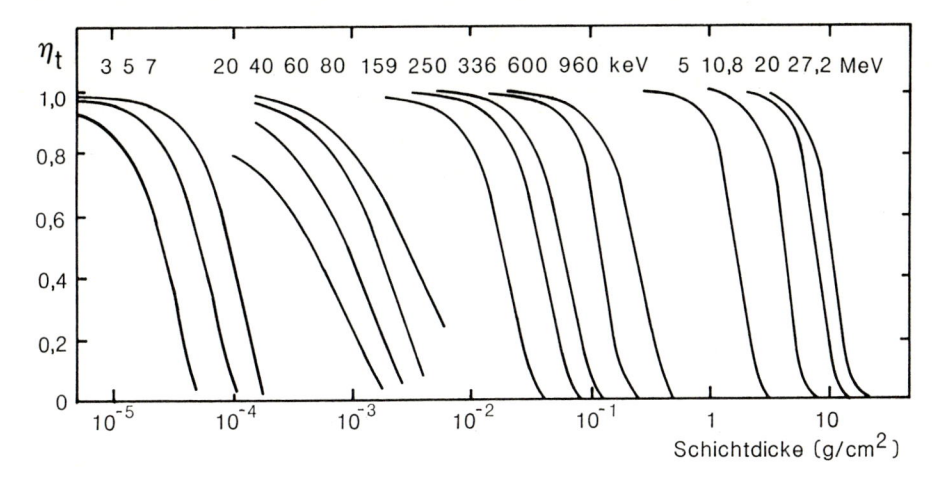

Fig. 1.17: Transmissionskurven von Elektronen in Aluminium (nach Daten aus Jaeger/Hübner).

Steigung auch von der Elektronenenergie ab. Transmissionskurven beschreiben die Veränderung des primären Teilchenflusses mit der Tiefe und nicht die Restenergie der Primärelektronen oder die vom Medium absorbierte Energie, die ja maßgeblich vom Sekundärteilchenfluß mit beeinflußt wird. Der Abfall der Transmissionskurven ist neben der Verminderung der primären Elektronen durch Absorption auch wesentlich von Streuvorgängen abhängig. Obwohl Transmissionskurven also den Teilchenfluß beschreiben und nicht die Energieübertragung, ähneln sie am Ende der Elektronenbahnen dem typischen Verlauf von Tiefendosiskurven, wie sie aus der Dosimetrie therapeutischer Elektronenstrahlung bekannt sind (vgl. Abschnitt 8.1).

Die Rückstreuung von Elektronen ist abhängig von der Dicke und Ordnungszahl des rückstreuenden Materials (Fig. 1.18). Bei derjenigen Streukörperdicke, die etwa der Hälfte der mittleren Elektronenreichweite in diesem Material entspricht, erreicht der Rückstreukoeffizient einen Sättigungswert $\eta_{b,sat}$, da Elektronen aus größeren Tiefen nicht mehr an die Eintrittsseite des Streumediums zurückgelangen können. Je dicker die Absorberschicht ist, um so niedrigere mittlere Energien haben die aus der Tiefe zurückgestreuten Elektronen, da sie ja nach der Streuung auf dem Weg zur Phantomoberfläche weiter Energie verlieren. In schweren Materialien und bei mittleren Elektronenenergien um 0.5–1.0 MeV können die Sättigungswerte der Rückstreukoeffizienten Werte bis zu 50% annehmen. Sie spielen deshalb bei der Dosimetrie von Elektronenstrahlung in der Nähe von Materialgrenzen durch Störung des ursprünglichen Elektronenflusses eine erhebliche Rolle. Ein Beispiel ist die Veränderung der Elektronendosisverteilung im Medium durch Einbringen von Detektoren (Feldstörung, englisch: perturbation, vgl. Abschnitt 4.3). Für relativistische Elektronenenergien kann der Sättigungsrückstreuanteil durch folgende einfache empirische Formel abgeschätzt werden:

$$\eta_{b,sat} \approx 2.2 \cdot (Z \cdot m_o c^2/E_o)^{1.3} \; (\%) \tag{1.30}$$

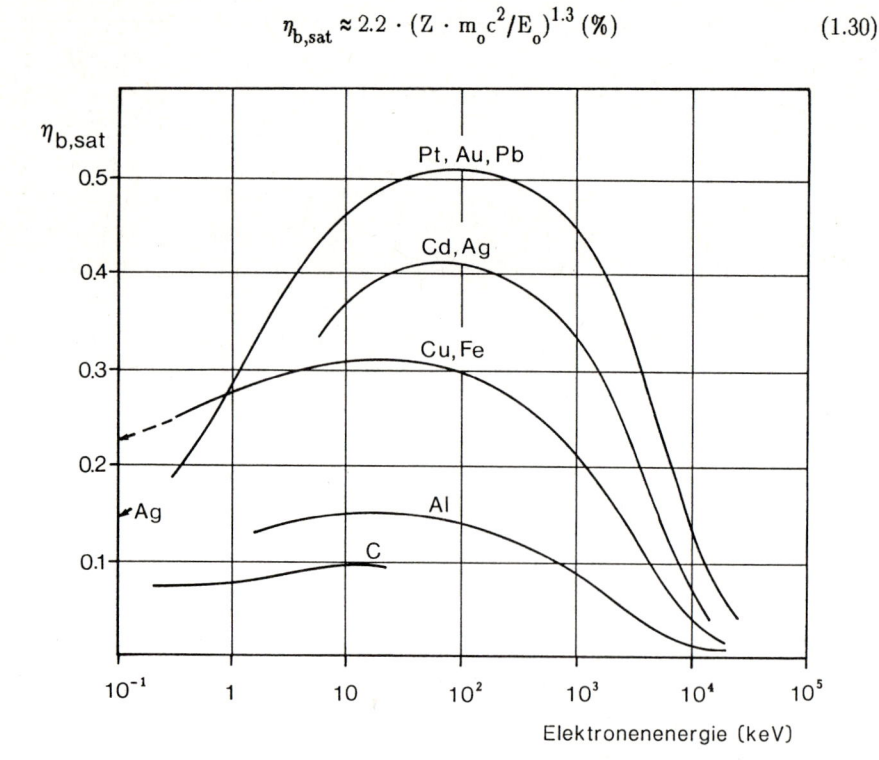

Fig. 1.18: Sättigungswerte des Rückstreukoeffizienten $\eta_{b,sat}$ für Elektronen (nach Datensammlung Jaeger/Hübner).

Beispiel 3: Der Gebrauch der Gleichung (1.30) und die Bedeutung der Rückstreuung soll an einem für die Dosimetrie von Elektronenstrahlung an Beschleunigern wichtigen Beispiel erläutert werden. In Beschleunigern für die Strahlentherapie wird die Dosisleistung durch interne Durchstrahlmonitore ständig überwacht. Die Monitorkammern befinden sich vor dem Strahlkollimator zur Einstellung des Bestrahlungsfeldes. Beim Schließen der Wolframblenden (Z = 74) trifft der primäre Elektronenstrahl deshalb auf die patientenabgewandte Seite des Kollimators. Elektronenstrahlung wird in die Monitorkammern zurückgestreut und erhöht dadurch je nach eingestellter Feldgröße (Kollimatoröffnung) und Abstand des Monitors die Meßanzeige des Dosisüberwachungssystems. Dies ist eine der Ursachen für die Feldgrößenabhängigkeit der Monitorkalibrierung (vgl. Abschnitt 6.1.2). Für ein beinahe völlig geschlossenes Blendensystem unmittelbar unterhalb des Strahlmonitors und eine Elektronenenergie von 5 MeV ergibt Gl. (1.30) den Rückstreuanteil:

$$\eta_{b,sat} \approx 2.2 \cdot (74 \cdot 0.511/5)^{1.3} \approx 30.5 \; \% \; .$$

Bei der Monitorkalibrierung von 5–MeV–Elektronenstrahlung an Linearbeschleunigern muß deshalb mit einer Feldgrößenabhängigkeit der Dosisleistungskalibrierung in ähnlicher Größenordnung gerechnet werden. Weitere Streubeiträge sind im bestrahlten Medium und von den Ausgleichsfolien zu erwarten.

1.2.5 Bahnlänge und Reichweiten von Elektronen in Materie

Nach den bisherigen Ausführungen zur Wechselwirkung von Elektronen mit einem Medium ist klar, daß nicht alle in einen Absorber eingestrahlten Elektronen dort das gleiche Schicksal erleiden. Sie erleben eine zufällige Energie- und Winkelaufstreuung (Energie- und Winkelstraggling) und legen deshalb statistisch bestimmte Bahnen im Absorber zurück, wobei auch Rückwärtsbewegungen auftreten (Fig. 1.19). Wegen der großen Richtungsänderungen, die für Elektronen beim Stoß mit den gleich schweren Hüllenelektronen möglich sind, ähneln die Bahnen von Elektronen dem Gang eines Betrunkenen und werden deshalb salopp als "drunken mans walk" bezeichnet. Der typische Zick-Zack-Lauf von Elektronen ist auch aus Nebelkammeraufnahmen experimentell bekannt (Fig. 1.16b). Der insgesamt in einem Medium zurückgelegte Weg eines Elektrons, seine Bahnlänge, läßt sich aus dem Bremsvermögen des Absorbers und der Eintrittsenergie des Elektrons theoretisch berechnen. Für die mittlere wahre Bahnlänge ℓ von Elektronen gilt mit $S_{tot} = (dE/dx)_{tot}$ näherungsweise:

$$\ell = \int_0^R dx = \int_0^{E_0} (dE/dx)_{tot}^{-1} dE = \int_0^{E_0} 1/S_{tot}\, dE \qquad (1.31)$$

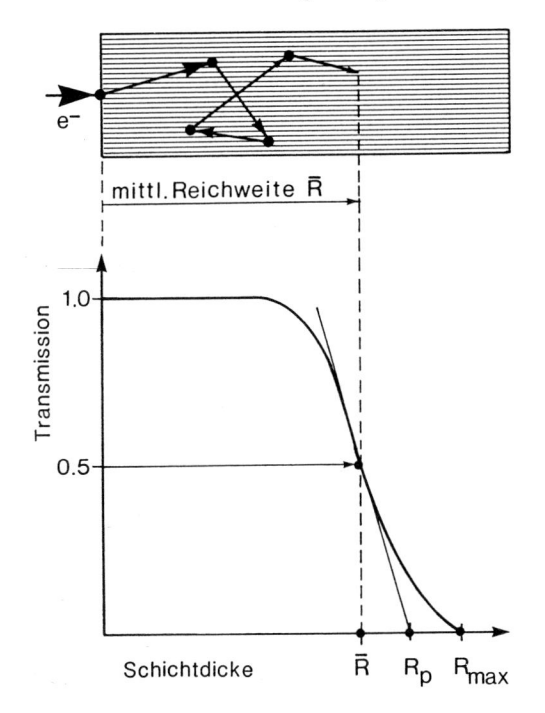

Fig. 1.19:
Oben: schematische Darstellung der Bahn eines Elektrons in Materie, die mittlere Reichweite ist die Projektion aller möglichen Elektronenbahnen auf die ursprüngliche Strahlrichtung, die Bahnlänge ℓ ist die Summe der einzelnen, individuellen Wegstücke.
Unten: Transmissionskurve mit der Definition der verschiedenen Reichweiten für Elektronenstrahlung in Materie: mittlere Reichweite $\bar{R}$, praktische Reichweite R_p und maximale Reichweite R_{max}.

Für den Verlauf der Elektronenverteilung in der Tiefe ist weniger der von den Elektronen zurückgelegte mittlere Weg (die wahre Bahnlänge l), als vielmehr die auf die Strahlrichtung projizierte Eindringtiefe, die sogenannte Reichweite R von Bedeutung (Fig. 1.19). Wegen der großen Richtungsänderungen, denen Elektronen aufgrund ihrer kleinen Masse beim Durchgang durch ein Medium unterliegen, sind die Bahnlängen von Elektronen immer größer als ihre Reichweiten. Das Verhältnis von mittlerer Bahnlänge l und praktischer Reichweite wird **Umwegfaktor X** genannt.

$$X = l/R_p \qquad (1.32)$$

Umwegfaktoren hängen von der Elektronenenergie und dem streuenden Material ab. Für leichte Materialien sind Umwegfaktoren nur wenig von 1 verschieden, für hohe Ordnungszahlen werden Werte bis etwa X = 4 erreicht. Schwerere geladene Teilchen (p, d, α) werden wegen ihrer wesentlich größeren Massen durch Wechselwirkungen weit weniger von ihrer ursprünglichen Bahn abgelenkt. Ihre Bahnlängen stimmen deshalb mit ihrer Reichweite überein, für den Umwegfaktor gilt in guter Näherung X = 1.

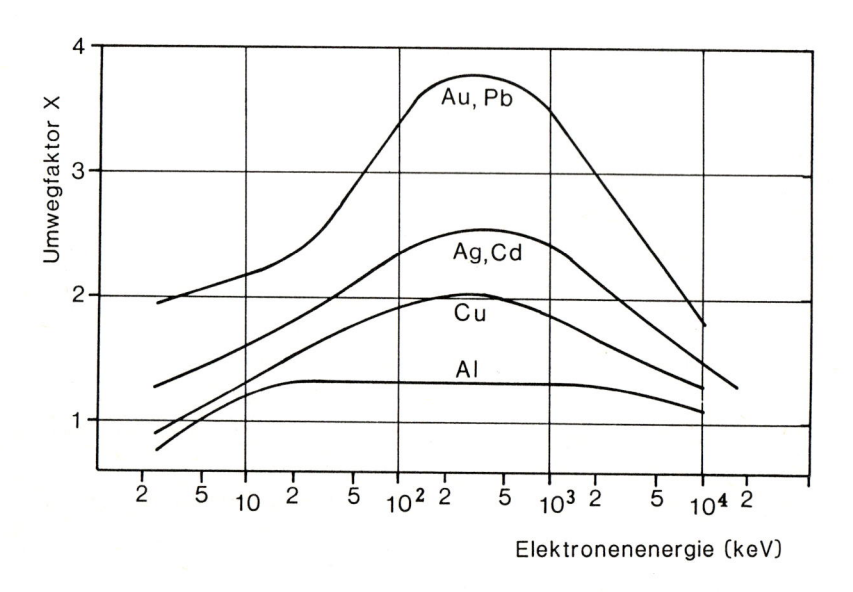

Fig. 1.20: Umwegfaktoren X für Elektronen in verschiedenen Materialien (nach Jaeger/Hübner).

Anhand der aus Teilchenzählungen hinter Absorberschichten gewonnenen Transmissionskurven werden verschiedene physikalische Elektronenreichweiten definiert (Fig. 1.19 unten). Neben der mittleren Reichweite (50 % Tiefe der Transmissionskurve) verwendet man die praktische Reichweite R_p und die maximale Reichweite R_{max}. Die praktische Reichweite ist definiert als Projektion des Schnittpunktes der Wendetangente an die Transmissionskurve auf die Tiefenachse (Abszisse). Die maximale Reichweite entspricht der Stelle, an der die Transmissionskurve die Tiefenachse erreicht. Reichweiten werden zur Charakterisierung der Energie eines Elektronenstrahlenbündels verwendet. Sie sind etwa umgekehrt proportional zum Stoßbremsvermögen. Da das Stoßbremsvermögen proportional zur Dichte des Absorbers ist und für nichtrelativistische Energien auch umgekehrt proportional zur Elektronenenergie (vgl. Gl. 1.20), sind die Reichweiten für nicht zu hohe Elektronenenergien etwa proportional zur Elektroneneintrittsenergie und verhalten sich umgekehrt wie die Dichten der Absorber.

Für praktische Zwecke verwendet man daher die Produkte aus Dichte und Reichweite ($\rho \cdot R$), die sogenannten **Massenreichweiten**. Massenreichweiten sind näherungsweise unabhängig von der Dichte (vgl. Fig. 1.21). Bei nicht zu hohen Elektronenenergien und niedrigen Ordnungszahlen sind die experimentellen, praktischen Massenreichweiten (Fig. 1.21) und die Eintrittsenergie der Elektronen ins Medium zueinander proportional (s. o.). Für schwere Absorbermaterialien weichen die Reichweiten allerdings wegen der mit zunehmender Elektronenenergie anwachsenden Bremsstrahlungsverluste vom linearen Verlauf ab. Für Tiefendosiskurven therapeutischer Elektronenstrahlung in Weichteilgeweben oder anderen körperähnlichen Substanzen existieren eine Reihe ähnlich definierter Reichweiten, die allerdings anhand der Energietiefendosisverläufe ermittelt werden müssen (s. dazu Abschnitt 8.1.1).

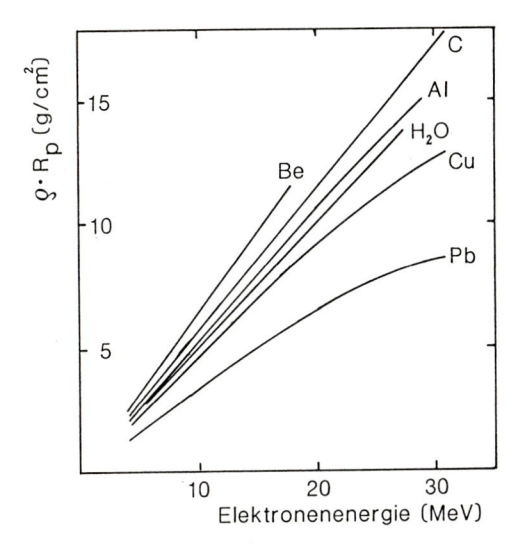

Fig. 1.21:

Praktische Massenreichweiten für Elektronen in verschiedenen Materialien.

Elektronen aus dem Betazerfall von Radionukliden haben keine einheitliche Energie. Ihre Energieverteilungen (die Betaspektren) sind ähnlich wie Röntgenbremsstrahlung heterogen. Aus der Gleichung für den Betazerfall ($n \rightarrow p^+ + \beta^- + \bar{\nu} + E$) entnimmt man, daß sich die beim Zerfall übrigbleibende Zerfallsenergie als Bewegungsenergie statistisch auf das Teilchenpaar Betateilchen–Antineutrino verteilt. Charakteristisch für das zerfallende Radionuklid ist deshalb nur die maximale Betaenergie $E_{\beta,max}$, die sich aus den Massen–Energie–Äquivalenten der am Zerfall beteiligten Atomkerne berechnen läßt. Betateilchen können die maximale Energie nur erreichen, wenn das konkurrierende Antineutrino gleichzeitig praktisch keine Bewegungsenergie übernimmt. Für Dosimetriezwecke und zur Berechnung der mittleren Reichweite von Betastrahlung benötigt man die mittlere Betaenergie, die sich nach der folgenden Formel berechnen läßt:

$$\overline{E}_\beta = \frac{\int_0^{E_{max}} E \cdot N(E) \cdot dE}{\int_0^{E_{max}} N(E) \cdot dE} \tag{1.33}$$

N(E) ist hierbei die Form des Elektronenenergiespektrums, das aus kerntheoretischen Ansätzen berechnet oder experimentell bestimmt werden kann. Für viele Zwecke der praktischen Dosimetrie ist es ausreichend, mit der groben Näherungsformel (1.34) zu rechnen.

$$\overline{E}_\beta = 1/3 \cdot E_{\beta,max} \tag{1.34}$$

Numerische Werte für mittlere und maximale Betaenergien kann man der Literatur entnehmen (z. B. Jaeger/Hübner und dortige Referenzen, DIN/ISO 7503–1). Daten einiger für die Medizin wichtiger β-Strahler sind in Tabelle (2.1) zusammengestellt.

mittl. β-Energie (Mev)	$\overline{R}$ in Luft (m)	$\overline{R}$ in Gewebe (mm)
0.1	0.13	0.14
0.2	0.4	0.43
0.5	1.7	1.7
1.0	4.1	4.3
3.0	14.0	15.0

Tab. 1.4: Mittlere Reichweiten von β^--Strahlung in Luft und Weichteilgewebe (nach ICRP 38).

Die meisten Betastrahler haben maximale Betaenergien von einigen 100 keV bis zu mehreren MeV. Für ihre mittlere Reichweite in Materie ist allerdings die mittlere Betaenergie nach den Gleichungen (1.31) und (1.32) verantwortlich. In Tabelle (1.4) sind für die Medien Luft und Wasser einige dieser mittleren Reichweiten als Funktion der mittleren Betaenergie zusammengestellt. Ein Vergleich mit den Daten für medizinisch häufig verwendete Betastrahler (Tab. 2.1) zeigt, daß diese Reichweiten für medizinische Radionuklide nur Bruchteile von Millimetern oder maximal einige Millimeter betragen, ihre Energie also an das Gewebe in der unmittelbaren Nachbarschaft der Elektronenbahnen abgeben. Auf dieser lokalen Wirkung bei gleichzeitiger Schonung der weiteren Umgebung beruht die Anwendbarkeit inkorporierter, betastrahlender Radionuklide in der Strahlentherapie.

Zusammenfassung: Wegen ihrer kleinen Masse laufen Elektronen beim Durchgang durch Materie auf Zick-Zack-Bahnen mit teilweiser Richtungsumkehr. Die Projektionen der Bahnen auf die Strahlachse werden als Reichweiten bezeichnet. Je schwerer der Absorber ist, um so größer ist das Verhältnis zwischen Bahnlänge und Reichweite (Umwegfaktor). Die Reichweiten sind umgekehrt proportional zur Dichte des Absorbers und etwa proportional zur Elektronenenergie. Reichweiten von Betastrahlung in menschlichem Gewebe oder Wasser liegen in der Größenordnung von Millimetern.

1.2.6 Der Lineare Energietransfer (LET)

Die biologischen Wirkungen ionisierender Strahlungen hängen nicht nur von der Energiedosis im Gewebe ab, sondern auch von der mikroskopischen Verteilung der Dosis. So ist α-Strahlung bei gleicher Energiedosis um mehr als eine Größenordnung biologisch wirksamer als Elektronenstrahlung. Man hat deshalb das lineare Energieübertragungsvermögen definiert, das angibt, wieviel Energie von direkt ionisierenden Teilchen **lokal** auf das Medium übertragen wird. Diese historische Definition des LET hat sich als nicht sehr zweckmäßig erwiesen, da der Begriff "lokal" meßtechnisch nicht eindeutig definiert war. Die heutig gültige Definition des LET lautet sinngemäß (ICRU 30, ICRU 33, DIN 6814-2):

Der Lineare Energietransfer (LET) geladener Teilchen in einem Medium ist der mittlere Energieverlust dE auf dem Weg ds, den das Teilchen durch Stöße erleidet, bei denen der Energieverlust kleiner ist als eine vorgegebene Energie Δ.

$$\text{LET} = L_\Delta = (dE/ds)_\Delta \tag{1.35}$$

L_Δ hat die SI-Einheit Joule/m, wird aber auch heute noch in den anschaulicheren atomaren Einheiten eV/m oder eV/μm angegeben. Die Energiegrenze Δ wird vereinbarungsgemäß ebenfalls in eV angegeben. So bedeutet die Angabe L_{50}, daß nur Energieverluste mit Energieüberträgen kleiner als 50 eV betrachtet werden sollen. Durch die Einschränkung der übertragenen Energie auf "kleine" Werte, ist der Forderung nach der lokalen Wirkung der Energieübertragung Rechnung getragen. Für $\Delta \rightarrow \infty$ geht der LET in das lineare Stoßbremsvermögen S_{col} über. Deshalb gilt:

$$L_\Delta \leq S_{col} \quad \text{und} \quad L_\infty = S_{col} \tag{1.36}$$

Die L_∞-Werte machen die unterschiedlichen empirischen Bewertungsfaktoren q bei verschiedenen Strahlungsqualitäten (Hoch- und Niedrig–LET–Strahlung) im Strahlenschutz verständlich, mit deren Hilfe eine Energiedosis in die biologisch wirksame Äquivalentdosis umgerechnet werden kann. Der Zusammenhang zwischen dem LET und diesem Bewertungsfaktor q des Strahlenschutzes ist in Tabelle (1.5) dargestellt.

Strahlungsart	L_∞ (keV/µm) in H_2O	Bewertungsfaktor q
e^-, β^-, Photonen	≤ 3.5	1
α, p, d, n (je nach Energie)	3.5–7.0	1–2
	7–23	2–5
	23–53	5–10
	53–175	10–20

Tab. 1.5: LET (L_∞) in Wasser und Bewertungsfaktoren q (nach Anhang XIV StrSchV).

Beispiel 4: Die für den Strahlenschutz bedeutsame Äquivalentdosis in Weichteilgewebe (H) berechnet man aus der in diesen Geweben durch die externe oder interne Bestrahlung entstehenden Energiedosis E mit dem Bewertungsfaktor q nach der folgenden Beziehung:

$$H = q \cdot E \tag{1.37}$$

Mit den numerischen Werten für den Bewertungsfaktor q aus Tabelle (1.5) erhält man für eine Strahlenexposition, die eine Energiedosis von 1 mSv (100 mrem) im Menschen erzeugt, für Elektronen und Photonenstrahlung eine Äquivalentdosis von 1 mSv, für α-Strahlung Äquivalentdosen zwischen 1 mSv und 20 mSv, also Werte bis zum zwanzigfachen der Äquivalentdosis für Niedrig–LET–Strahlung. Dies trägt der bekannten Radiotoxizität hochenergetischer α-Strahler Rechnung. Beispiele solcher α-Strahler sind das 222–Rn und seine Tochterprodukte aus dem natürlichen Zerfall der Aktiniden in der Raumluft von Uranbergwerken oder aus Energiegründen schlecht belüfteten Wohnräumen oder die α-strahlenden Aktiniden in nuklearen Abfällen aus Kernreaktoren wie beispielsweise das in Brutreaktoren in großen Mengen erbrütete 239–Pu. Wegen der geringen Reichweiten der α-Teilchen in menschlichem Gewebe (je nach Energie nur einige µm, also wenige Zelldurchmesser) sind besonders die Oberflächen der Lungen (Lungenepithel) von der Strahlenwirkung der in der Atemluft enthaltenen α-Strahler betroffen. α-Strahlung aus natürlichen Quellen ist deshalb an der Entstehung von Lungentumoren (Bronchialkarzinomen) beteiligt.

1.2.7 Die Ionisierungsdichte und das Ionisierungsvermögen

In Gasen sind die durch Wechselwirkung ionisierender Strahlung erzeugten elektrischen Ladungen mit der Ionisationsmethode direkt nachzuweisen. Die Zahl der Ionen ist in Gasen proportional zum Gasdruck und zum Teilchenfluß der Strahlung. Die **Ionisierungsdichte Q*** ist definiert als Zahl der Ionenpaare durch Zeit mal Volumen.

$$Q^* = N/(t \cdot V) \qquad\qquad J = dN/ds \qquad\qquad (1.38)$$

Die Ionisierungsdichte Q^* unterscheidet sich stark je nach der Teilchen- bzw. Strahlungsart und der Teilchenenergie. Elektronen und Photonenstrahlung zählen wegen der geringen Ionisierungsdichte zu den locker ionisierenden Strahlungsarten, schwere geladene Teilchen wie Alphateilchen und Schwerionen dagegen zu den dicht ionisierenden Strahlungen, da sich hier alle Ionen in einem kleinen Volumen um die Bahnspur befinden. Die Zahl der erzeugten Ionenpaare pro Weglänge wird als das **lineare Ionisierungsvermögen J** bezeichnet (s. Gleichung 1.38). Es hängt von der Teilchenart, der Teilchengeschwindigkeit und der Dichte des Mediums ab. Ähnlich wie das lineare Stoßbremsvermögen nimmt es etwa mit der reziproken

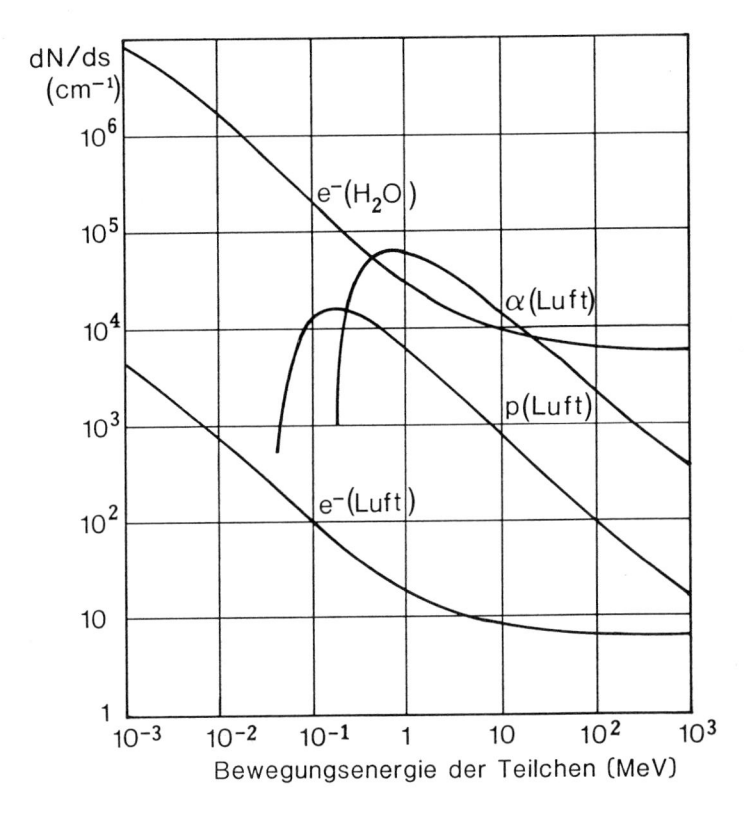

Fig. 1.22: Lineares Ionisierungsvermögen dN/ds für Protonen, Alphateilchen und Elektronen in Luft und Wasser als Funktion der Teilchenenergie.

Energie ab (Fig. 1.22). Für schwere geladene Teilchen zeigen die Ionisierungskurven darüberhinaus ein Maximum bei niedrigen Energien. Schwere Teilchen, die in einen Absorber eingestrahlt werden, zeigen deshalb ein Anwachsen der Ionisierungsdichte bzw. des Ionisierungsvermögens am Ende der Teilchenbahnen, wo die Teilchen bis auf eine kleine Restenergie abgebremst worden sind. Die Ionisierungskurven werden Bragg–Kurven genannt, der Anstieg am Ende der Teilchenbahn Bragg–Maximum. Da eine dichte Ionisierung mit einer hohen lokalen Energieabgabe verbunden ist, können mit hochenergetischen schweren Teilchen (einige 100 MeV Bewegungsenergie) Tiefendosiskurven erzeugt werden, die am Ende der Teilchenbahn sprunghaft zunehmen. Solche Tiefendosisverläufe sind dann von besonderem Vorteil, wenn hohe Zielvolumendosen erwünscht sind, die Dosis auf dem Weg zum Zielvolumen aber so klein wie möglich gehalten werden soll. An einigen großen Beschleunigerzentren wurden daher an den Hochleistungsteilchenbeschleunigern Einrichtungen zur strahlentherapeutischen Behandlung von Tumorpatienten mit hochenergetischen schweren geladenen Teilchen (Protonen, Deuteronen, Pionen) gegründet. Die Verwendung von Pionen hat sich als besonders günstig erwiesen, da neben dem üblichen Bragg–Maximum am Ende der Teilchenbahnen durch Zerfall der Pionen zusätzliche Dosisbeiträge entstehen. Ein Beispiel ist die stereotaktische perkutane Bestrahlung am Gehirn.

2 Physikalisch-technische Grundlagen der Strahlentherapie

Die drei klassischen Disziplinen zur Behandlung von Tumorerkrankungen sind die Chirurgie, die Radioonkologie und die Chemotherapie. Die Radioonkologie verwendet ionisierende Strahlungen zur Zerstörung oder Volumenverminderung von Tumoren. Wegen der mit jeder Strahlenbehandlung verbundenen unvermeidbaren Schädigung des von der Strahlung ebenfalls getroffenen gesunden Gewebes (vgl. Abschnitt 3.3) ist die Strahlentherapie im allgemeinen auf die Behandlung lokaler Zielvolumina beschränkt. Strahlungsquellen für die Radioonkologie müssen deshalb eine räumliche Eingrenzung der Bestrahlungswirkung ermöglichen. Je nach Abstand der Strahlungsquelle vom Patienten unterscheidet man

- Teletherapie (Ferntherapie),
- Brachytherapie (Kurzdistanztherapie) und
- Kontakttherapiemethoden.

Die Applikation der Strahlungen kann entweder von außen über die Haut (perkutan), von Körperhöhlen aus (intrakavitär, endoluminal), in die offene Operationswunde (intraoperativ) oder direkt im Gewebe (interstitiell) vorgenommen werden.

Die Wahl der Strahlungsart und Strahlungsqualität durch den Arzt hängt von der Lage und Geometrie des therapeutischen Zielvolumens im Organismus ab. Oberflächlich liegende Herde können mit kurzreichweitiger Elektronen- oder Betastrahlung behandelt werden. Vereinzelt wird auch weiche Röntgenstrahlung mit kleinem Fokus-Haut-Abstand verwendet (Weichstrahltherapie). Tiefliegende Zielvolumina erfordern die Verwendung durchdringender Photonenstrahlung. Soweit der Zugang zu den therapeutischen Zielvolumina durch Körperöffnungen direkt möglich ist, werden Strahlungsquellen auch in unmittelbaren Kontakt mit den Tumoren gebracht (Gynäkologie, Enddarm, HNO-Bereich, Atemtrakt, Speiseröhre) oder die Strahler werden direkt in das Gewebe implantiert (Spickungen, interstitielle Therapie). Eine besondere Therapieform ist die perorale, endolymphatische oder intravenöse Verabreichung flüssiger β-strahlender Substanzen, die sich dann in den gewünschten Zielvolumina anreichern und dort ihre (in der Regel kurzreichweitige) Strahlenwirkung entfalten. Ein Beispiel ist die Behandlung von Schilddrüsenerkrankungen mit radioaktivem 131-Jod, das als Flüssigkeit oder als Kapsel in Form von Natriumjodid (NaJ) peroral verabreicht wird.

2.1 Strahlungsquellen in der Strahlentherapie

Die wichtigsten radioonkologisch verwendeten Strahlungsarten sind Elektronen- und Photonenstrahlung. Zu den Elektronenstrahlungsquellen zählen sowohl die betastrahlenden Radionuklide wie auch hochenergetische Elektronenstrahlungen aus Beschleunigeranlagen. Der

Energiebereich für Elektronenstrahlung erstreckt sich von wenigen 100 keV bei Radionukliden bis etwa 50 MeV bei Beschleunigern. Photonenstrahlungen umfassen die Röntgenstrahlung aus Röntgenröhren (10–300 keV) oder Elektronenbeschleunigern (bis ca. 50 MeV) und die Gammastrahlungen von Radionukliden. Photonenstrahlung wird nach ihrer Durchdringungsfähigkeit anschaulich in weiche (bis 100 keV), harte (100 keV bis 1 MeV) und ultraharte (über 1 MeV) Photonenstrahlung eingeteilt. Vereinzelt werden auch Neutronen und hochenergetische Protonen- oder Pionenstrahlungen zur Strahlentherapie eingesetzt. Da diese Strahlungsarten nur an sehr aufwendigen Anlagen erzeugt werden können (Neutronengeneratoren, Kernreaktoren, Hochenergie-Teilchenbeschleuniger) bleibt ihre Verwendung allerdings auf wenige große Forschungszentren beschränkt.

Die ersten historischen Strahlungsquellen waren die Röntgenröhre (1895 Wilhelm Conrad Röntgen) und das Radium (226–Ra, 1898 Marie und Pierre Curie), die bis heute in der Medizin verwendet werden. Ihnen folgten als weitere künstliche Strahlungsquellen das Betatron (1922 Slepian, Wideröe), der Linearbeschleuniger (1924 Ising), der Van de Graaff Generator (1931 van de Graaff), der Tandem Beschleuniger (1931 Gerthsen), das Zyklotron (1930–1932 Lawrence), das Synchrotron (1944 und 1945 Veksler) und der mit Hochfrequenz betriebene Elektronenlinearbeschleuniger (1946 Alvarez). Die heute am weitesten verbreiteten Teletherapieanlagen sind die Kobaltanlage (Strahlungsquelle: 60–Co) und die Elektronenlinearbeschleuniger (hochenergetische Elektronen und ultraharte Photonen). Eine gewisse Bedeutung haben heute noch das Betatron, die Röntgenbestrahlungsanlagen und die Cäsiumanlagen (Strahlungsquelle: 137–Cs). In neuerer Zeit werden auch medizinische Mikrotrons konstruiert und eingesetzt. Aus Strahlenschutzgründen verwendet man für die intrakavitäre und interstitielle Brachytherapie heute kaum noch Radiumquellen. Statt dessen benutzt man Nachladegeräte, sogenannte Afterloadinganlagen, mit deren Hilfe die Strahlungsquellen nach Legen der Applikatoren oder Spicknadeln ferngesteuert zur Applikation in den Patienten gefahren werden können (vgl. Abschnitt 2.5).

Die in der Strahlentherapie als Strahlungsquellen verwendeten Radionuklide sind meistens kombinierte Beta-Gamma-Strahler. Wegen der kurzen Reichweite der Betastrahlung in menschlichem Gewebe (etwa 0.5 bis 1.5 Millimeter, vgl. Tab. 1.5 Abschnitt 1.2.6) muß die Betastrahlung bei der medizinischen Anwendung vom Patienten ferngehalten werden. Sie würde ausschließlich die Oberfläche des behandelten Organs oder bei der perkutanen Bestrahlung die Haut erreichen und diese mit einer unnötigen und deshalb intolerablen Strahlendosis belasten. Tieferliegende Gewebeschichten werden von der Betastrahlung dagegen nicht erreicht. Ausnahmen sind die therapeutische Anwendung offener inkorporierter Radionuklide für die Strahlentherapie gutartiger und maligner Erkrankungen in der Nuklearmedizin, bei der die kurzen Reichweiten der Betastrahlung zur Schonung umliegenden Gewebes ausgenutzt werden, und die heute allerdings seltener eingesetzten Kontaktbestrahlungsplatten ("Dermaplatten" mit 90–Sr/90–Y Beladung) in der Dermatologie oder der Ophtalmologie, bei denen ja gerade eine ausschließlich oberflächliche Strahlenexposition erwünscht wird. Für sonstige therapeutische Strahlungsanwendungen wird nur die durchdringende Gammastrahlungskomponente genutzt. Moderne therapeutische Strahler sind aus Sicherheitsgründen und zur Absorption der unerwünschten Betastrahlungskomponente in der Regel von Edelstahlhüllen umgeben.

Die Wahl der Strahlungsquelle richtet sich medizinisch vor allem nach der Dosisleistung und der damit verbundenen biologischen Wirkung. Physikalische Kriterien für die Auswahl der Strahlungsquelle sind (s. Tab. 2.1) die Halbwertzeit des verwendeten Radionuklides, die Energie der Gammastrahlung, die massenspezifische Aktivität des Strahlermaterials und die Größe der Strahlungsquelle. Die Halbwertzeit der Quelle bestimmt die Verwendungsdauer des Strahlers, die Häufigkeit der Quellenwechsel und damit die Wirtschaftlichkeit der Quelle. Die Energie der Gammastrahlung ist entscheidend für den Strahlenschutz von Quellentresor und Applikationsraum. Hohe Gammaenergien erfordern einen aufwendigeren und damit teureren baulichen und geräteseitigen Strahlenschutz.

Der von einer therapeutischen Photonen–Strahlungsquelle im Patienten erzeugte Dosisleistungsverlauf ist zum einen von den geometrischen Verhältnissen (Abstand) bestimmt, zum anderen wird er von der energieabhängigen Absorption und Streuung der Strahlung in menschlichem Gewebe beeinflußt. Absorption und Streuung spielen vor allem bei niedrigen Photonenenergien die dominierende Rolle, bei harter und ultraharter Röntgenstrahlung dominiert jedoch weitgehend der Einfluß der Bestrahlungsgeometrie.

Die spezifische Aktivität a des Radionuklidmaterials ist die Aktivität der Strahlungsquelle bezogen auf ihre Masse. Je höher sie ist, um so kompakter können Strahler bei vorgegebener Aktivität gebaut werden. Spezifische Aktivitäten hängen von der Zusammensetzung (Isotopenreinheit, chemische Beschaffenheit), der Halbwertzeit, der Aktivierungsdauer der Quelle und den Aktivierungsbedingungen (z. B. dem Neutronenfluß im Kernreaktor) ab. Unter der Voraussetzung, daß alle N Atome einer Probe radioaktiv sind, berechnet man die spezifische Aktivität a = A/m aus der Massenzahl M und Masse m des Radionuklides, der Zerfallskonstanten λ und der Avogadrokonstanten N_A aus $A = \lambda \cdot N$ und $N = N_A \cdot m/M$ zu:

$$a = \lambda \cdot N_A/M = \ln 2 \cdot N_A/(M \cdot T_{1/2}) \tag{2.1}$$

Die spezifischen Aktivitäten sind also umgekehrt proportional zur Halbwertzeit $T_{1/2}$ des Zerfalls. Für hohe spezifische Aktivitätskonzentrationen sind deshalb kurzlebige Radionuklide besonders günstig. Nach Gleichung (2.1) berechnete spezifische Aktivitäten sind theoretische Maximalwerte der Anfangsaktivitäten (Tab. 2.2). In realen Quellen werden die Nuklide in der Regel nicht isotopenrein oder frisch aktiviert vorliegen. Dies gilt insbesondere für chemische Verbindungen wie Salze oder für Legierungen. Oft werden radioaktive Quellen nach der

Aktivierung erhebliche Zeiten zwischengelagert, um kurzlebige Verunreinigungen abklingen zu lassen. Dabei klingt natürlich auch die Nutzaktivität ab. 137–Cs wird beispielsweise aus Reaktorabfällen gewonnen, da Cäsium ein häufig vorkommendes Spaltfragment ist. Um es bearbeiten zu können, muß es mehrere Jahre zwischengelagert werden. Dies dient im Falle des Cäsiums auch dazu, den Zerfall des 134–Cs ($T_{1/2} \approx 2a$), das simultan im Reaktor entsteht, abzuwarten, da eine chemische Trennung der beiden Cäsiumisotope nicht möglich ist.

Nuklid	$T_{1/2}$	Zerfall	$E_{\beta,max}$ (MeV)	$\overline{E}_\beta$ (MeV)	E_γ (keV)	$\overline{E}_\gamma$ (keV)
60–Co	5.27a	β^-	0.331	0.095	1173, 1332	1253
90–Sr	28.0a	β^-	0.55	0.17	–	
90–Y	64.0h	β^-	2.27	0.92	–	
125–J	59.2d	EC	–	–	35, X–rays#	32
137–Cs	30.14a	β^-	0.51, 1.18	0.18	662	662
192–Ir	73.8d	$K, \beta^\pm$	0.24–0.67	0.17	296–612	375
198–Au	2.70d	β^-	0.96	0.31	410–680	415
226–Ra	1600a	α	4.60, 4.73 **	–	186	186
226–Ra*	1600a	α, β^-	Zerfallskette		240–2200	830

Tab. 2.1: Physikalische Daten einiger wichtiger Radionuklide für die Strahlentherapie (*:226–Ra im Gleichgewicht mit Folgeprodukten, Filterung 0.5mm Pt, **: Alpha–Energien, #: charakteristische Röntgenstrahlung des Tochternuklides 125–Te).

Radionuklid	a_{theor}		a_{techn}	
	(GBq/mg)	(Ci/g)	(GBq/mg)	(Ci/g)
60–Co*	41.8	≈1130	1.85	≈50
125–J	0.653	≈18000		
137–Cs	3.2	≈87	1.1–1.9	≈30–50
192–Ir*	340	≈9200	11–22	≈300–600
198–Au*	9000	≈244000	1.48	≈40
226–Ra**	0.037	1.0	≈0.037	≈1.0

Tab. 2.2: Maximale theoretische und technisch übliche spezifische Aktivitäten a wichtiger Radionuklide für die Radioonkologie, (*: Sättigungsaktivität im Reaktor bei $2.5 \cdot 10^{12}$ Neutronen durch $s \cdot cm^2$, **: 1 Gramm 226–Ra hat die Aktivität 1 Curie).

Bei der Aktivierung von Quellen durch Neutroneneinfang in Kernreaktoren (Beispiele: 60–Co, 192–Ir) ist die technisch erreichbare Sättigungsaktivität vom verfügbaren Neutronenfluß am Quellenort abhängig. Spezifische Aktivitäten sind proportional zum Neutronenfluß (Anzahl der Neutronen durch Sekunde mal cm^2) und hängen außerdem von der Expositionszeit im Neutronenstrahlungsfeld ab. Eine Faustregel besagt, daß zur Erreichung der Sättigungsaktivität eines Radionuklides Aktivierungszeiten von mindestens 4–5 Halbwertzeiten benötigt werden. Bei 60–Co–Quellen würde dies Expositionszeiten im Kernreaktor von 20–25 Jahren bedeuten. Dies ist fast die Lebensdauer kommerzieller Kernreaktoren. Aus Kostengründen werden Aktivierungen nur etwa während einer Halbwertzeit durchgeführt. Technische Aktivitätskonzentrationen realer Strahlungsquellen (Tab. 2.2) sind daher wesentlich kleiner als die Maximalwerte nach Gleichung (2.1).

Beispiel 1: Eine zylinderförmige interstitielle 192–Ir–Quelle soll nicht größer als 1 mm im Durchmesser und 1 mm in der Höhe werden. Die Dichte ρ von reinem Iridiummetall beträgt 22.4 g/cm^3 = 22.4 mg/mm^3. Das zulässige Quellenvolumen ist V = π $(0.5)^2 mm^3$ = 0.785 mm^3. Die Masse berechnet man aus diesen Angaben zu: m = V · ρ = 17.6 mg. Für die technisch mögliche Aktivität A_{techn} erhält man dann:

$$A_{techn} = a \cdot m = 22.2 \text{ GBq/mg} \cdot 17.6 \text{ mg} = 392.2 \text{ GBq}.$$

Bei üblichen kommerziellen Iridiumquellen sind also nicht mehr als 390 GBq (etwa 11 Ci) in einer "1mm–Quelle" unterzubringen.

2.2 Elektronenlinearbeschleuniger

2.2.1 Klinische Anforderungen an Elektronen-Beschleuniger

Historische therapeutische Strahlungsquellen wie Kobalt- oder Cäsiumanlagen bieten nur die durch das verwendete Radionuklid vorgegebene Strahlungsart und Strahlungsqualität. Bei Röntgenröhren kann die Strahlungsqualität zwar in weiten Grenzen variiert werden, die Röhrenspannung kann wegen technischer Probleme (Isolation, Röhrenkonstruktion) jedoch nicht beliebig erhöht werden. Die Anwendung von konventioneller Röntgenstrahlung in der Therapie ist deshalb auf oberflächliche Regionen beschränkt. Die individuelle Lage und Ausdehnung der therapeutischen Zielvolumina (Tumoren) erfordern Bestrahlungsanlagen, bei denen sowohl Strahlungsart (Elektronen, Photonen) wie auch Strahlungsqualität (Energie, Halbwertschichtdicke) frei gewählt werden können. Die meisten therapeutischen Zielvolumina können mit ultraharter Photonenstrahlung von 4–6 MeV behandelt werden. In großen Tiefen (laterale Bestrahlung in Becken und Thorax) sind auch höhere Photonenenergien erwünscht. Als besonders günstig hat sich die kombinierte Behandlung mit Photonen verschiedener Energie herausgestellt, da sich in vielen therapeutischen Situationen das Zielvolumen von der Haut des Patienten bis in die Tiefe erstreckt. Auch Kombinationen von Photonen- mit Elektronenstrahlung sind heute üblich. Moderne Elektronenbeschleuniger sind für die Erzeugung therapeutischer Elektronenstrahlung von 2–30 MeV und ultraharter Photonenstrahlung von etwa 4 bis 50 MeV Grenzenergie ausgelegt. Sie bieten mehrere umschaltbare Elektronenenergiestufen an, bei den meisten Herstellern ist trotz großer technischer Probleme inzwischen auch die Photonenenergie umschaltbar.

Um Nebenwirkungen der Therapie auf benachbarte Körperregionen auf ein Minimum zu reduzieren, muß das Bestrahlungsfeld individuell auf die erforderliche Größen einstellbar sein. Diesem Zweck dienen die Strahlkollimatoren mit variabler Öffnung, die heute auch als asymmetrische und sogar während der Bestrahlung verstellbare (dynamische) Blendensysteme konstruiert werden. Therapeutische Zielvolumina sind in der Regel irregulär, haben also keine quadratischen oder rechteckigen Querschnitte. Der Strahlerkopf muß deshalb die Befestigung von Halterungen für zusätzliche Blenden und Filter zur individuellen Feld- und Isodosenformung ermöglichen. Die Einstrahlrichtung und die Entfernung zum Patienten (isozentrische und Hautfeldtechniken) sollen frei wählbar sein. Die Dosisverteilungen sollen für alle verfügbaren, therapeutisch verwendeten Strahlungsarten und Strahlungsqualitäten einen reproduzierbaren Tiefendosisverlauf, einen scharfen Abfall der Dosisleistung an den Feldrändern und ausreichende Symmetrie und Homogenität innerhalb des Bestrahlungsfeldes aufweisen. Diese Parameter und die Dosisleistung müssen während der Applikation aus Sicherheitsgründen ständig mit einem Monitorsystem überwacht werden. Das Gerät soll Möglichkeiten zur Einstellungsüberwachung bieten (Verifikationssystem). Es muß einfach zu bedienen sein und soll darüberhinaus zuverlässig (geringe Ausfallzeiten) und wirtschaftlich arbeiten.

2.2.2 Prinzipieller Aufbau von Elektronenlinearbeschleunigern

Elektronenlinearbeschleuniger sind Hochfrequenz–Beschleuniger, bei denen die Beschleunigung der Elektronen in geraden Beschleunigungsrohren vorgenommen wird. Das hochfrequente elektrische Feld hat eine Frequenz von 3 GHz. Dies ist eine Radarschwingung und entspricht einer Wellenlänge im Vakuum von 10 Zentimetern. Medizinische Elektronenlinearbeschleuniger sind hochautomatisierte und oft rechnergesteuerte oder rechnerüberwachte Systeme. Sie bestehen aus fünf wesentlichen Baugruppen (vgl. Fig. 2.1): **Modulator, Energieversorgung, Beschleunigungseinheit, Strahlerkopf und Bedienungspult.**

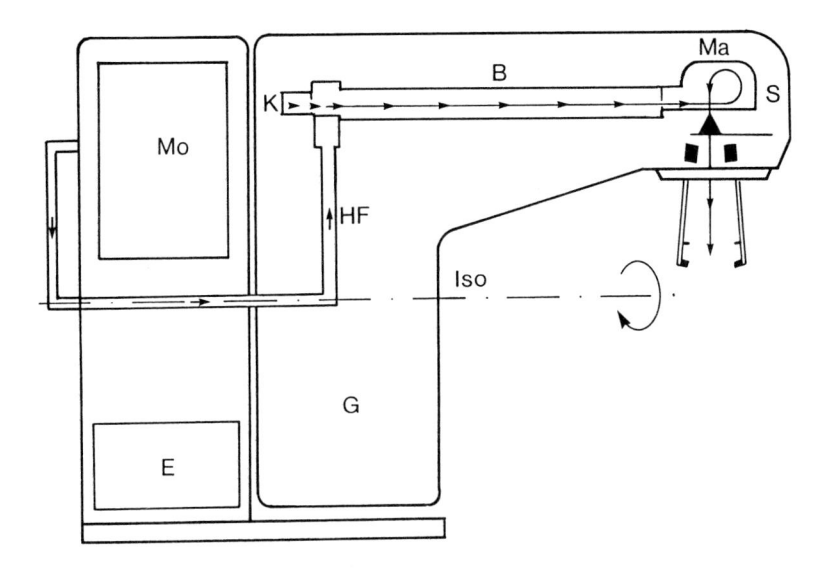

Fig. 2.1: Prinzipieller Aufbau von Elektronenlinearbeschleunigern (Mo: Modulator, E: Energieversorgung, HF: Hochfrequenz, K: Elektronenkanone, B: Beschleunigungsrohr, Ma: Umlenkmagnet, S: Strahlerkopf, Iso: Isozentrumsachse = Drehachse der Bestrahlungsanlage, Gantry = Beschleunigerarm).

Der Modulator enthält als wichtigstes Bauteil die Quelle zur Hochfrequenzerzeugung sowie die Steuerelektronik und die elektrische Versorgung. Er ist im festen Stativ des Beschleunigers untergebracht oder bei großen Anlagen auch räumlich getrennt in besonderen Schaltschränken. Die Hochfrequenz wird über ein Hohlwellenleitersystem von der Hochfrequenzquelle in das Beschleunigungsrohr transportiert. Die eigentliche Beschleunigungseinheit befindet sich im drehbaren Beschleunigerarm (Gantry). Sie besteht aus der Elektronenquelle (Elektronenkanone) und einem oder mehreren hintereinander geschalteten Beschleunigungsrohren (den Sektionen) sowie den Kühlaggregaten und der Vakuumpumpe für das Strahlführungssystem und das Beschleunigungsrohr. Der Strahlerkopf enthält die Umlenkeinheit, das Photonentarget und die Feldausgleichsfilter, das Kollimatorsystem, das Lichtvisier und den Strahlmonitor. Strahlerzeugungs- und Strahlführungssystem einschließlich Strahlerkopf sind aus Strahlenschutzgründen abgeschirmt. Beschleunigerarme haben deshalb Massen von mehreren Tonnen und brauchen für ihre Halterung und Bewegung sehr stabile mechanische Konstruktionen. Vom Bedienungspult aus wird der Betrieb des Beschleunigers durch das Personal gesteuert und vom Verifikationssystem überwacht.

2.2.3 Hochfrequenzquellen

Die Entwicklung von Hochfrequenz-Elektronenlinearbeschleunigern (LINACs) wurde erst möglich, nachdem die Radartechnik im zweiten Weltkrieg technische Reife erlangt hatte und genügend leistungsstarke Hochfrequenzgeneratoren zur Verfügung standen. Die verwendete Hochfrequenz (Mikrowellen im Radarbereich: 3 GHz) wird entweder in Magnetrons oder in Klystrons erzeugt und verstärkt. Beide sind Spezialausführungen sogenannter Laufzeitröhren, in denen die Laufzeiten der Elektronen durch die Röhre zur Schwingungserzeugung ausgenutzt werden.

Das **Magnetron** besteht aus einer zylinderförmigen Kathode, die von einer kompliziert geformten Hohlanode aus Kupfer umgeben ist (Fig. 2.2). In dieser befinden sich Bohrungen, die Resonanzräume für die Hochfrequenz darstellen. Das Magnetron ist in ein magnetisches Längsfeld parallel zur Kathode eingebettet, das die von der Kathode emittierten Elektronen auf Spiralbahnen einlenkt. Stimmt die Umlauffrequenz der Elektronen genau mit der durch die Abmessungen bestimmten Resonanzfrequenz dieser Hohlräume überein, so regen die im Kreis laufenden Elektronen das Magnetron unter Abgabe kinetischer Energie zu intensiven Hochfrequenzschwingungen an. Die Frequenz der so verstärkten Mikrowelle hängt von den geometrischen Abmessungen im Magnetron ab. Kleine Verschiebungen der Frequenz können durch mechanisches Verändern der Magnetronhohlräume oder durch elektronische Verstimmung bewirkt werden. Magnetrons sind imstande, Mikrowellen mit einigen Kilowatt Dauerleistung zu erzeugen und zu verstärken, im Pulsbetrieb sind sogar Spitzenleistungen bis zu 10 Megawatt möglich. Die verstärkte Hochfrequenz wird seitlich aus dem Magnetron ausgekoppelt und über das Wellenleitersystem zur Beschleunigersektion geführt. Magnetrons werden bevorzugt bei kleinen und mittleren Elektronenenergien verwendet. Sie sind preiswerter als Klystrons (s. u.), haben dafür aber auch eine deutlich geringere Lebensdauer. Bei Hochenergiebeschleunigern werden Magnetrons auch als leistungsschwächere Oszillatoren verwendet, deren Hochfrequenz zur weiteren Verstärkung in Hochleistungs-Klystrons eingespeist werden kann.

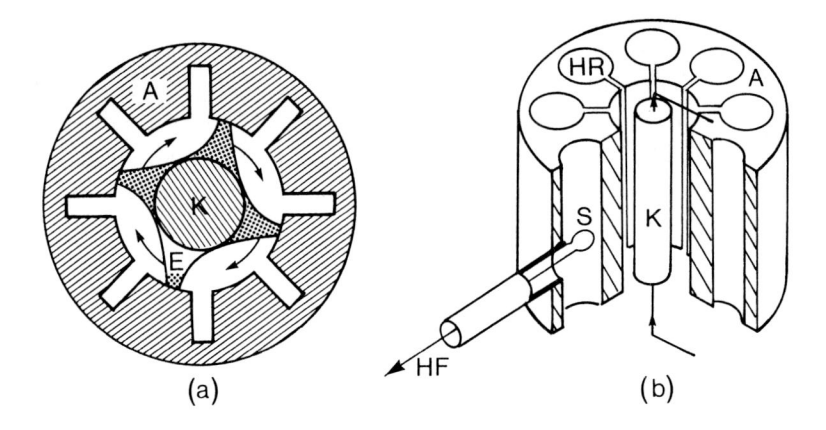

Fig. 2.2:   Aufbau eines Magnetrons, (a): schematischer Aufriß, (b): technische Bauform (K: Kathode, A: Anode, HR: Resonanzräume, S: Antenne zur HF–Auskopplung, E: im Magnetfeld umlaufende Elektronenwolken, nach Hinken).

Bei größeren Leistungsanforderungen, z. B. höheren Elektronenenergien werden in der Regel **Klystrons** als Hochfrequenzverstärker bevorzugt. Man unterscheidet Ein– und Zweikammerklystrons, von denen nur die letzteren für die Erzeugung höherer Hochfrequenzleistungen verwendet werden. Einkammerklystrons (Reflexklystrons, Fig. 2.3b) bestehen aus einer Hochvakuumröhre mit einer indirekt geheizten Kathode und einer siebartig durchlöcherten Anode, die mit einer positiven Hochspannung gegen die Kathode vorgespannt ist. Hinter der Anode befindet sich ein aus zwei positiv geladenen durchbrochenen Gittern gebildeter Hohlraum (Kammer). Elektronen werden durch die positive Anodenspannung von der Kathode abgesaugt und in Richtung auf diesen Gitterhohlraum beschleunigt. Dahinter befindet sich eine weitere Elektrode, die Reflektorelektrode, an der eine hohe negative Spannung anliegt. Die Elektronen werden dadurch abgebremst und in Richtung der Anode zurückbeschleunigt. Sie durchlaufen die Resonatorkammer ein zweites Mal und regen in ihr bei geeigneter Laufzeit der Elektronen hochfrequente Schwingungen an, die seitlich aus dem Hohlraum ausgekoppelt werden können. Frequenzeinstellungen werden durch Verändern der Reflektorspannung und auch durch mechanisches Verstellen der Klystrongeometrie durchgeführt.

Reflexklystrons geben Leistungen bis etwa maximal 10 Watt ab, sind also nicht geeignet, den Hochfrequenzleistungsbedarf von Elektronenlinearbeschleunigern (im Mittel mehrere kW) zu decken. Bei höheren Hochfrequenzleistungen verwendet man deshalb effektivere Bauformen wie das Zweikammerklystron (Fig. 2.3a). Zwischen Kathode und Anode befinden sich zwei Resonanzräume. In den kathodennahen Raum wird seitlich eine Hochfrequenzschwingung eingespeist. Elektronen, die diesen Raum bei ihrer Beschleunigung zur Anode hin durchlaufen, werden von dieser Hochfrequenz zusätzlich beschleunigt oder gebremst. Es bilden sich dadurch im Bereich zwischen den Resonanzräumen Elektronenpakete aus; der kontinuierliche Elektronenstrahl aus der Kathode wird im Takt der Hochfrequenz dichtemoduliert. Beim Durchlaufen der zweiten anodennahen Resonanzkammer regen die beschleunigten Elektronenbündel durch Influenz diesen Hohlraum zu verstärkten hochfrequenten Schwingungen mit der vorher eingespeisten Hochfrequenz an. Die Elektronen werden nach ihrer Energieabgabe über die Anode abgeleitet. Die Abmessungen der Resonanzräume können von außen geringfügig mechanisch verstellt werden, um die Hochfrequenz genau abzustimmen.

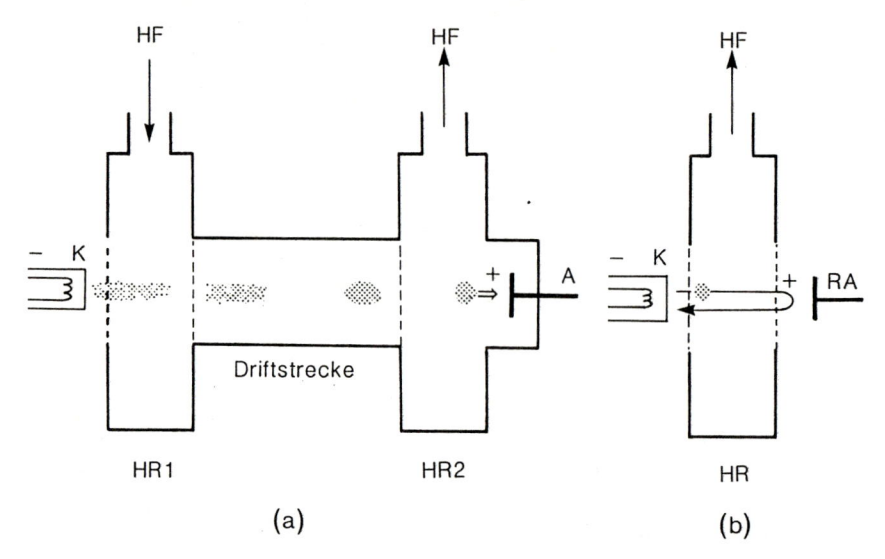

Fig. 2.3: (a): Zweikammerklystron (K: Kathode, A: Anode, HR1 + HR2: Resonanzräume, HF: eingespeiste und ausgekoppelte Hochfrequenz), (b): Reflexklystron (K: Kathode, HR: Hohlraumresonator, RA: Reflektorelektrode, HF: Hochfrequenz–Auskopplung).

2.2.4 Die Beschleunigungseinheit

2.2.4.1 Die Elektronenkanone

Die zur Beschleunigung benötigten Elektronen werden in einer Elektronenquelle erzeugt. Diese kann ähnlich wie in einer Röntgenröhre aus einer direkt geheizten Glühkathode aus Wolframdrahtwendeln, einer indirekt geheizten Wolframmatrix oder einer nicht geheizten Gitterkathode (Kaltkathode) bestehen. Bei Glühkathoden wird die Elektronenaustrittsarbeit durch thermische Energie (Aufheizen) aufgebracht. Die Elektronen befinden sich nach der Emission im Raum vor der Glühwendel (Elektronenwolken). Gitterkathoden sind flächenhafte Kathoden, die mit speziellen Substanzen (z. B. Bariumsulfat o. ä.) beschichtet sind. Diese Beschichtung erniedrigt die Austrittsarbeit der Elektronen so, daß sie ohne Heizung allein durch Anlegen einer Hochspannung aus der Kathode extrahiert werden können. Gitterkathoden zeigen ein besonders gutes Zeitverhalten, erzeugen also zeitlich scharfe Elektronenimpulse mit einer gut definierten Rechteckform.

Die Elektronen werden durch Anlegen einer Spannungsdifferenz zwischen Kathode und der siebartigen Anode in Richtung zum Beschleunigungsrohr beschleunigt. Zur Erhöhung der Ausbeute befindet sich zwischen Elektronenquelle und Anode ein auf Kathodenpotential liegender Metallzylinder (Wehneltzylinder), der das Elektronenbündel beim Durchgang komprimiert. Elektronenquelle, Extraktion und Wehneltzylinder werden zusammen anschaulich als "Elektronenkanone" bezeichnet. Die Extraktionsspannungen liegen bei beiden Kathodenformen zwischen 15 bis 50 kV. Frühere Beschleuniger benötigten wegen der weniger effektiven Eingangsstufen im Beschleunigungsrohr (Buncher, s. Abschnitt 2.2.4.3) Extraktionsspannungen von 100 bis 200 kV. Etwa ein Drittel der emittierten Elektronen stehen für die Beschleunigung zur Verfügung, der Rest geht bei der Extraktion und Bündelung verloren.

Elektronenlinearbeschleuniger können aus Leistungsgründen (Kühlung, elektrische Versorgung) nicht im Dauerbetrieb gefahren werden. Sie werden deshalb im Impulsbetrieb benutzt, d. h. sie erzeugen und beschleunigen Elektronen also immer nur während sehr kurzer Zeiten (μs-Bereich). Anschließend "erholen" sich die Energieversorgung und die Kühlaggregate bis zum nächsten Strahlimpuls. Impulsfrequenzen medizinischer Elektronenlinearbeschleuniger liegen heute typischerweise bei 100–200 Hz (s. Fig. 2.8). Die Impulsdauern betragen nur wenige Mikrosekunden. Bei jedem Impuls wird zunächst die Beschleunigersektion an die Hochfrequenz angelegt, sie wird mit "Hochfrequenz gefüllt" (Beamloading). Erst dann darf die Elektronenkanone Elektronen in die Sektion emittieren. Dazu tastet man die Kathode oder die Extraktionselektrode zum richtigen Zeitpunkt und im richtigen Rhythmus mit der Impulsfrequenz durch Anlegen der entsprechenden Hochspannungen auf und zu. Die Synchronisation der Impulse für Hochfrequenz und die Öffnung der Elektronenkanone ist die Aufgabe der Steuerelektronik im Modulator.

2.2.4.2 Energiegewinn der Elektronen bei der Hochfrequenzbeschleunigung

Werden Elektronen einem statischen elektrischen Feld ausgesetzt, wie es beispielsweise bei einer Gleichspannung an einem Plattenkondensator oder in einer Röntgenröhre entsteht, so ist der Gewinn an Bewegungsenergie das Produkt aus Elementarladung e_o, Feldstärke E und Laufstrecke Δz. Da bei homogenem elektrischen Feld die Feldstärke gleich dem Quotienten von Spannungsdifferenz und Elektrodenabstand ist, gilt die einfache Beziehung:

$$E_{kin} = e_o \cdot E \cdot \Delta z = e_o \cdot V/\Delta z \cdot \Delta z = e_o \cdot V \qquad (2.1)$$

Die damit berechneten Energien erhält man also unmittelbar in der atomphysikalischen Energieeinheit Elektronenvolt (eV). Der Energiegewinn von Elektronen in Beschleunigern wird nach einer analogen Formel aus der wirksamen elektrischen Feldstärke entlang der Beschleunigungssektion berechnet.

$$E_{kin} = e_o \int_o^\ell E(z) \, dz \qquad (2.2)$$

Hier ist ℓ die aktive Länge der Beschleunigungsstrecke. E(z) beschreibt den Verlauf des elektrischen longitudinalen Feldes im Beschleunigungsrohr, dem die Elektronen während des Beschleunigungsvorganges ausgesetzt sind. Da sich Elektronen wegen der Phasenfokussierung (vgl. Abschnitt 2.2.4.3) in der Regel nicht direkt auf dem Maximum der Hochfrequenzwelle aufhalten können, ist E(z) immer kleiner als die Amplitude $E(z)_{max}$ des elektrischen Feldes in Längsrichtung. Die Feldstärke ist außerdem von der momentanen Belastung der Hochfrequenz abhängig. Diese ist am größten während der Ladephase der Sektion zu Beginn eines Mikrosekunden-Pulses, d. h. während des Beamloadings. Auch durch Energieabgabe an die Wände der Sektion (Wärmeverluste) und durch Umwandlung der Hochfrequenzenergie in kinetische Energie der Elektronen wird die maximale Amplitude der Hochfrequenz vermindert und damit auch die beschleunigungswirksame Feldstärke E(z).

2.2.4.3 Das Wanderwellenprinzip

Das Beschleunigungsrohr ist ein metallischer, die Hochfrequenzwelle gut leitender Hohlzylinder mit einer von der gewünschten maximalen Energie abhängigen Baulänge von 1 bis etwa 2 Metern. Es ist innen mit einem Lochblendensystem versehen, das die gesamte Rohrlänge in kleine ca. 5–10 cm große Resonanzräume einteilt (Fig. 2.4). Speist man in eine solche Anordnung vom einen Ende des Rohres eine hochfrequente elektromagnetische Schwingung ein, breitet sie sich als Welle entlang des Strahlrohres in Längsrichtung aus. Die Ausbreitungsgeschwindigkeit dieser "wandernden" elektromagnetischen Welle im Rohr (die Phasengeschwindigkeit) wird von den Durchmessern der Blendenöffnungen gesteuert. Sie kann bis zur Vakuumlichtgeschwindigkeit (etwa 300000 km/s) gesteigert werden.

Die Hochfrequenzwelle enthält eine elektrische Feldkomponente in Ausbreitungsrichtung beziehungsweise entgegengesetzt dazu (longitudinales Beschleunigungsfeld). Elektronen im Beschleunigerrohr, die sich zeitlich gesehen knapp vor den Maxima der ins Rohr hineinlaufenden Wellenberge befinden, werden ähnlich wie ein Wellenreiter auf einer Wasserwelle auf der Vorderflanke der Wellenberge auf der ganzen Länge des Beschleunigerrohres ununterbrochen kontinuierlich beschleunigt (vgl. Fig. 2.4). Sie laufen mit der Hochfrequenzwelle mit. Vorlaufende Elektronen, also solche mit einer zu frühen Phase, sind einem niedrigeren elek-

2.2 Elektronenlinearbeschleuniger

trischen Beschleunigungsfeld ausgesetzt. Sie erhalten eine geringere Beschleunigung und werden deshalb von den phasenrichtigen Elektronen wieder eingeholt. Elektronen, die in der Phase zurückliegen, erfahren wegen des höheren elektrischen Feldes eine größere Beschleunigung. Sie holen die vorlaufenden Elektronen wieder ein. Man bezeichnet diesen Vorgang

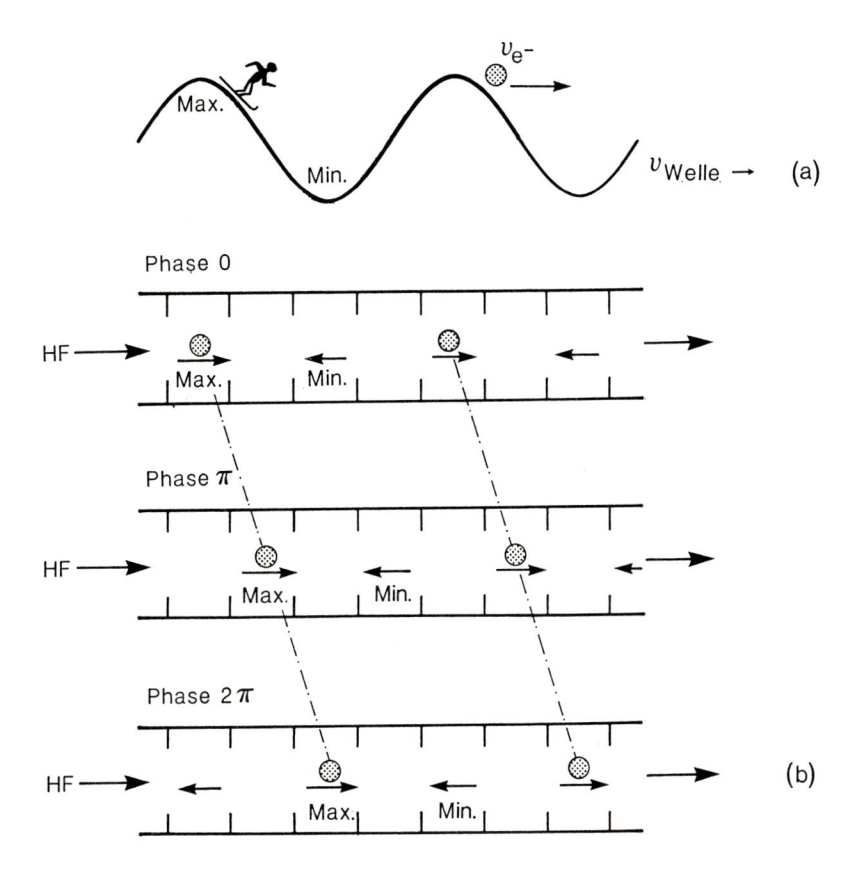

Fig. 2.4: (a): Anschauliches Wellenreitermodell (Elektronengeschwindigkeit v_e — und Wellengeschwindigkeit v_{welle} stimmen überein). (b): Wellenbilder im Wanderwellenbeschleuniger. Die Pfeile stellen die Feldvektoren der longitudinalen elektrischen Feldkomponente dar, die Punkte gebündelte Elektronenpakete.

als **Phasenfokussierung**. Sie führt dazu, daß sich zeitlich und räumlich kompakte Elektronenpakete bilden (s. Fig. 2.5). Ein kontinuierlicher Elektronenstrom am Eingang des Beschleunigungsrohres wird dadurch zu einer Folge von diskreten Elektronenbündeln, die mit derselben Folgefrequenz wie die elektromagnetische Welle auftreten (3GHz). Elektronen, die von der

Elektronenkanone in ein Beschleunigungsrohr eingeschossen werden, sind zunächst noch wesentlich langsamer als die Lichtgeschwindigkeit. Sie erreichen diese erst bei einer Energie oberhalb von etwa 2 MeV. Damit sie wegen ihrer langsamen Geschwindigkeit nicht aus der

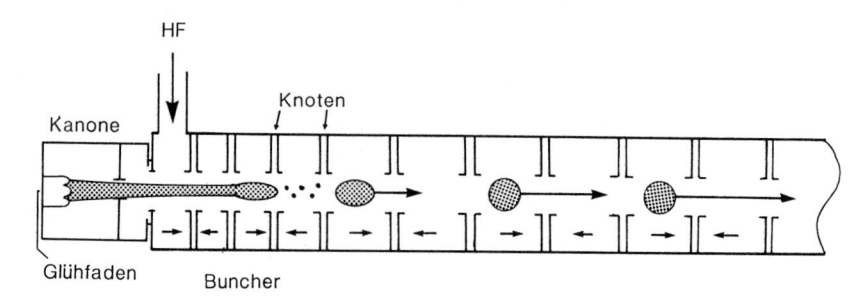

Fig. 2.5: Prinzip der Elektronenbündelung (Bunching) im Wanderwellenbeschleuniger (s. Text).

Phase laufen, also hinter der Hochfrequenzwelle hereilen, muß die Ausbreitungsgeschwindigkeit der elektrischen Welle am Eingang des Beschleunigungsrohres entsprechend gebremst werden. Die ersten Hohlräume (Resonanzräume) in jeder Beschleunigersektion haben deshalb besondere Blendenöffnungen und Abmessungen (Fig. 2.5), die die Phasengeschwindigkeit der Hochfrequenzwelle so verringern, daß die noch nicht relativistischen Elektronen optimal in Phase bleiben. Diesen Bereich des Beschleunigerrohres nennt man den **Buncher** (Bündeler), da in ihm auch die oben erwähnte Phasenfokussierung durchgeführt wird. Am Ende des Strahlrohres wird die elektromagnetische Longitudinalwelle in einem "Wellensumpf" vernichtet oder besser noch zur teilweisen Wiederverwendung der in ihr gespeicherten Hochfrequenzenergie zum Eingang des Beschleunigerrohres zurückgeführt. Die Elektronenpakete verlassen das Rohr mit Lichtgeschwindigkeit nach vorne durch ein dünnes Austrittsfenster, das das Vakuum des Beschleunigerrohres nach außen hin abschließt.

2.2.4.4 Das Stehwellenprinzip

Die Struktur eines Stehwellenbeschleunigers unterscheidet sich vom Wanderwellenbeschleuniger durch eine andere Anordnung der Blenden und Hohlräume im Beschleunigungsrohr und äußerlich durch eine unterschiedliche Führung und Einspeisung der Hochfrequenz. Speist man in eine Stehwellenbeschleuniger-Strecke eine Hochfrequenzwelle ein, so erhält man zunächst wieder das typische Bild einer longitudinalen elektromagnetischen Welle mit Maxima, Nulldurchgängen und Minima (Fig. 2.6). Bei Stehwellenbeschleunigern ist das Rohr aber am Ende für die Hochfrequenz geschlossen und reflektiert diese deshalb. Die Hochfrequenzwelle läuft wieder zurück ins Beschleunigungsrohr und überlagert sich dabei der vorwärtslaufenden Welle. Bei geeigneter geometrischer Anordnung und passender Wellenlänge bilden die hin- und zurücklaufenden Hochfrequenschwingungen eine stehende Welle. Sobald sich diese endgültig ausgebildet hat, bleiben Schwingungsbäuche und Schwingungsknoten ortsfest.

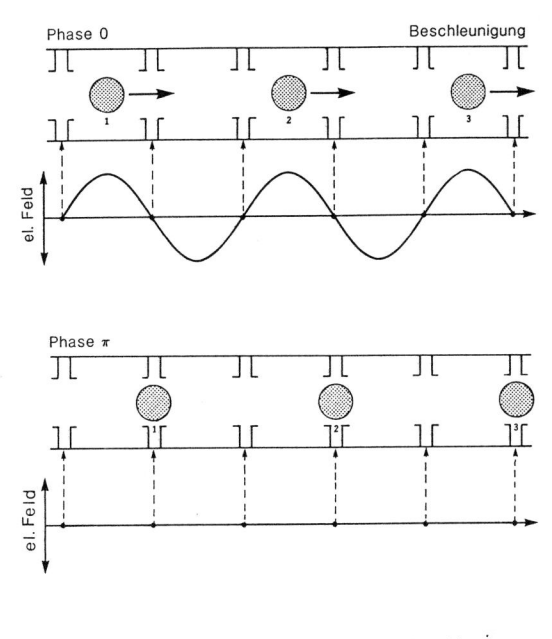

Fig. 2.6: Phasenbilder im Stehwellenbeschleuniger (schematisch für einfache Sinuswelle),

Phase 0: Die Elektronen befinden sich im maximal beschleunigenden, nach rechts gerichteten elektrischen Feld,

Phase π: Nulldurchgang des elektrischen Feldes, Elektronen driften mit konstanter Energie,

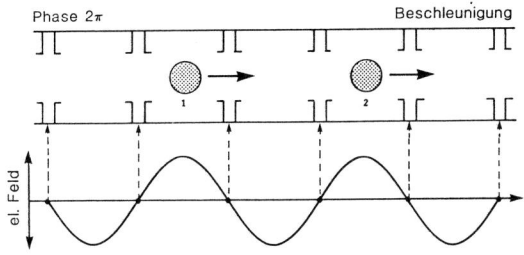

Phase 2π: Feld ist umgepolt, Elektronen befinden sich wieder im Bereich maximaler positiver Feldstärke und werden erneut beschleunigt.

Dabei sind die Schwingungamplituden zweier großer benachbarter Resonanzräume jeweils entgegengesetzt. Befindet sich in dem einen das Maximum der stehenden Welle, so ist im Nachbarresonanzraum gerade ein Hochfrequenzminimum. Dazwischen befinden sich feldfreie kleinere Räume (Kopplungsräume für den Hochfrequenztransport), in denen das elektromagnetische Feld nach der Füllung der Sektion mit Hochfrequenz immer den Wert Null hat. Dort sind also die Schwingungsknoten der stehenden Welle angesiedelt. Nach der Hochfrequenzfüllung der Sektion werden Elektronen von der Kanone ins Beschleunigungsrohr injiziert. Die erste positive Schwingungsamplitude in dem an die Kanone anschließenden Hohlraum beschleunigt die Elektronen ruckartig in Vorwärtsrichtung. Sie bewegen sich nach dem

Beschleunigungsstoß mit konstanter Geschwindigkeit in den nächsten Resonanzraum hinein. Bis sie dort angelangt sind, hat die Hochfrequenz ihre vorher negative Amplitude in ein positives Maximum verwandelt, die Elektronen werden wieder mit maximaler Kraft in Strahlrichtung beschleunigt. Wenn Elektronenflugzeit und Schwingungsdauer der stehenden Hochfrequenzwelle exakt aufeinander abgestimmt sind, finden die Elektronen außer an den feld-

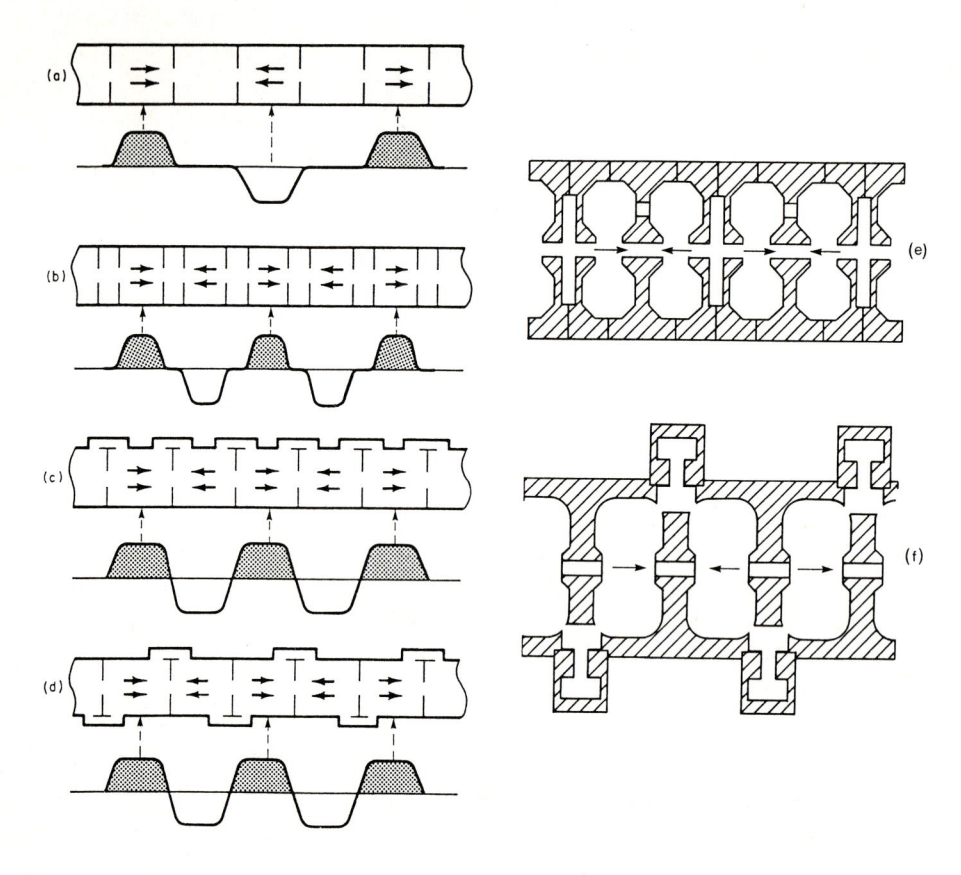

Fig. 2.7: Veränderungen des Verlaufs der longitudinalen elektrischen Feldstärke mit der Bauform der Beschleunigersektion (schematisch). Gezeichnet sind jeweils die Phasen der maximalen Amplituden, beschleunigende Feldstärken sind als rechtsgerichtete Pfeile und punktierte Flächen angedeutet. (a): Triperiodische Struktur mit konstanter Resonanzraumgröße. (b): Triperiodische Struktur mit verkürztem Kopplungsraum (die Baulänge ist insgesamt kürzer, die Feldstärke ist höher als bei (a)). (c) + (d): Biperiodische Strukturen mit seitlich ausgelagerten Kopplungsräumen (die Baulängen sind noch etwas kürzer als bei (b)). Alle Strukturen haben Feldverläufe, die deutlich von der Sinusform abweichen. (e): Realistische Bauform einer triperiodischen Struktur (nach (b), CGR Design). (f): Triperiodische Struktur (nach (d), Los Alamos Design).

freien Knotenstellen ununterbrochen maximal beschleunigende Feldstärken vor. Sie erhalten in jedem Resonanzraum einen Energiegewinn und verlassen am Ende als hochfrequente Folge hochenergetischer Elektronenpakete mit Lichtgeschwindigkeit das Beschleunigungsrohr.

Die Bündelung des kontinuierlichen Elektronenstrahls am Beginn des Beschleunigungsrohres geschieht ähnlich wie bei Wanderwellenrohren durch Anpassung der Abmessungen der Resonanzräume an die Geschwindigkeit der schneller werdenden Elektronen (vgl. Fig. 2.5). Sobald diese Lichtgeschwindigkeit erreicht haben, legen sie unabhängig von ihrer Energie gleiche Strecken pro Zeiteinheit zurück. Die Abmessungen der Resonanzräume können dann konstant bleiben. Um das seitliche Auseinanderlaufen der Elektronenbündel vor allem zu Beginn der Beschleunigungsphase zu verhindern, sind Fokussierspulen um das Beschleunigerrohr angeordnet, deren magnetisches Längsfeld zur Kompression und Fokussierung des Elektronenstrahls dient. Bei guter Fokussierung erhöht sich die Elektronenausbeute und damit die Dosisleistung des Beschleunigers. Moderne Stehwellensektionen haben Strukturen, die auf möglichst geringe Hochfrequenzverluste und kleinste Baulängen hin optimiert wurden.

Eine sehr wirksame Methode, die Länge der Beschleunigungssektionen kurz zu halten, ist die seitliche Auslagerung der Kopplungshohlräume (Fig. 2.7c, d, f). In ihnen ist das elektrische Beschleunigungsfeld unabhängig von der jeweiligen Phase ständig Null ($E(z) \equiv 0$). Da die Elektronen dort deshalb keine Energie gewinnen können, schadet es auch nicht, wenn die durchlaufene Länge um diese Hohlräume gekürzt wird. Energiegewinn ist (nach Gl. 2.2) nur auf solchen Strecken möglich, auf denen ein von Null verschiedenes longitudinales Beschleunigungsfeld zur Verfügung steht. Die elektrische Feldkomponente in Längsrichtung hat im allgemeinen nicht die Form einer einfachen Sinuswelle. Sie setzt sich statt dessen aus einer Vielzahl von Oberschwingungen der 3 GHz Grundschwingung zusammen. Ihre Form nähert sich deshalb einer Rechteckschwingung an (s. Fig. 2.7 a–d), deren Amplitude je nach Konstruktion sogar beinahe auf der gesamten Länge eines Resonanzraumes konstant auf dem maximalen Wert bleiben kann. Der Vorteil solcher elektrischer Felder ist die höhere mittlere Feldstärke und der größere Energiegewinn der beschleunigten Elektronen. Beispiele typischer moderner Beschleunigersstrukturen mit verschiedenen Bauformen und Größen der Resonanzräume und den zugehörigen Feldstärkenverläufen zeigen die Abbildungen in Figur (2.7).

2.2.4.5 Vergleich von Wander- und Stehwellenprinzip

Eine Gegenüberstellung der beiden Beschleunigungsprinzipien zeigt, daß der erste offensichtliche Unterschied in der kontinuierlichen (Wanderwellenbeschleuniger) bzw. der ruckartigen Beschleunigung (Stehwellensektion) der Elektronenpakete liegt. Für die therapeutische Anwendung ist es jedoch völlig unerheblich, auf welche Weise die Elektronen ihre Energie gewonnen haben. Tatsächlich werden die Elektronen wegen des Pulsbetriebes nur während der

Zeitspanne von wenigen Millionstel Sekunden beschleunigt. Danach erholt sich der Beschleuniger je nach Pulsfolgefrequenz ca. 3 bis 10 Millisekunden lang bis zum nächsten Strahlimpuls (Fig. 2.8). Jeder dieser 100 bis 300 Strahlimpulse pro Sekunde hat wegen der Phasenfokussierung eine zusätzliche Mikrostruktur von 3 GHz, die der Frequenz der verwendeten und die Elektronen beschleunigenden Mikrowelle entspricht. Was diese zeitliche Struktur angeht, sind beide Beschleunigungsprinzipien gleich.

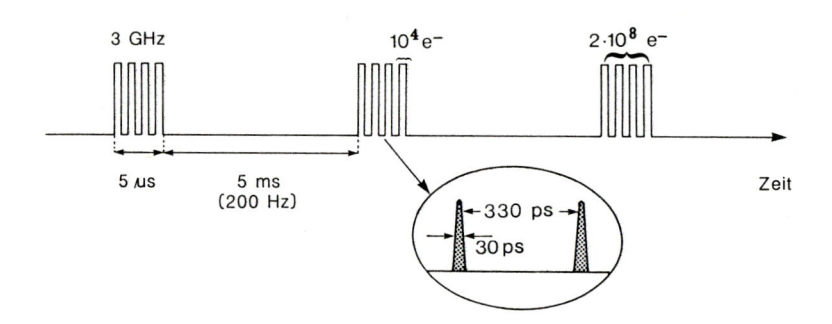

Fig. 2.8: Typische Impulsfolge von medizinischen Elektronenlinearbeschleunigern, Makropulse (Dauer 5 µs) setzen sich aus etwa $2 \cdot 10^4$ Mikropulsen (Dauer 30 ps) zusammen, die im zeitlichen Abstand von 330 ps (entsprechend der Frequenz von 3 GHz) aufeinander folgen. Mikropulse sind kürzer als eine halbe Schwingungsdauer der 3 GHz Schwingung, da Elektronen wegen der Phasenfokussierung nur während eines schmalen Zeitintervalls unmittelbar nach dem Wellenmaximum beschleunigt werden. Jeder Mikropuls enthält ca. 10^4, ein Makropuls also $2 \cdot 10^8$ Elektronen. Die Pulsfolgefrequenz der "Makropulse" beträgt typischerweise 200 Hz. Pulsbreite und Pausenzeit sind nicht maßstäblich gezeichnet, die angegebenen Elektronenzahlen pro Puls sind typische Werte eines Beschleunigers im Elektronenbetrieb.

Wanderwellenstrukturen sind bei gleichem Energiegewinn länger als Stehwellenrohre. Sie haben aber den Vorteil, daß die Frequenzabhängigkeit ihrer Beschleunigungsleistung und die Anforderungen an die Energieschärfe der eingeschossenen Elektronen nicht so ausgeprägt sind wie diejenigen von Stehwellenstrukturen. Ihre Energieakzeptanz (die energetische Breite aller für die Beschleunigung akzeptierten Elektronen) beträgt je nach Konstruktion bis zu 35%. Die Energie der Elektronen ändert sich bei kleinen Frequenzverschiebungen der Hochfrequenz weniger, da beim Wanderwellenprinzip keine so einschneidenden Resonanz- und Phasenbedingungen wie bei der Ausbildung einer stehenden Welle gegeben sind. Die Hochfrequenzamplitude und damit die Elektronenenergie hängt bei Wanderwellensektionen deshalb auch weniger von der Belastung beim Beamloading ab. Wanderwellensektionen erzeugen energetisch gut definierte Elektronenstrahlenbündel mit Energieunschärfen von nur wenigen Prozent. In einigen modernen Wanderwellenbeschleunigern kann deshalb sogar auf die Energieselektion und -analyse im Umlenksystem verzichtet werden (s. Abschnitt 2.2.5.2). Die

Elektronenbündelung ist wegen der hohen Energieakzeptanz in der Eingangsstufe von Wanderwellenstrukturen besonders wirksam. Ein weiterer Vorteil ist die Wiederverwendung von Teilen der Hochfrequenzleistung durch Zurückführen der Hochfrequenz an den Anfang des Beschleunigerrohres. Wanderwellenbeschleuniger werden deshalb gerne bei höheren Elektronenenergien (etwa ab 20 MeV) verwendet, da die zur Verfügung stehenden Hochfrequenzquellen in ihrer Leistung beschränkt sind.

Stehwellenbeschleuniger können durch Auslagerung der Kopplungskavitäten dagegen kürzer als Wanderwellenrohre gebaut werden. Die sehr kompakte Bauweise der Stehwellenstrukturen ist günstiger für die Auslegung der Strahlerköpfe der Beschleuniger. Allerdings sind die Feldstärken in den Beschleunigungsrohren wesentlich höher als beim Wanderwellenprinzip. Dadurch kann es bei besonders kompakten Ausführungen von Stehwellenrohren durch Feldemission von Elektronen zu einem unerwünschten Elektronendunkelstrom kommen, der bereits ohne geöffnete Elektronenkanone auftritt, sobald die Hochfrequenz eingespeist ist. Es müssen deshalb besondere Anstrengungen bei der Oberflächenbearbeitung der Innenflächen der Sektionen unternommen werden. Wegen der Gefahr von Hochspannungsüberschlägen bei den hohen Feldstärken (etwa 10^6–10^7 V/m) müssen Stehwellensektionen auch bei einem besseren Vakuum ($<10^{-6}$–10^{-7} hPa) betrieben werden als Wanderwellenstrukturen.

Die stehende Hochfrequenzschwingung entsteht aus der Überlagerung von hin– und rücklaufender Welle. Die Amplituden im gesamten Beschleunigungsrohr sind deshalb vor allem während der Ladephase stark von der Strahllast (Wärmeverluste in den inneren Wänden der Strukturen, Energieübertragung auf Elektronen) abhängig. Das Bunchen der Elektronenbündel im ersten Teil des Beschleunigers ist daher nur für einen kleinen Energiebereich (Breite etwa 10%) der Elektronen ausreichend effektiv. Größere Energieabweichungen der aus der Elektronenkanone extrahierten Elektronen führen zu merklichen Dosisleistungsverlusten. Stehwellenbeschleuniger erfordern einen höheren Regelaufwand und sind schwieriger bei einem Wechsel der Elektronenenergie zu betreiben. Sie werden bevorzugt bei niedrigeren und mittleren Elektronenenergien (4–20 MeV) verwendet und bei ausschließlichem Photonenbetrieb (Elektronenenergie 3–4 MeV, Ersatz für Kobaltanlagen), da in dieser Betriebsart die Energiedefinition der Elektronen von nicht allzu großer Bedeutung ist. Werden Stehwellenbeschleuniger im therapeutischen Elektronenbetrieb gefahren, so benötigen sie wegen der größeren Energieverschmierung der Elektronen unbedingt ein energieanalysierendes und energieselektierendes Strahlumlenksystem.

2.2.5 Der Strahlerkopf im therapeutischen Elektronenbetrieb

Der interne (intrinsische) Elektronenstrahl des Beschleunigers ist für den therapeutischen Einsatz noch nicht unmittelbar verwendbar. Er ist ein feiner Nadelstrahl mit einem Durchmesser von nur wenigen Millimetern und zeigt in die Richtung des Beschleunigungsrohres. Wegen der bei den meisten Beschleunigern üblichen horizontalen Anordnung der Sektionen im Beschleunigerarm hat er also im allgemeinen keine für die Therapie nutzbare Strahlrichtung. Seine energetische und räumliche Struktur (Energiespektrum und Winkelverteilung) ist nicht genau bekannt, da noch keine Energieanalyse durchgeführt wurde.

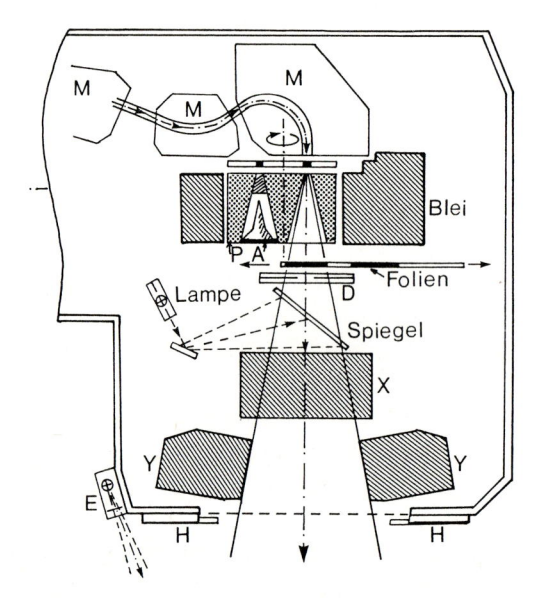

Fig. 2.9:
Typischer Strahlerkopf eines medizinischen Elektronen–Linearbeschleunigers. (M: Magnete für die Strahlumlenkung, D: Doppelmonitor, P: Primärkollimator, A: Photonenausgleichskörper mit vorgeschaltetem Beamhardener und Elektronenfänger, Folien: Ausgleichsfolien für Elektronen, E: Entfernungsmesser, H: Halter für Tubusse und Filter, X,Y: Kollimatorblenden, Lampe und Spiegel: Lichtvisier).

Dem stehen die bereits erwähnten klinischen Anforderungen an das Strahlenbündel (s. Abschnitt 2.1) gegenüber wie wählbare Energie der Elektronen, klar definierte und reproduzierbare Reichweiten der Elektronenstrahlung im Patienten (Tiefendosisverteilungen), Homogenität der Dosisverteilung im Bestrahlungsfeld, geringe Kontamination mit Photonenstrahlung, frei wählbare Einstrahlrichtung und Bestrahlungsfeldgröße sowie eine bekannte Dosisleistung. Dosisverteilungen von Elektronenstrahlung im Phantom hängen empfindlich von der Winkel- und Energieverteilung der Elektronen im Strahlenbündel ab (vgl. Abschnitt 8.1.2). Jede Wechselwirkung der Elektronen mit Materie auf dem Wege vom Austrittsfenster der Beschleunigersektion bis zum Patienten führt zu Änderungen der spektralen und räumlichen Verteilung der Elektronen und zur Kontamination des Strahlenbündels mit Photonenstrahlung. Manipulationen am Elektronenstrahl müssen deshalb im Hinblick auf die therapeutische Nutzung immer so behutsam wie möglich vorgenommen werden.

Der das Strahlrohr durch das Endfenster verlassende schmale und geradeaus gerichtete Elektronenstrahl muß zunächst in seiner Winkelverteilung und Hauptrichtung verändert werden. Aus Gründen der Ausbeute und um unerwünschte Elektronenstreuung zu verhindern ist darauf zu achten, daß der Elektronenstrahl räumlich kompakt bleibt und exakt auf den Brennfleck konzentriert wird. Dazu sind eine Reihe elektronenoptischer Maßnahmen wie Fokussierung, Bündelung und Ablenkung notwendig. Die in Zentralstrahlrichtung ausgerichtete und konzentrierte Elektronenintensitätsverteilung muß für den therapeutischen Betrieb homogenisiert und symmetrisiert werden, um die Dosisleistung im Strahlungsfeld weitgehend unabhängig vom seitlichen Abstand zum Zentralstrahl zu machen (Feldausgleich). Die Dosisleistung des Elektronenstrahlenbündels muß während der Behandlung gemessen werden. Neben der Information über die dem Patienten applizierte Dosis dient diese Dosisleistungsüberwachung auch zur internen Regelung des Beschleunigers. Alle Bauteile zur Strahlmanipulation befinden sich im Strahlerkopf (Fig. 2.9). Die Schritte der Aufbereitung des Elektronenstrahlenbündels nach Verlassen des Beschleunigerrohres bis zur therapeutischen Eignung sind also:

- Bündelung, Fokussierung und Ablenkung,
- Homogenisierung,
- Primärkollimation,
- Kollimierung (Feldformung),
- Strahlüberwachung (Lage und Symmetrie),
- Dosisüberwachung und Dosisleistungsregelung.

Diese Maßnahmen müssen auch getroffen werden, wenn der Beschleuniger zur Photonenerzeugung betrieben wird. Die Besonderheiten dieser Betriebsart wie Konversion des Elektronenstrahlenbündels in ultraharte Photonenstrahlung und die Homogenisierungsmethoden des Photonenstrahls werden ausführlich in Abschnitt (2.2.6) dargestellt.

2.2.5.1 Grundlagen zur Strahloptik mit Magnetfeldern

Die Strahlführung und Strahlformung in Elektronenlinearbeschleunigern wird mit Hilfe von Magnetfeldern vorgenommen. In diesen können geladene Teilchen (Ladung q) weder Energie gewinnen noch verlieren, da magnetische Kraftwirkung und Geschwindigkeitsvektor immer senkrecht zueinander stehen. Energiegewinn ist nur in elektrischen Feldern möglich, Magnetfelder können über die Lorentzkraft nur Richtungsänderungen bewirken (Gleichung 2.3).

$$\vec{F}_L = q \cdot \vec{v} \times \vec{B} \quad \text{mit } |\vec{v}| = \text{const} \tag{2.3}$$

Elektrisch geladene Teilchen bewegen sich in Magnetfeldern auf gekrümmten Bahnen. Sie beschreiben bei senkrechtem Einfall in ein homogenes Magnetfeld Kreisbahnen, bei schrägem Einfall werden diese wegen der Bewegungskomponente in Magnetfeldrichtung zu Spiralbahnen. Der Betrag ihrer Bahngeschwindigkeit und ihre Bewegungsenergie ändern sich beim Durchlaufen des Magnetfeldes nicht. Damit die Elektronenbewegung auf einer Kreislinie verläuft, müssen die Beträge von Lorentzkraft und Zentripetalkraft gleich sein. Es gilt also:

$$q \cdot v \cdot B = m_o \cdot v^2/r \, .$$

Den Bahnradius r geladener Teilchen im homogenen Magnetfelden berechnet man mit dem Impuls $p = m_o \cdot v$ daraus zu:

$$r = p/(q \cdot B) \tag{2.4}$$

Diese Beziehung gilt in dieser Form auch für relativistische Teilchen wie hochenergetische Elektronen aus Beschleunigern, wenn für den Impuls p der relativistische Impuls (das Produkt aus relativistischer Masse m und der Geschwindigkeit) eingesetzt wird.

Beispiel 2: Ein 90^0-Umlenkmagnet hat ein homogenes magnetisches Feld mit einer Stärke von 0.5 Tesla. Zu berechnen ist der Bahnradius von Elektronen mit 10 MeV Bewegungsenergie. Für den Impuls p relativistischer Elektronen gilt $p^2 c^2 = E^2 - m^2 c^4$ (c: Lichtgeschwindigkeit = $3 \cdot 10^8$ m/s, E: totale Elektronenenergie = Bewegungsenergie plus Ruheenergie). Mit der Ruheenergie der Elektronen ($mc^2 = 0.511$ MeV) erhält man durch Einsetzen $p^2 c^2 = (110.5 - 0.25)$ MeV^2. Der Impuls ist also ungefähr $p \approx 10.5$ MeV/c. Aus Gl. (2.4) erhält man: $r = 10^7 \text{eV}/(e \cdot 0.5 \text{ Vs/m}^2 \cdot 3 \cdot 10^8 \text{m/s}) = 0.07$ m = 7.0 cm. Bei relativistischen Elektronen ist der Bahnradius in homogenen Magnetfeldern also in guter Näherung proportional zur Elektronenenergie. Haben die 10-MeV-Elektronen eine Energieunschärfe von 1 MeV, so verändert sich auch der Bahnradius entsprechend. Die zugehörigen Bahnradien schwanken entsprechend um ±10% zwischen 7.7 cm für die 11-MeV-Elektronen und 6.3 cm für 9 MeV Bewegungsenergie.

Bahnradien relativistischer Elektronen kann man mit folgender Faustformel leicht berechnen, wenn die Gesamtenergie des Elektrons in MeV, das Magnetfeld in Tesla und der Bahnradius in cm angegeben wird:

$$r \approx E/3B \tag{2.5}$$

Hoch- und niederenergetische Elektronen legen, wie das Beispiel gezeigt hat, beim Durchlaufen homogener Magnetfelder je nach Impuls verschieden gekrümmte Bahnen zurück. Ein anfänglich paralleler aber energetisch heterogener Elektronenstrahl divergiert deshalb im homogenen Magnetfeld in Abhängigkeit von seiner energetischen Verteilung (Fig. 2.10a). Reale Elektronenbündel sind ausgedehnt, sie haben also einen endlichen Strahldurchmesser und befinden sich daher in verschiedenen Abständen zur Strahlmitte. Durchläuft ein achsenparalleler, monoenergetischer Elektronenstrahl das Feld eines homogenen 90°-Sektormagneten, so sind die Elektronen unterschiedlich lange dem Magnetfeld ausgesetzt. Beim Austritt aus dem Magnetfeld ist der Strahl deshalb divergent (Fig. 2.10b). Sind Elektronenstrahlenbündel divergent oder konvergent, bewegen sich die einzelnen Elektronen also unter verschiedenen Winkeln zum Zentralstrahl, dann laufen diese nach dem Austritt aus einem homogenen 90°-Magneten auf sich kreuzenden, divergenten Bahnen (Fig. 2.10c). Elektronenstrahlenbündel medizinischer Beschleuniger haben je nach Beschleunigungsprinzip (vgl. Abschnitte 2.2.4.3 und 2.2.4.4) Energieunschärfen bis über 10% und sind je nach der Güte der Strahlformung auch mehr oder weniger divergent. Treffen solche Strahlenbündel auf homogene Magnetfelder, so werden sich die darin enthaltenen Teilchen wegen der Energie- und Winkelaufspaltung im allgemeinen auf verschiedenen, individuellen Bahnen bewegen. Die Eintrittsorte in den Magneten werden sich ebenso unterscheiden wie die Eintrittswinkel. In der Regel wird ein Elektronenstrahlenbündel in Magnetfeldern also weder gebündelt noch fokussiert.

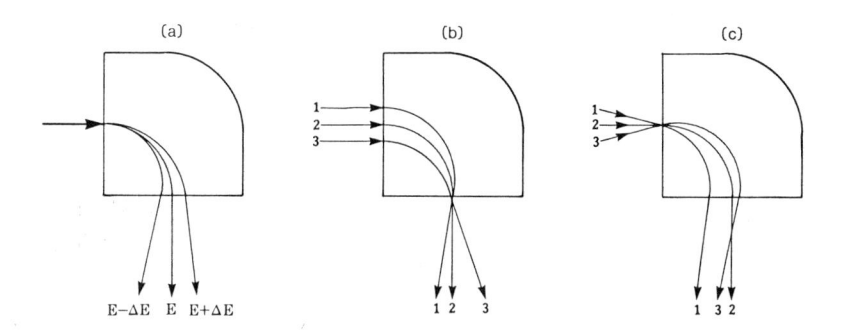

Fig. 2.10: Divergierende Elektronenbahnen in homogenen 90°-Magneten, (a): axialer, nicht divergenter Nadelstrahl, verschiedene Energien, (b): ausgedehnter Parallelstrahl, monoenergetisch, (c): nicht paralleler Strahl, monoenergetisch.

Unter bestimmten Voraussetzungen ist jedoch eine Strahlabbildung mit Magnetfeldern möglich. So kann beispielsweise mit Hilfe von Sektormagneten die Fokussierung eines divergenten, monoenergetischen Strahlbündels senkrecht zur Magnetfeldrichtung erreicht werden, wenn die Strahlen von einem gemeinsamen, richtig angeordneten Quellpunkt ausgehen (Fig. 2.11a). Wegen des gleichen Impulsbetrages durchlaufen alle Elektronen des Strahlenbündels zwar Bahnen mit gleichen Krümmungsradien, je nach Einschußrichtung legen sie jedoch verschieden große Wege im Magnetfeld zurück. Sie sind also unterschiedlich lange der Ablenkung durch die radiale Beschleunigung im Magnetfeld ausgesetzt. Bei geeigneter Wahl des Sektorwinkels des Magneten und der Stärke des Magnetfeldes treffen die einzelnen Bahnen der vor dem Magneten divergierenden Elektronen hinter dem Magneten wieder im Brennfleck zusammen. Treffen geladene Teilchen auf ein inhomogenes Magnetfeld (Fig. 2.11b), so ändert sich der Krümmungsradius der Bewegung je nach der lokalen Feldstärke. Erhöht man das magnetische Feld dort, wo sich die Teilchen mit der höheren Energie befinden, so erfahren diese eine stärkere magnetische Ablenkung, werden also zum Strahlenbündel zurückgeführt. Mit inhomogenen Magnetfeldern sind daher ebenfalls fokussierende Strahlführungen auch bei energetisch heterogenem und divergierendem Teilchenstrahl möglich.

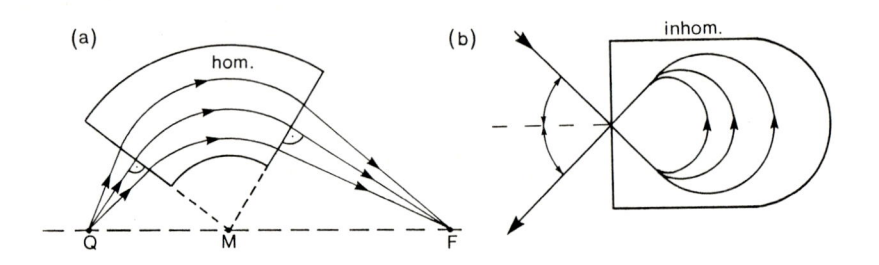

Fig. 2.11: (a): Fokussierender homogener Sektormagnet für ein divergierendes, monoenergetisches Strahlenbündel, (b): Fokussierender inhomogener 270°-Sektormagnet ("Spiegelmagnet").

2.2.5.2 Umlenkung und Fokussierung des Elektronenstrahlenbündels

Zur Ablenkung der Elektronen in Richtung der Patientenliege dienen magnetische Umlenksysteme. Die verschiedenen technischen Ausführungen unterscheiden sich durch ihre elektronenoptischen Eigenschaften und deren Auswirkungen auf die Energiebreite, Divergenz und Fokuslage des Elektronenstrahls. Kaum noch in Gebrauch sind einfache 90°-Magnete, da ein einzelner homogener 90°-Magnet Elektronen zwar ablenkt, jedoch bei einem energetisch heterogenen, schmalem parallelen Elektronenstrahlbündel keine fokussierenden Eigenschaften aufweist (vgl. Abschnitt 2.2.5.1, Fig. 2.10). Das Strahlenbündel zeigt eine räumliche Aufspaltung der Elektronen nach ihrer Energie, die energetische Verteilung im Strahlprofil und damit die Tiefendosisverteilung im Patienten wären ohne weitere Maßnahmen zur Strahlfokussierung völlig asymmetrisch.

Am häufigsten werden 270°-Systeme verwendet, die aus einer Kombination von homogenen und inhomogenen Magnetfeldern und einer energieselektierenden Blende bestehen. Homogene 270°-Magnete, die auch aus einer Kombination dreier einzelner 90°-Magnete bestehen können (Fig. 2.12a), richten Elektronen gleicher Einschußrichtung, aber verschiedener Energien bei geeigneter Auslegung auf einen bestimmten Punkt, den Strahlfokus. Der austretende Elektronenstrahl bleibt dabei divergent. Die Divergenz erhöht sich noch, wenn der in den Umlenkmagneten eintretende Strahl schlecht gebündelt ist und bereits vor der Ablenkung eine breite Winkelverteilung aufweist.

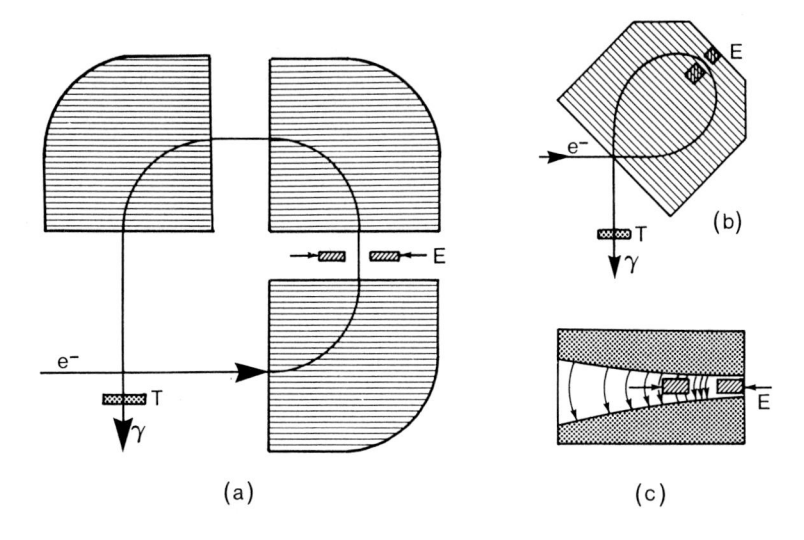

Fig. 2.12: 270°–Umlenkmagnete: (a): homogener 3–Sektormagnet, (b): inhomogener Spiegel–Magnet, (c): Seitenansicht von (b); zu (b) und (c): E: Energiespalt, T: Photonentarget.

Durch geschickt ausgelegte örtlich variierende Feldgradienten im Umlenkmagneten (Fig. 2.12b,c) bzw. den Wechsel zwischen homogenen und inhomogenen Sektorfeldern können in Kombination mit Quadrupollinsen (vgl. Fig. 2.15) jedoch achromatische (energieunabhängige) und afokale 270°–Umlenksysteme konstruiert werden, die aus dem in die Ablenkmagneten eintretenden schmalen Elektronennadelstrahl ein therapeutisch gut nutzbares, lagestabiles und paralleles Strahlenbündel formen.

Zur Verbesserung der Winkel– und Energieverteilung des Elektronenstrahls bei der Ablenkung bringt man an einer geeigneten Stelle im Umlenksystem Blenden in den Strahlengang, den sogenannten Energiespalt. Die günstigste Stelle dafür ist der Ort der größten Strahlaufspaltung, z. B. nach dem ersten 90°–Sektormagneten (Fig. 2.12a, 2.13). Elektronen, die eine falsche Einschußrichtung haben oder deren Energie zu sehr vom Sollwert abweicht, und deren Bahnen daher zu große oder zu kleine Radien aufweisen, werden von den Spaltblenden aufgefangen. Der dadurch auf dem Energiespalt erzeugte Elektronenstrom ist ein Maß für die Energie– und Winkelunschärfe des Elektronenstrahlbündels. Er kann zur Energie– und Lageregelung des Elektronenstrahles verwendet werden. Elektronen mit der richtigen Energie und Richtung können diesen Energiespalt jedoch ohne Hinderung passieren. Der Energiespalt wird im therapeutischen Elektronenbetrieb eng geschlossen. Dies sorgt für die erforderliche hohe Energieschärfe und Energiekonstanz im Strahlenbündel, die für eine gute Tiefendosisverteilung benötigt wird. Die Ausblendung vermindert allerdings auch die Elektronenfluenz am Fokusort, die Dosisleistung nimmt also ab. Die energetische Breite des Strahls beträgt im Elektronenbetrieb von Stehwellenbeschleunigern nur 1–3 Prozent der jeweiligen Nominalenergie. Im Photonenbetrieb kann diese Blende dagegen weit geöffnet werden (bis zu 10% der Nominalenergie), da die exakte Elektronenenergie bei der Bremsstrahlungserzeugung keine so bedeutende Rolle spielt. Außerdem werden wegen der geringen Strahlungsausbeute bei der Umwandlung von Elektronen zu Photonenstrahlung im Bremstarget wesentlich größere Elektronenflüsse benötigt (vgl. Abschnitt 2.2.6), wenn die Photonenausbeute groß genug für die medizinische Anwendung sein soll.

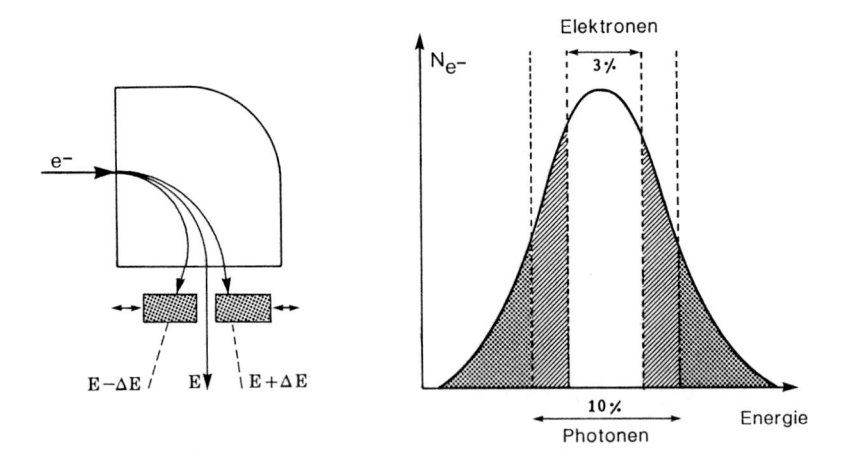

Fig. 2.13: Links: Anordnung des Energiespaltes am Ort maximaler Strahlaufweitung hinter einem $90°$-Sektormagneten (ΔE: Energiedifferenz gegenüber der mittleren Strahllage, punktiert: bewegliche Blenden aus Kupfer). Rechts: Wirkung der Öffnung des Energiespaltes auf die Energiebreite des Strahlbündels (der schmale Spalt bei Elektronenbetrieb ergibt energetisch scharf definierte Elektronenstrahlenbündel, der weit geöffnete Spalt erhöht die Intensität des Elektronenbündels im Photonenbetrieb).

In medizinischen Beschleunigern neuerer Bauart werden mittlerweile auch sogenannte "Slalom–Umlenksysteme" verwendet (Fig. 2.14). Sie bestehen meistens aus drei Einzelmagneten. Die beiden ersten Magnete sind kommerzielle nicht fokussierende, homogene $45°$-Spektrometermagnete, die umgekehrt zueinander orientiert sind. Sie verändern die mittlere Strahlrichtung nicht, spalten jedoch die Elektronen nach der Energie auf. Der dritte, inhomogene Magnet lenkt den Elektronenstrahl um etwa $110°–120°$ in Richtung Patientenliege ab. Solche Magnetkombinationen sind doppelfokussierend und achromatisch, d. h. sie bilden den Elektronenstrahl energieunabhängig ab. Werden sie an modernen Wanderwellensektionen betrieben, kann wegen der guten Energiedefinition in der

Sektion bei diesem Beschleunigungsprinzip (s. Abschnitt 2.2.4.5) eventuell sogar auf den energieanalysierenden und den Elektronenfluß vermindernden Spalt verzichtet werden. Allerdings wird auch in solchen Beschleunigern aus Sicherheitsgründen auf eine Energieüberwachung mit Energiesonden im Umlenksystem nicht verzichtet.

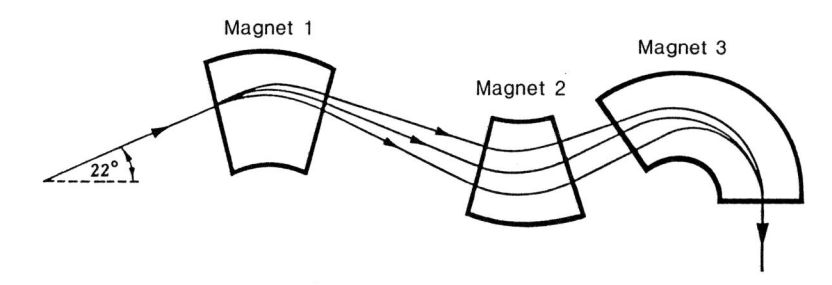

Fig. 2.14: Kommerzielles Slalom–Umlenkmagnetsystem aus drei Sektormagneten. Die ersten beiden Magnete (1+2) lenken den Elektronenstrahl um jeweils 45° ab, Magnet 3 lenkt den Strahl um 112° nach unten. Alle drei Magnete zusammen wirken achromatisch und fokussierend.

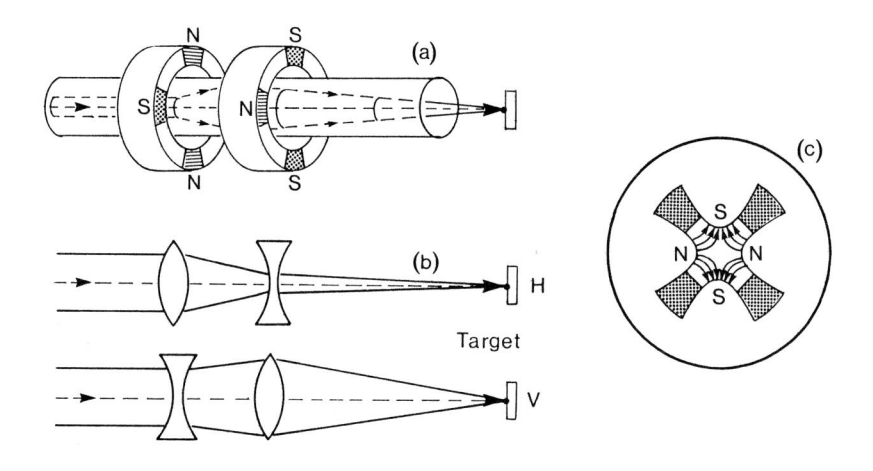

Fig. 2.15: (a): Anordnung eines magnetischen Quadrupoldubletts um das Strahlrohr, (b): Veranschaulichung der Wirkung auf das Elektronenstrahlenbündel (geometrisch–optisches Analogon, H: Horizontal–, V: Vertikalebene), (c): Feldlinienbild eines Quadrupols (N: Nordpol, S: Südpol, punktiert: Spulenwicklungen).

Zur besseren Fokussierung des Strahlenbündels werden oft zusätzliche Vierpol–Magnetspulen, sogenannte magnetische Quadrupole benutzt. Wegen ihrer inhomogenen Magnetfelder wirken sie wie eine Kombination aus Sammel- und Zerstreuungslinsen. Quadrupollinsen fokussieren das Strahlenbündel nur in jeweils einer Strahlebene, in der dazu senkrechten Ebene wirken sie defokussierend, vergrößern also die Divergenz. Deshalb müssen immer zwei hintereinander liegende und um 90° gegeneinander gedrehte Quadrupole (Dublettlinsen) verwendet werden, um eine Fokussierung des Nutzstrahles in beiden Ebenen zu erreichen (Fig. 2.15). Quadrupollinsen befinden sich aus Platzgründen meistens zwischen dem Austrittsfenster des Beschleunigungsrohres und dem Umlenkmagnetsystem.

2.2.5.3 Homogenisierung des Elektronenstrahlenbündels

Das Elektronenstrahlenbündel, das den Umlenkmagneten verlassen hat, besitzt zwar die richtige Energieschärfe und Richtung, ist aber noch zu schmal, um therapeutisch nutzbar zu sein. Seine gesamte Strahlintensität ist in einer schmalen, meistens nur noch leicht divergierenden Strahlenkeule konzentriert, die beim Austritt aus dem Magnetsystem einen Durchmesser von wenigen Millimetern, in der üblichen therapeutischen Entfernung von einem Meter vom Strahlfokus von nur wenigen Zentimetern hat. Für die Applikation am Patienten werden dagegen gleichmäßig "ausgeleuchtete", homogene Strahlungsfelder benötigt. Das Strahlenbündel muß also geglättet ("Feldhomogenisierung, Feldausgleich") und aufgeweitet werden. Zur Aufweitung des Strahlenbündels werden zur Zeit zwei Methoden angewendet, das **Streufolienverfahren** (Fig. 2.17 und 2.18) und das sogenannte **Scanverfahren**, die magnetische Feldhomogenisierung (Fig. 2.19).

Das Streufolienverfahren: Bei der Folienmethode werden dünne Folien in den Strahlengang gebracht, in denen die Elektronen gestreut werden. Jede Wechselwirkung von Elektronen mit Materie ist neben der Streuung leider auch mit individuellen Energieverlusten der Elektronen verbunden. Dies führt zu der bereits früher (Abschnitt 1.2.2) erwähnten Energieverbreiterung im Strahlenbündel (Energiestraggling). Darüberhinaus führt der Folienausgleich zu einer wegen der hohen Volumendosis bei der Elektronentherapie besonders störenden Produktion von Bremsstrahlung. Bei der Wahl der Streufolienmaterialien und der Dicke der Streufolien hat man also die erzielbare Streuwirkung gegen diese anderen, schädlichen Effekte abzuwägen.

Bei diesen Überlegungen vergleicht man am besten die Ordnungszahlabhängigkeiten der (unerwünschten) Energieverluste durch Stöße oder Bremsstrahlungserzeugung und die Zunahme des Energiestragglings Γ mit der Änderung des mittleren Streuwinkelquadrates $\Delta(\bar{\Theta}^2)$, das ein Maß für die gaußförmige Aufstreuung des Elektronenstrahlenbündels ist (vgl. Abschnitt 1.2.3). Das Stoßbremsvermögen ist (nach Gl. 1.20) proportional zur Ordnungszahl Z des Absorbers, das Strahlungsbremsvermögen zu Z^2 (Gl. 1.21) und der mittlere quadratische Streuwinkel (nach Gl. 1.28) proportional zu $(Z+1)^2$, was für nicht zu leichte Nuklide durch Z^2

angenähert werden kann. Das Verhältnis von Energieverlusten durch Bremsstrahlungserzeugung zum mittleren quadratischen Streuwinkel ist deshalb unabhängig von der Ordnungszahl, während das Verhältnis von Stoßbremsvermögen und mittlerem Streuwinkelquadrat mit zunehmender Ordnungszahl etwa reziprok zur Ordnungszahl abnimmt.

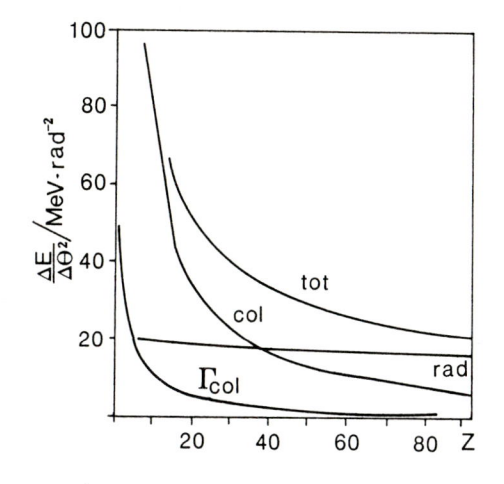

Fig. 2.16:

Energieverluste (ΔE) bzw. Energiestraggling Γ bezogen auf die Einheit des mittleren Streuwinkelquadrates $\Delta(\overline{\Theta}^2)$, (nach ICRU 35):

Γ_{col}: relatives mittleres Energiestraggling durch Stöße,

rad: relative mittlere Energieverluste durch durch Strahlungsbremsung,

col: relative mittlere Energieverluste durch Stoßbremsung,

tot: Summe (col+rad).

Da sich Aufstreuung und Produktion von Bremsstrahlung also simultan mit der Ordnungszahl verändern, ist die diesbezügliche Wahl des Folienmaterials unkritisch. Auf die Streuwirkung bezogene Energieverluste durch Stöße und das Ausmaß des Energiestragglings (Energieverbreiterung) nehmen jedoch mit kleiner werdender Ordnungszahl zu. Das günstigste Verhältnis von Streuwirkung und Energieverlust ergibt sich nach Fig. (2.16) deshalb bei hohen Ordnungszahlen. Man wählt daher bevorzugt schwere Elemente wie Wolfram (Z = 74) oder Blei (Z = 82) als streuende Substanzen für die Homogenisierung des Elektronenfeldes.

Die Strahlaufstreuung durch Folien ist immer mit einem Verlust an Elektronenenergie und einer Verschlechterung der Energieschärfe (Straggling) des Elektronenstrahlenbündels verbunden. Dadurch wird das vorher im Umlenkmagneten durch den Energiespalt eingeschränkte, schmale Energiespektrum wieder verbreitert, die mittlere Elektronenenergie verschiebt sich zu kleineren Werten. Je nach Foliendicke entstehen auch zunehmend störende Anteile hochenergetischer Bremsstrahlung, da Schwermetall–Streufolien wie Bremstargets mit großer Ausbeute wirken. Je höher die Einfallsenergie der Elektronen ist, um so dickere Streufolienschichten werden für die gleiche Homogenisierungswirkung benötigt, da das Streuvermögen quadratisch mit zunehmender Elektronenenergie abnimmt (vgl. Gl. 1.28). Bremsstrahlungsverluste und die Energieverbreiterung und –verschiebung des Elektronenstrahlenbündels nehmen aber mit der Foliendicke zu. Der Tiefendosisverlauf und die dosimetrischen Eigenschaften des Strahlenbündels werden dadurch für die therapeutische Anwendung ungünstiger.

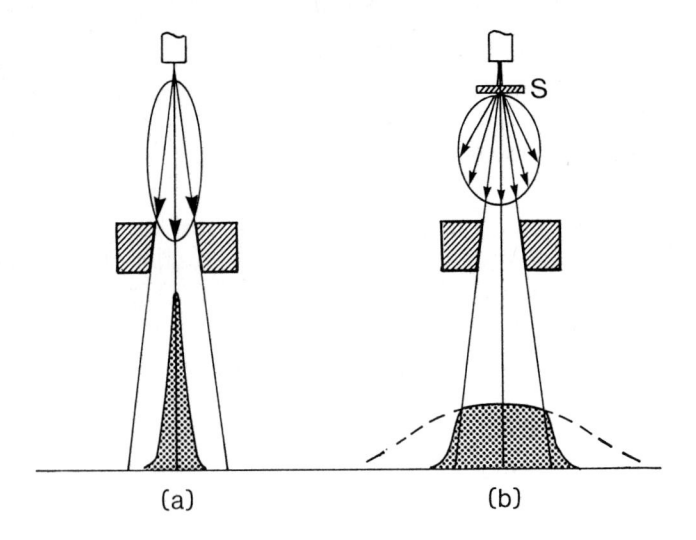

Fig. 2.17: Strahlquerprofile für Elektronenstrahlung. (a): Nadelstrahl ohne Streufolie, Aufstreuung nur durch Strahlrohrendfenster, (b): mit einfacher Schwermetallstreufolie aufgestreuter Nadelstrahl (breites "Gaussprofil"), die Ausblendung beschränkt das Nutzstrahlenbündel auf den ausgeglichenen Zentralbereich.

Eine einzelne ebene Streufolie kann aus einem schmalen Elektronenstrahl immer nur eine etwa gaußförmige Winkelverteilung erzeugen. Um eine therapeutisch ausreichende Homogenität mit einer einzelnen Streufolie zu erreichen, muß der Strahl durch große Foliendicken deshalb sehr stark aufgestreut werden (breite "Gaußverteilung"), was einen erheblichen Dosisleistungsverlust bedeutet. Die verwendbare Feldgröße muß dann so eingeschränkt werden, daß nur der zentrale, einigermaßen homogene Bereich des aufgestreuten Elektronenstrahlenbündels therapeutisch genutzt wird (Fig. 2.17b). Verwendet man nur eine einzelne Streufolie zur Homogenisierung des Strahlungsfeldes, so hat man also einen Kompromiß zwischen erreichbarer Homogenität, therapeutischer Dosisleistung, Nutzfeldgröße und den strahlverschlechternden Einflüssen zu schließen. Die Probleme mit der Feldhomogenisierung durch Einzelfolien waren mit ein Grund für die kleinen nutzbaren Feldgrößen und Dosisleistungen von Elektronenbeschleunigern älterer Bauart (frühe Linearbeschleuniger, Betatrons).

Diese Schwierigkeiten lassen sich weitgehend vermeiden, wenn man statt einer einzelnen Streufolie Doppelfoliensysteme aus mehreren räumlich getrennten Streukörpern verwendet (Fig. 2.18). Durch geschickte Formgebung der Folien und ihre Anordnung im richtigen Abstand zueinander werden insgesamt wesentlich geringere Materialstärken für die Glättung des Strahlenbündels benötigt als bei der Einfolienmethode. Die gesamte Verbreiterung des Elektronenenergiespektrums und der mittlere Energieverlust der Elektronen bleiben deshalb geringer. Gleichzeitig wächst wegen der geringeren Gesamtfoliendicken die verfügbare

Dosisleistung. Der Elektronenstrahl wird also deutlich weniger geschwächt und mit Bremsstrahlung kontaminiert als bei der Einfolientechnik, was natürlich der Qualität des therapeutischen Strahlenbündels zugute kommt. Wegen der besseren Homogenisierung sind auch größere Bestrahlungsfelder möglich.

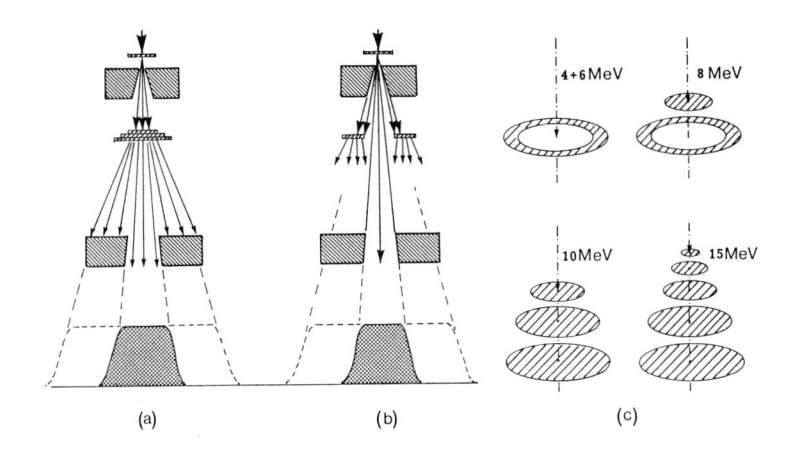

Fig. 2.18: Mehrfachstreufolien zur Homogenisierung des Elektronenstrahlenbündels, (a): zentrale Sekundärfolien für hohe Energien, (b): sekundäre Ringfolie für niedrige Energien, (c): Sekundärfoliensatz für 4 verschiedene Energiebereiche eines 15 MeV Elektronenlinearbeschleunigers aus Bleifolien von jeweils 30 μm Dicke (gemeinsame Primärfolie 0.1 mm Wolfram), 4+6 MeV: einfache Ringfolie, 8 MeV: Ring- und Zentralfolie, 10+15 MeV: System von zentralen Folien.

Die für eine ausreichende Strahlglättung erforderlichen Schichtdicken des Streuers sind abhängig von der eingestellten Elektronenenergie. Beschleuniger mit mehreren wählbaren Elektronenergien enthalten deshalb auch mehrere, der jeweiligen Strahlungsqualität optimal angepaßte Streufoliensysteme, die nach Bedarf in den Strahlengang gebracht werden. Die erste Streufolie befindet sich in der Nähe des Strahlaustrittsfensters am Ende des Umlenkmagneten. In vielen Beschleunigern wird die erste Streufolie für alle Elektronenenergien gemeinsam verwendet. Da die Streu- und Ausgleichswirkung der Primärstreufolie von der jeweiligen Elektronenenergie abhängt, reicht ihre Streuwirkung für hohe Energien in der Regel nicht aus; das Strahlprofil ist im Zentralstrahl noch nicht genügend geschwächt. Bei niedrigen Elektronenenergien ist die Streuwirkung der Folie dagegen zu hoch, die Winkelverteilung des primären Strahlenbündels ist überkompensiert. Die sekundären Streukörper für hohe Energien müssen daher vor allem die Strahlmitte zusätzlich homogenisieren und sind deshalb zentral verstärkt (Fig. 2.18a). Bei niedrigen Energien verwendet man dagegen ringförmige Zweitfolien, die nur noch die Peripherie des Strahlenbündels beeinflussen (Fig. 2.18b). Die erste homogene Streufolie hat den Hauptbeitrag zum Feldausgleich zu liefern. Sie wird aus den oben erwähnten Gründen aus Materialien hoher Ordnungszahl gefertigt. Für die zweite, geformte Folie verwendet man auch leichtere Elemente wie beispielsweise Aluminium. Die mit solchen modernen Streufoliensystemen ausgestatteten medizinischen Beschleuniger erreichen für alle Feldgrößen Feldinhomogenitäten von nur wenigen Prozent (vgl. dazu Abschnitt 7.1.3). Bei neueren Elektronenlinearbeschleunigern ist man wegen der Vielzahl der möglichen Energiestufen im Elektronenbetrieb inzwischen dazu übergegangen, auch die Primärstreufolie mit der Energieanwahl zu wechseln. In der Nähe des Strahlaustrittsfensters befinden sich deshalb Schieber oder Karusellanordnungen, die bis zu 7 ebene, homogene Primärfolien aus Schwermetall enthalten (s. Fig. 2.22). Die zugehörigen, komplizierter zusammengesetzten Sekundärfolien sind so geformt, daß für jede Elektronenenergie ein optimaler Feldausgleich garantiert wird.

Eine wichtige Voraussetzung für den effektiven Feldausgleich mit geformten Streufolien ist die stabile Strahllage relativ zu den Folien (vgl. Abschnitt 2.2.6). Eine Veränderung der Strahllage führt dazu, daß das Strahlenbündel die Folien nicht mehr zentral und symmetrisch trifft und deshalb auch nicht mehr ausreichend homogenisiert wird. Verändert sich die Elektronenenergie, so führt dies zu einer lage- und energieabhängigen Über- oder Unterkompensation des Strahlprofils. Es sind deshalb besonders wirksame Maßnahmen zur Überwachung und Stabilisierung der Energie und Lage des Elektronenstrahles erforderlich. In diesem Zusammenhang liefern der Energiespalt im Umlenkmagneten und der Dosisleistungsmonitor wichtige Beiträge zur Regelung und Erhaltung der Symmetrie und Homogenität des therapeutischen Elektronenstrahlenbündels.

Das Scanverfahren: Werden die Elektronenenergien zu hoch, kann man wegen der zunehmenden unerwünschten Wechselwirkungen der Elektronen mit den Ausgleichskörpern auf Streufolien auch völlig verzichten. Der Elektronenstrahl wird statt dessen durch magnetische Verfahren aufgeweitet. Dazu können entweder defokussierende Magnetspulen ("magnetische Streuer") oder Scanning Magnete verwendet werden, die den schmalen Elektronenstrahl periodisch über das Bestrahlungsfeld hin und her bewegen ("Scannen"). Der Scanning Magnet wird als Quadrupolmagnet ausgebildet (s. Fig. 2.19). Er lenkt den kegelförmigen Elektronenstrahl gleichzeitig in zwei zueinander senkrechten Ebenen ab, so daß das gesamte Strahlungsfeld zägezahnartig überstrichen wird. Die Scanbewegung geschieht mit niedrigen Frequenzen zwischen etwa 0.5 und 4 Hz. Die Scanamplitude muß zur Erzeugung eines geringen Halbschattens deutlich über die nominale Feldgröße hinausgehen, da der Scanstrahl durch vorherige Wechselwirkung mit den Strahlaustrittsfenstern der Sektion und des Magneten eine ungefähr gaußförmige Verteilung und damit einen diffusen Randverlauf hat. Wegen der von der Scanbewegung unabhängigen Pulsung von Elektronenlinearbeschleunigern besteht das Bestrahlungsfeld aus einer zufälligen zeitlichen und räumlichen Überlagerung der zum Einzelpuls gehörenden ungefähr kreisförmigen Elektronenfelder (s. beispielsweise Scanwege 1+2 in Fig. 2.19b).

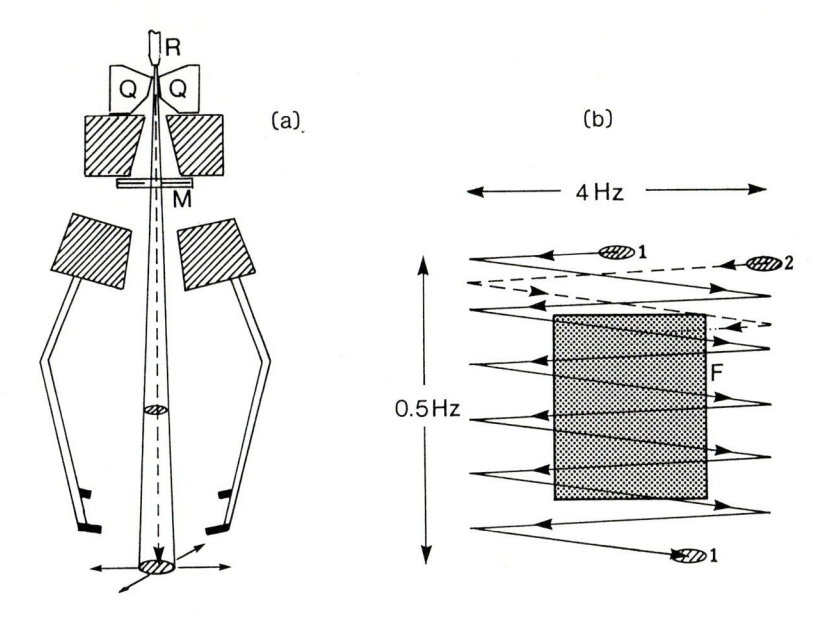

Fig. 2.19: (a): Strahlscanning eines Elektronenstrahls mit Hilfe eines magnetischen Quadrupols Q (M: Monitorkammern, R: Strahlrohr), (b): zeitliche Überdeckung des Bestrahlungsfeldes durch den Scanstrahl (F: durch den Kollimator definiertes Bestrahlungsfeld, 1+2: Scanwege).

Die berührungslose magnetische Aufweitung des therapeutischen Strahlenbündels vermeidet die Elektronenstreuung und damit die unerwünschten Effekte wie Energiestraggling, Energieverlust oder Bremsstrahlungserzeugung. Die mit dem Scanverfahren erreichten Tiefendosisverläufe übertreffen deshalb auch bei hohen Elektronenenergien die Qualität der Elektronen-Tiefendosisverteilungen von Foliensystemen bei niedrigerer Elektronenenergie. Die Dosisverteilungen beim Scanning-Verfahren enthalten jedoch eine durch die Überlagerung entstandene Restwelligkeit, stehen also in der Homogenität hinter den durch Folien ausgeglichenen etwas zurück. Das Ausmaß der Restinhomogenitäten ist empfindlich abhängig vom Verhältnis der Scanfrequenzen der beiden zueinander senkrechten Bewegungen. Wegen der zeitlichen Variation des Einstrahlpunktes des Elektronenbündels auf das Bestrahlungsfeld müssen für die Dosimetrie gescannter Elektronenfelder besonders aufwendige Verfahren verwendet werden. Aus dem gleichen Grund sind Bewegungsbestrahlungen mit gescannten Elektronenfeldern kaum möglich. Scanfrequenzen und Scansysteme müssen außerdem aus Sicherheitsgründen durch das Sicherheitssystem des Beschleunigers ("Interlock-System") überwacht werden, da bei einem Ausfall der magnetischen Aufstreuung die Dosisleistung des schmalen Elektronenstrahlenbündels auf engem Raum konzentriert wird. Dies würde bei der Behandlung eines Patienten mit Sicherheit zu schweren Überdosierungen der betroffenen Körperregionen führen und schwerwiegende radiogene Schäden zur Folge haben.

Wirkung	Eine Folie	Zwei Folien	Magnet. Scanning
Energieverlust	groß	mittel	null
Energieverschmierung	groß	mittel	null
Energieabhängigkeit	groß	klein	klein
Bremsstrahlungsanteil	< 10%	< 3%	sehr gering
Feldausgleich	mittel	sehr gut	Restwelligkeit
Feldgrößen	klein	groß	groß
Dosimetrie	normal	normal	schwierig
techn. Aufwand	klein	klein	groß
Bewegungsbestrahlung	ja	ja	nein

Tab. 2.3: Vergleich der verschiedenen Feldausgleichsmethoden für Elektronenstrahlung.

<u>Zusammenfassung:</u> Zur Aufweitung und Homogenisierung des primären, nadelförmigen Elektronenstrahlenbündels werden zwei Methoden angewendet:
Bei der Streufolienmethode werden Schwermetallfolien für die Aufstreuung benutzt. Die Homogenisierung ist daher mit einem Verlust an mittlerer Elektronenenergie, einer Verbreiterung des Elektronenenergiespektrums und der Entstehung von Bremsstrahlung verbunden.
Bei der berührungslosen magnetischen Aufstreuung (Scanmethode) wird die spektrale Verteilung der primären Elektronen nicht beeinflußt. Es entsteht auch keine Bremsstrahlung durch den Feldausgleich. Der Feldausgleich hängt stark von den Scanfrequenzen ab, es besteht die Möglichkeit zur Restwelligkeit. Die Scanmethode ist technisch aufwendiger und erschwert die Dosimetrie.

2.2.5.4 Kollimation des Elektronenstrahls

Zur Begrenzung und Definition der Bestrahlungsfeldgröße wird ein mehrstufiges Kollimatorsystem verwendet. Die erste Stufe ist ein in der Öffnung unveränderlicher Primärkollimator mit konischer Bohrung, der sich zwischen erster und zweiter Streufolie befindet. Er legt die maximale Größe des kegelförmigen Strahlenbündels fest. Ihm folgt ein mit der Strahldivergenz konvergierender zweiter beweglicher Blendensatz, der individuell für beliebige Quadrat- oder Rechteckfelder eingestellt werden kann. Seine Halbblenden sind orthogonal zueinander angeordnet und können paarweise bewegt werden. Primär- und beweglicher Haupt-Kollimator werden auch für den Photonenbetrieb benutzt und sind deshalb auf die dafür erforderliche hohe Schwächungswirkung ausgelegt (vgl. Abschnitt 2.2.6, Fig. 2.26). Ihre Gesamtdicke in Strahlrichtung beträgt je nach Photonenenergie bis zu 20 Zentimeter Blei oder Wolfram.

Unterhalb des beweglichen Photonen–Blendensystems befinden sich die zusätzlichen Elektronenkollimatoren. Sie haben die Aufgabe, die geglätteten, homogenen Elektronenfelder seitlich zu begrenzen und eine ungewollte Bestrahlung außerhalb des Bestrahlungsfeldes zu verhindern. Ältere Versionen dieser Elektronenblenden wurden als kreisförmige, quadratische oder rechteckige Röhren mit zum Teil parallelen, also nicht divergierenden Wänden konstruiert ('"Tubusse", Fig. 2.20a). An ihren metallischen Innenwänden wurden die äußeren Anteile des divergierenden Elektronenstrahlenbündels gestreut. Die Dosisbeiträge dieser gestreuten Elektronen traten vor allem an den Feldrändern auf und sättigten dadurch die gaußförmig abfallenden Strahlprofile seitlich auf. Sie wurden also zur Homogenisierung des Bestrahlungsfeldes mitverwendet. Dies hatte den Vorteil, daß die einfachen Ausgleichsfolien zur Feldhomogenisierung mit geringerer Massenbelegung ausgelegt werden konnten, da ein Teil ihrer Aufgabe von den Tubussen übernommen wurde.

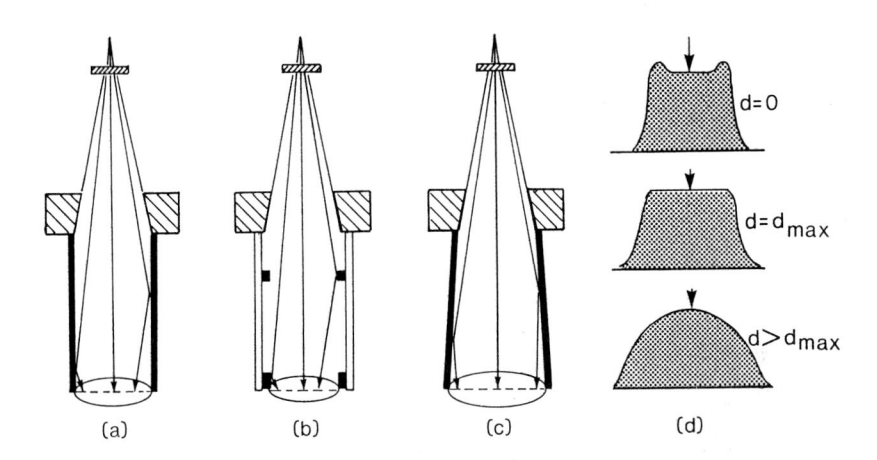

Fig. 2.20: Kollimation des therapeutischen Elektronenstrahlenbündels mit Tubussen, (a): paralleler Schwermetalltubus, (b): paralleler Leichtmetalltubus mit Blei–Einsätzen, (c): leicht divergenter Tubus mit geringerer Aufsättigung, (d): Veränderung des Dosisquerprofils mit der Phantomtiefe durch Tubusaufsättigung bei Homogenisierung in Maximumstiefe.

Bei der Streuung an den Tubuswänden erleiden die Elektronen neben einer Richtungsänderung aber auch einen Energieverlust. Zentrale und seitliche Teile des Strahlenbündels unterscheiden sich bei Tubushomogenisierung deshalb auch signifikant in ihrem Energiespektrum und damit in ihrer Wirkung auf die Dosisquer– und die Dosistiefenverteilung (Fig. 2.20d). Mit Tubussen homogenisierte Elektronenfelder sind je nach Divergenzwinkel des Tubus und Elektronensollenergie nur in einer bestimmten Phantomtiefe homogen (meistens knapp vor dem Dosismaximum). An der Oberfläche sind die Dosisleistungen seitlich stark überhöht, sie zeigen "Hörner" im Querprofil. In der Tiefe weisen sie jedoch ein deutliches Defizit an den

Feldrändern auf. Die Glättungswirkung hängt außerdem sehr von der Feldgröße und dem Abstand des unteren Kollimatorrandes von der Oberfläche des Patienten ab, so daß je nach therapeutischer Anwendung völlig verschiedene Dosisverteilungen entstehen können. Das Dosisleistungsmaximum wird durch den Energieverlust der gestreuten Elektronen in Richtung Haut verschoben, die therapeutische Tiefe verringert sich und die Hautdosis wird zusätzlich unerwünscht hoch. Da Elektronentubusse aus Materialien mit hoher Ordnungszahl hergestellt werden oder diese Materialien als Einsätze (im Strahlengang) enthalten, ist auch die Kontamination des Strahlenbündels mit Bremsstrahlung nicht zu vernachlässigen (vgl. hierzu auch Abschnitt 8.1.2).

Ein weiterer wichtiger Einfluß auf das Elektronenstrahlenbündel ist die Aufstreuung der Elektronen in Luft auf dem Weg vom Strahlaustrittsfenster zum Patienten (typische Entfernung Fokus–Patient: 1 m). Sie führt einerseits zu einem Teilchenverlust in der Feldmitte und zu einem rapiden Abfall der Dosisleistung an den Rändern. Elektronenstrahlenbündel

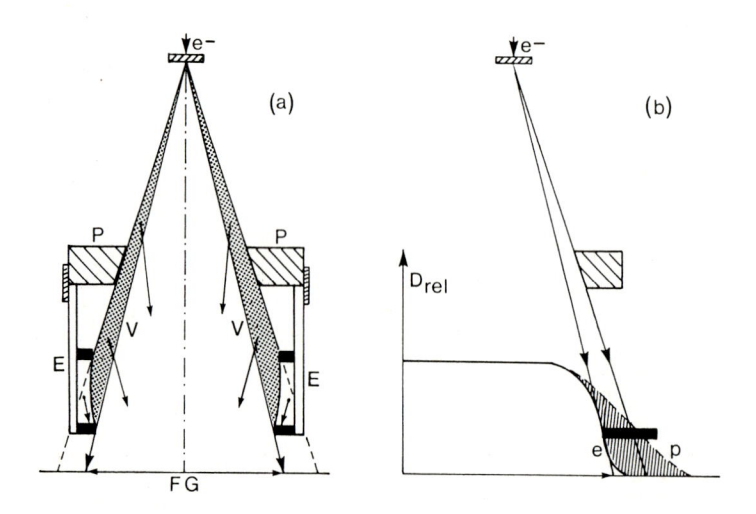

Fig. 2.21: (a): Form von Elektronentrimmern mit seitlichen Luftstreuvolumina (V) zur peripheren Feldaufsättigung, die Pfeile sollen Elektronen darstellen, die in Richtung Zentralstrahl gestreut werden (P: Photonenkollimator, E: Elektronentrimmer, FG: Feldgröße für Elektronenbetrieb). (b): Wirkung der Zusatztrimmer auf das Dosisquerprofil (p: nur Photonenkollimator, e: mit Elektronentrimmern).

müssen deshalb dicht vor dem Eintritt ins Phantom oder den Patienten kollimiert werden. Andererseits kann durch geeignete Wahl der Bauform der Elektronenkollimatoren die Elektronenstreuung aus den seitlichen Luftvolumina außerhalb des eigentlichen Bestrahlungsfeldes zur Aufsättigung der Randbereiche des Nutzstrahlenbündels mitverwendet werden

(Fig. 2.21). Da Elektronen in Luft nur wenig Energie verlieren, ändert sich durch diese "Luftaufsättigung" die spektrale Verteilung nur wenig. Die Form solcher Kollimatoren für Elektronenstrahlung (Applikatoren) kann wegen dieser Streuung nicht wie bei Photonen aus einfachen geometrischen Gesetzmäßigkeiten (z. B. dem Strahlensatz) abgeleitet werden.

Diese modernen Elektronenkollimatoren beschränken das nutzbare Elektronenfeld auf den zentralen Bereich des ursprünglichen Strahlenbündels, ohne dabei allerdings wie bei den Tubussen durch niederenergetische Streuung an Kollimatorwänden das Elektronenspektrum zu verschlechtern. Sie bestehen aus mehreren einzelnen Platten (Trimmern, Fig. 2.21), die unterhalb des beweglichen Photonenkollimators eingehängt werden. Der Photonen-Kollimator wird im Elektronenbetrieb weiter geöffnet, als es der therapeutischen Elektronenfeldgröße entspricht. Für die häufigsten Elektronenenergien (bis etwa 15 MeV) beträgt die Einschränkung des Elektronenfeldes gegenüber der Photonenfeldgröße in jeder Achse etwa 10 cm. Die letzte, patientennahe Blende definiert das therapeutische Bestrahlungsfeld. Die zwischen Photonenblende und dem patiennahen Trimmer liegenden weiteren Elektronenblenden liegen im geometrischen Schattenbereich des Photonenkollimators. An ihnen gestreute Elektronenstrahlung kann deshalb den Patienten nicht erreichen. Die dosimetrischen Eigenschaften solcher Elektronenapplikatoren hängen stark von der Ordnungszahl des Blendenmaterials und den verwendeten Elektronenenergien ab. Als Applikatormaterialien werden schwere Elemente wie Blei und Wolfram oder zur Vermeidung von Bremsstrahlungskontaminationen auch Sandwichanordnungen leichter und schwerer Metalle verwendet. Um Elektronenapplikatoren nicht zu unhandlich und zu schwer zu machen, ist es ausreichend, die Blenden nur mit einer der Massenreichweite der Elektronen entsprechenden, wenige Millimeter dicken Schicht dieser Materialien zu überziehen. Elektronenapplikatoren können auch verstellbar gehalten werden, so daß mit ihnen wie beim Photonenbetrieb beliebige Feldgrößen eingestellt werden können. Sie werden dann nicht unmittelbar auf die Haut des Patienten aufgesetzt und erzeugen daher etwas größere Halbschatten an der Phantomoberfläche als direkt aufgesetzte Tubusse, da bei den von der Haut distanzierten Kollimatoren kaum eine Aufsättigung der Randzonen des Bestrahlungsfeldes durch von den unteren Trimmern ausgehende niederenergetische Streustrahlung stattfindet. Von der Patientenoberfläche distanzierte Elektronenapplikatoren ermöglichen bei günstiger Geometrie auch Bewegungsbestrahlungen.

Wegen der vielfältigen Einflüsse und Schwierigkeiten beim Design von Elektronenapplikatoren muß im therapeutischen Betrieb vor unbedachten Eingriffen in die Bestrahlungsgeometrie dringend gewarnt werden. Die Veränderung des Fokus-Hautabstandes, das Anbringen von zusätzlichen "klinischen" Blenden aus Schwermetall (Absorber) zur Feldgestaltung oder das Einfügen weiterer Materialien in den Strahlengang bei Elektronenstrahlung verändert in der Regel die dosimetrischen Eigenschaften des Strahlenbündels in nicht vorhersehbarer Weise. Um unliebsame Überraschungen zu vermeiden, sollte deshalb jede Änderung der Elektronenkollimation von dosimetrischen Untersuchungen begleitet sein.

2.2.6 Der Strahlerkopf im Photonenbetrieb

Bremsstrahlungserzeugung und Auslegung des Bremstargets: Soll der Elektronenlinearbeschleuniger im Photonenbetrieb gefahren werden, so muß der primäre Elektronenstrahl in hochenergetische Photonenstrahlung umgewandelt werden. Dies geschieht ähnlich wie in einer Röntgenröhre durch Wechselwirkung der Elektronen mit einem Bremstarget (Fig. 2.23) aus Schwermetallen. Dieses besteht entweder aus reinem Wolfram oder aus Sandwichanordnungen verschiedener schwerer Metalle. Als Bremstargets (target: englisch für Zielscheibe) sind Materialien mit hoher Ordnungszahl besonders günstig, da die Bremsstrahlungsausbeute mit dem Quadrat der Ordnungszahl zunimmt, die Energieverluste durch Stoßbremsung jedoch nur linear mit Z anwachsen (s. Gleichungen 1.20 und 1.21). Je höher die Elektronenenergie ist, um so günstiger wird deshalb das Verhältnis von Strahlungsbremsung (Bremsstrahlungserzeugung) und dem Energieverlust der Elektronen durch Stöße.

Neben der Elektronenenergie und der Ordnungszahl des Targets spielt auch dessen Dicke eine wesentliche Rolle für die Bremsstrahlungsausbeute und die Form des Photonenspektrums. Die Ausbeute nimmt zunächst mit der Dicke des Targets zu. Durch die mit größeren Schichtdicken zunehmende Selbstabsorption der Photonenstrahlung wird die Zunahme der Photonenausbeute jedoch begrenzt. Eine obere, physikalisch sinnvolle Grenze stellt die maximale Reichweite der Elektronen im Targetmaterial dar. Überschreitet die Targetdicke diese Reichweite, so kommt es zu keiner weiteren Erhöhung der Strahlungsausbeute mehr, da in den hinzugefügten weiteren Targetschichten ($d > R_{max}$) keine Elektronen mehr vorhanden sind, die Bremsstrahlung erzeugen könnten. Für praktische Überlegungen vergleicht man die Dicken der Bremstargets mit der praktischen Massenreichweite der eingeschossenen Elektronen im Targetmaterial. Man bezeichnet ein Target als **dünn**, wenn seine durchstrahlte Tiefe wesentlich kleiner ist als diese Reichweite, und als **dick**, wenn die Schichdicke mit der Reichweite vergleichbar ist.

Dicke Targets haben die höchsten Strahlungsausbeuten. Da in ihnen alle primären Elektronen absorbiert werden, geben die Elektronen ihre gesamte kinetische Energie im Target ab. Energieverluste der Elektronen durch Stoßprozesse führen zur Erhitzung des Bremstargets. Die Produktion von Bremsstrahlung belastet den Absorber dagegen thermisch nicht. Bei Elektronen mit Energien um 70–100 keV (Bereich der diagnostischen Röntgenstrahlung) beträgt die Ausbeute für Bremsstrahlung in Wolframtargets ($Z = 74$) nur ungefähr 0.5% . Etwa 99% der Bewegungsenergie der Elektronen muß von Röntgenröhren als Verlustwärme weggekühlt werden. Bei 10-MeV-Elektronen ist die Ausbeute an Bremsstrahlung bereits größer als 50% (vgl. dazu die Beispiele 1 und 2, Abschn. 1.2.1). Wegen der hohen Strahlleistungen muß in medizinischen Elektronenlinearbeschleunigern (bis 10 kW mittlere Strahlleistung) dennoch ein erheblicher Kühlaufwand betrieben werden, um Schäden am Bremstarget durch Überhitzung zu vermeiden. Dicke Bremstargets aus Wolfram haben typischerweise

Stärken von wenigen Millimetern, die etwa der Reichweite der abzubremsenden Elektronen entsprechen, und Durchmesser von 1–2 Zentimetern (Fig. 2.22). Sie können nur begrenzte Wärmemengen aufnehmen und sind deshalb zur besseren Kühlung in Träger aus gut wärmeleitendem Material (meistens Kupfer) eingebettet, die ihrerseits wieder durch eine hocheffektive Hochdruckwasserkühlung gekühlt werden müssen. Nicht gekühlte Bremstargets würden schon nach kurzer Zeit schmelzen und den Elektronenstrahl dann ungehindert passieren lassen. Die Targetkühlung ist deshalb aus Gründen des Strahlenschutzes und des internen Maschinenschutzes in das interne Sicherheitssystem der Beschleunigeranlagen integriert.

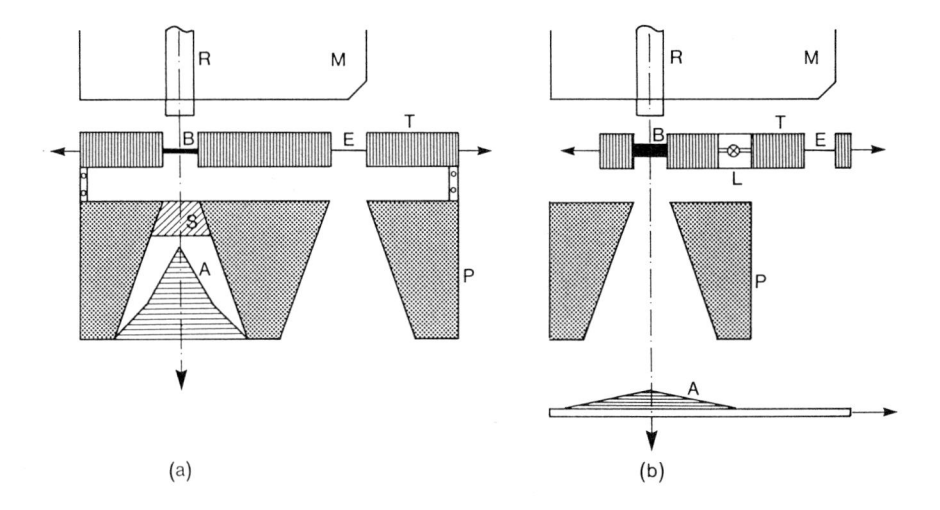

Fig. 2.22: Anordnungen von Bremstargets für die Bremsstrahlungserzeugung im Strahlerkopf von Linearbeschleunigern. (R: Strahlrohr, M: Umlenkmagnet, B: Bremstarget aus Wolfram, E: Primärstreufolie für den Elektronenbetrieb, T: Targethalterung mit Anschluß an eine Wasserkühlung, P: Primärkollimator, A: Ausgleichskörper für den Photonenbetrieb, L: Lichtvisierlampe, S: Elektronenfänger).
(a): Dünnes Bremstarget: Die das Bremstarget passierenden Elektronen werden im Elektronenfänger (Beamstopper) aufgefangen, der gleichzeitig als Beamhardener verwendet wird (s. Text). Der Niedrig-Z-Ausgleichkörper ist so groß, daß er im Primärkollimator untergebracht werden muß. Primärkollimator und Targethalterung werden beim Wechsel der Strahlungsart gemeinsam verschoben.
(b): Dickes Bremstarget (Dicke = 4 mm Wolfram): Das Bremstarget befindet sich gemeinsam mit der Primärfolie für Elektronen und der Halogenlampe für das Lichtvisier auf einem verschiebbaren und wassergekühlten Kupferblock. Der Ausgleichskörper befindet sich auf einem Drehschieber unterhalb des Primärkollimators und wird beim Elektronenbetrieb durch die der Elektronenenergie angepaßten Sekundärfolien ersetzt.

Kühlprobleme an dünneren Targets sind weniger gravierend, da in ihnen nur ein Teil der Elektronenenergie absorbiert wird. Die das Bremstarget in Strahlrichtung verlassenden Elektronen müssen dann aber durch Elektronenabsorber hinter dem Bremstarget, sogenannte Elektronenfänger ("Beamstopper") aufgefangen werden. Diese werden aus Gründen der Strahlaufhärtung und um unnötige Produktion von Photoneutronen zu verhindern aus leichten Materialien wie Graphit oder Aluminium gefertigt. Sie befinden sich vor dem Ausgleichskörper für Photonenstrahlung und werden meistens im Primärkollimator untergebracht (vgl. Figuren 2.9, 2.22).

Die Dicke des Bremstargets beeinflußt die Strahlungsqualität des entstehenden Photonenspektrums. Bremsstrahlung aus dünnen Targets enthält weniger weiche Strahlungsanteile als diejenige aus dicken Targets. Ihre mittlere Photonenenergie und damit ihre Halbwertschichtdicke in menschlichem Gewebe oder Wasser ist bei gleicher Elektronenenergie größer als die für Bremsstrahlung aus dicken Targets. Der wegen der Elektronenabsorption erforderliche Elektronenfänger niedriger Ordnungszahl härtet durch bevorzugte Absorption weicher Photonen das Bremsspektrum zusätzlich auf. In dicken Targets kommt es dagegen durch Mehrfachwechselwirkung der Elektronen (Vielfachstreuung und Abbremsung) zu erhöhter Emission niederenergetischer Photonen. In dicken Targets können Bremsstrahlungsphotonen ihrerseits wieder entweder durch Paarbildung oder durch Comptonwechselwirkung absorbiert werden. Dies führt ebenfalls zu einer Erniedrigung der mittleren Photonenenergie und einer Veränderung des effektiven Schwächungskoeffizienten.

Homogenisierung des Photonenstrahlenbündels: Die im Bremstarget erzeugte ultraharte Photonenstrahlung zeigt eine starke Konzentration ihrer Strahlintensität auf der Zentralstrahlachse in Richtung des ursprünglichen Elektronenstrahls (Fig. 2.23, 2.24a). Sie ist um so höher, je höher die Elektronenenergie ist. Ultraharte Röntgenstrahlung hat ein kontiniuierliches Intensitätsspektrum mit einer maximalen Photonenenergie (Grenzenergie), die der Elektronenenergie entspricht. Für den Patientenbetrieb werden natürlich auch im Photonenbetrieb homogen ausgeleuchtete Strahlquerschnitte und Dosisverteilungen benötigt. Deshalb wird in den Photonenstrahl ein konusförmiger Ausgleichskörper gebracht (Fig. 2.24b), der die "heiße" Mitte des Strahls schwächen soll und damit das Strahlquerprofil homogen macht.

Beim Design solcher Ausgleichskörper sind eine Reihe von Besonderheiten zu beachten, die direkt aus den verschiedenen Wechselwirkungsmechanismen von Photonenstrahlung mit Materie zu verstehen sind (s. Abschnitt 1.1). Die von Bremstargets emittierte ultraharte Photonenstrahlung zeigt neben der Winkelverteilung auch eine von der Emissionsrichtung abhängige Photonenenergieverteilung. Seitlich abgestrahlte Photonen haben eine andere spektrale Intensitätsverteilung als solche in der Nähe des Zentralstrahls. Sie werden also auch unterschiedlich vom Ausgleichskörper geschwächt.

Bei der Berechnung der Form des Ausgleichkegels müssen die winkelabhängigen Energieunterschiede natürlich berücksichtigt werden. Ausgleichskörper haben fünf wesentliche Einflüsse auf das Bremsstrahlungsbündel: Sie streuen den Strahlenkegel auf, sie erniedrigen die mittlere Photonenenergie durch Comptonwechselwirkung und Paarbildung, sie absorbieren weiche Strahlungsanteile und härten dadurch den Photonenstrahl wieder auf, sie schwächen das Photonenstrahlenbündel in seiner Gesamtintensität und sie kontaminieren es mit geladenen Sekundärteilchen. Je nach Ordnungszahl und Dicke des Ausgleichskörpers dominiert der eine oder der andere Effekt.

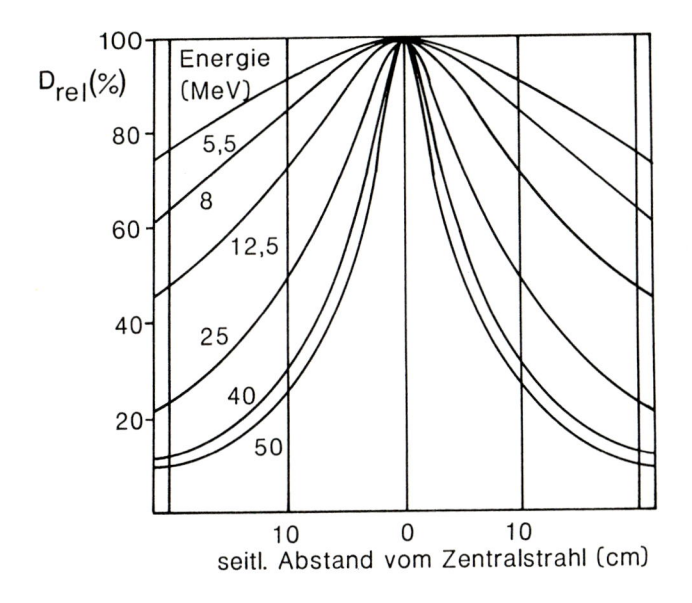

Fig. 2.23: Relative Dosisquerprofile für Photonenstrahlung hinter einem Wolframbremstarget (ohne Ausgleichskörper, gemessen in 1 m Abstand vom Fokus) für verschiedene Grenzenergien zwischen 5.5 und 50 MeV. Alle Verteilungen sind auf die Dosisleistung auf dem Zentralstrahl normiert. Je höher die Elektronenenergie ist, um so schmaler ist die Intensitätsverteilung der Bremsstrahlungsphotonen.

Ausgleichsfilter mit hoher Ordnungszahl machen den Photonenstrahl durch mehrfache Comptonstreuung und Paarbildung insgesamt weicher. Der Paarbildungsanteil der Wechselwirkung in einem Bleistreukörper beträgt bei 5 MeV Photonenenergie etwa 50 %, bei 15 MeV bereits 80%, ist also bei hohen Photonenenergien der dominierende Prozeß. Entsprechend hoch wird der Anteil der niederenergetischen Sekundärphotonen im Spektrum (511 keV und niedriger). Der Tiefendosisverlauf wird durch schwere Ausgleichsfilter daher ungünstig beeinflußt. Die Tiefendosiskurve wird steiler, fällt also schneller mit der Tiefe im

Phantom ab, das Tiefendosismaximum wandert zur Haut, und die Hautdosis steigt. Schwermetallausgleichskörper haben wegen ihrer hohen Dichte eine besonders wirksame Streu- und Ausgleichswirkung.

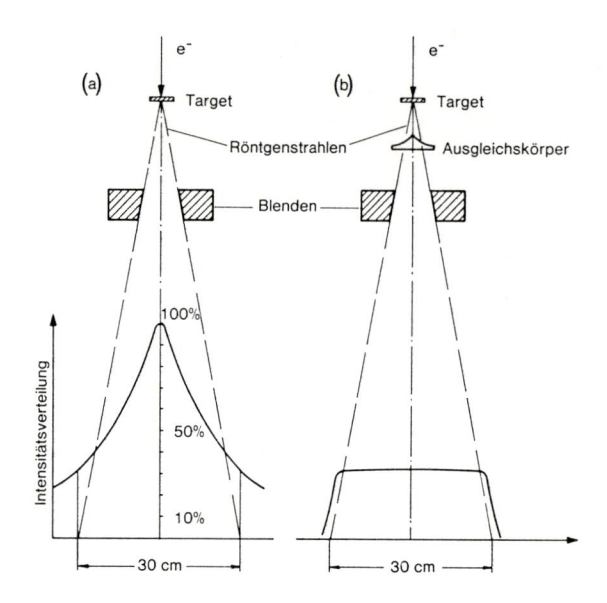

Fig. 2.24: Wirkung eines Ausgleichskörpers auf das Strahlquerprofil im Photonenbetrieb, (a): relatives Intensitätsquerprofil ohne Ausgleichskörper, gemessen in 1 m Abstand vom Target für 25-MeV-Photonenstrahlung, (b) durch Ausgleichskörper homogenisiertes Querprofil. Innerhalb der therapeutischen Feldbreite ist das Profil homogen und symmetrisch.

Photonenausgleichsfilter mit niedriger Ordnungszahl (z. B. Aluminium, Eisen) bewirken neben dem Feldausgleich auch eine erhebliche Aufhärtung des Photonenspektrums vor allem in der Strahlmitte, wo die Ausgleichskörper wegen der intensiven Strahlenkeule am dicksten sind. Dieser Effekt wird als Beamhardening bezeichnet. Beamhardening mit Ausgleichskörpern "verbessert" also das Photonenspektrum zentral, führt aber zu einer starken Energievariation der seitlich gestreuten Photonen besonders bei großen Bestrahlungsfeldern. Mit Niedrig-Z-Ausgleichskörpern (Low-Z-Filtern) können durch Aufhärtung sogar Photonenspektren erzeugt werden, deren Tiefendosisverlauf formal (d. h. im Vergleich zu den Halbwerttiefen anderer Photonenstrahlungen) einer Grenzenergie entspricht, die noch höher als die Energie der eingeschossenen Elektronen ist. Reine Aluminiumausgleichsfilter können bei hohen Photonenenergien allerdings so groß werden (Dicken bis 25 cm), daß sie entweder im Strahlerkopf nicht mehr untergebracht werden können oder wegen ihrer Abmessungen die Punktquellengeometrie des Photonenstrahlenbündels so sehr verfälschen, daß sie die strahlgeometrischen Eigenschaften des Photonenstrahlenbündels untragbar verschlechtern (Vergrößerung des Fokus, Verschiebungen des Fokusortes, Abweichungen vom Abstandsquadratgesetz für die Dosisleistung). Geometrisch günstigere Anordnungen von Ausgleichskörpern bestehen deshalb aus einer Kombination verschiedener Niedrig–Z–Materialien (zylindrischer Beamhardener aus Aluminium, konusförmiger Stahlausgleichskörper, vgl. Fig. 2.25d, 2.9), deren Gesamtabmessungen in den kompakten Strahlerköpfen moderner Elektronenlinearbe-

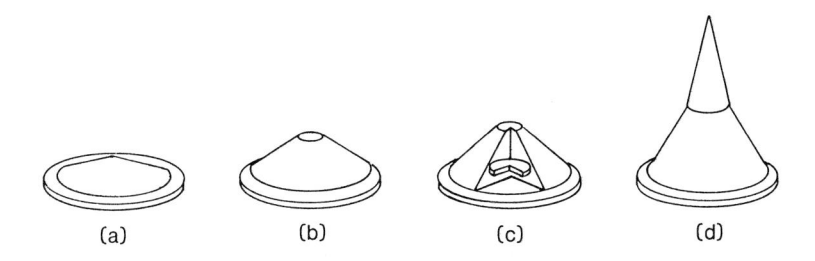

Fig. 2.25: Technische Ausführungen von Photonenausgleichskörpern, (a): Blei für niedrige Energien, (b): Blei oder Wolfram für Energien bis 15 MeV, (c): Eisen mit Bleikern für Photonen von 25 MeV, (d): Niedrig–Z–Ausgleichskörper aus Aluminium oder Stahl für hohe Energien.

schleuniger untergebracht werden können. Beim Feldausgleich kann sich die zentrale Strahlungsqualität je nach verwendetem Ausgleichsmaterial also deutlich von der peripheren unterscheiden. Die Tiefendosisverteilungen zum Feldrand hin werden wegen der winkelabhängigen Energieverteilungen der Streuphotonen dann entweder mehr, unter Umständen aber auch weniger durchdringend als die des Zentralstrahls. Ein weiteres Problem stellen die in Ausgleichskörpern erzeugten niederenergetischen Comptonelektronen dar. Sie erhöhen die Hautdosis des Patienten und verschieben das Tiefendosismaximum nach vorne. An einigen Maschinen hat man versucht, diese Streuelektronen durch dickwandige Strahlmonitore oder durch eine magnetische Ablenkung vom Patienten fernzuhalten.

Bei den hohen Energien ultraharter Photonen finden bei Überschreitung der Reaktionsschwellen Kernphotoreaktionen im Ausgleichskörper, Bremstarget oder sonstigen vom Photonenstrahlenbündel berührten Strukturmaterialien statt. Als Folge kommt es zu einer Aktivierung dieser Substanzen und einer Emission von Neutronenstrahlung. Es sind deshalb solche Materialien zu bevorzugen, deren Kernphotoschwellen höher als die maximale Photonenenergie liegen oder die bei der gegebenen Energie nur eine geringe Reaktionsausbeute zeigen. Zumindestens sollten die Folgeprodukte der Kernreaktionen kurzlebig sein, da es andernfalls zu einer dauerhaften Aktivierung des Strahlerkopfes kommt, was Probleme beim Service oder für den Strahlenschutz des medizinisch–technischen Personals mit sich bringen kann. So verbietet sich beispielsweise die Verwendung von strahlenphysikalisch günstigen Kupfertargets oder Ausgleichskörpern bei Photonenenergien oberhalb von 10 MeV, da Kupfer in einer

(γ,n)–Reaktion oberhalb der Schwellenenergie von 10.8 MeV zu dem β^+–strahlenden 62–Cu umgewandelt wird (63–Cu(γ,n)62–Cu: Halbwertzeit = 9.73 min). Als Folge der Aktivierung kommt es also zur Emission durchdringender Positronenvernichtungsstrahlung (Photonenenergie: 511 keV) und von schwer abzuschirmenden Neutronen, die besondere, zusätzliche Strahlenschutzmaßnahmen erfordern.

Ausgleichskörper schwächen den das Bremstarget verlassenden Photonenstrahl je nach Dicke und Material ungefähr um den Faktor 2 bis 10. Allein der Feldausgleich im Photonenbetrieb erfordert also schon eine große Dosisleistungsreserve des Beschleunigers. Dazu kommt die deutlich von 100% verschiedene Ausbeute bei der Konversion des Elektronenstrahls zu Photonenbremsstrahlung (max. 50%, s. Abschnitt 1.2.1, Gl. 1.21). Um eine ausreichende Photonendosisleistung zu erreichen, muß der Elektronenstrom im Beschleuniger im Photonenbetriebsmodus um ein bis zwei Größenordnungen höher sein als im Elektronenbetrieb. Elektronenlinearbeschleuniger im Photonenbetrieb leisten deshalb Schwerstarbeit. Technische Ausführungen von Ausgleichsfiltern (Fig. 2.25) bestehen heute aus computeroptimierten Sandwichanordnungen verschiedener Materialien wie Aluminium, Eisen, Nickel, Wolfram und Blei, die an die jeweiligen Energien angepaßt werden. Bei Beschleunigern mit mehreren Photonenenergiestufen werden die Ausführungen für verschiedene Energien zusammen mit den Elektronenstreufolien auf Karusells oder Schiebern untergebracht und je nach Bedarf in den Strahlengang gebracht. Ihre Positionierung muß durch das Beschleuniger–Sicherheitssystem (Interlocksystem) überwacht werden.

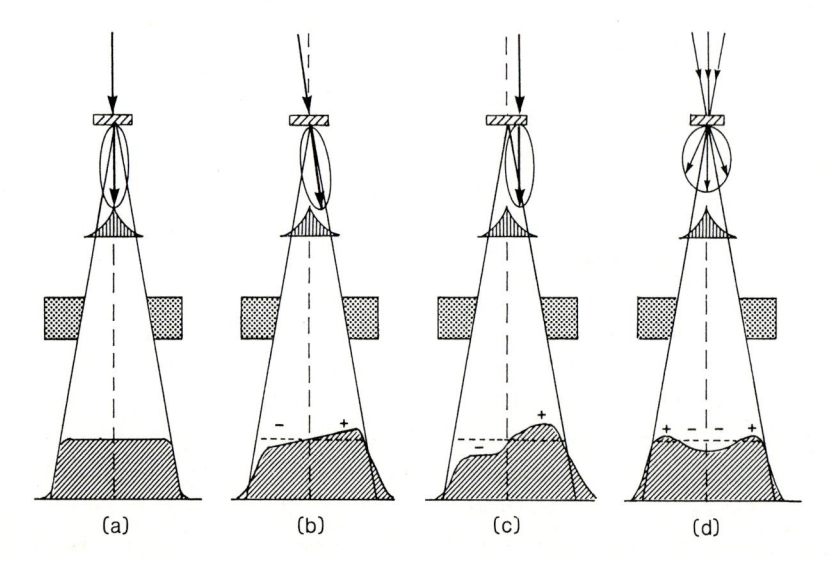

Fig. 2.26: Wirkung der Fehllage des Elektronenstrahls auf den Feldausgleich im Photonenbetrieb. (a): Korrekte Strahlrichtung und Divergenz, (b): Strahl geneigt, (c): Strahl versetzt, (d): Strahl zu divergent oder mit zu geringer Energie.

Die Feldhomogenisierung für Photonenstrahlung ist wegen der kritischen Geometrie der Ausgleichskörper noch weit empfindlicher gegen Verschiebungen oder Neigungen des Elektronenstrahls gegenüber der geometrischen Zentralstrahlachse als die therapeutischen Elektronenbündel (vgl. Abschnitt 2.2.5.3). Schon leichte Neigungsänderungen des Bremsstrahls durch Schwankungen in der Fokussierung der Elektronen (Fig. 2.26b), seitliche Verschiebungen des Elektronenstrahlenbündels auf dem Bremstarget durch eine Energieänderung des Elektronenstrahls im Beschleunigerrohr oder durch Veränderungen des Umlenkstromes im Umlenkmagneten (Fig. 2.26c), sowie divergente Elektronenstrahlenbündel auf dem Bremstarget bzw. zu niedrige Elektronenenergien (Fig. 2.26d) können zu einem mangelhaften Feldausgleich durch den Ausgleichskörper führen. Die Dosisleistungsprofile zeigen dann ausgeprägte Asymmetrien und Inhomogenitäten, die für den therapeutischen Betrieb nicht mehr tolerabel sind. Abhilfe schafft hier wie beim Elektronenbetrieb (s. Abschnitt 2.2.7) eine wirksame Strahllagen- und Dosisleistungsüberwachung durch den Monitor sowie die Regelung der Elektronenenergien.

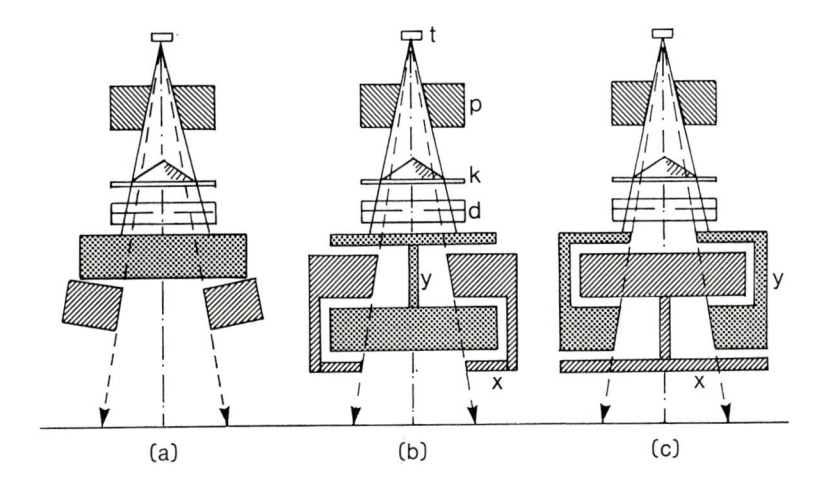

Fig. 2.27: Technische Ausführungen konventioneller Photonenkollimatoren (t: Bremstarget, p: Primärkollimator, k: Ausgleichskörper, d: Doppelmonitor, x,y: Halbblenden). (a): Versetzte, übereinander angeordnete Halbblenden. Die obere Halbblende befindet sich normalerweise außerhalb der Zeichenebene, sie ist hier aber mit eingezeichnet, um die relative Anordnung zu kennzeichnen. Sie bewegt sich beim Öffnen oder Schließen senkrecht zur Zeichenebene. (b): Überlappende, ineinander greifende Halbblenden, y-Blende außerhalb der Zeichenebene vgl. (a)). (c): Wie (b), um $90°$ gedreht, x-Blende außerhalb der Zeichenebene.

Kollimation des Photonenstrahlenbündels: Zur Kollimation des Photonenstrahlenbündels werden durchwegs konvergierende Kollimatoren verwendet. Sie wird in zwei Stufen vorgenommen. Unmittelbar in Strahlrichtung hinter dem Bremstarget befindet sich ein konusförmig aufgebohrter, fester Primärkollimator, der das maximale Bestrahlungsfeld definiert. Er ist aus Blei oder Wolfram gefertigt. Unterhalb des Ausgleichskörpers für den Photonenbetrieb und unterhalb des Strahlmonitors befindet sich der einstellbare Photonenkollimator. Er definiert das Bestrahlungsfeld in der Patientenebene und ist drehbar gegenüber dem sonstigen Strahlerkopf. Seine Blenden bestehen meistens aus Wolfram und sind je nach Photonenenergie und Auslegung des Strahlerkopfes an ihren dem Fokus zugewandten Seiten mit Materialien wie Blei oder neuerdings auch zur Streustrahlungsunterdrückung mit Aluminium oder anderen Materialien niedriger Ordnungszahl belegt. Üblicherweise werden Kollimatoren als getrennte Halbblenden konstruiert, die einzeln oder paarweise in zueinander orthogonalen Richtungen bewegt werden können. Ihre Blenden bewegen sich dabei auf Kreislinien, so daß die Innenseiten der Kollimatorblenden immer auf den Strahlfokus ausgerichtet (fokussiert) bleiben. Bei den meisten Beschleunigern befinden sich die Halbblenden in verschiedenem Abstand zum Ausgleichskörper, sie sind übereinander angeordnet (Fig. 2.27a). Ein Hersteller verwendet überlappende Photonenhalbblenden, die auf ihrer Ober- bzw. Unterseite simultan mitlaufende Trimmer aus Blei und Wolfram tragen (Fig. 2.27b). Mit ihnen ist eine besonders gute Strahlkollimierung und Feldbegrenzung möglich. Allerdings verursacht diese Konstruktion eine ausgeprägte Feldgrößenabhängigkeit und Asymmetrie der Dosisleistungen bei der Drehung des Kollimators relativ zum Ausgleichskörper (vgl. Abschnitt 6.1.2).

Da die meisten Zielvolumina und damit die Bestrahlungsfelder irreguläre, d. h. keine rechteckigen oder quadratischen Formen haben, wurde in den letzten Jahren ein neues Kollimatorprinzip entwickelt, der Lamellenkollimator ("multi-leaf-collimator", Fig. 2.28). Er besteht aus bis zu 64 blattförmigen, parallel laufenden Wolframlamellen, die je zur Hälfte links

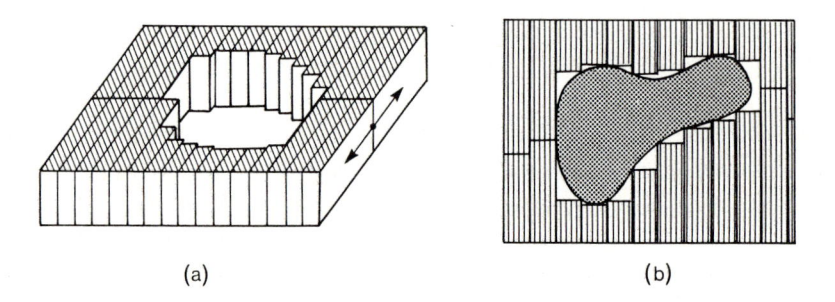

Fig. 2.28:   (a): Prinzip des Lamellenkollimators (aus Darstellungsgründen nicht konvergierend gezeichnet). (b): Anpassung der Lamellenpositionen an das Zielvolumen (nach Brahme 1988). Die Abbildung zeigt nur den zentralen Ausschnitt der Kollimatorlamellen. Die Lamellen stehen tatsächlich je nach Öffnung nach außen über, da sie alle die gleiche Länge haben.

und rechts des Zentralstrahls opponierend zueinander angeordnet sind. Sie können rechnergesteuert einzeln von Schrittmotoren aufeinander zu bewegt werden und dadurch beliebig geformte Bestrahlungsfelder definieren. Der Bewegungsablauf ist kompliziert, da die Lamellen in allen Richtungen zum Fokus hin konvergieren sollen, um geringe Halbschatten zu garantieren. Sie werden deshalb auf Kugelschalen bewegt und müssen eine ganz spezielle Formgebung haben. Leider befinden sich diese vielseitigen Kollimatoren zur Zeit noch weitgehend im Experimentierstadium, sie sind also noch nicht kommerziell erhältlich. Rechnergesteuerte Lamellenkollimatoren ermöglichen neben der irregulären Form einzelner Bestrahlungsfelder auch die Bestrahlung komplizierter räumlicher Zielvolumenstrukturen über Mehrfeldertechniken, was allerdings auch entsprechend spezialisierte Bestrahlungsplanungsprogramme für die notwendige dreidimensionale und dynamische Planung erfordert. Von diesen Progammen müssen die Steuerdaten für die dynamischen Kollimatorbewegungen direkt an die Beschleuniger übergeben werden, die bisher jedoch noch nicht auf diese Übernahme der Daten vorbereitet sind.

2.2.7 Das Doppelmonitorsystem

Unterhalb des Ausgleichskörpers für den Photonenbetrieb und der Streufolien für die Elektronenhomogenisierung befindet sich das Strahlmonitorsystem. Es wird aus Sicherheitsgründen als Doppeldosismonitor ausgelegt und besteht aus mindestens zwei unabhängigen, räumlich getrennten Durchstrahl–Ionisationskammern (Fig. 2.29). Diese sind jeweils wieder in mehrere unabhängige Sektoren, z. B. zwei voneinander unabhängige Hälften geteilt. Die Unterteilungen der beiden Monitorkammern sind um 90° gegeneinander gedreht. Manchmal befinden sich in der Peripherie der Kammern noch weitere kreisringförmige Unterteilungen. Durch geschicktes Ausnutzen der Teilkammersignale kann nicht nur die Dosis gemessen (Summe der Signale beider Hälften), sondern auch die Symmetrie des Strahls geregelt werden. Dazu bildet man die Differenzen der jeweils korrespondierenden Halbsignale. Sind diese von Null verschieden, so sitzt der Strahl nicht symmetrisch und wird automatisch nachgeregelt. Man verstärkt die Differenzsignale und steuert mit ihnen die entsprechenden strahloptischen Elemente wie Quadrupollinsen und Umlenkmagnete. Die Strahlregelung ist durch die um 90° gedrehten Anordnungen der beiden Halbkammern getrennt in zwei zueinander senkrechten Ebenen möglich. Meistens wird nach horizontaler und vertikaler Symmetrie unterschieden, die sich auf die ursprüngliche Strahlrichtung und die Senkrechte dazu beziehen. Manche Monitorsysteme verwenden auch die Zerlegung in transversale und radiale Symmetrie und zeigen deshalb einen komplexeren Aufbau der Meßfelder.

Die Summensignale von je zwei der insgesamt vier D–förmigen Halbkammern (Fig. 2.29a) dienen zur Dosismessung und werden zur internen Dosisleistungsregelung verwendet. Einer der Monitore gibt beim Erreichen eines bestimmten Ladungswertes einen Steuerimpuls an einen elektromechanischen Zähler in der Bedienkonsole. Jeder Monitorimpuls setzt diesen externen Zähler um einen Schritt weiter. Das Hochzählen ist mit hörbaren Signalen verbun-

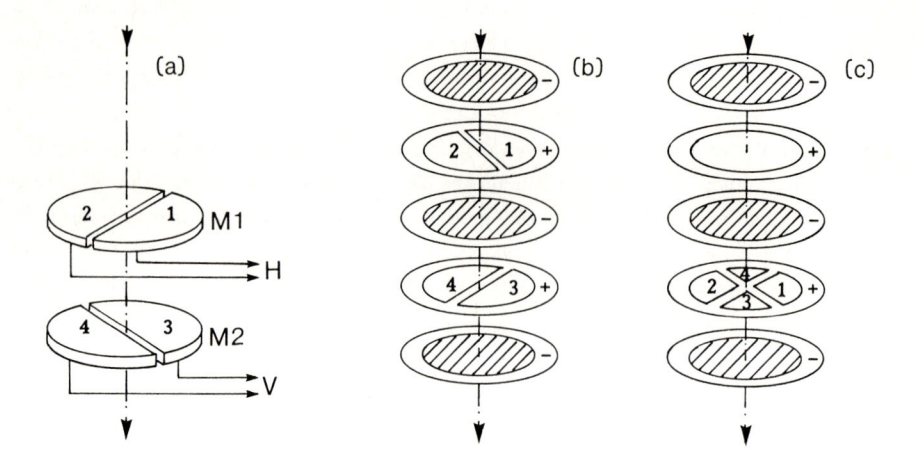

Fig. 2.29: Doppelmonitorsystem eines Beschleunigers für die Medizin, (a): Prinzip (M1, M2: Monitor 1+2, H: Horizontal-, V: Vertikalsteuersignale), (b,c): einfache technische Ausführungen.

den ("Klack, Kick, ME" o. ä.), die auch eine akustische Überwachung der Bestrahlung ermöglichen. Der zweite Monitor dient zur Erhöhung der Betriebssicherheit. Beide Monitorsignale werden vom internen Sicherheitskreis ständig miteinander verglichen. Sobald die Monitoranzeigen größere Abweichungen voneinander zeigen, wird die Bestrahlung vom Interlocksystem unterbrochen. Als dritte Sicherheitsüberwachung dient gelegentlich eine Quarzuhr, die aus der Vorgabe der Monitoreinheiten für eine bestimmte Bestrahlung und der Solldosisleistung des Beschleunigers die zugehörige Zeit berechnet und überwacht. Dies ist natürlich nur möglich, wenn die Dosisleistung des Beschleunigers hinreichend geregelt, also durch elektronische Maßnahmen auf einem konstanten Wert festgehalten wird.

Strahlmonitore können als offene oder geschlossene Ionisationskammern betrieben werden. Der Unterschied ist das Verhalten der Systeme bei Temperatur- und Luftdruckänderungen (vgl. Abschnitt 4.7) und der Einfluß auf das Strahlenbündel. Geschlossene Systeme sind in ihrer Anzeige unabhängig von klimatischen Umgebungsbedingungen. Wegen der massiveren Bauweise der durchstrahlten Kammerwände (Stabilität gegen äußere Luftdruckschwankungen) schwächen sie das Strahlenbündel durch Absorption, verändern seine spektrale Zusammensetzung und streuen das Strahlenbündel auf. Sie werden deshalb ausschließlich für den Photonenbetrieb verwendet. Offene Systeme ändern dagegen je nach Luftdruck und Temperatur wie jede andere offene Ionisationskammer ihre Anzeige. Moderne medizinische Linearbeschleuniger besitzen interne Temperaturwächter zur Kühlwasserüberwachung, die einen Bestrahlungsbetrieb erst nach Erreichen einer Solltemperatur zulassen. Temperaturabhängigkeiten der Monitoranzeigen bei offenen Systemen spielen deshalb bei Maschinen neuerer Bauart kaum noch eine Rolle. Luftdruckeinflüsse sind jedoch nach wie vor zu berücksichtigen.

Zur Kontrolle von Elektronenstrahlenbündeln und zur Dosis- bzw. Dosisleistungsmessung bei Elektronenstrahlung müssen offene, dünnwandige Meßsysteme verwendet werden, da Veränderungen des Energiespektrums der Elektronen durch Materie im Strahlengang die therapeutische Verwendbarkeit der Elektronenstrahlung ungünstig beeinflussen können. Das Monitorsystem wird vom Medizinphysiker in regelmäßigen Abständen sorgfältig vermessen, da es ein Kernstück der internen Regelung der Beschleuniger und der externen Dosiskontrolle darstellt (s. a. Kapitel 9). Ein Ergebnis dieser Messungen sind z. B. die feldgrößenabhängigen Monitortabellen zur Bestrahlung von Patienten. Die ausgeklügelten modernen Monitorsysteme tragen wesentlich zur Betriebssicherheit heutiger medizinischer Beschleuniger bei.

2.3 Weitere medizinische Beschleuniger

2.3.1 Das Mikrotron

Das Mikrotron ist ein Hochfrequenz-Kreisbeschleuniger für Elektronen. Als Energiequelle für die Elektronen dient ein einzelner Hohlraumresonator, der ähnlich wie ein Resonanzraum bei einer Linearbeschleunigersektion aufgebaut sein kann. Die Elektronen werden in einem homogenen, zeitlich konstanten Magnetfeld auf Kreisbahnen geführt, deren Radien mit zunehmender Energie und zunehmendem Impuls anwachsen (Fig. 2.30). Der Hohlraumresonator wird bei jedem Umlauf im Magnetfeld einmal durchlaufen und erhöht dabei die Energie der Elektronen um einen konstanten Anteil. Eine Beschleunigung können die Elektronen nur dann erhalten, wenn Umlaufzeit und Hochfrequenzphase im richtigen Verhältnis zueinander stehen, das heißt, wenn die Elektronen immer wieder phasenrichtig zum Zeitpunkt der maximalen Feldstärke auf den Hochfrequenzresonator treffen (Resonanzbedingung). Mikrotrons werden oft so ausgelegt, daß der Energiegewinn der Elektronen pro Umlauf gerade eine Ruheenergie (511 keV) beträgt. Der Energiegewinn nach n Umläufen beträgt dann das n-fache der Ruheenergie, also (n · 511) keV.

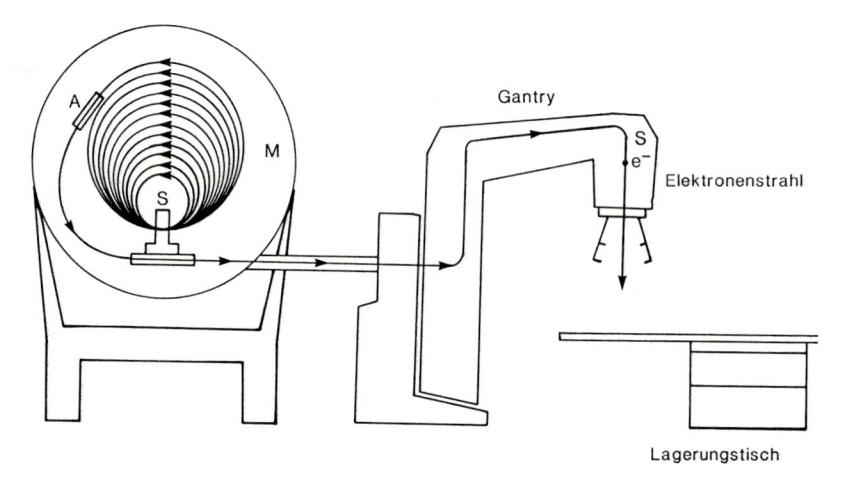

Fig. 2.30: Schematische Darstellung eines 22-MeV-Kreismikrotrons für medizinische Anwendungen (M: homogenes Magnetfeld, S: Beschleunigungsspalt, A: Auslenkungsstahlrohr zur lokalen Abschirmung des Magnetfeldes, S: Strahlerkopf).

Der Polschuhdurchmesser des Führungsmagneten hängt von der maximal erreichbaren Elektronenenergie ab und beträgt üblicherweise 1 bis 2 Meter. Das Magnetfeld selbst muß auf der gesamten Polfläche wegen der Resonanzbedingung auf wenige Zehntel Promille homogen sein, was sich natürlich auf die Kosten für den Magneten auswirkt. Um den Elektronenstrahl mit der richtigen Energie aus der Umlaufbahn auszulenken, wird ein bewegliches Ablenkrohr aus Stahl in das Magnetfeld gebracht, das das Magnetfeld lokal abschirmt. Mit ihm kann ein einzelner Elektronenstrahl "ausgefädelt" werden. Die Elektronenquelle (Kanone), die Beschleunigungsstruktur, das Ablenkrohr und alle Elektronenbahnen befinden sich in einer gemeinsamen Hochvakuumkammer. Wegen der scharfen Resonanzbedingung haben die im Mikrotron erzeugten und beschleunigten Elektronen eine äußerst geringe Energieunschärfe (z.B. nur 35 keV bei einem kommerziellen, medizinischen 22–MeV–Mikrotron). Der Elektronenstrahl kann deshalb ohne merklichen Intensitätsverlust auch durch ausgedehnte Strahlführungssysteme vom Beschleunigungsort weggeführt werden. Für medizinische Anwendungen ist es sogar möglich, mehrere Behandlungsplätze von einer einzigen Beschleunigungsanlage versorgen zu lassen. Da die Bestrahlungszeiten nur einen kleinen Teil der Einstellzeit am Patienten betragen, bedeutet dies nur eine geringfügige Behinderung des Bestrahlungsbetriebes.

Berechnung der Resonanzbedingung beim Mikrotron: Für den Bahnradius geladener Teilchen in homogenen Magnetfeldern gilt $r = mv/(q \cdot B)$ (vgl. auch Gl. 2.4 in Abschnitt 2.2.5.1). Die Kreisfrequenz ω berechnet man aus dem Quotienten von Geschwindigkeit v und Bahnradius r zu $\omega = v/r$. Mit $\omega = 2\pi/T$ ergibt sich für die Umlaufzeit des Elektrons im Magnetfeld:

$$T = 2\pi/\omega = 2\pi \cdot r/v = 2\pi \cdot m \cdot v/(q \cdot B \cdot v) = 2\pi \cdot m/(q \cdot B) \qquad (2.6)$$

Relativistische Elektronen bewegen sich mit nahezu konstanter Geschwindigkeit (der Vakuumlichtgeschwindigkeit). Nimmt ihre Masse bei der Beschleunigung zu, so erhöht sich durch die Zentripetalkraft auch ihr Bahnradius. Die Umlaufzeit nimmt daher wegen der konstanten Geschwindigkeit zu. Wird die relativistische Masse des Elektrons bei jedem Umlauf gerade um eine Ruhemasse erhöht, so beträgt sie nach n Umläufen $(n+1) \cdot m_o$ (m_o: Ruhemasse). Für die Umlaufzeit T gilt für große n die Resonanzbedingung:

$$T_n \approx 2\pi \cdot n \cdot m_o/(q \cdot B) \qquad (2.7)$$

Um die Umlaufzeit exakt auf die Phasen der beschleunigenden Hochfrequenz abzustimmen, muß lediglich das Magnetfeld B entsprechend gewählt werden. Elektronen mit einer falschen Umlaufzeit werden durch Defokussierung in der Phase automatisch aus dem Nutzstrahl entfernt.

Mikrotrons werden auch in einer modifizierten Bauform hergestellt (Fig. 2.31). Man kann den Magneten zur Erzeugung des Magnetführungsfeldes für die beschleunigten Elektronen in zwei Halbmagnete aufteilen, die räumlich voneinander getrennt aufgestellt werden. Der Raum zwischen den beiden Magneten ist magnetfeldfrei. Die Elektronen legen dann in diesem Zwischenraum geradlinige Bahnen zurück. Der freie Platz zwischen den beiden Magnethälften ermöglicht die Unterbringung größerer Beschleunigerstrukturen als bei einem Einzelmagneten. Statt eines einzelnen Hohlraumresonators wie beim Kreismikrotron kann zum Beispiel eine komplette Hochfrequenz–Beschleunigersektion verwendet werden, wie sie sonst in Elektronenlinearbeschleunigern verwendet wird. Wegen der Ähnlichkeit der Elektronenbahnen mit einer Rennbahn (race–track) werden solche Mikrotrons auch als "Race–track–Microtrons" bezeichnet. Mit ihnen sind Elektronenenergien bis zu mehreren

100 MeV möglich. Die Umlaufbahnen für Elektronen verschiedener Energie sind wegen der hohen Energieschärfe durch die Resonanzbedingung wie auch beim Kreismikrotron eindeutig räumlich getrennt. Die Strahlextraktion wird mit einem beweglichen Magneten vorgenom-

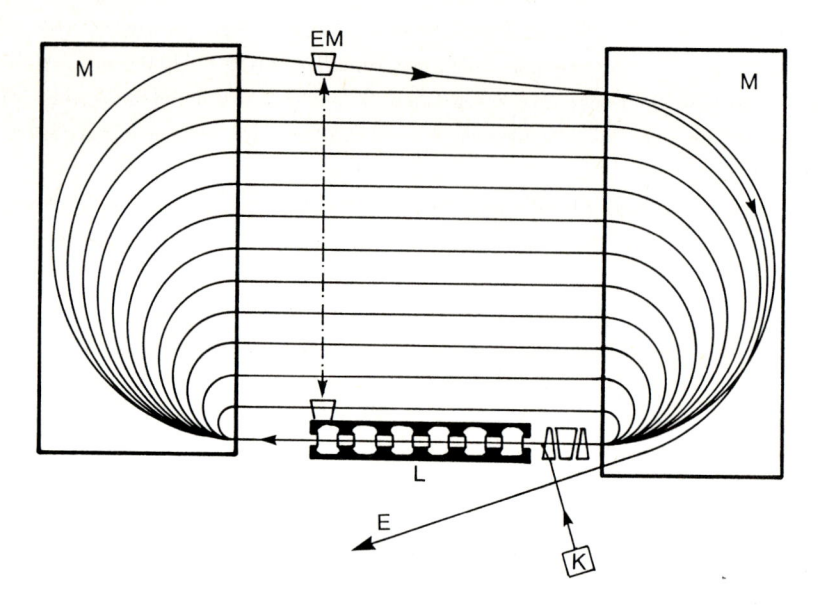

Fig. 2.31: Aufbau eines Race–Track Mikrotrons mit Linac–Sektion (M: Umlenkmagnete, EM: beweglicher Extraktionsmagnet, K: Elektronenkanone, L: Linacsektion, E: Elektronenstrahl).

men, der an die der gewählten Energie entsprechende Stelle gebracht wird und dort das gewünschte Strahlenbündel auslenkt. Die Aufbereitung des Elektronenstrahls für die Therapie (Strahlführung, Feldausgleich, Monitor, Kollimatoren) für beide Mikrotrontypen ist vergleichbar mit den Methoden beim Linearbeschleuniger. Wegen der hohen Energieschärfe des intrinsischen Elektronenstrahls haben Mikrotrons besonders günstige Elektronendosisverteilungen. Dennoch haben sich Mikrotrons wegen der hohen Magnetkosten und der aufwendigen großvolumigen Vakuumkammer bisher leider noch nicht kommerziell durchsetzen können.

2.3.2 Das Betatron

Betatrons spielen heute weder in der Medizin noch in der Hochenergiephysik eine bedeutende Rolle. Sie sind mittlerweile duch modernere Anlagen, vor allem durch die Elektronenlinearbeschleuniger abgelöst worden, die bessere Strahleigenschaften haben und höhere therapeutische Dosisleistungen ermöglichen. Ihre Produktion ist deshalb eingestellt. Wegen der historischen Bedeutung der Betatrons soll dennoch kurz auf ihre Wirkungsweise eingegangen werden, zumal in verschiedenen radiologischen Abteilungen nach wie vor medizinische Betatrons im Einsatz sind. Das Betatron ist ein Niederfrequenz–Kreisbeschleuniger für Elektronenstrahlung. Seine Wirkungsweise beruht auf dem Transformatorprinzip. Die verwendete Wechselspannung hat eine Frequenz von 50 Hz, entspricht also der Frequenz technischen Wechselstroms. Transformatoren bestehen in ihren einfachsten Ausführungen aus einem Weicheisenjoch mit einer Primär– und einer Sekundärspulenwicklung. Wird durch eine der beiden Spulen ein Wechselstrom geschickt, so wird nach dem Induktionsgesetz über den zeitlich veränderlichen Fluß des Magnetfeldes im Weicheisen in der anderen Spulenwicklung ein elektrisches Wechselfeld erregt. Die dabei eingespeisten bzw. entstehenden Spannungen an Primär– und Sekundärspule verhalten sich wie die jeweiligen Windungszahlen. Beim Betatron wird die Sekundärwicklung durch ein evakuiertes Glas– oder Keramik–Ringgefäß ersetzt. Das von der Primärwicklung ausgehende Magnetfeld induziert wie vorher in der

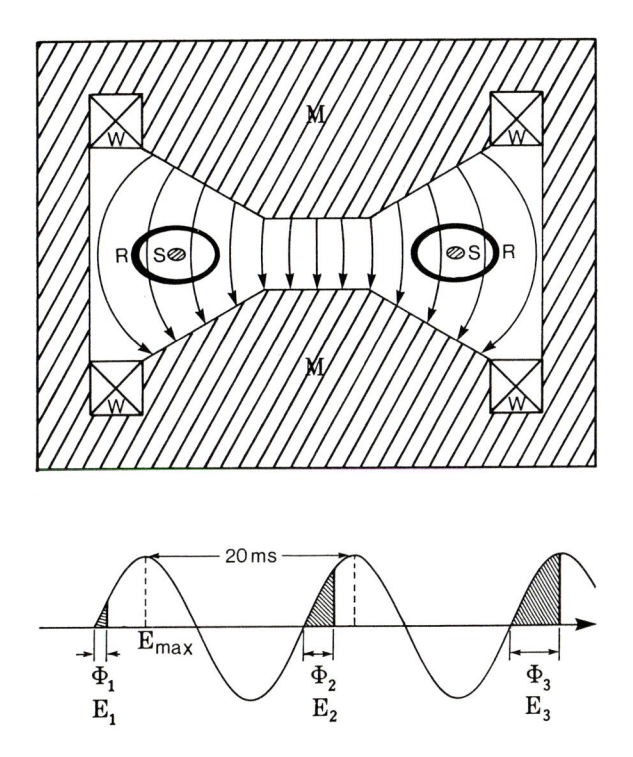

Fig. 2.32: Oben: schematischer Aufbau des Betatrons (M: Weicheisenmagnet, R: Ringgefäß, S: Sollbahn für Elektronen, W: Spulenwicklungen). Unten: Beschleunigungs–Zeitdiagramm (Φ: Phasenwinkel, d. h. Zeitbereich vom Einschuß der Elektronen in das Ringgefäß bis zur Auslenkung der Elektronen aus der Sollbahn, E_{1-3}: Elektronen–Energien zu Φ_{1-3}, s. Text).

Sekundärspule jetzt ein elektrisches Kreisfeld im Ringgefäß. Befinden sich frei bewegliche Elektronen in diesem evakuierten Glasring, so werden diese durch die Umlaufspannung beschleunigt. Jeder Windung der Sekundärspule entspricht ein voller Elektronenumlauf. Ein Elektron gewinnt pro Umlauf also soviel Energie, wie sie der an einer Windung der Sekundärwicklung anstehenden Spannungsdifferenz entspricht. Bis zum Erreichen ihrer Endenergie machen die Elektronen bis zu einer Million Umläufe im Ringgefäß. Wegen der auftretenden Zentrifugalkräfte können freie Elektronen ohne äußere Kraftwirkung natürlich nicht auf der Sollbahn gehalten werden. Man verwendet zur Kompensation der Fliehkraft wie üblich auch im Betatron ein Magnetfeld senkrecht zur Elektronen–Umlaufbahn. Weil die Elektronen bei jedem Umlauf an Masse und Bewegungsenergie gewinnen, muß auch das Führungsfeld entsprechend zeitlich zunehmen, da sonst die Elektronen sofort wegen ihrer zunehmenden Bahnradien gegen die Außenwand des Ringbehälters stoßen würden. Die zeitliche Kopplung zwischen Beschleunigungs– und Führungsfeld ist in idealer Weise erfüllt, wenn das Führungsfeld simultan mit dem Beschleunigungsfeld durch den Betatrontransformator erzeugt wird. Technisch erreicht man die geeignete Führungsfeldstärke, indem man die Polschuhe des Transformators entsprechend formt.

Eine Beschleunigung der Elektronen ist nur während der halben Periode des Magnetwechselstromes (vom Feldstärkenminimum bis zum nachfolgenden Maximum) möglich (Fig. 2.32), da nur dann ein zeitlich zunehmendes und deshalb beschleunigendes Magnetfeld vorliegt. Sobald das Magnetfeld seinen maximalen Wert überschritten hat, würden die Elektronen wieder abgebremst, da die vom Magnetfeld induzierte Umlaufspannung ihre Richtung mit dem Überschreiten des Maximums des Magnetfeldes ändert. Wird das beschleunigende Magnetfeld gleichzeitig zur Führung der Elektronen verwendet, so ist Führung und Beschleunigung sogar nur im ersten Viertel der Periode möglich, da die Elektronen beim "Vorzeichenwechsel" des Magnetfeldes ihre Bewegungsrichtung im Magnetfeld ändern (Änderung der Ablenkung) und dadurch mit der Wand des Ringgefäßes kollidieren würden. In der ersten Viertelperiode (Phase $\Phi = 0°–90°$) müssen die Elektronen also in den Ring eingeschossen, beschleunigt und wieder aus dem Ring ausgelenkt werden. Die Elektronenpulsfolgefrequenz beträgt wie die Netzfrequenz 50 Hz bei einer Pulsbreite von etwa 1–5 Mikrosekunden.

Betatrongefäße haben je nach Energie und verfügbarem Magnetfeld Durchmesser zwischen 10 und 80 cm. Die aus einer Glühwendel emittierten Elektronen werden auf der einen Seite des Ringgefäßes mit dem Injektor auf die Sollkreisbahn eingeschossen. Sie werden dort durch das anwachsende Magnetfeld beschleunigt und am Ende der Beschleunigungsphase durch eine kurzzeitige Aufhebung des Führungsfeldes aus der Sollbahn entfernt. Medizinische Betatrons erreichen maximale Elektronen–Energien von über 40 MeV. Durch geeignete Wahl der Einschuß– und Auslenkungszeit (Phasenwinkel) sind die Energien kontinuierlich wählbar. Technisch machbare mittlere Elektronenströme liegen in der Größenordnung von 1 μA. Die Homogenität der Dosisverteilungen und die absolute Dosisleistung von Elektronenstrahlung aus

Betatrons sind sehr stark abhängig von der Orientierung des therapeutischen Strahlenbündels und des Kollimatorsystems relativ zur Sollkreisebene der Elektronen im Ringgefäß. Wegen der fehlenden Energieanalyse im Strahlerkopf ist die Homogenisierung der Bestrahlungsfelder schwierig und erreicht nicht die Perfektion der moderneren Linearbeschleuniger. Die Erzeugung von ultraharter Photonenstrahlung, die Dosisleistungsüberwachung und sonstige Maßnahmen zur Aufbereitung des therapeutischen Strahlenbündels ähneln denen, die auch bei den anderen Beschleunigern benutzt werden.

2.3.3 Das Zyklotron

Das Zyklotron ist ein Hochfrequenzkreisbeschleuniger für schwere geladene Teilchen wie Protonen, Deuteronen, Alphateilchen oder Ionen. Es zählt eigentlich nicht direkt zu den medizinischen Beschleunigern, da es in der Regel nicht unmittelbar für die Strahlentherapie eingesetzt wird. Zyklotrons dienen vor allem der Produktion kurzlebiger Radionuklide für nuklearmedizinische Zwecke und für die Forschung. Meistens werden mit ihnen über (p,γ)-Reaktionen medizinische Positronenstrahler hergestellt. Das Zyklotron besteht aus einem dosenförmigen Vakuumgefäß von etwa 1–3 Metern Durchmesser (Fig. 2.33). In ihm befinden sich zwei halbkreisförmige Hohlelektroden, die ihrer Form wegen als "DEEs" bezeichnet werden. In der Mitte zwischen den "DEEs" befindet sich eine Quelle für die zu beschleunigenden

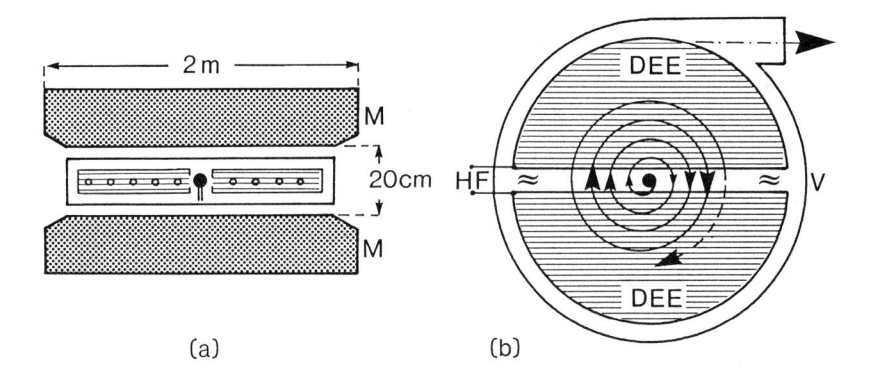

Fig. 2.33: (a): Schematischer Aufbau eines Zyklotrons (M: Magnetpole), (b): Aufsicht auf das Vakuumgefäß (V) und die DEEs mit spiralförmigen Teilchenbahnen, HF: Hochfrequenz.

Teilchen. Die ganze Anordnung befindet sich in einem starken, homogenen Magnetfeld, dessen Feldlinien die Hohlelektroden senkrecht durchsetzen. Legt man an die beiden Elektroden eine hochfrequente elektrische Wechselspannung an, so bildet sich im Spalt zwischen den "DEEs" eine beschleunigende elektrische Feldstärke aus. Teilchen, die diesen Spalt durchfliegen, werden bei richtiger Phase bei jedem Durchlaufen des Spaltes vom elektrischen Wechselfeld beschleunigt. Wegen des Magnetfeldes bewegen sie sich, solange ihre Energie konstant bleibt, auf Kreisbahnen. Erhöht sich ihre Energie durch die Hochfrequenz, so nimmt die Geschwindigkeit der Teilchen und damit auch der Radius der Kreisbahnen zu, die Teilchenbahnen werden zu Spiralen. Damit die Teilchen trotz ihrer Geschwindigkeitszunahme phasenrichtig auf den Beschleunigungsspalt treffen, müssen ihre Umlaufzeiten unabhängig von der Teilchenenergie sein. Diese Resonanzbedingung für die Kreisfrequenz ω im Zyklotron bzw. den entsprechenden Wert der Arbeitsfrequenz ν berechnet man wieder (vgl. Gl. 2.3 in Abschnitt 2.2.5.1) aus Lorentzkraft und Zentripetalkraft im Magnetfeld zu:

$$\omega = 2\pi/T = B \cdot q/m \quad \text{und} \quad \nu = \omega/(2\pi) = B \cdot q/(2\pi m) \tag{2.8}$$

Aus dieser Beziehung ist ersichtlich, daß für alle nicht relativistischen Teilchen mit dem gleichen Verhältnis von Ladung und Masse q/m (= spezifische Ladung) auch die gleiche Resonanzbedingung im Zyklotron gilt. Sie können deshalb mit derselben Hochfrequenz beschleunigt werden. Die benötigte Frequenz hängt nur noch von der Stärke des Magnetfeldes ab. Teilchen im Zyklotron bleiben nach Gl. (2.8) nur solange in Phase, wie sich ihre Masse durch die Beschleunigung nicht wesentlich ändert. Durch die relativistische Massenzunahme geraten die Teilchen jedoch außer Takt. Sie erreichen den beschleunigenden Spalt zu spät, laufen deshalb außer Phase und erreichen nicht mehr die vorgesehene Energie. Die Resonanzbedingung ist für geladene Teilchen in guter Näherung nur zu erfüllen, solange das Verhältnis ihrer Geschwindigkeit und der Lichtgeschwindigkeit 15 Prozent nicht überschreitet, also v/c < 0.15 gilt. Elektronen erreichen bereits bei einer Energie unter 100 keV die Hälfte der Lichtgeschwindigkeit. Sie können deshalb mit einfachen Zyklotrons sinnvollerweise nicht beschleunigt werden (vgl. auch Abschnitt 2.3.1). Die theoretisch maximal erreichbare Bewegungsenergie der beschleunigten Teilchen ergibt sich aus der Stärke des Magnetfeldes und dem äußersten Bahnradius r_m mit $v = \omega \cdot r_m$ zu:

$$E_{kin} = m \cdot v^2/2 = m/2 \cdot (\omega \cdot r_m)^2 = m/2 \cdot (r_m \cdot q \cdot B/m)^2 = (r_m \cdot B)^2 \cdot q^2/2m \tag{2.9}$$

Diese Formel gilt nur, solange die Teilchenmasse konstant bleibt, die Geschwindigkeit der Teilchen also den oben genannten Bedingungen genügt. In einfachen Zyklotrons sind mittlere Strahlströme bis etwa 1 mA zu erreichen.

Beispiel 3: Bis zu welcher Protonenenergie ist die Beschleunigung in einem Zyklotron mit konstantem Magnetfeld und konstanter Frequenz möglich? Die Ruheenergie von Protonen beträgt 938 MeV. Für die relativistische Masse gilt die Beziehung $m/m_o = (1-v^2/c^2)^{-1/2}$. Für v/c < 0.15 erhält man aus dieser Gleichung durch Umformen den Wert m/m_o < 1.01. Dieses Massenverhältnis ist wegen der Einsteinschen Beziehung zwischen Energie und Masse eines Teilchens ($E = m \cdot c^2$) gleichzeitig das Verhältnis der totalen Energie zur Ruheenergie des Protons. Da die totale Energie die Summe von Ruheenergie und Bewegungsenergie der Teilchen ist, darf die kinetische Energie von Protonen also nur etwa 1% der Ruheenergie (938 MeV) erreichen. Das sind ungefähr 10 MeV. Mit einem einfachen Zyklotron können bei vernünftiger Strahlausbeute Protonen also bis etwa 10 MeV, Deuteronen bis 20 MeV und Alphateilchen bis 40 MeV beschleunigt werden.

Beispiel 4: In einem Zyklotron sollen Protonen beschleunigt werden (massenspezifische Ladung $q/m = 1.602 \cdot 10^{-19} C / 1.6725 \cdot 10^{-27} kg = 9.58 \cdot 10^7$ C/kg) . Das Magnetfeld hat einen Durchmesser von 1.8 Metern, der äußerste Bahnradius beträgt 0.75 m bei einer maximalen magnetischen Induktion von 1.8 Tesla. Wie groß muß die Arbeitsfrequenz des Zyklotrons sein?
Aus Gleichung (2.8) erhält man $\nu = 1.8$ Tesla $\cdot 9.58 \cdot 10^7 / 2\pi$ C/kg = 27.4 MHz. Der Magnet eines solchen Zyklotrons hätte übrigens ein Gewicht von etwa 200-250 Tonnen. Zur Abschätzung der unter diesen Bedingungen nach Gl. (2.9) rein rechnerisch erreichbaren Teilchenenergien setzt man die Kreisfrequenz ω, die Masse des Protons m und den äußersten (maximalen) Bahnradius in diese Gleichung ein. Man erhält für die maximale Protonen-Bewegungs-Energie den Wert: $E = 1.6725 \cdot 10^{-27} kg/2 \cdot (27.4 MHz \cdot 2\pi \cdot 0.75m)^2$
$= 13.942 \cdot 10^{-12}$ Joule ≈ 87 MeV. Diese Energie überschreitet bei weitem den im Zyklotron für Protonen zulässigen Wert von ca. 10 MeV (nach Beispiel 1). Die Strahlausbeute ist unter diesen Umständen sehr gering, da die Protonen während der Beschleunigung durch die relativistische Massenzunahme außer Phase geraten. Das Zyklotron ist für die Beschleunigung von Protonen überdimensioniert!

Wegen der starken Coulombabstoßung zwischen den geladenen Beschußteilchen und den Atomkernen, die zu Radionukliden umgewandelt werden sollen, liegen die Reaktionsschwellen für Protonenreaktionen bei etwa 20-30 MeV. Es werden daher wesentlich höhere Protoneneinschußenergien benötigt, als sie mit einfachen Zyklotrons erreicht werden können. Diese sind durch Modifikationen des einfachen Zyklotronprinzips (zeitlich und räumlich konstantes Magnetfeld, konstante Umlaufzeit der Teilchen, konstante Hochfrequenz) erreichbar. Um die relativistische Massenzunahme bei der Beschleunigung zu kompensieren, kann man (nach Gleichung 2.8) entweder die Kreisfrequenz ω herabsetzen oder die Magnetfeldstärke mit zunehmender Teilchen-Energie erhöhen. Wird die Frequenz verändert, so bezeichnet man das Zyklotron als Synchrozyklotron, da seine Frequenz mit der Teilchenenergie "synchronisiert" wird. Zyklotrons, bei denen das Magnetfeld für höhere Teilchenenergien, also nach außen hin zunimmt, heißen Isochronzyklotrons. Bei ihnen wird das Magnetfeld allerdings nicht gleichmäßig mit zunehmendem Radius erhöht, da sonst die Teilchenbahnen instabil werden. Statt dessen verwendet man kompliziert geformte Sektormagnetfelder. Mit diesen beiden speziellen Zyklotron-Bauformen sind bei mittleren Strahlströmen von immerhin noch einigen 100 μA Protonenenergien bis über 800 MeV realisiert worden. Der technische Aufwand und die Kosten steigen für solche relativistischen Zyklotrons allerdings erheblich.

2.4 Kobaltbestrahlungsanlagen

2.4.1 Kobaltquellen

Medizinische Kobaltbestrahlungsanlagen für die Teletherapie enthalten als Strahlungsquelle 60–Co–Präparate mit Aktivitäten zwischen etwa 74 und 370 TBq (2000–10000 Ci, 1 TBq = 10^{12} Bq). Kobalt–60 wird durch Aktivierung von 59–Co im Neutronenfluß von Kernreaktoren in der Neutroneneinfangreaktion 59–Co (n,γ) 60–Co hergestellt. Es zerfällt über einen β^-–Zerfall in angeregte Zustände des 60–Ni (Fig. 2.34). Die Halbwertzeit der Quelle beträgt 5.27 a. Die für die Strahlentherapie verwendete Strahlungsart ist die Gamma–Strahlung des 60–Ni (Gammaenergien 1.17 und 1.33 MeV, s. a. Tab. 2.2). Die Betastrahlung des 60–Co wird durch die Edelstahlumhüllung der Quellen absorbiert. Wegen der hohen Photonener-

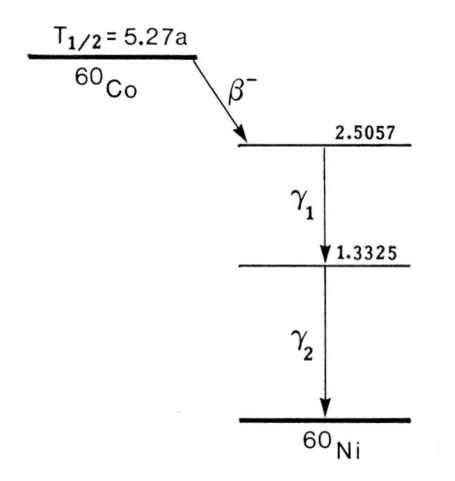

Fig. 2.34:
Vereinfachtes Zerfallsschema von 60–Co (nach Lederer), Energien in MeV.

gien ist die Strahlung hinreichend durchdringend und ermöglicht deshalb für die perkutane Therapie geeignete Tiefendosisverteilungen. Die Photonenstrahlung von Kobaltquellen ist ultraharter Röntgenstrahlung mit einer maximalen Energie von etwa 2 bis 3 MeV äquivalent. Die Kenndosisleistung von Kobaltquellen hängt neben ihrer Aktivität wesentlich von der Bauform ab. Der begrenzende Faktor ist die Selbstabsorption der Photonenstrahlung in der Quelle. Üblicherweise werden zylinderförmige, edelstahlgekapselte Quellen hergestellt, deren Höhe und Durchmesser etwa gleich sind. Wegen der relativ geringen spezifischen Aktivität des Kobalts (s. Tab. 2.2) und der für die Therapie erwünschten hohen Kenndosisleistungen (1–2 Gy/min in 1 m Abstand) werden für die erforderlichen Aktivitäten zum Teil erhebliche Quellenvolumina benötigt. Um die Strahlgeometrie durch große Quellendurchmesser nicht allzusehr zu verschlechtern, muß das zusätzliche Quellenvolumen vor allem über eine Verlängerung der Quellen erreicht werden. Dadurch erhöht sich allerdings die Selbstabsorption der Photonenstrahlung in Quellenlängsrichtung. Ein durch die Verlängerung der Quelle bewirkter Aktivitätszuwachs kommt also nur teilweise der verfügbaren Dosisleistung zugute. Eine einfache Faustformel zur Berechnung der Selbstabsorption (Gl. 2.10) enthält die folgende Abschätzung.

Abschätzung der Selbstabsorption von Kobaltquellen: Dosisleistungsverluste durch Selbstabsorption in Teletherapiequellen können mit Hilfe einer einfachen Näherungsformel für die effektive Aktivität einer mathematischen Linienquelle abgeschätzt werden. Ist die wahre Aktivität der linearen Quelle A auf die gesamte Länge ℓ gleichmäßig verteilt, hat sie also die Aktivitätsbelegung $dA/dx = A/\ell$, so ergibt sich die dosisleistungswirksame, "effektive" Aktivität A_{eff} näherungsweise aus dem Integral über die Schwächungen der Teilaktivitäten $dA = A/\ell \cdot dx$ der Längenelemente dx (Fig. 2.35a) und dem Schwächungskoeffizienten μ zu:

$$A_{eff} = \int_0^\ell dA \cdot e^{-\mu x} = A/\ell \cdot \int_0^\ell e^{-\mu x} dx = A \cdot (1-e^{-\mu \ell})/\mu \ell \qquad (2.10)$$

Die Zahlenwerte für μ hängen von der physikalischen Beschaffenheit des Quellenmaterials ab. Für locker geschichtete Kobaltpellets (vernickelte Zylinder aus metallischem Kobalt mit Höhe und Durchmesser von je 1 mm) ist der Schwächungskoeffizient $\mu = 0.245$ cm^{-1}, für massive Quellen beträgt er wegen der größeren effektiven Dichte metallischen Kobalts

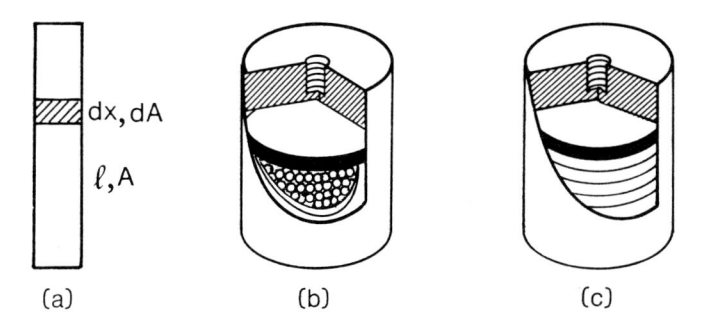

Fig. 2.35: Bauformen kommerzieller Kobalt Therapiequellen, (a): Quellenmodell zu Gl. 2.10, (b): Quelle mit vernickelten "1–mm–Pellets", (c): Quelle mit massiven Scheiben von 17x2.5 mm, Hüllen Edelstahl.

$\mu = 0.385$ cm^{-1}. Der Ausdruck $e^{-\mu \ell}$ gibt an, um welchen Prozentsatz die aktuelle effektive Aktivität einer endlichen Quelle mit der Länge ℓ vom Sättigungswert für die Länge $\ell = \infty$ abweicht. Mit zunehmender Quellenlänge wird der Gewinn an zusätzlicher effektiver Aktivität und Dosisleistung immer kleiner. Für $\ell = 3/\mu$ sind bereits 95 Prozent der theoretisch maximal möglichen Kenndosisleistung erreicht. Die zugehörige Quellenlänge beträgt dann je nach Wert des verwendeten Schwächungskoeffizienten zwischen 8 und 12 Zentimetern. In einer Quelle mit diesen Längen werden nach Gl. (2.10) schon knapp 70 Prozent der Dosisleistung absorbiert. Eine darüber hinaus gehende Verlängerung der Quelle erhöht lediglich die Kosten, trägt aber nicht mehr zu einem Gewinn an Dosisleistung bei. Übliche kommerzielle 60–Co–Quellen für die Medizin bleiben weit unter diesen Abmessungen, sie haben aktive Längen von ungefähr 2 Zentimetern und Selbstabsorptionen von etwa 20–30 Prozent (Fig. 2.35b,c). Ihre Durchmesser betragen ebenfalls 1–2 Zentimeter.

Reale Kobalt–Quellen sind keine mathematischen Linienquellen, ihre Kenndosisleistungen weichen daher mehr oder weniger von den Werten nach Gl. (2.10) ab und müssen deshalb in jedem Einzelfall dosimetrisch bestimmt werden. Insbesondere führt die Berechnung der Kenndosisleistung ausgedehnter Therapiequellen aus der Nennaktivität und der Dosisleistungskonstanten für 60–Kobalt–Photonenstrahlung unter Zuhilfenahme des Abstandsquadratgesetzes im allgemeinen zu einer deutlichen Überschätzung der tatsächlichen Dosisleistungsausbeuten für größere Entfernungen. In der Nähe der Quellen sind solche Berechnungen schon wegen der endlichen Quellenausdehnungen nicht zulässig.

2.4.2 Der Strahlerkopf von Kobaltanlagen

Die Strahlungsquellen befinden sich im Strahlerkopf der Kobaltanlagen. Sie sind wegen ihrer durchdringenden Strahlung von dicken Abschirmungen aus Schwermetallen wie Wolfram, abgereichertem Uran (verminderter 235–U–Anteil) oder Blei umgeben. Die Quellen befinden

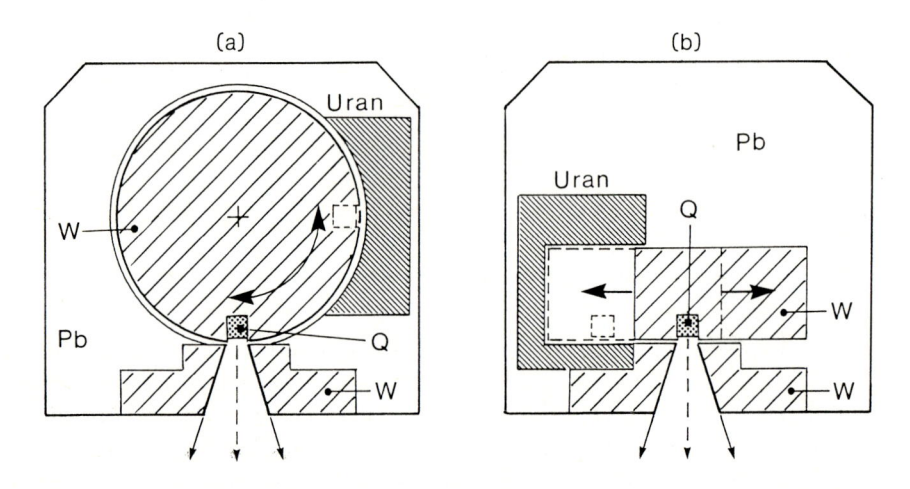

Fig. 2.36: Verschlußkonstruktionsprinzipien von Kobalt–Therapiegeräten, (a): Drehverschluß, (b): Schiebeverschluß (Q: Quelle, Pb: Blei, W: Wolfram).

2.4 Kobaltbestrahlungsanlagen

sich in Quellenhalterungen, die meistens aus dem für den Strahlenschutz wegen der geringen Massen und der mechanischen Festigkeit besonders günstigen Wolfram gefertigt werden. Um die Bestrahlung zu starten, werden die Quellenhalterungen über die Öffnung des Kollimators gebracht. Dazu verwendet man entweder Schiebeverschlüsse oder Drehverschlüsse (Fig. 2.36). Beide Verschlußarten sind so konstruiert, daß die Quelle über Federkräfte bei Stromausfällen automatisch in die Abschirmung zurückgefahren wird. Die strahlformenden Bestandteile des Strahlerkopfes wie Blendensystem, Primärkollimator, Halbschattentrimmer und Halterungen für Absorber und Keilfilter ähneln denen anderer Teletherapiegeräte. Ein Beispiel eines aufwendigen Strahlerkopfes mit Drehschieber, Glasfaseroptik für das Lichtvisier, konvergierendem Mehrfachkollimator aus Uran, Blei und Wolfram und zusätzlichen Halbschattentrimmern zeigt Fig. (2.37).

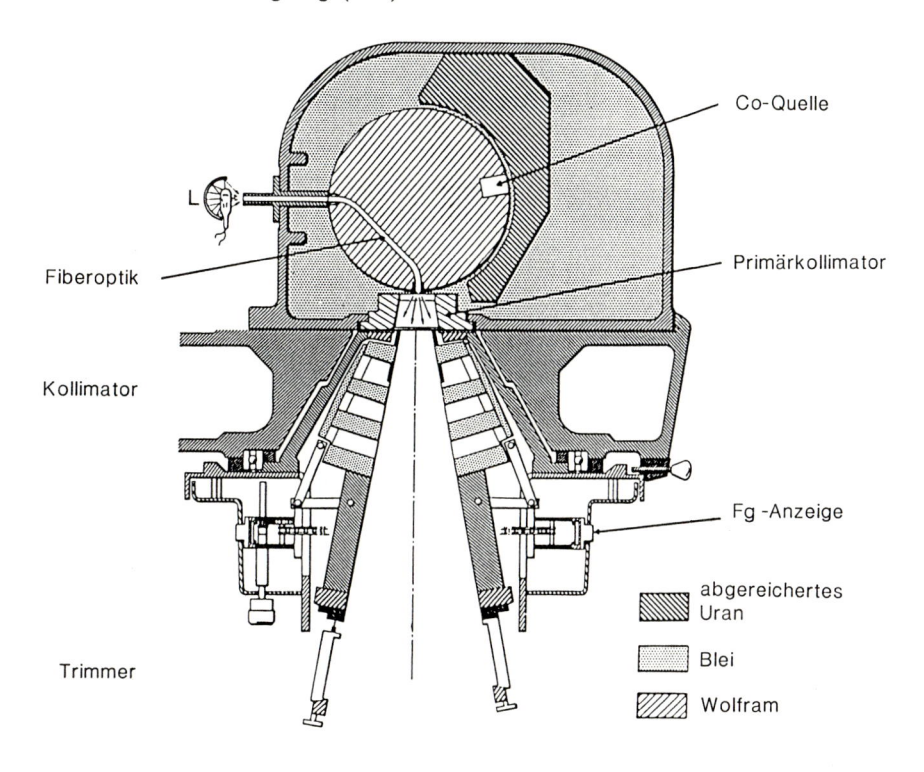

Fig. 2.37: Moderner Strahlerkopf einer Kobaltanlage für die Telegamma–Strahlentherapie mit hervorragender Strahlgeometrie, (Fg–Anzeige: Anzeige der Feldgröße, L: Lichtvisierlampe).

Kobaltanlagen sind in der Regel als isozentrische Anordnungen mit Isozentrumsabständen (Drehachsenabständen) von 60 bis 80 Zentimetern ausgelegt. Der Strahlerkopf ist trotz seiner schweren Abschirmungen bei einigen Herstellern quasi kardanisch aufgehängt und ermöglicht deshalb beliebige dreidimensionale Einstellungen der Bestrahlungsfelder und Bewegungsbestrahlungen. Da Kobaltbestrahlungsanlagen radioaktive Quellen bekannter Halbwertzeit und Kenndosisleistung enthalten, kann auf eine Dosis- und Dosisleistungskontrolle während der Behandlung verzichtet werden. Der Strahlerkopf enthält deshalb keine Strahlmonitore wie die medizinischen Beschleuniger. Statt dessen werden unabhängige, quarzkontrollierte Doppeluhren verwendet, mit deren Hilfe die Bestrahlungen gestartet und beendet werden können.

Nachteile der Kobaltgeräte sind die im Vergleich zu Linearbeschleunigern schlechtere Strahlgeometrie (Halbschatten, maximale Feldgröße) und die Beschränkung auf nur eine Strahlungsart und Strahlungsqualität. Da Kobaltanlagen starke gammastrahlende Quellen hoher Aktivität und Kenndosisleistung enthalten, umgibt sie trotz aufwendiger Abschirmungen auch bei zurückgefahrener Quelle ein nicht zu vernachlässigendes Störstrahlungsfeld. Insbesondere in unmittelbarer Nachbarschaft des Strahlerkopfes können vor allem bei älteren Geräten Ortsdosisleistungen von bis zu 0.2 mSv/h auftreten. Kobaltbestrahlungsräume zählen deshalb auch bei geschlossenem Kollimator und in Ruheposition befindlichem Quellenschieber zu den Kontrollbereichen nach der Strahlenschutzverordnung und unterliegen den dort vorgesehenen Zutrittsbeschränkungen. Als Vorteile der Kobaltanlagen sind ihre ständige Verfügbarkeit, der geringe dosimetrische Aufwand, die Wartungsarmut und die vergleichsweise geringen Unterhalts- und Beschaffungskosten dieser Anlagen zu nennen. Sie werden deshalb sicherlich auch in Zukunft ihren Platz in den Strahlentherapieabteilungen behalten.

2.5 Afterloadinganlagen

2.5.1 Prinzip des medizinischen Afterloadings

Bereits zwei Jahre nach der Entdeckung des Radiums durch Madame Curie (1898) wurden die ersten zögernden Strahlenbehandlungsversuche der Haut mit 226–Radium durchgeführt. Seit Beginn dieses Jahrhunderts wurde Radium dann systematisch zur Therapie von Tumorerkrankungen verwendet (Abbe, 1903–1906). Es wurde dazu in den Körper eingebracht oder auf die Haut des Patienten gelegt. Man spricht bei dieser Methode wegen der kleinen Abstände zwischen Strahlungsquelle und Patient von Kurzdistanz-(Brachy-)Therapie oder Kontakttherapie. Wegen der schnellen Dosisleistungsabnahme in der Nähe der Strahlungsquelle ist diese Therapieart besonders geeignet für die Behandlung lokal begrenzter, umschriebener Tumoren mit hohen Strahlendosen bei gleichzeitiger Schonung umgebender Organe. Die herkömmlichen Methoden der Brachytherapie mit Radionukliden sind allerdings mit einer hohen Strahlenbelastung des medizinischen Personals bei der Applikation und der Pflege der Patienten verbunden.

Eine für den Strahlenschutz günstigere Alternative zu den historischen Brachytherapie-Methoden bieten die heutigen Nachladetechniken (Afterloading, Abb. 2.37). Hier werden zunächst leere Quellenträger wie Spicknadeln oder gynäkologische Applikatoren im Patienten verlegt und fixiert. Wenn das Personal den strahlenabgeschirmten Applikationsraum verlassen hat, werden die Strahlungsquellen ferngesteuert aus einem Tresor über ein Transport-

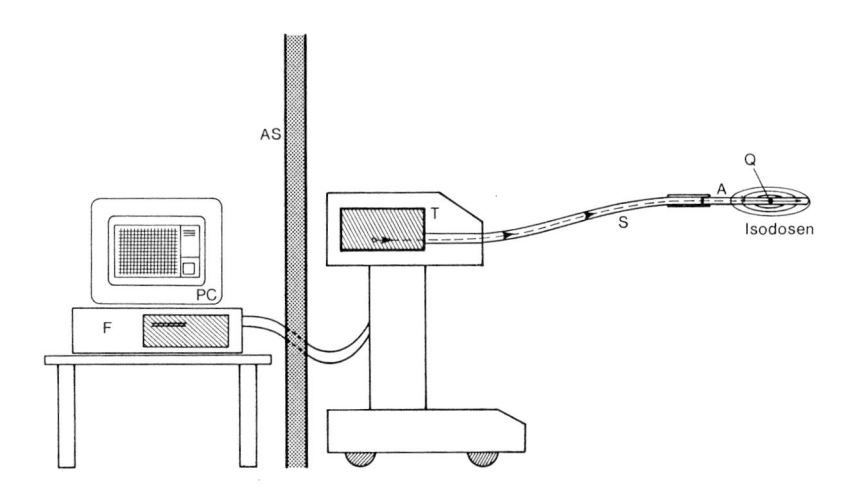

Fig. 2.38: Prinzip der Nachladetechnik (T: Quellentresor, S: Führungsschlauch, Q: bewegliche Quelle, A: Applikator, F: Fernsteuerung, PC: Personalcomputer, AS: Abschirmung).

system in die im Patienten liegenden Träger gefahren. Afterloadingbestrahlungen können während der Behandlung jederzeit unterbrochen werden, um pflegerische oder ärztliche Maßnahmen ohne Strahlenbelastung des Personals durchführen zu können.

Die biologischen Wirkungen der Strahlung auf den Tumor und das umliegende gesunde Gewebe sind sehr stark von der Dosisleistung im Zielvolumen abhängig. Dies liegt vor allem an der Dosisleistungsabhängigkeit der Reparaturvorgänge von Strahlenschäden in den Zellen, die sich zudem nach der Art des bestrahlten Gewebes unterscheiden. Tumoren sind wegen der höheren Zellteilungsraten in der Regel strahlensensibler als gesunde Gewebe. Tumorzellen haben darüberhinaus wegen ihrer zellulären Veränderungen in der Regel auch weniger wirksame Reparaturmechanismen. Der medizinische Ablauf einer Behandlungsserie richtet sich deshalb nach der Dosisleistung der verwendeten Strahlungsquellen. Der Arzt muß also die Gesamtdosis im Tumor, die Fraktionierung und den Zeitraum der Behandlung entsprechend der Dosisleistung der verwendeten Strahlungsquelle wählen, wenn unerwünschte Nebenwirkungen am gesunden Gewebe (Überdosierung, radiogene Schäden) oder nicht ausreichende Wirkung auf den Tumor (Unterdosierung, Rezidivgefahr) vermieden werden sollen.

Afterloadingtherapien werden wegen dieser strahlenbiologischen Auswirkungen nach der Dosisleistung der verwendeten Strahlungsquellen unterschieden. Werden Strahlungsquellen mit hohen Dosisleistungen (größer als 0.2 Gy/min = 12 Gy/h im Zielvolumen) verwendet, so spricht man von **high–dose–rate** (HDR) Afterloading–Therapie. Die Bestrahlungszeiten betragen dann nur wenige Minuten, so daß diese Art von Behandlungen zum Teil sogar ambulant durchgeführt werden kann. Afterloading mit schwächeren Strahlungsquellen wird je nach Dosisleistung des Strahlers als **low–dose–rate** (LDR) oder **medium–dose–rate** (MDR) Afterloading bezeichnet. Die Expositionszeiten der Patienten können hier mehrere Stunden bis Tage dauern. Low–dose–rate Techniken entsprechen sowohl in der Behandlungsdauer als auch in den strahlenbiologischen Randbedingungen ungefähr denen der klassischen Radiumtherapie.

Je nach der Art der Applikation unterscheidet man das **intracavitäre**, **interstitielle** und **endoluminale** Afterloading. Intracavitäres Afterloading dient zur Strahlenbehandlung von Körperhöhlen, die leicht von außen zugänglich sind (cavum: Höhle). Dies sind vor allem die gynäkologischen Organe Uterus und Vagina, der Enddarm sowie Mund– und Nasenhöhlen. Bei interstitiellen Techniken (interstitium: Gewebe zwischen den Organen) werden dünne Hohlnadeln direkt in das Tumorgewebe verlegt. Die Nadeln werden entweder durch die Haut oder bei offengelegtem Tumor in das zu behandelnde Gewebe gestochen, der Tumor wird also "gespickt". Daher rührt auch der Name "Spicktechnik". Beispiele für diese Behandlungsart sind die Spickung der weiblichen Brust bei brusterhaltender Therapie des Mammakarzinoms oder die Spickung der Prostata. Da die Spicknadeln nur kleine Durchmesser haben dürfen, müssen sehr kompakte Spickquellen zur Verfügung stehen. Bei endoluminalen Afterloading–

techniken werden erkrankte Organe von ihrem Lumen (lumen: lateinisch für Innenhohlraum von röhrenförmigen Organen) aus bestrahlt. Beispiele sind die endoluminalen Behandlungen von Tumoren der Luftröhre, der Bronchien oder der Speiseröhre, bei denen die Applikatoren über die Mundöffnung verlegt werden. Endoluminale Applikatoren können auch perkutan verlegt werden wie bei der endoluminalen Strahlentherapie des Gallengangkarzinoms, bei der zunächst ein Führungskatheter durch die Haut in den Gallengang gebracht wird, der dann den Afterloadingapplikator aufnimmt.

2.5.2 Strahlungsquellen für das medizinische Afterloading

Die im medizinischen Afterloading verwendeten Strahlungsquellen sind das 60–Co, das 137–Cs und das 192–Ir (ausführliche Daten s. Tab. 2.1). Sie sind kombinierte Beta–Gamma–Strahler, deren Gammastrahlungskomponente für die Therapie genutzt wird. Die umschlossenen Strahler sind von 1 bis 2 Edelstahlhüllen umgeben, die zur Abschirmung der unerwünschten Betastrahlungsanteile und zur Minderung des Verschleißes der Strahlungsquellen beim Transport durch den Führungsschlauch und der Bewegung in den Applikatoren dienen. Sie verhindern den Abrieb radioaktiven Materials und damit ungewollte Kontaminationen. Zugleich schützen sie die mechanische Befestigung der Strahlungsquelle am Transportsystem. Werden wie bei den high–dose–rate Spicktechniken besonders kleine Strahler bei gleichzeitig hoher Aktivität benötigt, muß das Radionuklid mit der größten spezifischen Aktivität, nämlich 192–Iridium, gewählt werden. Die Wahl des Radionuklides ist bezüglich der Einflüsse auf die Dosisverteilungen im Patienten ziemlich unkritisch, da der von einer Afterloadingquelle im Patienten in therapeutischen Entfernungen erzeugte Dosisleistungsverlauf vor allem von der Geometrie (Abstand und Form der Quelle), aber nur wenig von der Energie der Gammastrahlung abhängt (s. Abschnitt 7.5).

Heute verwendet man meistens nahezu punktförmige Strahler oder kurze Linienquellen von nur wenigen Millimetern Länge bei etwa 1 Millimeter Durchmesser (Fig. 2.39). Kleine Quellenabmessungen sind auch wegen der freien Beweglichkeit der Strahler in den zum Teil stark gekrümmten Applikatoren oder Spicknadeln unbedingt erforderlich. Spicknadeln haben Innendurchmesser von ungefähr einem Millimeter, größere gynäkologische Applikatoren haben lichte Weiten von bis zu 5 Millimetern. Applikatoren für die gynäkologische Anwendung und für den HNO–Bereich sind teilweise gebogen. Ihre Krümmungsradien betragen 1 bis 2 Zentimeter, was die Verwendung ausgedehnter Quellen natürlich unmöglich macht.

Vereinzelt werden beim Afterloading aus strahlenbiologischen Gründen heute auch wieder Drähte aus 192–Ir mit niedriger längenspezifischer Aktivität verwendet. Diese können in beliebigen Längen gefertigt werden, müssen dann allerdings vor der therapeutischen Verwendung individuell auf die benötigten Maße gekürzt werden. Sie werden anschließend in meistens biegsame Träger eingesetzt, die wie die anderen umschlossenen Strahler ferngesteuert appliziert werden können. Wegen der Bearbeitung der Drähte und der langen Liegezeiten erfordert diese Technik einen etwas aufwendigeren Strahlenschutz als die Verwendung vorgefertigter, universeller high–dose–rate Strahlungsquellen, bei deren Einsatz der Anwender mit den Strahlern überhaupt nicht mehr in Berührung kommt.

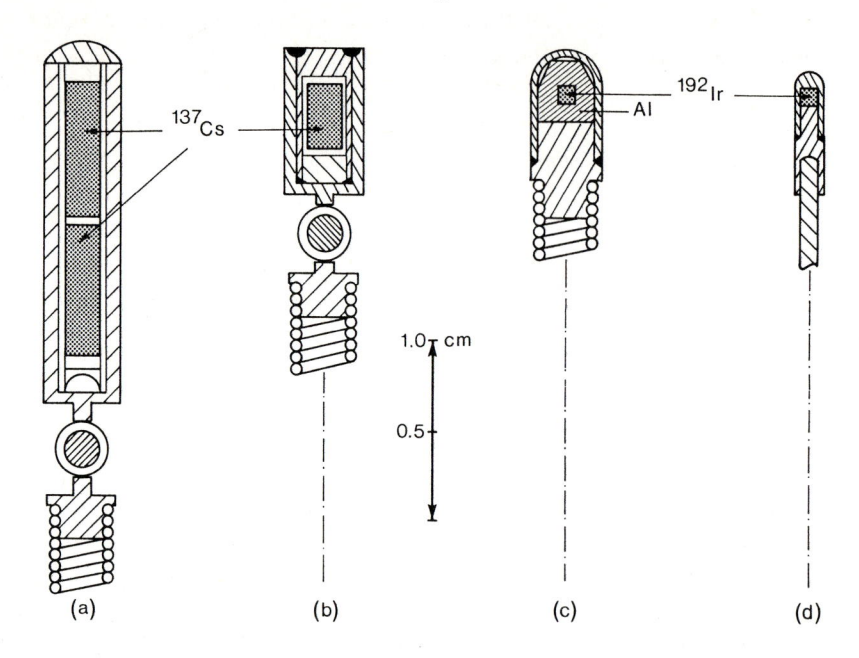

Fig. 2.39: Verschiedene Bauformen kommerzieller Afterloadingquellen für die medizinische Verwendung, (a): 137–Cs–Sulfat–Quelle (Aktivität 74 GBq = 2 Ci), doppelt in Edelstahl gekapselt.
(b): Wie (a), (11 GBq = 300 mCi). (c): Gynäkologische 192–Ir–Quelle (max. 444 GBq = 12 Ci), eingebettet in Al, Kapselung Edelstahl. (d): Kompakte 192–Ir–Spickquelle mit einfacher Stahlkapselung (max. 8 Ci, 300 GBq). Die Quellen (a)–(c) sind an federnden Wellen aus Stahl befestigt, Quelle (d) wird von einem hochflexiblen geflochtenen Stahldraht geführt.

2.5.3 Erzeugung der therapeutischen Dosisleistungsverteilungen

In der konventionellen intrakavitären Therapie mit Radium wurden die gewünschten individuellen Dosisverteilungen durch entsprechende Anordnungen mehrerer Radiumnadeln auf speziell geformten Trägern erreicht. Typische Konfigurationen waren zum Beispiel eine Kombination aus einer kreisförmigen Platte mit radial angebrachten Radiumnadeln und einem zentralen, senkrecht angebrachten Hohlstift, in dem mehrere Radiumnadeln linear hintereinander angeordnet wurden. Solche Stift–Platte–Kombinationen dienten zur gleichzei-

2.5 Afterloadinganlagen 117

tigen Bestrahlung von Gebärmuttermund und Gebärmutterhals bei Collumkarzinomen. Sollte die Gebärmutterhöhle (das Cavum Uteri) bestrahlt werden, wurden mehrere eiförmige oder zylinderförmige Radiumträger in die Gebärmutter eingeführt und dort bis zu 24 Stunden belassen (Packmethode). Die dabei zufällig entstandenen Dosisverteilungen entsprachen allerdings nicht immer der Form des zu behandelnden Zielvolumens.

Bei Afterloadinganlagen werden therapeutische Dosisverteilungen entweder durch gezielte Bewegungen einzelner Strahler im Applikator erzeugt oder es werden ähnlich wie bei der Radium–Stift–Methode mehrere kugelförmige radioaktive Quellen hintereinander im Applikator aufgereiht. Je nach Anzahl der Strahler pro Applikator spricht man von der Einzel- oder Mehrquellenmethode. Bei der **Mehrquellenmethode** (Fig. 2.40a) können die radioaktiven Kugeln abwechselnd mit nicht aktiven Kugeln gleicher Größe verwendet werden. Die individuell wählbare Reihenfolge aktiver und nicht aktiver Elemente richtet sich nach der gewünschten Isodosenform. Das Sortieren der Kugeln geschieht, von Mikroprozessoren gesteuert, im Inneren der Geräteabschirmung, also ohne Strahlenbelastung des Personals. Da bei dieser Methode jeder Strahler während der Behandlung nur jeweils eine einzelne Position im

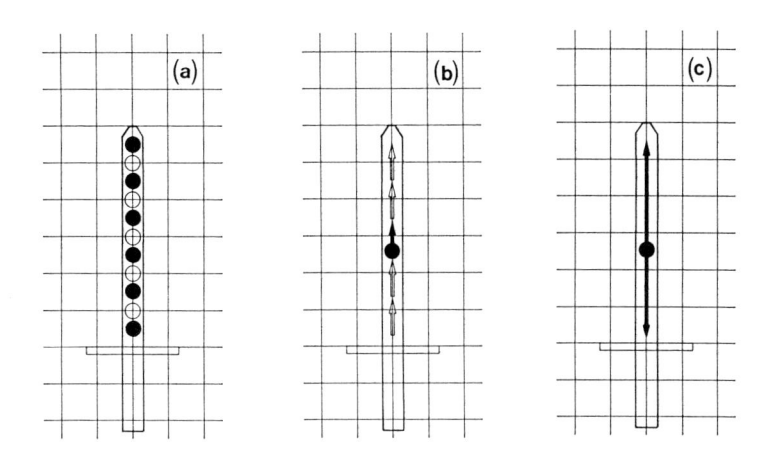

Fig. 2.40: Mehr- und Einzelquellenmethoden beim Afterloading, (a): Mehrquellenmethode (abwechselnd aktive und inaktive Elemente, 60–Co–Perlen), (b): schrittweise Bewegung einer Einzelquelle, (c): oszillierende Einzelquelle (der Pfeil entspricht der Bewegungsamplitude (aktive Länge)).

Applikator einnehmen kann, müssen viele Strahler gleichzeitig zur Verfügung stehen. Bei der Mehrquellenmethode verbietet sich aus Kostengründen die Verwendung kurzlebiger und wegen ihrer Energie für den Strahlenschutz günstiger Strahlungsquellen wie 192–Iridium. Es werden deshalb Perlen aus 60–Co verwendet. Bei der **Einzelquellenmethode** (Fig. 2.40b,c), erzeugt man die räumliche Dosisverteilung durch Bewegungen der Quelle im Applikator. Die Bewegung der Quelle kann entweder zyklisch (oszillierend) oder einmalig sein, sie kann kontinuierlich oder diskontinuierlich ablaufen. Beide Bewegungsformen dienen zur Erzeugung der Dosisverteilungen durch zeitliche und räumliche Überlagerung der etwa sphärischen oder schwach elliptischen Dosisverteilungen der Einzelquelle. Kontinuierliche lineare Bewegungsabläufe oder schrittweise Bewegung der Quelle um gleiche Wegstücke mit identischen Haltezeiten an den äquidistanten Stoppstellen ergeben rotationssymmetrische, ellipsoide

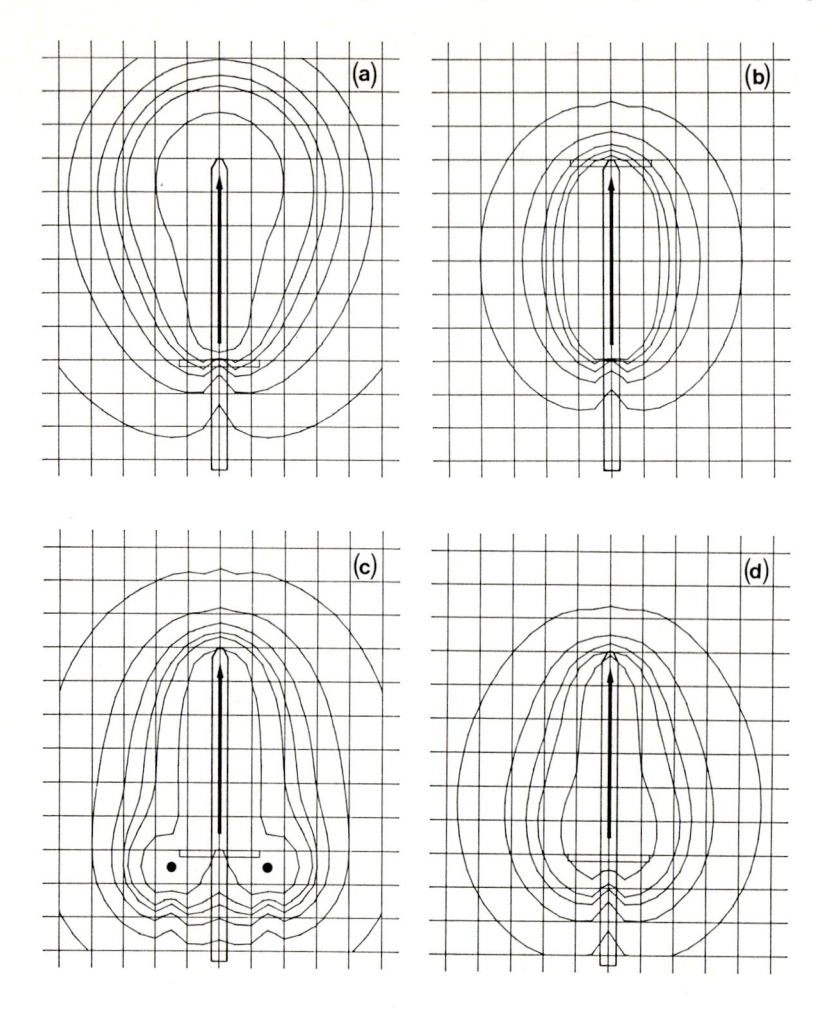

Fig. 2.41: Durch Bewegung einer einzelnen Quelle erzeugte intracavitäre und interstitielle Dosisleistungsverteilungen. (a): Lineare Bewegung mit Haltezeit an der Applikatorspitze. (b): Lineare Bewegung (Pfeil = aktive Länge). (c): 3–Quellen–Technik für Collumbehandlung (zwei ruhende, eine bewegliche Quelle). (d): Lineare Bewegung mit Haltezeit im unteren Umkehrpunkt. Die Isodosen sind von außen nach innen für (a) und (c): 20%, 40%, 60%, 80%, 100%, 150% , für (b) und (d): 20%, 40%, 60%, 80%, 100%.

Dosisverteilungen. Sie gleichen denen unbewegter Linienquellen, deren aktive Länge der Bewegungsamplitude der bewegten Strahler entspricht. Man spricht deshalb auch von der aktiven Länge der Quellenbewegung. Werden dieser linearen Verteilung an bestimmten Stellen zusätzliche Dosisverteilungen einer ruhenden Quelle überlagert, so "beulen" die Dosisverteilungen der Ruhezeit entsprechend aus. Man erhält birnenförmige (Fig. 2.41 a,d) oder sogar hantelförmige Dosisverteilungen.

Die Steuerung des Bewegungsablaufes kann durch mechanische Abtastung von Programmscheiben oder bei den Geräten neuerer Bauart über die in den Geräten enthaltenen Mikrocomputer und von ihnen gesteuerte Schrittmotoren vorgenommen werden. Auf diese Weise können vielfältigere und vor allem besser reproduzierbare Dosisverteilungen erzeugt werden, als sie mit der klassischen Radiumtherapie möglich waren.

Natürlich können auch mehrere Applikatoren gleichzeitig angeschlossen und mit Strahlern gefüllt werden. Diese Technik, die bei der Einzel- und bei der Mehrquellenmethode Anwendung findet, bezeichnet man als **Mehrkanalafterloading**. Da die Applikatoren, z. B. bei einer Spickung, räumlich dicht beieinander liegen, überlagern sich die Verteilungen der Einzelapplikatoren zu komplexen räumlichen Isodosenformen, die noch besser als bei Einzelapplikatoren an das individuelle Zielvolumen angepaßt werden können. Die Isodosenverteilungen und die optimalen Bewegungsabläufe in den einzelnen Applikatoren müssen durch Computerplanung berechnet und optimiert werden. Die Applikatoren werden nach dem Ergebnis dieser Planung gelegt und hintereinander von derselben Strahlungsquelle oder gleichzeitig von verschiedenen Strahlern angefahren. Die Gerätecomputer übernehmen heute neben der Steuerung der Quellenbewegung auch die Datenerfassung bei der Patientendosimetrie und zum Teil die physikalische Therapieplanung und die Berechnungen der Isodosen und der Bestrahlungszeiten.

3 Klinische Dosimetrie

3.1 Aufgaben der klinischen Dosimetrie

Unter klinischer Dosimetrie versteht man die Anwendung quantitativer Dosismeßverfahren im Zusammenhang mit der medizinischen Nutzung ionisierender Strahlungen. Sie befaßt sich neben den dosimetrischen Untersuchungen an therapeutischen Strahlungsquellen wie Elektronenbeschleunigern, Kobaltbestrahlungsanlagen, Röntgentherapie- und Afterloadinganlagen auch mit Messungen an offenen, nuklearmedizinischen Radionukliden für Diagnostik und Therapie sowie mit Messungen zum Strahlenschutz in der Röntgendiagnostik. Klinische Dosimetrie dient der zuverlässigen und vergleichbaren Anwendung ionisierender Strahlungen in der Medizin und ist ein wichtiger Beitrag zur physikalischen Qualitätssicherung. Deshalb sind bzw. werden die Dosimetrieverfahren im nationalen (DIN) wie internationalen Bereich (z. B. ICRU) heute weitgehend standardisiert. Im Bereich der radioonkologischen Anwendungen ionisierender Strahlungen werden in der Bundesrepublik sogar die getrennten Verantwortlichkeiten für den medizinischen und den physikalischen Bereich explizit vom Gesetzgeber geregelt (s. Richtlinie Strahlenschutz in der Medizin).

Die zentrale Fragestellung der klinischen Dosimetrie ist die Messung der pro Massenelement im Patienten absorbierten Energie der Strahlung, der sogenannten Energiedosis, die weitgehend die biologischen Wirkungen der ionisierenden Strahlungen bestimmt. In diesem Sinne erscheinen Informationen über spektrale Verteilungen von Strahlungsfeldern, d. h. über Elektronen-, Röntgen- oder Gammaspektren auf den ersten Blick zweitrangig. Die Kenntnis der Eigenschaften der verwendeten Strahlungsfelder ist jedoch von großer Bedeutung für die Umrechnung der Meßanzeigen der verschiedenen Dosimeterarten in die Energiedosis und für das Verständnis der Entstehung von Dosisverteilungen in homogenen und heterogenen Medien. So muß beispielsweise die Anzeige einer Ionisationskammer (Ionendosis) bei der Messung der Tiefendosisverteilung von Elektronenstrahlung in Wasser über vom Energiespektrum der Elektronen abhängige Faktoren in die gesuchte Energiedosistiefenverteilung umgerechnet werden. Ähnliches gilt für Umrechnungsfaktoren der Ionendosis in die Energiedosis für Photonenstrahlung. Die dazu benötigten Informationen über die Strahlungsfelder können nur mit Hilfe spektrometrischer Meßverfahren untersucht werden, die allerdings mit den Mitteln der klinischen Dosimetrie im allgemeinen nicht möglich sind. Spektrale Untersuchungen sind Bestandteil der Grundlagendosimetrie, deren Erkenntnisse deshalb für die in den folgenden Kapiteln ausgeführten Überlegungen vorausgesetzt werden müssen. Quantitative Aussagen zur klinischen Dosimetrie wie Kalibrierfaktoren, Korrekturfaktoren und Umrechnungsfaktoren sind nur solange als richtig zu betrachten, wie keine neueren Erkenntnisse der Grundlagendosimetrie zur Verfügung stehen. Deren Ergebnisse finden regelmäßig Eingang in die nationalen und internationalen Normen zur Radiologie, die deshalb als Hilfe zur exakten klinischen Dosimetrie unbedingt erforderlich sind.

Strahlentherapie: Klinische Meßaufgaben an therapeutischen Strahlungsquellen sind die Ermittlung der Strahlungsqualität, die Messung von Dosis- und Dosisleistungsverteilungen in Ersatzsubstanzen (Phantomen), Messungen der Kenndosisleistungen von Strahlungsquellen und die Ermittlung von Bestrahlungszeiten und Monitoranzeigen zur Erzielung bestimmter Dosen und Dosisverteilungen im Patienten. Zur Berechnung von Dosisverteilungen im Patienten werden heute Bestrahlungsplanungssysteme verwendet. Die für sie benötigten physikalischen Basisdaten der therapeutischen Strahlenbündel und ihre Abhängigkeiten von der Geometrie und den sonstigen Eigenschaften der Strahler müssen deshalb vor der therapeutischen Anwendung untersucht werden. Die wichtigsten Einflüsse auf die von einem therapeutischen Nutzstrahlenbündel im Patienten erzeugte Dosisverteilung sind der Abstand der Strahlungsquelle vom Patienten, die Kenndosisleistung des Strahlers, die Bestrahlungsfeldgröße, die Form und Geometrie der strahlformenden Elemente (Kollimatoren, Blenden, Filter) und die Dichteverteilung im Patientengewebe (Inhomogenitäten). Alle diese Abhängigkeiten müssen vor der medizinischen Verwendung von Strahlungsquellen sorgfältig dosimetrisch untersucht und in die Bestrahlungsplanungsrechner implementiert werden. Die in den Bestrahlungsplanungsprogrammen verwendeten Algorithmen müssen durch geeignete Meßverfahren in Phantomen und im Patienten verifiziert werden.

Daneben gibt es eine Reihe weiterer, vor allem anlagenbezogener periodischer Meßaufgaben zur Qualitätssicherung und Gerätesicherheit an therapeutischen Bestrahlungsanlagen wie Überprüfung der Einstellhilfen (Lichtvisiere, Lasersysteme), der Einrichtungen zur Abstandsmessung (Entfernungsmesser), Überprüfungen der externen und internen Anlagensicherheit (z. B. Türsicherheitskontakte, Abschaltfunktionen des Interlocksystems von Beschleunigern) und Messungen zum Strahlenschutz für Personal und Patienten. Der Umfang dieser periodischen "Checks" hängt von der Art und der Konstruktion der verwendeten therapeutischen Strahlungsquellen ab. Ihr Mindestumfang ist ebenfalls in der Richtlinie Strahlenschutz in der Medizin geregelt. Messungen für die Strahlentherapie sind der wichtigste Arbeitsbereich der klinischen Dosimetrie.

Nuklearmedizin: In der Nuklearmedizin beschränkt sich die Aufgabe der klinischen Dosimetrie vor allem auf die Bestimmung der Präparatstärken (Aktivitäten) der verwendeten Radionuklide und Messungen zum Strahlenschutz (Kontaminationsüberprüfungen, Messungen der Ortsdosisleistungen). Mit Ausnahme der Radionuklidtherapien (Beispiel Radiojodtherapie) sind die Anforderungen an die Genauigkeit der verwendeten dosimetrischen Meßverfahren in der Nuklearmedizin geringer als für den strahlentherapeutischen Bereich.

Röntgendiagnostik: In der Röntgendiagnostik befaßt sich die klinische Dosimetrie vorwiegend mit der Ermittlung der Strahlungsqualität der diagnostischen Röntgenstrahlung und der Messung der Kenndosisleistung von Röntgenstrahlern. Ersteres dient der Kennzeichnung der Strahlungsqualität der Nutzstrahlenbündel durch Angabe von beispielsweise Röhrenspannung und Filterung oder der ersten und zweiten Halbwertschichtdicke. Messungen der Kenndosisleistungen von Röntgenstrahlern dienen wie die Messungen des Flächendosisproduktes, der Ortsdosisleistungen um die Röntgenanlage, der Bildverstärkereingangsdosisleistungen bei Durchleuchtungsanlagen und die patientenspezifischen Dosismeßaufgaben im wesentlichen dem Strahlenschutz und der apparativen und diagnostischen Qualitätssicherung.

3.2 Dosimeter für die klinische Dosimetrie

Nicht jedes zum Nachweis ionisierender Strahlung geeignetes Detektorsystem ist auch für Meßaufgaben der klinischen Dosimetrie zu verwenden. Klinische Dosimeter sollen genau sein, ihre Anzeigen reproduzierbar und weitgehend unabhängig von der verwendeten Strahlungsart und -qualität. Das ideale klinische Dosimeter ist darüberhinaus gewebeäquivalent, verhält sich also wie menschliches Gewebe oder wie die dafür verwendeten Ersatzsubstanzen (Phantommaterialien). Die Meßanzeige soll unabhängig von der Dosisleistung sein (z. B. bei gepulster Strahlung) und linear zur Dosis (Linearität). Neben diesen Anforderungen an die Genauigkeit der Dosismessung ist es nicht zuletzt der mit der Messung verbundene Aufwand, der die Anwendbarkeit von Dosimetern im klinischen Betrieb einschränkt. Die Wahl des Dosimeters ist natürlich vom jeweiligen Verwendungszweck abhängig. Personendosimeter für den Strahlenschutz müssen leicht, beweglich und kostengünstig sein. Die Anforderungen an ihre Genauigkeit und Energieabhängigkeit sind vergleichsweise gering. Dosimeter für die Strahlentherapie sollen dagegen wegen der medizinischen Anwendung der mit ihnen untersuchten Strahlungsquellen nicht nur individuell kalibrierbar und sehr zuverlässig sein, sie müssen auch für alle klinisch bedeutsamen Strahlungsarten und Strahlungsqualitäten bei hoher Präzision der Meßergebnisse geeignet sein. Ihre Kosten spielen im Vergleich zu den Beschaffungskosten der Strahlentherapieanlagen nur eine nachgeordnete Rolle. Steht die räumliche Auflösung bei der Dosismessung im Vordergrund, so müssen besonders kompakte Dosimeter verwendet werden. Bei den Dosimetern für die Strahlenschutzüberwachung kommt es besonders auf die Langzeitkonstanz der Meßanzeige und geringen Signalverlust (Fading) an, bei tragbaren Personendosimetern ist auch die Unabhängigkeit von einer elektrischen Versorgung von Bedeutung (Filmdosimeter, Thermolumineszenzdetektoren).

Die Basismethode der klinischen Dosimetrie ist die **Ionisationsdosimetrie**. Mit ihr sind Messungen nicht nur an allen therapeutisch genutzten Strahlungsquellen möglich, sie wird auch im Personen-Strahlenschutz (z. B. Füllhalterdosimeter) und in der Röntgendiagnostik (Durchstrahlionisationskammern zur Messung des Flächendosisproduktes, Belichtungsautomatik) verwendet. Der Detektor ist eine Ionisationskammer, die in verschiedenen Größen und Formen gebaut wird (s. Abschnitt 4.6). Ihr Volumen kann wenige Zehntel Kubikzentimeter bis zu mehreren Litern betragen. Ionisationskammern werden als Flachkammern, Zylinderkammern, Fingerhutkammern, Kugelkammern oder Durchstrahlkammern konstruiert.

Neben ihrer vom Meßvolumen abhängigen Empfindlichkeit ist die weitgehende Unabhängigkeit ihrer Anzeige von der Strahlungsqualität und der Einstrahlrichtung (Richtungscharakteristik) und die Linearität der Dosisanzeige von großer Bedeutung. Ionisationskammern können getrennt von einer elektrischen Versorgung (Stabdosimeter, Kondensatorkammern) oder durch Kabel direkt mit einem Anzeigegerät verbunden betrieben werden. Ionisationsdosimeter sind zwar für Absolutmessungen geeignet, werden aber in der klinischen Routine meistens als Relativdosimeter verwendet, die durch Kalibriermessungen an Standarddosimeter angeschlossen werden müssen (vgl. dazu Petzold/Krieger Band 1, Abschnitt 7.4, DIN 6800-2 und Abschnitt 4.6 in diesem Band).

In letzter Zeit hat sich als weitere wichtige klinische Dosimetriemethode die **Thermolumineszenzdosimetrie** durchgesetzt. Thermolumineszenzdetektoren (TLD) sind Relativdosimeter. Sie sind wegen der individuellen Eigenschaften der Dosimeter auf keinen Fall zur Absolutdosimetrie geeignet (vgl. dazu Kap. 5). Mit dem entsprechenden Aufwand an Kalibrierung kann mit ihnen eine Reproduzierbarkeit der Dosisanzeige von etwa 1 Prozent erreicht werden. Thermolumineszenzdosimeter sind integrierende Dosimeter, die in besonders kompakten Bauformen hergestellt werden können. Sie sind deshalb gut zur Messung von Dosisverteilungen geeignet, bei denen es auf ein hohes räumliches Auflösungvermögen ankommt. Da Thermolumineszenzdetektoren unabhängig von einer elektrischen Versorgung sind, können sie auch als mobile Dosimeter für die physikalische Strahlenschutzkontrolle oder bei der in-vivo Dosimetrie am Patienten eingesetzt werden. In der klinischen Dosimetrie wird bevorzugt Lithiumfluorid (LiF) als Thermolumineszenzmaterial verwendet, da dessen dosimetrische Eigenschaften etwa denen menschlichen Gewebes entsprechen. Die Thermolumineszenzdosimetrie ist apparativ recht aufwendig und erfordert eine erhebliche dosimetrische Routine (vgl. dazu Abschnitt 5, DIN 6800-5).

Eisensulfatdosimeter (Fricke-Dosimeter) nutzen die oxidierende Wirkung ionisierender Strahlung auf Eisen(II)ionen in saurer wässriger Lösung aus. Sie sind in der Regel in Glasampullen eingeschmolzen. Die irreversible Oxidation von Fe^{2+}- zu Fe^{3+}-Ionen bei der Bestrahlung führt zu einer Verfärbung der Lösung, die mit Photometern nachgewiesen werden kann. Eisensulfatdosimeter sind vergleichsweise unempfindlich, sie benötigen zur Erzeugung eines genauen Meßwertes Energiedosen von mehreren Gray. Die Genauigkeit der Meßanzeigen hängt vom sauberen Arbeiten und der korrekten Präparation der verwendeten Lösungen ab. Unter klinischen Bedingungen sind Eisensulfatdosimeter daher zu aufwendig. Unter Laborbedingungen eignen sie sich jedoch hervorragend zur Kalibrierung anderer Dosimeter. Sie werden deshalb von der Physikalisch-Technischen Bundesanstalt zu Eich- und Kalibrierzwecken zur Verfügung gestellt (vgl. auch Petzold/Krieger Band 1, Abschnitt 7.4, DIN 6800-3).

Photografische Emulsionen (Filmdosimeter) werden schon seit der Entdeckung der Radioaktivität als Strahlungsdetektoren verwendet. Ihre Meßanzeige ist die durch die Bestrahlung und die nachfolgende Entwicklung in der Filmemulsion entstehende Schwärzung (optische Dichte). Filmdosimeter weisen ein hohes räumliches Auflösungsvermögen auf, das in erster Linie durch die Korngröße der meistens verwendeten Silberbromidkristalle in der Emulsion bestimmt ist. Sie sind integrierende Dosimeter, die je nach Emulsion hochempfindlich oder sehr unempfindlich gemacht werden können. Die Meßanzeige zeigt nur ein geringes Fading. Ein wichtiger Anwendungsbereich ist daher die physikalische Personen–Strahlenschutzkontrolle mit Filmplaketten. Wegen der atomaren Zusammensetzung der Filmemulsionen zeigen Filme eine erhebliche Abhängigkeit der Dosisanzeige von der Strahlungsqualität und Strahlungsart. Filmdosimeter können bei erhöhten Anforderungen an die dosimetrische Genauigkeit deshalb nur nach individueller Kalibrierung mit anderen, weniger energieabhängigen Dosimetersystemen (Ionisationsdosimeter, Eisensulfat) für die quantitative klinische Dosimetrie verwendet werden. Die dosimetrischen Eigenschaften von Filmen hängen darüberhinaus von der Filmemulsion (Herstellungs–Charge) und den Bedingungen bei der Entwicklung ab. Filmdosimeter sollten in der klinischen Dosimetrie deshalb nur nach sorgfältiger Prüfung dieser Randbedingungen als quantitative Dosimeter verwendet werden. Besonders problematisch ist der kritiklose Einsatz von Filmen zur Messung der Dosisverteilungen weicher Röntgen– oder Elektronenstrahlung in Materie, da sich bei diesen Strahlungsarten und –qualitäten die spektrale Zusammensetzung des Strahlenbündels erheblich mit der Tiefe im Phantom ändert und damit auch die Nachweisempfindlichkeit der Filmemulsion. Filmdosimeter sind dagegen hervorragend für geometrische Kontrollen von Bestrahlungsfeldern (z. B. Lichtvisierkontrollen, Verifikationsaufnahmen) geeignet (vgl. Petzold/Krieger Band 1, Abschnitt 7.4, DIN 6800–4).

3.3 Anforderungen an die Genauigkeit der klinischen Dosimetrie

Der materielle und personelle Aufwand für die klinische Dosimetrie an therapeutischen Strahlungsquellen hängt stark von der angestrebten Präzision der Meßergebnisse ab. Das Maß für die Genauigkeit der klinischen Dosimetrie müssen die Erfordernisse der Strahlentherapie, d. h. der strahlenbiologischen Dosiswirkungsbeziehungen sein. Fehler, die sich auf die Dosis und Dosisverteilung im Zielvolumen beziehen, können in jeder der Phasen einer Strahlenbehandlung auftreten. Dies beginnt bereits bei der Diagnose, während derer nicht nur das Zielvolumen der strahlentherapeutischen Behandlung festgelegt wird, sondern auch Aussagen zur Charakterisierung des Malignoms (Gewebsuntersuchung) und des Zustandes und Stadiums der Erkrankung getroffen werden. Bei der physikalischen Bestrahlungsplanung können Dosisfehler durch mangelhafte Algorithmen, durch Vernachlässigung von Dichteinhomogenitäten im Patienten bei der Planung oder durch die Wahl ungeeigneter, z. B. zu komplizierter Bestrahlungstechniken entstehen. Weitere Fehlerquellen sind die ungenaue Übertragung der Planungsvorgaben im Laufe der prätherapeutischen Simulation oder während der Bestrahlung selbst (Einstellfehler). Und letztlich können sich alle systematischen Fehler bei der Basisdosimetrie der Bestrahlungsanlagen (Kalibrierung des Dosimeters, Ermittlung der Kenndosisleistung in Phantomen, Erstellung von Bestrahlungszeit- oder Monitortabellen) unmittelbar auf die Dosisgenauigkeit auswirken. Alle medizinischen, verfahrenstechnischen und dosimetrischen Fehlerquellen erzeugen insgesamt eine Unsicherheit in der Dosis und Dosisverteilung, die unter Umständen den therapeutischen Erfolg in Frage stellen kann.

Die Grundlage der strahlentherapeutischen Dosierungsschemata sind empirische, d. h. klinisch abgeleitete Dosiswirkungsbeziehungen für die verschiedenen Tumorerkrankungen, die die Wirkung von Bestrahlungen auf den Tumor und die Nebenwirkungen (z. B. auf das umgebende Gewebe oder Blut) in Abhängigkeit von der applizierten Dosis in Kurvenform angeben (s. Fig. 3.1). Die Dosiswirkungskurven beginnen erst oberhalb einer Dosisschwelle, die für den Tumor und die Nebenwirkungen im allgemeinen verschieden sind. Typische klinische Dosiswirkungskurven haben eine sigmoide Form mit einem nahezu linearen Bereich zwischen etwa 10 und 70%. Zu ihrer Charakterisierung kann man den 50%-Wert und die Steigung der Kurven angeben. Die Steigung von Tumor-Dosiswirkungskurven ist im allgemeinen größer als diejenige für die Nebenwirkungen, da Tumorzellen über weniger effektive Reparaturmechanismen für Strahlenschäden verfügen und wegen der höheren Zellteilungsrate (Proliferation) auch strahlenempfindlicher sind. Die Unterschiede der Dosiswirkungskurven für Tumoren und gesunde Gewebe ermöglichen die therapeutische Verwendung ionisierender Strahlungen in der Radioonkologie. In der Regel ist eine Wirkung auf den Tumor nicht ohne Nebenwirkungen möglich, da die Dosiswirkungskurven für den Tumor und die Kurve für die Nebenwirkungen je nach Tumorart und -größe mehr oder weniger überlappen (Fig. 3.1).

Der Dosisbereich zwischen der für die Heilung oder Tumorkontrolle mindestens notwendigen Wirkung auf den Tumor und der tolerablen Nebenwirkung (z. B. auf das gesunde Gewebe in der Umgebung des therapeutischen Zielvolumens) wird als therapeutische Breite bezeichnet. Die für eine Behandlung optimale Dosis (maximale Wirkung auf den Tumor bei gleichzeitiger minimaler Nebenwirkung) kann aus einem Vergleich der klinischen Dosiswirkungskurven für Tumor und Nebenwirkungen ermittelt werden, sofern diese beiden Kurven im konkreten Fall bekannt sind. Man erhält durch Subtraktion der Dosiswirkungskurven eine Kurve für den therapeutischen Nutzen, die je nach den Steigungen und der relativen Lage der beiden Dosiswirkungskurven ein mehr oder weniger ausgeprägtes Maximum bei der für den Behandlungszweck optimalen Dosis aufweist (Fig. 3.1, oben). Die ideale Nutzkurve hat ein breites und hohes Maximum (bei 100% Nutzen) bei niedrigen Dosiswerten, d. h. eine vollständige Tumorkontrolle ohne Nebenwirkung. Je breiter das Maximum ist, um so weniger wirken sich Dosisfehler auf den therapeutischen Erfolg aus. Bei realistischen Nutzkurven sind die Maxima schmal und liegen in der Regel deutlich unter 100%; eine Tumorkontrolle ist also nicht ohne Nebenwirkungen möglich. Abweichungen von der optimalen Dosis verschlechtern den therapeutischen Nutzen der Strahlenbehandlung, da der Tumor nicht ausreichend versorgt wird, oder die Nebenwirkungen intolerabel zunehmen. Bei Unterdosierungen (aus medizinischen oder physikalischen Gründen) besteht das Risiko von Tumorrezidiven, also des Verfehlens des therapeutischen Ziels, bei Überdosierungen wird zwar der der Tumor ausreichend mit Dosis versorgt, es besteht aber im gesunden Gewebe die Gefahr des radiogenen Schadens. Da Dosiswirkungskurven für den Tumor i. a. steiler sind als die Nebenwirkungskurven,

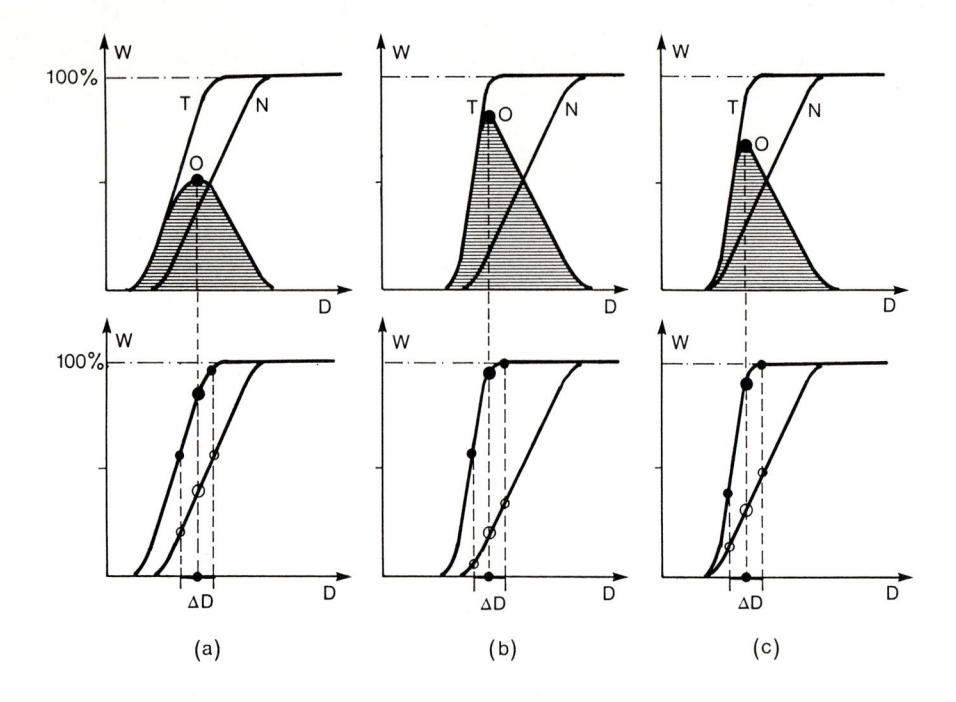

Fig. 3.1: Schematische klinische Dosiswirkungskurven für Tumoren und Nebenwirkungen einer Strahlenbehandlung (W: Wirkung, D: Dosis, T: Kurve für den Tumor, N: Kurve für Nebenwirkungen, O: optimaler Arbeitspunkt). Oben: Dosiswirkungskurven und Differenzkurven (T–N) für den therapeutischen "Nutzen" (schraffiert). (a): Mäßig steile, dicht beieinander liegende Dosiswirkungskurven, die beiden Kurven überlappen weitgehend, eine ausreichende Wirkung auf den Tumor ist nicht ohne nennenswerte Nebenwirkungen zu erreichen. (b): Steilere Tumorkurve mit unterschiedlichen Schwellen für Tumorwirkung und Nebenwirkungen, das Dosisoptimum verlagert sich zu niedrigen Dosiswerten, die Nebenwirkungen nehmen deshalb ab. (c): Steigungen wie bei (b), aber gleiche Schwellendosis, die Nebenwirkungen nehmen bei gleicher Tumorwirkung zu. Unten: Einfluß eines Dosierungsfehlers (Abweichung vom Dosisoptimum) auf Tumorwirkung (geschlossene Kreise) und Nebenwirkungen (offene Kreise). Bei Unterdosierung nimmt die Wirkung auf den Tumor wegen der größeren Steigungen der Tumorkurven schneller ab als die Nebenwirkungen (Gefahr des Tumorrezidivs). Überdosierung führt zu keiner merklichen Vergrößerung der Tumorwirkung, erhöht aber die Nebenwirkung (Gefahr radiogener Schäden).

nehmen bei einer Verkleinerung der Dosis die Nebenwirkungen langsamer ab als die Wirkung auf den Tumor; der therapeutische Nutzen wird geringer. Je schneller die Dosiswirkungskurven mit der Dosis ansteigen, um so geringer sind die für einen Heilungserfolg zulässigen Dosis–Toleranzen. Sie hängen von den im Einzelfall als tolerabel erachteten Nebenwirkungen und der relativen Lage der Dosiswirkungskurven für den Tumor und die Nebenwirkungen auf das gesunde Gewebe in der Nachbarschaft der therapeutischen Zielvolumens ab.

Unsicherheit der Bestrahlungsplanung	5.3%
Unsicherheit der Bestrahlung	4%
lagerungsbedingte Unsicherheit	2%
Kalibrierung des Dosimeters	2.1%
Kenndosisleistung am Referenzpunkt	3%
Gesamtunsicherheit:	7.8%

Tab. 3.1: Abschätzung der Fehler der Dosisbestimmung bei strahlentherapeutischen Behandlungen in der klinischen Routine (Gesamtfehler ist quadratisch addiert, nach Hassenstein/Nüsslin).

Aus strahlenbiologischen Überlegungen wird eine Gesamtdosisunsicherheit bei nicht zu steil verlaufenden Dosiswirkungskurven von höchstens etwa 8%, bei steil verlaufenden Dosiswirkungsbeziehungen sogar nur von 5% gefordert (Brahme 1984). Diese geringen Fehlerbreiten müssen auf die verschiedenen oben erwähnten Schritte der Dosiserzeugung und Dosismessung verteilt werden. Ausführliche internationale Analysen der Fehlerquellen bei der Strahlentherapie haben gezeigt, daß allgemeingültige Fehlerabschätzungen bei Tumor–Diagnostik und Behandlung, also dem medizinischen Part der Strahlentherapie, prinzipiell kaum möglich sind, da die therapeutische Situation nicht nur vom Vorgehen des medizinischen Personals sondern auch von der Mitarbeit des Patienten und den apparativen Möglichkeiten abhängt. Unter günstigsten strahlentherapeutischen Bedingungen beläuft sich der über alle medizinischen Maßnahmen kumulierte "medizinische" Dosisfehler im Zielvolumen auf etwa 7% (vgl. Tab. 3.1). Für den "physikalischen" Fehler bei der Dosimetrie bleiben danach (bei quadratischer Fehleraddition) im Maximum etwa 3–4%, in denen alle Unsicherheiten bei der Kalibrierung des Dosimeters und bei der Kenndosisleistungsmessung enthalten sein müssen. Da die oben erwähnten medizinischen Fehlerquellen in der Routine im Mittel in ihrem Ausmaß eher unterschätzt sind, bleiben in der Regel also kaum noch "Fehlerreserven" für die klinische Dosimetrie. Bei der klinischen Dosimetrie strahlentherapeutisch verwendeter Strahlungsquellen und der physikalischen Therapieplanung müssen daher große Anstrengungen unternommen werden, die absolute Genauigkeit und die Reproduzierbarkeit der Dosisbestimmungen durch Messung oder Rechnung zu erhöhen. In diesem Zusammenhang gewinnen Dosisvergleiche auf nationaler Ebene (Eisensulfatdienst der PTB) und sonstige gegenseitige Kontrollen der dosimetrischen Ergebnisse und Verfahren ihre besondere Bedeutung.

4 Grundlagen der Ionisationsdosimetrie

4.1 Strahlungsfeldbedingungen

Eine der Aufgaben der klinischen Dosimetrie ist die Bestimmung der Energiedosis oder Energiedosisleistung im Patienten oder in geeigneten Ersatzsubstanzen (Phantomen) für die in der perkutanen Strahlentherapie verwendeten Strahlungsarten und Strahlungsqualitäten. Die experimentelle Bestimmung wird am besten mit Ionisationsdosimetern (Ionisationskammer und Anzeigegerät) durchgeführt, die im Routinebetrieb leicht und zuverläsig zu handhaben sind. Bei Einstrahlung von Photonen erfolgt die Erzeugung einer Energiedosis oder Energiedosisleistung in Materie in zwei Stufen. Zunächst wird über die elementaren Wechselwirkungen (Photoeffekt, Comptoneffekt, Paarbildung, s. Abschnitt 1.1) ein Fluß an geladenen Sekundärteilchen erzeugt. Die zu dieser ersten Wechselwirkungsstufe gehörige Meßgröße ist die Kerma. Die Sekundärteilchen (Elektronen, Positronen) geben in einem zweiten Schritt in einer Vielzahl von Wechselwirkungen (Stöße, Anregung, Bremsstrahlungserzeugung, chemische Prozesse) ihre Bewegungsenergie an das umgebende Medium ab. Dabei erzeugen sie auch weitere Elektronen (δ-Elektronen), die den größten Teil der Bewegungsenergie der Sekundärteilchen übernehmen. Durch die mit wachsender Energie der Primärstrahlung zunehmend bevorzugte Vorwärtsbewegung der Sekundärteilchen und δ-Elektronen und die Entstehung der in Strahlrichtung emittierten Bremsstrahlung wird die Abgabe der Bewegungsenergie an das umgebende Medium im Mittel in Vorwärtsrichtung des Sekundärteilchenflusses verlagert. Entstehungsort der Sekundär- und δ-Teilchen und Übergabeort ihrer Bewegungsenergie sind deshalb nicht identisch (vgl. dazu Abschnitt 1.1.8). Die zur zweiten Stufe gehörigen Meßgrößen sind die Ionendosis und die Energiedosis, von denen letztere auch ein Maß für die biologischen Wirkungen der Strahlung im Gewebe ist. Ihre räumliche Verteilung unterscheidet sich vor allem bei höheren Photonenenergien wegen der "Energiewanderung" von der der Kerma. Bei Elektronenstrahlung entfällt die erste Wechselwirkungsstufe, die Energiedosis ist deshalb auch für Elektronen die korrekte Meßgröße zur Beschreibung der Energieabgabe der Elektronen an das umgebende Medium.

Die Energiedosis von Photonenstrahlung im Medium (Gewebe, Phantom) kann auf zwei Arten bestimmt werden. Man kann zunächst die Ionendosis, Energiedosis oder Kerma an einem bestimmten Punkt des Strahlungsfeldes in Abwesenheit des Gewebes oder Phantoms messen. Dies geschieht zum Beispiel als Messung der Standardionendosis oder der Luftkerma **frei im Medium Luft**. Die Dosis im Phantom wird danach aus diesen Meßwerten mit Hilfe von material- und sondenspezifischen Umrechnungsfaktoren rechnerisch bestimmt. Die zweite Methode ist die sogenannte **Sondenmethode**. Bei dieser wird in das zu untersuchende Medium eine Sonde gebracht, in deren Material ersatzweise für das umgebende Medium eine Sondenenergiedosis erzeugt wird. Die Anzeige des Dosimeters muß mit Hilfe von Korrekturen in die Energiedosis im umgebenden Material, die ohne Anwesenheit dieser Sonde entstehen würde, umgerechnet werden. Bei der Anwendung der Sondenmethode darf das zu untersuchende Strahlungsfeld nur wenig durch die Sonde selbst verändert werden, da sonst einfache und von der Sondengeometrie unabhängige Umrechnungen der Sondendosis in die Gewebedosis nicht mehr möglich sind. Zum Verständnis der dabei einzuhaltenden Meßbedingungen bei Photonenstrahlung verwendet man am besten eine von Harder (Harder 1966b) aufgestellte Energiebilanz (Gl. 4.1). Danach gilt für die Entstehung der mittleren Energiedosis im Material der Sonde die anschauliche Beziehung (vgl. auch Fig. 4.1a):

$$D_s = 1/\Delta m \cdot (E^{\gamma}_{in} - E^{\gamma}_{ex} - E^{\gamma,e}_{ex} + E^{e}_{in} - E^{e}_{ex} - E^{e,\delta}_{ex} + E^{\delta}_{in} - E^{\delta}_{ex}) \quad (4.1).$$

Die Indizes "in" und "ex" bedeuten Energiezufuhr in das Massenelement Δm bzw. Energieabtransport. "γ" steht für Photonen, "e" für Sekundärelektronen und "δ" für Deltaelektronen (Elektronen der zweiten Generation). "γ,e" kennzeichnet den Energieabtransport durch Elektronen, denen von Photonen innerhalb des Massenelementes Δm Energie übertragen wurde, "e,δ" denjenigen von Deltateilchen, die ihre Energie innerhalb der Sonde von Sekundärelektronen erhalten haben.

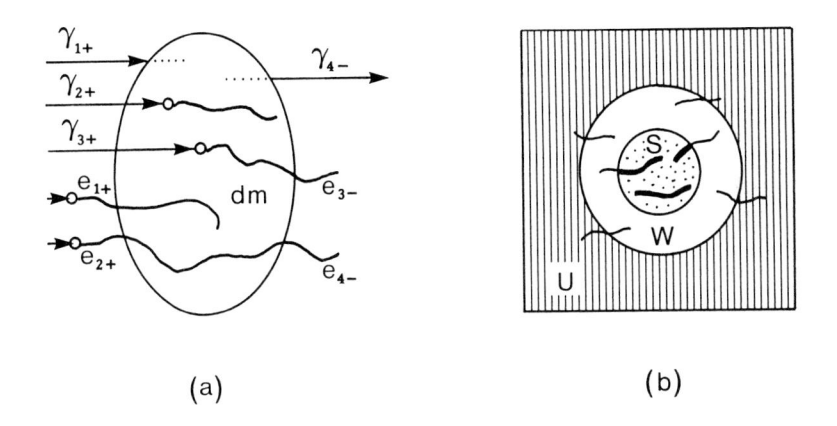

Fig. 4.1: (a): Energiebilanz in einem Massenelement dm nach Gl. (4.1) (+: Zufuhr, −: Abtransport von Energie, Kreise: Umwandlungsort von Photonen- in Elektronenenergie), (b): Sekundärelektronengleichgewicht in einer Hohlraumsonde (U: Umgebungsmaterial, W: Wand der Sonde, S: aktives Volumen der Sonde, dicke Striche: Übertragung von Elektronenenergie auf das Meßvolumen), Elektronen aus der Umgebung der Sonde erreichen das Meßvolumen nicht.

Anhand dieser Energiebilanz können zwei wichtige Grenzbedingungen für das Strahlungsfeld bei der Ionisationsdosimetrie definiert werden, das **Sekundärelektronengleichgewicht** und die **BRAGG–GRAY–Bedingungen**. Ionisationskammern, die unter diesen Bedingungen eingesetzt werden, werden dementsprechend als Gleichgewichts- oder Photonensonden bzw. als Hohlraum- oder Elektronensonden bezeichnet.

Sekundärelektronengleichgewicht: Wenn Gleichgewicht zwischen der durch Elektronen in das empfindliche Sondenvolumen hineintransportierten und der durch Elektronen aus dem Sondenvolumen abtransportierten Bewegungsenergie besteht, bestimmen offensichtlich ausschließlich die Photonen die Sondendosis. Für diesen Fall sind für die Berechnungen der verschiedenen Dosisgrößen der zu den Photonenwechselwirkungen gehörende Massenenergieumwandlungskoeffizient (η/ρ) und der Massenenergieabsorptionskoeffizient (η'/ρ) zu verwenden. Wegen der ausgeglichenen Bilanz für die Elektronenenergien bezeichnet man diese Dosimetriebedingung als Elektronengleichgewicht. Für die Energiebilanz (Gl. 4.1) gilt unter Elektronengleichgewicht die Zusatzbedingung:

$$-E_{ex}^{\gamma,e} + E_{in}^{e} - E_{ex}^{e} - E_{ex}^{e,\delta} + E_{in}^{\delta} - E_{ex}^{\delta} = 0 \qquad (4.2)$$

Ein Spezialfall ist das Sekundärelektronengleichgewicht (SEG, Gl. 4.3), bei dem für die Deltaelektronen kein Gleichgewicht gefordert wird. Gleichung (4.2) enthält dann nur noch die Sekundärelektronenbeiträge. Sie wird deshalb eingeschränkt auf:

$$-E_{ex}^{\gamma,e} + E_{in}^{e} - E_{ex}^{e} = 0 \qquad (4.3)$$

Da nach dieser Beziehung durch Sekundärelektronen keine Meßanzeige in der Sonde erzeugt werden kann, sind die beiden ersten Photonenglieder und die Deltaelektronenterme in Gleichung (4.1) ausschließlich für die Entstehung des Meßeffektes verantwortlich. Die genauen Definitionen der Strahlungsfeldbedingungen sind in der deutschen Norm (DIN 6814-3) enthalten. Sie lauten für das Sekundärelektronengleichgewicht:

> **Sekundärelektronengleichgewicht** an einem Punkt innerhalb eines Materials besteht, wenn die in einem kleinen Volumenelement von Photonen auf Sekundärelektronen übertragene, von diesen aus dem Volumenelement heraustransportierte und nicht in Bremsstrahlung umgewandelte Energie gleich der von Sekundärelektronen in das Volumenelement hineintransportierten und darin verbleibenden Energie ist.

Die Sekundärelektronengleichgewichtsbedingung hat praktische Konsequenzen für die Bauformen von Ionisationskammern. Sollen die Ionisationssonden in beliebiger Umgebung (Phantomen), deren Zusammensetzung sich vom empfindlichen Sondenvolumen unterscheidet, unter Sekundärelektronengleichgewicht verwendet werden, so muß die Kammerwandung (zumindest in Strahleintrittsrichtung) äquivalent zum Sondenmaterial sein und eine Stärke haben, die größer als die maximale Reichweite der Sekundärelektronen in diesem Wandmaterial ist. Auf diese Weise wird sichergestellt, daß Sekundärelektronen aus der Umgebung das Sondenvolumen nicht erreichen können und die im Sondenvolumen und der gegenüberliegenden Kammerwand entstandenen Sekundärteilchen noch innerhalb der Kammerwandung abgebremst werden (Fig. 4.1b). Typische Wandstärken kommerzieller Ionisationskammern, deren Wandung aus näherungsweise luftäquivalenten Materialien (Plexiglas, Graphit, vgl. Abschnitt 4.3) hergestellt sind, betragen je nach Energie der Photonenstrahlung etwa 0.01–0.5 g/cm^2, was einer Dicke von ungefähr 0.1 mm (bei 300 keV) bis 5 mm (bei 60–Co–Strahlung) entspricht. Kammern mit diesen Wanddicken erfüllen damit automatisch die zusätzliche Bedingung des δ–Elektronengleichgewichts, sofern die Wandmaterialien ausreichend luftäquivalent sind. Reicht die Kammerwandstärke der Ionisationskammer für die untersuchte Strahlungsqualität nicht aus, so werden zur Herstellung des Sekundärelektronengleichgewichts sogenannte Verstärkungskappen (Aufbaukappen) eingesetzt.

Kammerwände können aber nicht beliebig dick gemacht werden, da die Forderung nach der Konstanz des Photonenstrahlungsfeldes innerhalb des Meßvolumens eine obere Grenze für die Kammerabmessungen bedeutet. Die Größe der Meßsonde muß immer klein bleiben gegenüber der Halbwertschichtdicke der Photonenstrahlung. Ist dies nicht der Fall, erstreckt sich das Sondenvolumen also über ein räumlich veränderliches Photonenstrahlungsfeld, so kann die Gleichgewichtsbedingung für die Sekundärelektronen nicht mehr eingehalten werden, da auf der Strahleintrittsseite wegen der verschiedenen Photonenintensität ein anderer Elektronenfluß ausgelöst wird als auf der Strahlaustrittsseite der Kammer. Zum anderen entspricht die Meßanzeige einem räumlichen Integral über ein veränderliches Strahlungsfeld, so daß die Meßanzeige nicht eindeutig einem Raumpunkt und damit einem Massenelement zugeordnet werden kann. Die Forderung nach einer für das Sekundärelektronengleichgewicht notwendigen Mindestwandstärke einerseits und die nach einer für die Konstanz des Strahlungsfeldes benötigten Begrenzung der Kammerabmessungen andererseits beschränkt die Möglichkeit von Gleichgewichtsmessungen auf den Photonenenergiebereich bis etwa 3 MeV, da die zunehmenden Abweichungen von den Bedingungen für das Sekundärelektronengleichgewicht oberhalb dieser Energie zu erhöhten und nicht tragbaren systematischen Fehlern in der Dosimetrie führen.

BRAGG–GRAY–Bedingungen: Der andere Grenzfall tritt näherungsweise dann ein, wenn Hohlraumsonden innerhalb von Medien verwendet werden, und ihre Abmessungen so klein sind, daß Energiebeiträge oder Energieverluste durch Photonen vernachlässigbar werden. Wird durch entsprechende Kammerkonstruktion zudem für δ–Elektronengleichgewicht gesorgt, so ist die dosisbestimmende Komponente nur noch das Sekundärteilchenfeld. Die für Dosisberechnungen zu verwendenden Wechselwirkungsparameter sind das Stoßbremsvermögen und das Strahlungsbremsvermögen dieser Sekundärelektronen im Sondenmaterial. In der Energiebilanz (Gl. 4.1) müssen alle Photonen und δ–Elektronenbeiträge verschwinden. Die

BRAGG–GRAY–Bedingungen lauten deshalb:

$$E_{in}^{\gamma} - E_{ex}^{\gamma} - E_{ex}^{\gamma,e} - E_{ex}^{e,\delta} + E_{in}^{\delta} - E_{ex}^{\delta} = 0 \qquad (4.4)$$

Die Dosisbeiträge im Material des Sondenhohlraums stammen für Photonenstrahlung also ausschließlich von den Sekundärteilchen der Photonenwechselwirkungsprozesse (Photoelektronen, Comptonelektronen, Elektron–Positronpaare). Bei Elektronenstrahlung sind unter Hohlraumbedingungen selbstverständlich unmittelbar die Elektronen der ersten Generation für die Dosisentstehung verantwortlich. Die BRAGG–GRAY–Bedingungen für die Hohlraum–Sondendosimetrie sind ebenfalls in der deutschen Norm (DIN 6814–3) festgelegt.

> Ist ein Hohlraum innerhalb eines Materials A mit einem Material B gefüllt, so besteht ein Strahlungsfeld unter BRAGG–GRAY–Bedingungen, wenn
> a) die Flußdichte der Elektronen der ersten Generation sowie ihre Energie– und Richtungsverteilung durch den mit dem Material B gefüllten Hohlraum nicht verändert wird,
> b) die Energie, die von den im Material B durch Photonen ausgelösten Sekundärelektronen auf dieses Material übertragen wird, im Verhältnis zu der insgesamt auf das Material B übertragenen Energie verschwindend klein ist,
> c) die spektrale Flußdichteverteilung der Elektronen aller Generationen innerhalb des Materials B ortsunabhängig ist.

Hohlraumionisationssonden unter BRAGG–GRAY–Bedingungen müssen so beschaffen sein, daß ihre Abmessungen (Wandstärke, Sondenvolumen) klein gegen die mittlere Reichweite der dosisbestimmenden Sekundärteilchen aus der Sondenumgebung sind. Ideal wären deshalb fast wandlose, kleinvolumige Kammern, die das Strahlungsfeld der Sekundärelektronen nicht stören. Die zusätzliche Forderung nach δ–Elektronengleichgewicht bedeutet andererseits, daß das Sondenvolumen von einer luftäquivalenten Wandung umgeben sein muß, deren Massenbelegung größer als die Massenreichweite der δ–Elektronen ist. δ–Elektronen können so weder das Sondenvolumen verlassen, noch vom umgebenden Medium in die Sonde gelangen. Hohlraumsonden zur Verwendung unter BRAGG–GRAY–Bedingungen sind deshalb dünnwandige, kleinvolumige Ionisationskammern, deren Meßvolumen von luft– oder umgebungsäquivalentem Wandmaterial umgeben ist.

In der praktischen Dosimetrie sind die beiden Strahlungsfeldbedingungen des reinen Sekundärelektronengleichgewichts und der BRAGG–GRAY–Bedingungen meistens nur näherungsweise zu erfüllen. In der Absolutdosimetrie müssen deshalb Korrekturen angewendet werden, die diesen Abweichungen Rechnung tragen. Werden kalibrierte Dosimeter verwendet, so werden diese Korrekturen bereits bei der Kalibrierung berücksichtigt. Unter Dosimetriebedingungen, die von denen bei der Kalibrierung abweichen (anderes Umgebungsmaterial, andere Strahlungsqualität, unterschiedliches Energiespektrum des untersuchten Strahlungsfeldes, andere Meßtiefe im Phantom) müssen allerdings wieder Korrekturen durchgeführt werden. Ionisationskammern können wegen der unterschiedlichen Reichweiten der dosisbestimmenden Sekundär- oder Primärstrahlung je nach Strahlungsart, Strahlungsqualität und Meßanordnung einmal als Gleichgewichtssonden unter Elektronengleichgewicht, das andere Mal als Hohlraumsonden unter BRAGG-GRAY-Bedingungen verwendet werden, sofern ihre Abmessungen und Bauformen dies zulassen und die Kammern in geeigneter Weise kalibriert sind.

Wegen der Unsicherheiten bei der Bestimmung bzw. Festlegung von Korrekturfaktoren unter den konkreten Bedingungen der praktischen klinischen Dosimetrie sollten die verwendeten Ionisationsdosimeter, wenn irgend möglich, sowohl bezüglich der Strahlungsqualität und -art wie auch bezüglich der zu messenden Dosisgröße in der "richtigen Weise" kalibriert sein. Direkte Kalibrierungen der Ionisationskammern in der gewünschten Dosisgröße und Strahlungsqualität sind immer mit kleineren Fehlern behaftet als "indirekte Anschlüsse". So empfiehlt sich beispielsweise die unmittelbare Wasserenergiedosis-Kalibrierung klinischer Dosimeter für ultraharte Photonen- oder schnelle Elektronenstrahlung in der Strahlentherapie. Für den Bereich der Röntgendiagnostik oder Afterloadingdosimetrie ist dagegen die Verwendung von "Luftkermasonden" vorzuziehen.

4.2 Photonendosismessungen unter Elektronengleichgewicht

Standardionendosis: Die fundamentale Meßgröße mit Ionisationskammern ist die Ionendosis. Wird diese im Luftvolumen einer Sonde an einem beliebigen Punkt eines Photonenstrahlungsfeldes unter Sekundärelektronengleichgewicht frei in Luft gemessen, so wird sie als Standard-Ionendosis J_s bezeichnet. Sie entspricht genau der im englischen Sprachraum verwendeten Meßgröße "Exposure". Unter Laborbedingungen wird sie mit wändelosen Faßionisationskammern oder Parallelplatten-Ionisationskammern gemessen und dient in den Laboratorien der nationalen Institute für das Eichwesen ("Nationallabors", in der Bundesrepublik die Physikalisch-Technische Bundesanstalt in Braunschweig, PTB) zur Kalibrierung und Eichung der Gebrauchsdosimeter (Standarddosimetrie). Die Standardionendosis kann prinzipiell in beliebigen Umgebungsmaterialien ermittelt werden, allerdings muß der Meßpunkt zur Einhaltung der Gleichgewichtsbedingung für Sekundärelektronen von einer Luftschicht umgeben sein, deren Dicke mindestens der maximalen Reichweite dieser Elektronen in Luft entspricht. Ionisationskammern zur Messung der Standardionendosis können daher erhebliche Abmessungen erreichen. Sekundärteilchengleichgewicht wird in der Praxis leicht erreicht, wenn das Umgebungsmaterial ebenfalls Luft ist, was deshalb die übliche Methode zur Messung der Standard-Ionendosis darstellt (Frei-Luft-Messung). Präzisionskammern, wie sie in den Nationallabors eingesetzt werden ("Sekundärstandards"), sind für die praktische klinische Dosimetrie zu unhandlich und zu empfindlich. Statt dessen verwendet man kleinvolumige Meßkammern, die von einer Kammerwandung umschlossen sind. Diese werden in einem Strahlungsfeld mit bekannter Standardionendosisleistung kalibriert, wobei eventuelle Abweichungen von den für die Standardionendosis vorgeschriebenen Meßbedingungen durch Korrekturfaktoren zu berücksichtigen oder direkt in der Kalibrierung enthalten sind. Mit Ionisationskammern, die auf diese Weise kalibriert wurden, kann unter Einhaltung der bei der Kalibrierung bestehenden Bedingungen trotz der von den Standard-Ionisationskammern unterschiedlichen Bauart und Anordnung die Standardionendosis gemessen werden.

Luftkerma: Unter Kerma ("Kinetic Energy Released in Material") versteht man die in einem Sondenvolumen durch indirekt ionisierende Strahlung freigesetzte und auf die Masse des Sondenmaterials bezogene anfängliche Bewegungsenergie aller Sekundärteilchen (Sekundärelektronen bei Photonenstrahlung, Rückstoßprotonen bei Neutronenstrahlung). Sie ist im allgemeinen kein direktes Maß für die absorbierte Energie (Energiedosis), da die Sekundärteilchen ihre Energie teilweise außerhalb des Sondenvolumens und durch Bremsstrahlung sogar an ihre weitere Umgebung abgeben können. Die Kerma ändert sich bei gleicher Strahlungsqualität und Strahlungsart mit dem betroffenen Material der Sonde, da die Bindungsenergien der Sekundärteilchen (Hüllenelektronen, Kernprotonen), die Erzeugungsrate dieser Sekundärteilchen und damit auch die insgesamt freigesetzte Bewegungsenergie von den Eigenschaften des bestrahlten Mediums abhängen. Wegen der für die Messung der Kerma unbedingt notwendigen Gleichgewichtsbedingung für die Sekundärteilchen und wegen des Einflusses auf dieses Gleichgewicht bei klinischen Dosimetern muß auch das Umgebungsmaterial berücksichtigt werden. Zur Angabe der Kerma gehört deshalb immer auch die Angabe des Sondenmediums und der Umgebung. Vollständige und korrekte Bezeichnungen der Kerma würden demnach beispielsweise so lauten:

Luftkerma gemessen in Luft: $(K_a)_a$,
Wasserkerma gemessen in Luft: $(K_w)_a$
oder Wasserkerma gemessen in Wasser: $(K_w)_w$,

wobei der jeweils außerhalb der Klammerung stehende Index das Umgebungsmaterial, der Index innerhalb das Meß- bzw. Bezugsmedium angibt. Die Verwendung der Kerma ohne sorgfältige Beachtung dieser terminologischen Regeln kann leicht zu Fehlern in der klinischen Dosimetrie führen.

Die Luftkerma in Luft und die Standardionendosis können nach der unmittelbar einleuchtenden Formel (Gl. 4.5) ineinander umgerechnet werden:

$$(K_a)_a = W/e_0 \cdot 1/(1-G_a) \cdot J_s \qquad (4.5)$$

W/e_0 heißt **Ionisierungskonstante** für Luft. Sie ist die mittlere Energie, die zur Erzeugung eines Ionenpaares in trockener Luft unter Normalbedingungen benötigt wird dividiert durch die Elementarladung e_0. Ihr Wert wurde 1985 international neu festgelegt (CCEMRI).

$$W/e_0 = 33.97 \text{ (J/C)} = 33.97 \text{ (V)} \qquad (4.6)$$

Dieser Wert ist größer als die mittlere Ionisierungsenergie von Luft, da etwa die Hälfte der bei Stößen der geladenen Teilchen mit den Luftmolekülen verlorenen Bewegungsenergie für nicht ionisierende Anregungen verloren geht. Die Größe G_a (Index "a" vom englischen Wort für Luft "air") ist der relative Anteil der Anfangsenergie der Sekundärelektronen, der in Luft in Bremsstrahlung verwandelt wird (vgl. Abschnitt 1.1.8). Bei der Bestimmung des Bremsstrahlungsverlustes ist zu beachten, daß die Photonen- und die mittlere Sekundärelektronenenergie sich je nach Photonenenergie und den dominierenden Wechselwirkungen deutlich unterscheiden (s. Abschnitt 1.1). Die G-Werte können deshalb nicht einfach aus Tabellen für die Bremsstrahlungsausbeute entnommen werden (z. B. Tabelle in Abschnitt 9.19), da im allgemeinen die mittlere Anfangsenergie der Sekundärelektronen nicht bekannt ist. Sie müssen statt dessen entweder experimentell oder durch aufwendige theoretische Verfahren für jede Photonen-Strahlungsqualität bestimmt werden. Allerdings kann die Größenordnung der Bremsstrahlungsverluste aus Tabellen für die Ausbeuten monoenergetischer Elektronen grob abgeschätzt werden (s. Tab. 1.13 und Daten in Abschnitt 10.10). Der Bremsstrahlungsverlust beträgt für die Photonenstrahlung des 60-Co nach der deutschen Norm (DIN 6814-3) 0.5%, nach neueren Untersuchungen jedoch nur etwa 0.3% (Roos/Großwendt). Für Röntgenstrahlungen bis 400 kV Röhrenspannung ist er für die praktische Dosimetrie völlig zu vernachlässigen, da die Fehler dann unter 1 Promille bleiben (s. auch Tab. 1.3 in Abschnitt 1.1.8). Vorberechnete Faktoren zur Umrechnung der Standardionendosis in die Luft- oder Wasserkerma in Luft nach Gleichung (4.5) sind in Tabelle (10.4) enthalten.

Beispiel 1: Die Standardionendosis eines 137-Cs-Strahlers in 1 m Abstand frei in Luft betrage (in alten Einheiten, in denen Ionisationskammern auch heute oft noch kalibriert sind) 10 R. Die Luftkerma in Luft berechnet man nach Gl. (4.5) und dem Tabellenwert aus Abschnitt (10.4) für den Bremsstrahlungskorrekturfaktor zu: $(K_a)_a = 33.97 \text{ (V)} \cdot 1/0.998 \cdot 2.58 \cdot 10^{-4} \text{ (C/kg} \cdot \text{R}^{-1}) \cdot 10 \text{ (R)} = 87.8 \text{ mGy}$.

Der Kalibrierung von Gebrauchsdosimetern in Standardionendosis ist für die praktische Arbeit oft die Kalibrierung in Luftkerma vorzuziehen, da dann die Beschaffung der Konstanten W/e_0 und G_a in die Verantwortung der Standardlabors übergeht. Soll mit in Luftkerma frei in Luft kalibrierten Ionisationskammern die Luftkerma in Phantomen gemessen werden, so müssen die Anzeigen M des Dosimeters wegen der Einflüsse der unterschiedlichen Umgebungsbedingungen mit empirischen Faktoren $k_{a \to m}$ für den Übergang vom Umgebungsmedium Luft (a) in das Umgebungsmedium (m) korrigiert werden, die von der Bauart der Kammer und der Strahlungsqualität abhängen (DIN 6809-4, Daten in Tabelle 10.5). Die Luftkerma, gemessen im Phantommaterial m, beträgt dann mit dem Kalibrierfaktor für die Luftkerma in Luft ($N_{K,a}$) und der Dosimeteranzeige M:

$$(K_a)_m = k_{a \to m} \cdot N_{K,a} \cdot M \qquad (4.7)$$

Aus der Luftkerma kann die Kerma für andere Medien berechnet werden, indem das Verhältnis der entsprechenden Massenenergieumwandlungskoeffizienten (η/ρ) im Medium und in Luft als Korrektur verwendet wird (vgl. Abschnitt 1.1.8, DIN 6814-3, Tabelle 10.3). Die in der klinischen Dosimetrie wichtige Wasserkerma gemessen in Luft berechnet man beispielsweise aus der Luftkerma gemessen in Luft zu:

$$(K_w)_a = (\eta/\rho)_w / (\eta/\rho)_a \cdot (K_a)_a \qquad (4.8)$$

Beispiel 2: Die Luftkerma der 137-Cs-Quelle in Beispiel (1) soll in die Wasserkerma in Luft umgerechnet werden. Gleichung (4.8) ergibt mit $(\eta/\rho)_w/(\eta/\rho)_a \approx 1.112$ für 662 keV (s. Tabelle 10.3 und Bemerkungen dazu) $(K_w)_a = 1.112 \cdot (K_a)_a = 1.112 \cdot 87.8$ mGy = 97.63 mGy. Analoge Umrechnungen sind auch für andere Phantommaterialien möglich.

Das Luftkermakonzept für Photonenstrahlung unter 600 keV: Unter diesem Verfahren versteht man die Berechnung der Wasserenergiedosis aus dem Meßwert für die Luftkerma. Sie ist die neuerdings für Photonenenergieen unter 600 keV vorgeschlagene Methode zur Bestimmung der Wasserenergiedosis in einem Wasser- oder Plexiglasplattenphantom unter Sekundärelektronengleichgewicht (DIN 6809-4), die vor allem im Bereich der Röntgenstrahlung von Bedeutung ist. Benötigt wird dazu ein in Luftkerma in Luft oder Wasser für diesen Energiebereich kalibriertes Ionisationsdosimeter. Die Wasserenergiedosis berechnet man aus der im Wasserphantom gemessenen Luftkerma durch folgende Gleichung:

$$D_w = (\eta'/\rho)_w / (\eta'/\rho)_a \cdot (1-G_a) \cdot (K_a)_w \qquad (4.9)$$

Die Bremsstrahlungskorrektur ($1-G_a$) berücksichtigt wieder den Verlust an Energie durch Bremsstrahlungserzeugung. Sie kann in Wasser oder gewebeähnlichen Phantomen und für den Bereich der weichen Röntgenstrahlung vernachlässigt werden (s. o.). Das Verhältnis der über das Photonenenergiespektrum gemittelten Massenenergieabsorptionskoeffizienten (η'/ρ) für Wasser und Luft dient zur Korrektur der unterschiedlichen Energieabsorption in den beiden Medien. Diese Korrektur unterscheidet sich grundsätzlich von der entsprechenden formgleichen Korrektur für die Wasserkerma (Gl. 4.8), da hier bei der Berechnung der Energiedosis die lokale <u>Absorption</u> und nicht wie dort die <u>Umwandlung</u> von Photonen- in Sekundärteilchenenergie von Bedeutung ist, die numerischen Unterschiede der Koeffizientenverhältnisse für die Energieabsorption und die Energieübertragung sind jedoch für den Bereich niederenergetischer Photonenstrahlungen sehr gering (vgl. dazu die Ausführungen zu Tabelle 10.3).

Beispiel 3: Die in Wasserumgebung gemessene Luftkerma einer 137–Cs–Quelle betrage 4 Gy. Die Wasserenergiedosis erhält man mit Gleichung (4.9) aus der Luftkerma in Wasser durch Korrektur mit dem Bremsstrahlungsverlustfaktor $(1-G_a) = 0.998$ und dem Verhältnis der Massenenergieabsorptionskoeffizienten in Wasser und Luft (Wert 1.112, s. o.) zu $D_w = 1.112 \cdot 0.998 \cdot 4$ Gy $= 4.44$ Gy.

Ist das Dosimeter bereits in Wasserkerma frei in Luft kalibriert, so darf natürlich das Verhältnis der Massenenergieumwandlungskoeffizienten nicht nochmals verwendet werden, da der Einfluß des Mediums Wasser schon in der Kalibrierung enthalten ist. Für den Weichstrahlbereich ($G \approx 0$) und eine Kalibrierung der Kammer in Wasserkerma in Luft wird Gleichung (4.9) dann zu der besonders einfachen Beziehung:

$$D_w = k_{a \to w} \cdot N_{K,w} \cdot M \qquad (4.10)$$

Das Wasserenergiedosiskonzept für Photonenenergien unter 3 MeV: Die Bestimmung der Energiedosis nach dem Luftkermakonzept für Energien unter 600 keV erfordert also eine Reihe von Tabellenwerten für Bremsstrahlungskorrekturen, Umgebungskorrekturen und Umwandlungs– und Absorptionskoeffizienten für die jeweils untersuchten Bestrahlungsbedingungen (Gleichungen 4.5 bis 4.10). Da die Photonenspektren und ihre mittleren oder effektiven Energien bei klinisch verwendeten Strahlungsqualitäten oft nur unvollständig bekannt sind, ist die Tabellenentnahme der notwendigen Korrekturen und Koeffizienten in der Praxis nicht immer ohne Probleme. Bei in Kerma kalibrierten Dosimetern müssen außerdem die speziellen Kalibrierbedingungen (z.B. Umgebungsmedien) besonders sorgfältig beachtet werden. Der größte Teil dieser Schwierigkeiten kann vermieden werden, wenn ein alternatives Verfahren, das sogenannte "Wasserenergiedosiskonzept" verwendet wird. Hierbei verwendet man die Wasserenergiedosis der zu untersuchenden Strahlungsqualität direkt als Kalibriergröße. Für Gleichgewichtssonden unter Sekundärelektronengleichgewicht kann damit für Photonenenergien bis etwa 3 MeV die Wasserenergiedosis ohne Umrechnungsfaktoren aus der Meßanzeige des Dosimeters berechnet werden, sofern direkt mit der entsprechenden Strahlungsqualität kalibriert wurde.

$$D_w = N_w \cdot M \qquad (4.11)$$

N_w ist der von der Strahlungsqualität und den Kalibrierbedingungen (Phantomtiefe, Phantommaterial) abhängige sondenspezifische Wasserenergiedosiskalibrierfaktor, M ist die auf Luftdruck, Temperatur und Luftfeuchte korrigierte Meßanzeige des Dosimeters (s. Abschnitt 4.6). Dieses Verfahren erspart dem Benutzer von Gebrauchsdosimetern die Beschaffung geeigneter Korrektur– und Umrechnungsfaktoren und die Schwierigkeiten mit den verschiedenen Kermagrößen und deren Kalibrierbedingungen.

Soll aus der unter Sekundärelektronengleichgewicht gemessenen Wasserenergiedosis die Energiedosis in einem anderen Material (menschliches Gewebe, Phantome) berechnet werden, so muß wie in Gleichung (4.9) als Korrektur das Verhältnis der Massenenergieabsorptionskoeffizienten der beiden Medien (gemittelt über das Photonenenergiespektrum am Meßort) verwendet werden. Die Energiedosis im Medium m berechnet man aus der Gleichung:

$$D_m = (\eta'/\rho)_m / (\eta'/\rho)_w \cdot D_w \qquad (4.12)$$

Massenenergieabsorptions- und Massenenergieumwandlungskoeffizienten sind in der einschlägigen Literatur (Hubbell 1982, Jaeger/Hübner) und auszugsweise für verschiedene Medien in Tabelle (10.2), Verhältnisse in Tabelle (10.3) enthalten.

Beispiel 4: Die Energiedosis von 60–Co–Strahlung in Wasser betrage 1 Gy. Für Fett ergibt Gleichung (4.12) zusammen mit dem Verhältnis der Massenenergieabsorptionskoeffizienten für 60–Co (Tabelle 10.3) die Fettenergiedosis $D_{Fett} = 1.007 \cdot 1$ Gy $= 1.007$ Gy. Die Energiedosis in Fett ist also trotz der geringeren Dichte von Fettgewebe geringfügig höher als in Wasser.

4.3 Photonendosismessungen unter BRAGG–GRAY–Bedingungen

Dosismessungen unter BRAGG–GRAY–Bedingungen sind nur nach der Sondenmethode möglich, d. h. also mit allseitig von Umgebungsmaterial umgebenen umgebungsäquivalenten Hohlraumsonden. Die im Hohlraum der Sonde dosisbestimmende Strahlungskomponente ist bei Photonenstrahlung das Sekundärelektronenfeld, bei Elektronenstrahlung die primären Elektronen des Strahlenbündels selbst. Hohlraumsonden unter BRAGG–GRAY–Bedingungen werden deshalb auch als Elektronensonden bezeichnet. Da bisher die meisten Kalibrierungen in Standardionendosis durchgeführt wurden, benötigt man Verfahren zur Umrechnung der Meßanzeigen solchermaßen kalibrierter Sonden in die Hohlraumenergiedosis in verschiedenen Medien. Diese Methoden sind die C_λ-Methode und die DIN-Methode. Heute wird empfohlen, Hohlraumsonden ebenfalls in Wasserenergiedosis zu kalibrieren, also ein ähnliches Konzept zu verwenden wie in der Photonendosimetrie bis 3 MeV unter Sekundärelektronengleichgewichtsbedingungen (s. dazu Abschnitt 4.2, "Wasserenergiedosiskonzept für Photonenenergien unter 3 MeV").

Charakterisierung der Strahlungsqualität ultraharter Photonenstrahlung: Bei der Dosimetrie ultraharter Photonenstrahlung unter BRAGG–GRAY–Bedingungen wird das Meßsignal in der Ionisationskammer durch die Wechselwirkung der Sekundärelektronen aus dem umgebenden Phantommaterial mit dem Gasvolumen der Sonde bestimmt. Der Energiefluß und die räumliche und energetische Verteilung dieser Elektronen hängt von der lokalen Strahlungsqualität der Photonen ab. Die dosisbestimmende Größe ist deshalb das (eingeschränkte)

Massenstoßbremsvermögen dieser Sekundärelektronen in Luft (s. Abschnitt 1.2.1), das bei heterogenen Photonenspektren nicht einfach aus Tabellen für monoenergetische Photonenstrahlung (z. B. aus den Tabellen 10.7 und 10.8) entnommen werden kann. Die Werte müssen statt dessen rechnerisch über die Photonenspektren gemittelt oder experimentell abgeleitet werden. Für die praktische dosimetrische Arbeit und den Vergleich der Photonenstrahlungen an verschiedenen Bestrahlungsanlagen wird zur Bestimmung der Stoßbremsvermögen also entweder die exakte Kenntnis der Photonenspektren benötigt oder zumindest eine eindeutige Kennzeichnung der Strahlungsqualität.

Die umfassendste Beschreibung der Strahlungsqualität ist die vollständige Angabe des Photonenspektrums beim Eintritt in das Phantom und seiner Veränderungen in der Tiefe des Mediums. Bei radioaktiven Strahlern (z. B. 60–Co Gammastrahlung) reicht die Angabe der Gammaenergien zur Kennzeichnung der Strahlungsqualität aus. Entwicklungen des Spektrums in der Tiefe können für Gammastrahler theoretisch (z. B. nach Monte–Carlo–Methoden) ermittelt werden. Die spektralen Verteilungen ultraharter Photonen aus Elektronenbeschleunigern sind dagegen in der Regel völlig unbekannt. Spektrale Verteilungen ultraharter Röntgenstrahlungen können mit den vergleichsweise einfachen Mitteln der klinischen Dosimetrie auch nicht experimentell bestimmt werden. Die Angabe der nominellen Beschleunigungsspannung reicht zur Kennzeichnung der Strahlungsqualität nicht aus, da in dieser Angabe weder die spektrale Verteilung der primären Elektronen vor der Konversion zu Röntgenstrahlung im Bremstarget, noch der Einfluß von Targetdicke oder Ausgleichskörper enthalten sind. Wie früher schon ausführlich begründet, hängt die spektrale Verteilung der ultraharten Photonen aus Beschleunigern empfindlich von der Zusammensetzung und Form der Ausgleichskörper ab (vgl. dazu Abschnitt 2.2.6).

Ähnlich wie bei Photonenstrahlung aus Röntgenröhren wird auch bei ultraharter Photonenstrahlung die Strahlungsqualität deshalb am besten dosimetrisch definiert. Dazu können entweder die Angaben der **Halbwertschichtdicken** (HWSD, vgl. Abschnitt 2.2.6) oder sonstige beliebige dosimetrische Meßgrößen verwendet werden. Eine Möglichkeit ist die Kennzeichnung der Strahlungsqualität durch das Verhältnis der Meßanzeigen einer Ionisationssonde in 100 und 200 mm Wassertiefe J100/J200 für ultraharte Photonenstrahlung aus Elektronenlinearbeschleunigern (vgl. Tabelle 10.6, Spalte 2 der Tabelle). Diese Art der Kennzeichnung hängt jedoch von der jeweiligen Meßgeometrie (Fokusabstand, Feldgröße, Strahldivergenz) ab, und kann deshalb unter Umständen zu Zweideutigkeiten führen. Heute ist man daher international übereingekommen, die Strahlungsqualität ultraharter Photonen über das Verhältnis der Meßanzeigen einer Ionisationskammer in Wasser für Vorschaltschichten von 20 bzw. 10 cm Wasser bei festem Kammerort in der Nähe der Drehachse des Beschleunigers (dem Isozentrum) vorzunehmen. Die Feldgröße am Sondenort soll $10 \cdot 10$ cm^2 betragen (AAPM 21). Das experimentelle Verhältnis der Meßanzeigen wird als **Strahlungsqualitätsindex M20/M10** bezeichnet (s. Spalte 3 der Tabelle 10.6). Der Strahlungsqualitätsindex entspricht exakt dem Verhältnis der Gewebe–Maximum–Verhältnisse in Wasser (vgl. dazu Abschnitt 7.1.2) und ist deshalb unter den dort gemachten Voraussetzungen unabhängig von der Fokus–Sonden–Entfernung. Er ist also zur eindeutigen Kennzeichnung der Strahlungsqualität ultraharter Photonenstrahlung und zur Entnahme der Stoßbremsverhältnisse aus Tabellen gut geeignet. Die Angaben der nominellen Beschleunigungsspannung (Grenzenergie) in Tabelle (10.6) dienen wegen ihrer geringen Aussagekraft nur zur groben Orientierung.

Die C_λ–Methode für Photonenstrahlung: Dieses Verfahren, das auch als Luftdosiskonzept unter Hohlraumbedingungen bezeichnet wird, wird angewendet, wenn die zur Messung der Photonenenergiedosis unter BRAGG–GRAY–Bedingungen eingesetzte Meßkammer unter Gleichgewichtsbedingungen in Luft, beispielsweise in Standardionendosis, kalibriert wurde. Wird dazu wie üblich 60–Co–Strahlung verwendet, so muß die Kammer bei der Kalibrierung mit einer Aufbaukappe aus Plexiglas versehen sein; der entsprechende Kalibrierfaktor für die Standardionendosis wird dann mit $N_{J,c}$ bezeichnet. Die Wasserenergiedosis für die Strahlungsqualität "λ" berechnet man aus der korrigierten Meßanzeige (Hohlraumionendosis) M der Kammer (ohne Aufbaukappe) im Wasserphantom zu

$$D_w(\lambda) = C_\lambda \cdot N_{J,c} \cdot M \qquad (4.13)$$

Die Größe C_λ enthält die Ionisierungskonstante in Luft (W/e_o) zur Berechnung der Energiedosis in Luft aus der Ionendosis (s. Gl. 4.14). Um den Wechsel der Bezugssubstanz zu berücksichtigen, enthält sie außerdem das Verhältnis der Massenstoßbremsvermögen in Luft und in Wasser für Kobaltstrahlung, sowie eine empirische kammerabhängige Korrektur p_c für die im Vergleich zur Kalibriersituation (Luftumgebung) erhöhte Streuung von Elektronen im Wasserphantom in das Luftvolumen der Kammer und die Störung des Strahlungsfeldes für 60–Co–Strahlung (s. Abschnitt 10.6). Diese drei Faktoren werden oft zu einem Kobalt-C_λ-Faktor $C_{\lambda,c}$ zusammengefaßt (Gl. 4.14). Als letztes enthält C_λ noch einen Strahlungsqualitätsfaktor k_λ (s. Gl. 4.16), der die Veränderung des relativen Massenstoßbremsvermögens und der Strahlfeldstörung durch die Meßsonde beim Wechsel der Strahlungsqualität von der Kalibrierung (60–Co) zur aktuellen Messung ("λ") berücksichtigt.

$$C_\lambda = W/e_o \cdot (S/\rho)_w/(S/\rho)_a \cdot p_c \cdot k_\lambda = C_{\lambda,c} \cdot k_\lambda \qquad (4.14)$$

Experimentelle und berechnete C_λ-Faktoren sind für wichtige handelsübliche Ionisationskammern im einschlägigen Schrifttum (Trier/Reich 1985) und in Tabelle (10.6) aufgelistet. In der deutschen Norm (DIN 6800–2 von 1980) wird statt des C_λ-Faktors das Produkt $g \cdot k_c$ verwendet. Der Faktor g enthält wieder die Ionisierungskonstante W/e_o in trockener Luft und in Anlehnung an Gleichung (4.16) den Quotienten der über das Photonenspektrum gemittelten Verhältnisse der Massenstoßbremsvermögen für die unterschiedlichen Strahlungsqualitäten und die verschiedenen Medien. Die g–Faktoren enthalten allerdings nicht die in Gleichung (4.16) zusätzlich vorhandene Perturbationkorrektur p_λ/p_c. Der Faktor k_c wird statt dessen pauschal als unabhängig vom Umgebungsmaterial und der Energie angenommen und soll für zylindrische Kammern nur vom Wandmaterial der Meßsonde abhängen. Die DIN-Methode unterscheidet sich wegen dieser Pauschalierung systematisch von der individuelleren C_λ-Methode und sollte deshalb heute möglichst nicht mehr verwendet werden (vgl. dazu die Daten in Tabelle 10.6).

Beispiel 5: Die korrigierte Meßanzeige einer Ionisationskammer im Wasserphantom für ultraharte Photonenstrahlung aus einem Elektronenlinearbeschleuniger betrage 100 Skalenteile, der Hohlraumionendosiskalibrierfaktor für 60-Co-Strahlung 1.0 R/Skt. Der Strahlungsqualitätsindex ist M20/M10 = 0.74. Nach der Tabelle in Abschnitt (10.6, Spalte 3) handelt es sich also um "12 MeV-Photonen". Der C_λ-Faktor beträgt 9.45 mGy/R, die Wasserenergiedosis also $D_w = 9.45 \cdot 1.0 \cdot 100$ mGy = 945 mGy = 0.945 Gy.

Das Wasserenergiedosiskonzept für Photonenstrahlung unter Hohlraumbedingungen: Werden Dosimetersonden im Wasserphantom in genügender Tiefe (d. h. im oder hinter dem Dosismaximum) bestrahlt, so ändert sich der Sekundärteilchenfluß innerhalb des Sondenvolumens nur geringfügig. Wird das Dosimeter für eine bestimmte Strahlungsqualität (in der Regel 60-Co-Strahlung) unmittelbar in Wasserenergiedosis kalibriert, so erhält man die Wasserenergiedosis für andere Photonenenergien (λ) oberhalb von 3 MeV unter sonst gleichen Bedingungen durch Korrektur der Meßanzeige mit dem Korrekturfaktor für die Strahlungsqualität k_λ und dem Kalibrierfaktor $N_{w,c}$ für die Wasserenergiedosis:

$$D_w(\lambda) = k_\lambda \cdot N_{w,c} \cdot M \qquad (4.15)$$

Der k_λ-Faktor (Gl. 4.16) enthält wieder den Quotienten der Massenstoßbremsvermögensverhältnisse $s_{w,a}$ in Wasser und Luft für die bei der Kalibrierung (E_c = 60-Co-Strahlung) und der Messung (E_2) verwendeten Strahlungsqualitäten und einen Störungskorrekturterm p_λ/p_c für den Dichteeffekt und die Veränderung des Strahlungsfeldes ("perturbation") für die beiden Meßbedingungen (s. Gl. 4.16). Strahlungsqualitätsfaktoren können experimentell durch Vergleichsmessungen mit absoluten Energiedosismessungen (z. B. mit Eisensulfatdosimetern) und unter Verwendung von Gleichung (4.14) als Verhältnisse der C_λ-Faktoren zum $C_{\lambda,c}$-Faktor individuell für jede gewünschte Ionisationskammer und Strahlungsqualität bestimmt werden.

$$k_\lambda = p_\lambda/p_c \cdot s_{w,a}(E_2)/s_{w,a}(E_c) \quad \text{mit} \quad s_{w,a} = (S/\rho)_w/(S/\rho)_a \qquad (4.16)$$

Die Energiedosis von Photonenstrahlung unter Hohlraumbedingungen in anderen Bezugsmedien als Wasser berechnet man (nach Gl. 4.17) aus der Wasserenergiedosis und einem Korrekturfaktor ($s_{m,w}$), dem Verhältnis des gemittelten Stoßbremsvermögens im entsprechenden Medium und in Wasser.

$$D_m = s_{m,w} \cdot D_w \qquad (4.17)$$

Tabellen der in den Gleichungen (4.16) und (4.17) benötigten Größen als Funktion der Strahlungsqualität finden sich im Schrifttum (z. B. ICRU 14, AAPM 21, Trier/Reich 1985) und im Tabellenanhang (Kap. 10, Tabellen 10.6 und 10.7).

4.4 Elektronendosismessungen unter BRAGG–GRAY-Bedingungen

Elektronendosisverteilungen unterscheiden sich von den Verteilungen der Sekundärelektronen aus Wechselwirkungen ultraharter Photonen durch zwei Besonderheiten, nämlich den schnellen Abfall der Tiefendosis und die Abnahme der Elektronenenergie mit der Tiefe im Phantom. Die hohen Dosisgradienten der abfallenden Tiefendosiskurve hinter dem Tiefendosismaximum erschweren die Verwendung handelsüblicher zylinderförmiger Ionisationskammern, deren Volumina zu groß für die Konstanzbedingung des Sekundärteilchenflusses innerhalb des Meßvolumens nach den BRAGG–GRAY-Bedingungen sind. Da die Dosisgradienten bei niedrigen Elektronenenergien (bis etwa 10–15 MeV) besonders groß sind, werden für die Elektronendosimetrie am besten Flachkammern verwendet. Sie haben neben dem kleinen Meßvolumen auch den Vorteil des wohl definierten Meßortes, zeigen allerdings eine ausgeprägte Richtungsabhängigkeit, so daß sie nur bei Bestrahlungsrichtungen senkrecht zu ihrer Eintrittsfolie verwendet werden sollten (vgl. Fig. 4.4). Ein weiterer Vorteil ist die durch ihre Bauart bedingte Unempfindlichkeit gegenüber seitlicher Elektroneneinstreuung, was die Störungskorrekturen sehr erleichtert (s. u.). Flachkammern werden von der deutschen Norm (DIN 6800-2) für die Elektronendosimetrie bis ungefähr 20 MeV empfohlen. Oberhalb dieser Energie können auch kleinvolumige Zylinderkammern (Kompaktkammern) verwendet werden, bei denen dann allerdings Streu- und Meßortkorrekturen durchgeführt werden müssen.

Die zweite Schwierigkeit bei der Elektronendosimetrie rührt daher, daß sich das Elektronenspektrum und damit die mittlere und wahrscheinlichste Elektronenenergie anders als bei Photonenstrahlung sehr schnell mit der Tiefe im Medium ändern. Die für die Dosimetrieumrechnungen wichtige wahrscheinlichste Energie am Meßort E_p nimmt für gewebeähnliche Phantomsubstanzen etwa linear mit der Tiefe im Phantom ab (vgl. Fig. 1.14, Abschnitt 1.2.2). Für Elektronenenergien von wenigen MeV bis etwa 40 MeV kann die wahrscheinlichste Energie am Meßort in guter Näherung durch die mittlere Energie am Ort der Sonde ersetzt und durch die folgende empirische Formel beschrieben werden:

$$E_p(z) \approx \overline{E}(z) = E(0) \cdot (1 - z/R_p) \qquad (4.18)$$

Dabei ist E(0) die wahrscheinlichste Energie des Elektronenstrahlenbündels beim Eintritt in das Medium (Tiefe z = 0), die zum Beispiel aus Reichweitemessungen zu bestimmen ist

(s. Gl. 8.1, 8.2), z die Tiefe im Phantom und R_p die im betrachten Medium experimentell oder rechnerisch bestimmte praktische Reichweite (vgl. Abschnitt 8.1 und die Ausführungen zu Tabelle 10.13).

Das Wasserenergiedosiskonzept für Elektronenstrahlung: Zur Messung der Energiedosis von Elektronenstrahlung in Wasser unter Hohlraumbedingungen verwendet man am besten direkt in Wasserenergiedosis für Elektronenstrahlung der gewünschten Strahlungsqualität kalibrierte Ionisationsdosimeter. Stehen solche Dosimeter nicht zur Verfügung, so kann man auch Ionisationskammern verwenden, die in Wasserenergiedosis für eine gut verfügbare Photonenstrahlungsqualität (meistens 60–Co–Strahlung) kalibriert wurden, und rechnet aus der Meßanzeige dieses Dosimeters nach der folgenden Formel in die Elektronenenergiedosis in Wasser um:

$$D_w = k_e \cdot N_{w,c} \cdot M \tag{4.19}$$

$N_{w,c}$ ist der Faktor für die Wasserenergiedosiskalibrierung im Wasserphantom unter Hohlraumbedingungen, M die Meßanzeige des Dosimeters. Der Faktor k_e enthält Korrekturen für die Bauart der Meßsonde und das Verhältnis der Stoßbremsvermögen am Meßort unter Kalibrier– und Meßbedingungen (numerische Werte und Hinweise in Abschnitt 10.13).

$$k_e = p_e/p_c \cdot (s_{w,a})_e/(s_{w,a})_c \tag{4.20}$$

Die Größen $(s_{w,a})_e$ und $(s_{w,a})_c$ sind wie schon in den Gleichungen (4.16) und (4.17) die Verhältnisse der Stoßbremsvermögen in Wasser und Luft, einmal für die mittlere Elektronenenergie am Meßort während der Dosismessung, das andere Mal für den Sekundärteilchenfluß der 60–Co–Photonenstrahlung unter Kalibrierbedingungen. p_e und p_c sind Störkorrekturen für den Dichteeffekt bei den beiden Strahlungsqualitäten, die für geeignete kleinvolumige Flachkammern wegen der geringen Störeffekte den Wert 1 haben. Soll die Energiedosis für Elektronenstrahlung in anderen Medien aus der Wasserenergiedosis berechnet werden, so müssen wieder die unterschiedlichen Stoßbremsvermögen (Tab. in Abschnitt 10.14) berücksichtigt werden. Man erhält die Beziehung:

$$D_m = s_{m,w} \cdot (p_{e,m}/p_{e,w}) \cdot D_w \tag{4.21}$$

Da sich die Störkorrekturen $p_{e,m}$ für die gängigen gewebeähnlichen Medien und Wasser kaum unterscheiden, ist ihr Verhältnis etwa 1 und kann deshalb in den meisten Fällen in Gleichung (4.21) vernachlässigt werden. $s_{m,w}$ ist wie üblich für die mittlere Elektronenenergie am Meßort nach den Gleichungen (4.18 und 4.22) zu bestimmen.

$$s_{m,w} = (S/\rho)_{m,col}/(S/\rho)_{w,col}(\bar{E}) \tag{4.22}$$

Tabellierungen der für die obigen Formeln benötigten Massenstoßbremsvermögen finden sich in ICRU 35 und im Tabellenanhang (Tabellen 10.8, 10.12 und 10.14), Störkorrekturen für verschiedene Kammertypen in (DIN 6800-2), bei Reich (1985) und in der Tabelle (10.13).

Die C_E-Methode: In formaler Analogie zur C_λ-Methode bei der Dosimetrie von Photonenstrahlung kann man auch zur Messung der Energiedosis von Elektronenstrahlung Meßsonden verwenden, die in Standardionendosis für 60-Co-Strahlung kalibriert wurden. Aus der wie üblich korrigierten Meßanzeige M des Dosimeters im Wasserphantom bei Bestrahlung mit Elektronen und mit dem Kalibrierfaktor $N_{J,c}$ erhält man die Wasserenergiedosis nach der C_E-Methode aus:

$$D_w = C_E \cdot N_{J,c} \cdot M \qquad (4.23)$$

Der Umrechnungsfaktor C_E ist ähnlich zusammengesetzt wie der C_λ- Faktor für Photonenstrahlung (vgl. Gl. 4.14), der Korrekturfaktor k_λ ist jetzt aber durch den Faktor k_e nach Gleichung (4.20) ersetzt, der die entsprechenden Umrechnungen der Stoßbremsvermögen und empirische Perturbationkorrekturen enthält.

$$C_E = k_e \cdot C_{\lambda,c} = k_e \cdot W/e_o \cdot (S/\rho)_w / (S/\rho)_a \cdot p_c \qquad (4.24)$$

In der deutschen Norm (DIN 6800-2) wurde für die Dosimetrie von Elektronenstrahlung mit in Standardionendosis kalibrierten Ionisationskammern statt des C_E-Faktors das Produkt aus Kompaktkammerkorrektur k_c und dem bereits in Abschnitt (4.2) erwähnten pauschalen g-Faktor verwendet, der zwar wieder die Umrechnung der Stoßbremsvermögen in den verschiedenen Medien und die Ionisierungskonstante W/e_o in Luft, jedoch keine weiteren Korrekturen für Strahlfeldstörungen enthält, und bei dessen Benutzung deshalb die gleichen Einschränkungen wie bei der DIN-Methode für Photonenstrahlung gelten. Zur Umrechnung der Wasserenergiedosis in die Energiedosis in anderen Medien verfährt man bei der C_E-Methode wie beim Wasserenergiedosiskonzept für Elektronenstrahlung gemäß Gleichung (4.21). Die für die Elektronendosimetrie benötigten Umrechnungs- und Korrekturfaktoren sind in den Tabellen (10.13) und (10.14) zusammengefaßt.

4.5 Dosimetrische Äquivalenz

In vielen dosimetrischen Situationen wie der Sondendosimetrie oder der Messung von Dosisverteilungen müssen Meßergebnisse in Ersatzsubstanzen anstelle der für die medizinische Anwendung interessierenden Körpergewebe gewonnen werden. Die Resultate der Messungen in dem bei der Dosimetrie benutzten Material können nur dann ohne Einschränkung auf andere Substanzen übertragen werden, wenn diese in ihrer Wirkung auf das Strahlenbündel

(Schwächung, Streuung) und der Energieabsorption im Meßmedium identisch sind. Diese Übereinstimmung bezeichnet man als **globale dosimetrische Äquivalenz**. Für Photonenstrahlung ist diese Äquivalenz dann erfüllt, wenn die Zahl der erzeugten Sekundärelektronen im Massenelement, ihre Energieverteilung, ihre Richtungsverteilung und das totale Bremsvermögen des Absorbers für die Sekundärelektronen übereinstimmen. Dies ist nur möglich, wenn auch die Wahrscheinlichkeiten für die wichtigsten Wechselwirkungsprozesse (Photoeffekt, Comptoneffekt, Paarbildung) und ihre Energie- und Dichteabhängigkeit gleich sind. Je nach Photonenenergiebereich sind verschiedene Wechselwirkungen für die Schwächung des Strahlenbündels verantwortlich (vgl. Abschnitt 1.1). Für Elektronenstrahlung muß neben dem die Energiedosis bestimmenden Stoßbremsvermögen das Strahlungsbremsvermögen und das Streuvermögen in den verschiedenen Materialien für alle Elektronenenergien übereinstimmen. Eine solche globale dosimetrische Äquivalenz verschiedener Materialien ist kaum gleichzeitig für alle Strahlungsqualitätsbereiche zu erfüllen (vgl. Tab. 4.2). Die Äquivalenzforderung läßt sich quantitativ erfassen, wenn man die mathematische Beschreibung der Wechselwirkungs- und Absorptionskoeffizienten für Photonenstrahlung und des Stoßbremsvermögens für Elektronenstrahlung miteinander vergleicht (s. Tabelle 1.2, Abschnitt 1.1.6 und die Gleichungen 1.17 und 1.18 in Abschnitt 1.2.1). Sie alle haben die Form:

$$k \sim \rho \cdot Z^n / A \qquad (4.25)$$

wobei k für den verallgemeinerten "Wechselwirkungskoeffizienten" steht, ρ die Dichte, Z die Ordnungszahl und A die Massenzahl (relatives Atomgewicht) bedeuten. n ist ein wechselwirkungsabhängiger Exponent, der die in Tabelle (4.1) enthaltenen Werte hat.

Dominierende Wechselwirkung	Strahlungsqualität	Exponent n
Photoeffekt	weiche Photonenstrahlung	4
Comptoneffekt	harte Photonenstrahlung	1
Paarbildung	ultraharte Photonenstrahlung	2
Stoßbremsung	Schnelle Elektronen, Photonen	1
Strahlungsbremsung	Schnelle Elektronen, ultraharte Photonen	2
Elektronenstreuung	Schnelle Elektronen, ultraharte Photonen	2

Tab. 4.1: Zuordnung von dominierender Wechselwirkung und Wechselwirkungsexponent n (nach Gl. 4.25) für Photonen- und Elektronenstrahlungen.

Werden chemische Verbindungen (z. B. Plexiglas) oder Stoffgemische als Ersatzsubstanzen verwendet, so muß Z^n/A durch effektive Werte nach Gleichung (4.26) ersetzt werden.

$$(Z^n/A)_{eff} = \sum_i p_i \cdot Z_i^n/A_i \qquad (4.26)$$

Der Summationsindex "i" läuft über die beteiligten Atomarten mit den relativen Atomgewichten A_i und den Ordnungszahlen Z_i. p_i steht für die relativen Massenanteile dieser Atomart in der chemischen Verbindung oder Stoffmischung. Diese können dem Schrifttum (beispielsweise DIN 6809–1 und der dort zitierten Literatur) entnommen werden. Für chemische Verbindungen läßt sich Gleichung (4.26) in eine etwas bequemere Form bringen, wenn statt der relativen Massenanteile die chemischen Verbindungszahlen a_i verwendet werden.

$$(Z^n/A)_{eff} = \frac{\sum_i a_i \cdot Z_i^n}{\sum_i a_i \cdot A_i} \qquad (4.27)$$

Beispiel 6: $(Z^n/A)_{eff}$ für Wasser (H_2O) berechnet man nach Gl. (4.27) mit $a_1 = 2$, $a_2 = 1$, $Z_1 = 1$, $Z_2 = 8$, den mittleren relativen Atomgewichten $A_1 = 1.0079$ für Wasserstoff und $A_2 = 15.994$ für Sauerstoff natürlicher Zusammensetzung zu: $(Z^n/A)_{eff} = (2 \cdot 1^n + 1 \cdot 8^n)/(2 \cdot 1.0079 + 1 \cdot 15.994) = (2 + 8^n)/18.0098$. Für $n = 1$ ergibt dies den Wert $(Z^n/A)_{eff} = 0.555$, für $n = 2$ den Wert $(Z^n/A)_{eff} = 3.66$ (vgl. Tab. 4.2).

Beispiel 7: Für Acrylglas (Plexiglas, chemische Summenformel: $C_5H_8O_2$) erhält man mit $A_1 = 12.001$ für natürlichen Kohlenstoff und den sonstigen Zahlenwerten aus Beispiel 6:
$(Z^n/A)_{eff} = (5 \cdot 6^n + 8 \cdot 1^n + 2 \cdot 8^n)/(5 \cdot 12 + 8 \cdot 1 + 2 \cdot 16)$. Für $n = 1$ ergibt diese Gleichung den Wert $(Z^n/A)_{eff} = 0.5395$, für $n = 2$ den Wert $(Z^n/A)_{eff} = 3.1566$ und für $n = 4$ $(Z^n/A)_{eff} = 146.6443$.

Mit Hilfe der Gleichungen (4.25 bis 4.27) kann die globale dosimetrische Äquivalenz zweier Substanzen auch so formuliert werden:

Zwei Substanzen 1 und 2 sind dosimetrisch äquivalent, wenn für sie an jedem Raumpunkt im Medium gilt:

$$\rho_1 \cdot (Z^n/A)_{eff,1} = \rho_2 \cdot (Z^n/A)_{eff,2} \qquad (4.28)$$

Tabellierungen der Eigenschaften der wichtigsten dosimetrischen Grundsubstanzen und Stoffgemische sind im einschlägigen Schrifttum (DIN 6809–1, Jaeger/Hübner) und den dort zitierten Originalarbeiten sowie auszugsweise in Tabelle (4.2) enthalten. Die numerischen Werte der Tabelle (4.2) können auch zu Berechnungen der effektiven äquivalenten Meßtiefen in verschiedenen Phantommaterialien verwendet werden. Näherungsweise gilt für zwei

Meßwerte in den Tiefen z_1 und z_2 in zwei Materialien (1) und (2) Äquivalenz, wenn sich die Tiefen umgekehrt wie die Produkte aus Dichte und effektiver Ordnungszahlpotenz verhalten.

$$z_1 \cdot \rho_1 \cdot (Z^n/A)_{\text{eff},1} = z_2 \cdot \rho_2 \cdot (Z^n/A)_{\text{eff},2} \qquad (4.29)$$

Beispiel 8: In DIN (6809–1) wird als Bezugstiefe für die Messung der Kenndosisleistung therapeutischer ultraharter Photonenstrahlung in Wasser z_w = 5 cm vorgeschlagen. Die dosimetrisch äquivalente Meßtiefe in Plexiglas für den Bereich des Comptoneffektes (n = 1) beträgt nach Gleichung (4.29) und den Werten aus Tabelle (4.2): $z_{\text{plexi}} = z_w \cdot 0.555/0.636 = 0.873\, z_w = 4.36$ cm. Für den Exponenten n = 2 wird der Tiefen–Umrechnungsfaktor 3.66/3.16 = 1.158, für den Photoeffekt sogar 227/173 = 1.312. Wasser und Plexiglas sind offensichtlich dosimetrisch nur näherungsweise und für bestimmte eingeschränkte Bereiche der Strahlungsqualität zueinander äquivalent. Dosisverteilungen in diesen beiden Substanzen sind deshalb nur nach Umrechnungen der Meßtiefen halbwegs miteinander vergleichbar.

Dosisverteilungen werden nicht nur durch die Wechselwirkungen des Strahlenbündels mit dem Medium sondern, wie das bei realen Verhältnissen immer der Fall ist, auch durch die Bestrahlungsgeometrie, insbesondere durch den Abstand des Strahlers vom Phantom beeinflußt. Deshalb müssen bei der Umrechnung von Dosiswerten in verschiedenen Materialien wegen der unterschiedlichen Meßtiefen nach Gleichung (4.29) entweder rechnerische Korrekturen der Divergenz z. B. nach dem Abstandsquadratgesetz berücksichtigt werden (vgl. Abschnitt 6.1.3) oder die Meßsonde muß immer im gleichen Abstand zur Strahlungsquelle positioniert werden. Bei Messungen in Phantomen bedeutet dies wegen der verschiedenen Meßtiefen in unterschiedlichen Phantommaterialien dann verschiedene Abstände der Phantomoberfläche zur Strahlungsquelle.

Substanz	Dichte ρ (g/cm^3)	$(Z^n/A)_{\text{eff}}$		
		n = 1	n = 2	n = 4
Wasser	1.0	0.555	3.66	227
Luft	0.001293	0.499	3.67	223
Acryl(Plexi)glas	1.18	0.539	3.16	147
Polystyrol	1.06	0.538	2.84	99.6
Polyäthylen	0.92	0.570	2.71	92.5
Paraffin	0.88	0.573	2.70	92.0
Kork	0.3	0.529	3.37	175.4
Muskel	1.05	0.549	3.60	230
Lunge	0.3	0.557	3.67	227.7
Fett	0.92	0.558	2.87	111.0
Knochen	1.5	0.530	4.63	847

Tab. 4.2: Dichten und effektive Ordnungszahlabhängigkeiten einiger wichtiger dosimetrischer Substanzen (nach DIN 6809–1 und Jaeger/Hübner).

Beispiel 9: Soll die Kenndosisleistung ultraharter Photonenstrahlung aus einem Elektronenbeschleuniger im Fokus–Kammer–Abstand (FKA) von 105 cm gemessen werden, so bedeutet dies bei einer Meßtiefe von 5 cm Wasser einen Fokus–Phantomoberflächen–Abstand (FPA) von 100 cm. Wird ein Plexiglasphantom verwendet und der Einfachheit halber nur Comptonwechselwirkung ($n = 1$) unterstellt, so ist die Meßtiefe in Plexiglas nach Beispiel (8) nur noch 4.36 cm. Bei unverändertem FPA befindet sich die Meßsonde etwa 6 mm näher an der Strahlungsquelle als bei der Messung in Wasser. Dies führt zu einer Zunahme des Meßwertes nach dem Abstandsquadratgesetz um den Faktor $(100.6/100)^2 = 1.012$. Die Dosimeteranzeige muß daher um diesen Faktor verkleinert werden. Alternativ kann die Messung direkt im korrekten FPA von 100.6 cm mit der Kammer in der Plexiglastiefe von 4.4 cm durchgeführt werden.

Phantome: Werden Phantome als dosimetrische Stellvertreter für menschliches Gewebe eingesetzt, so sind neben der dosimetrischen Äquivalenz und der passenden Zusammensetzung noch eine Reihe weiterer geometrischer Bedingungen zu erfüllen. Phantome können inhomogen oder homogen sein, das heißt heterogene oder einheitliche Dichte und Zusammensetzung haben, sie können regelmäßig oder unregelmäßig geformt sein. Sollen direkte Dosisvergleiche mit dem Menschen durchgeführt werden, werden sogar menschenähnliche und menschenäquivalente Phantome benötigt, die in ihrer Form und ihrer Zusammensetzung exakt für den jeweiligen Zweck ausgelegt sind (Röntgenphantome, Strahlentherapiephantome, Organphantome für die Nuklearmedizin). Für viele grundlegende Dosimetrieaufgaben müssen Phantome so große Abmessungen haben, daß sich bei weiterer Vergrößerung die interessierenden Meßgrößen nicht mehr ändern. Man bezeichnet solche Phantomanordnungen nach der Deutschen Norm (DIN 6809–1) als "quasi–unendlich" oder als gesättigte Phantome (vgl. z. B. Abschnitt 7.5). Sättigung eines Phantoms ist in der Regel nur für eine bestimmte Strahlungsqualität, eine bestimmte geometrische Anordnung und eine bestimmte Meßaufgabe gegeben. So erfordert die Messung niederenergetischer Betastrahlung aus Dermaplatten (Kontaktstrahler) sicherlich kleinere Phantomabmessungen als die Untersuchung ultraharter Photonenstrahlung aus einem Elektronenbeschleuniger und andere als die Dosimetrie von Strahlern für die Afterloadingtechnik.

Für die Dosimetrie nach der Sondenmethode kann die Äquivalenzforderung für die Umgebung und die Meßsonde gegenüber der globalen Äquivalenz (Gl. 4.28) stark eingeschränkt werden. Die Bedingungen für die Sondendosimetrie erfordern nur die Äquivalenz der unmittelbaren Umgebung der Sonde, eines Bereiches, der bei Sekundärteilchengleichgewicht etwa der Reichweite der Sekundärteilchen entspricht und bei Hohlraumbedingungen durch den maximal zulässigen Sondenradius gegeben ist. **Lokale Äquivalenz** (Umgebungsäquivalenz) ist bereits dann gegeben, wenn für das Sondenvolumen, das Wandmaterial und die "nähere" Umgebung der Sonde unter Sekundärelektronengleichgewichts–Bedingungen die Massenenergieabsorptionskoeffizienten, für die Messung unter Hohlraumbedingungen die Werte des Massenstoßbremsvermögens der beteiligten Substanzen hinreichend übereinstimmen (vgl. Abschnitt 4.3 und 4.4). Die Dichten der Materialien gehen in diese lokale Äquivalenzbedingung nicht unmittelbar ein. Lediglich bei gasförmigen Medien (z. B. Luft in der Dosimetersonde) müssen wegen des Dichteeffektes bei Elektronenstrahlung kleinere Korrekturen für die Kalibrierfaktoren berücksichtigt werden (vgl. Abschnitt 4.4 und Tabelle 10.13).

4.6 Bauformen von Ionisationskammern für die klinische Dosimetrie

Gasgefüllte Ionisationskammern sind die wichtigsten Detektoren für die klinische Dosimetrie. Das häufigste Füllgas ist Luft, das erstens kostenlos zur Verfügung steht und zweitens dosimetrisch weitgehend äquivalent zu menschlichem Weichteilgewebe oder Wasser ist. Die Empfindlichkeit von Ionisationssonden ist vor allem durch das Meßvolumen der Kammer und den Druck des Füllgases, also der für die Ionisation zur Verfügung stehenden Gasmasse, bestimmt. Je nach Anwendungszweck werden deshalb verschiedene Größen und Füllgase bevorzugt. Bei sehr niedrigen Dosisleistungen müssen großvolumige Kammern verwendet werden, die zur zusätzlichen Erhöhung der Empfindlichkeit mit Gasen höherer Ordnungzahl als Luft (z. B. Edelgasen wie Argon) gefüllt werden können und die deshalb als dichte Kammern ausgeführt werden müssen. Gleichzeitig kann bei geschlossenen Kammerausführungen auch der Gasdruck erheblich erhöht werden. In Kammern zur Messung von Präparatstärken ("Aktivimetern" mit Schachtionisationskammern) wird beispielsweise eine Argonfüllung mit einem Druck von etwa 10 bar verwendet, zur Überwachung der Umgebungsaktivitäten von kerntechnischen Anlagen sind Kugelkammern im Einsatz, die Meßvolumina von bis zu 10 Litern bei einem Gasdruck von bis zu 25 bar enthalten. Bei höheren Dosisleistungen können die Meßvolumina verkleinert werden, die kleinsten Ionisationskammern enthalten Meßvolumina von nur wenigen Hundertstel Kubikzentimetern.

Die Wahl der Bauformen von Ionisationskammern hängt vom jeweiligen Verwendungszweck ab. Neben der Größe des Meßvolumens ist dabei besonders die Richtungsabhängigkeit der Dosimetersanzeige von Bedeutung. Die ursprünglichste und geometrisch einfachste Bauform ist die sogenannte **Parallelplattenkammer**, die in ihrem Aufbau im wesentlichen einem Plattenkondensator ähnelt. Ihre Empfindlichkeit kann aus einfachen physikalischen Gesetzmäßigkeiten abgeleitet werden. Sie ist deshalb für die absolute Dosimetrie besonders geeignet und dient in den nationalen Laboratorien als Standardkammer für die Primärnormaldosimeter zur Absolutdosimetrie und zu Eich- und Kalibrierzwecken. Direkt oder indirekt sind alle klinischen Dosimeter an solche Standarddosimeter "angeschlossen" (vgl. Petzold/Krieger Band 1: Abschnitt 7.4.2, Hohlfeld 1985). Standarddosimeterkammern sind für die praktische klinische Dosimetrie zu unhandlich und zu empfindlich: Sie zeigen eine ausgeprägte Richtungsabhängigkeit (die Einstrahlrichtung ist parallel zu den Kondensatorplatten). Sie sind also schon aus diesem Grund für klinische Meßaufgaben wenig geeignet.

Weitere Ausführungen von Parallelplattenkammern sind die **Durchstrahlkammern** und die

Flachkammern. Bei Durchstrahlkammern sind die Kondensatorplatten aus dünnen Folien gefertigt, die mit einer elektrisch gut leitenden Schicht aus Aluminium, Kupfer oder Gold bedampft sind. Die bevorzugte Einstrahlrichtung ist senkrecht zu diesen Membranen. Anwendungsbereiche der Durchstrahlkammern sind die Monitorkammern von medizinischen Beschleunigern, die Kammern zur Messung des Flächendosisproduktes in der Röntgendiagnostik und Kammern zur Belichtungssteuerung bei Röntgenaufnahmen (Belichtungautomatik). Bei Flachkammern ist nur eine Kondensatorplatte als strahlungsdurchlässige, meistens graphitbelegte Membran ausgebildet, die andere Elektrode ist mit dem massiven Kammerkörper verbunden. Sie haben den Vorteil des exakt definierten Meßortes (Rückseite der Strahleintrittsfolie) und sind deshalb gut zur Dosimetrie in räumlich variablen Strahlungsfeldern geeignet. Allerdings zeigen sie eine ausgeprägte Richtungscharakteristik und sollten daher bevorzugt bei senkrechtem Einfall des Strahlenbündels auf das Eintrittsfenster verwendet werden. Die Meßvolumina können durch Verändern des Elektrodenabstandes an die jeweilige Meßaufgabe angepaßt werden. Die kleinsten Meßvolumina (0.03 bis 0.1 Kubikzentimeter)

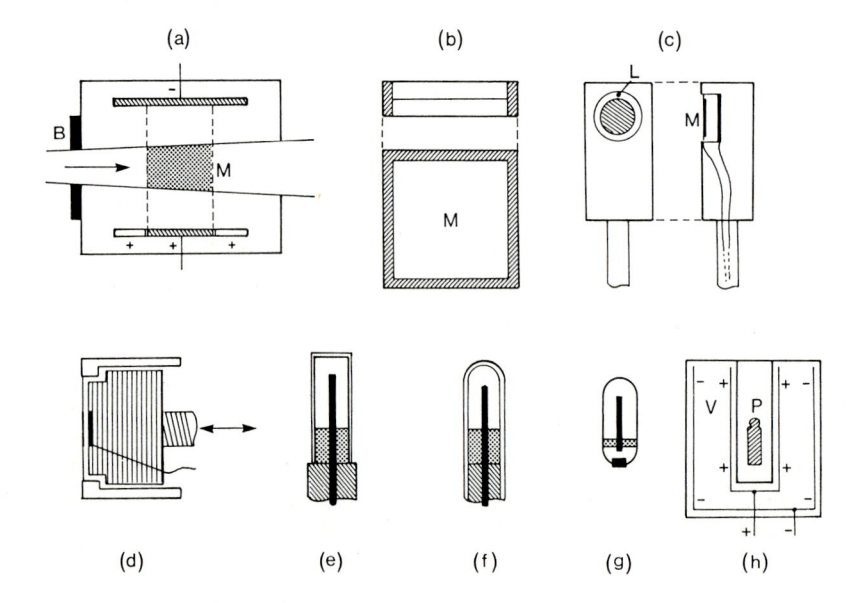

Fig. 4.2: Bauformen von Ionisationskammern (vereinfachte Darstellungen). (a): Paralellplattenkammer für die Standarddosimetrie (M: Meßvolumen, B: Strahlblenden, Pfeil: Einstrahlrichtung, schraffiert: an Spannung liegende Kondensatorplatten). (b): Durchstrahlkammer (M: Meßfeld). (c): Flachkammer (L: Belüftungsöffnung, M: Meßfeld). (d): Extrapolationskammer (der schraffierte Kammerkörper kann durch eine Mikrometerschraube zurückgezogen werden). (e): Zylinderkammer. (f): Fingerhutkammer. (g): Kondensatorkammer (zum Aufladen wird der untere Kontakt an die Spannungsquelle angeschlossen, punktiert Isolation). (h): Schachtionisationskammer mit 4π–Geometrie (P: Probe, V: Meßvolumen).

werden in der Weichstrahldosimetrie oder der Dosimetrie von Betastrahlung benötigt. Flachkammern mit größeren Meßvolumina (einige Zehntel Kubikzentimeter) werden vor allem in der Dosimetrie schneller Elektronenstrahlung eingesetzt. Eine besonders vielseitige Bauform von Paralellplattenkammern ist die sogenannte **Extrapolationskammer**, bei der der Elektrodenabstand mittels eines Mikrometers verstellt werden kann. Solche Kammern sind zur Dosimetrie von Betastrahlung, Elektronenstrahlung und für Messungen bei hohen Dosisleistungsgradienten im Aufbaubereich von Tiefendosiskurven geeignet.

Entspricht die Anordnung der Elektroden einem Zylinderkondensator, so werden die Ionisationskammern als **Zylinderkammern** bezeichnet. Sie sind die wichtigsten Gebrauchsdosimeter für die Strahlentherapie. Ihre Meßvolumina betragen 0.1 cm^3 ("Mikrokammern" für die in-vivo-Dosimetrie an Patienten), wenige Zehntel bis etwa 1 cm^3 für die Messung von Kenndosisleistungen harter oder ultraharter Photonenstrahlungsquellen bei hoher Dosisleistung und bis zu 30 cm^3 für Messungen niedriger Dosisleistungen an radioaktiven Strahlern (z. B. Afterloadingquellen) oder im Strahlenschutz (Messung von Streustrahlung oder Ortsdosisleistungen). Wegen ihres rotationssymmetrischen Aufbaus sind die Anzeigen von Zylinderkammern bei seitlicher Einstrahlung weitgehend unabhängig von der Einstrahlrichtung, sie zeigen jedoch eine deutliche Abnahme der Anzeige bei Einstrahlung parallel zur zentralen Elektrode (vgl. Fig. 4.5b). Werden die Spitzen von Zylinderkammern abgerundet, so erhält man eine weitere Bauform, die anschaulich als **Fingerhutkammer** bezeichnet wird. Fingerhutkammern zeigen im allgemeinen eine etwas geringere Richtungsabhängigkeit bei der Einstrahlung von der Kammerspitze her als Zylinderkammern, da das elektrische Feld im Inneren der Kammerkalotte ungefähr kugelsymmetrisch ist. Durch die abgerundete Form eignen sich kleinvolumige Fingerhutkammern auch zur Einführung in Körperhöhlen. Sie werden deshalb häufig in wasserdichten Ausführungen gefertigt.

Eine Sonderform der Fingerhutkammern sind die **Kondensatorkammern**, die ohne Kabelanschluß betrieben werden. Heute sind Kondensatorkammern in der klinischen Dosimetrie weitgehend durch Thermolumineszenzdetektoren verdrängt. Für die Personendosimetrie werden tragbare, direkt ablesbare, luftdichte Ionisationskammern mit eingebautem Elektrometer verwendet, die sogenannten **Stabdosimeter** oder **Füllhalterdosimeter**. Ausführliche Details zu den Stabdosimetern finden sich u. a. in (Petzold/Krieger Band 1, Abschnitt 7.4.5).

Kugelkammern zeichnen sich durch ihre geringe Richtungsabhängigkeit aus. Sie enthalten als Innenelektrode eine kleine kugelförmige Elektrode. Zwischen Außenwand und Innenelektrode entsteht ein kugelsymmetrisches, radiales elektrisches Feld. Kugelkammern können Meßvolumina bis zu 10 Litern aufweisen und werden insbesondere für die Umgebungsüberwachung und im Strahlenschutz verwendet. In der klinischen Dosimetrie haben sie keine große Bedeutung. Für Messungen der Aktivitäten niederaktiver Strahler für die Nuklearmedizin (offene Radionuklide) oder für die Afterloading- und Spicktechniken mit schwach aktiven offenen

Strahlern (Seeds, Drähte) werden großvolumige **Schacht-Ionisationskammern** verwendet, die den Strahler fast völlig umgeben. Die Proben werden zur Messung in einen Schacht in das Innere der Ionisationskammer gebracht. Da die Proben allseits vom Meßvolumen umgeben sind, besteht nahezu eine 4π-Geometrie, die die Nachweiswahrscheinlichkeit und damit das Signal in der Ionisationskammer so erhöht, daß auch die Messungen kleinster Aktivitätsmengen, wie sie beispielsweise in der nuklearmedizinischen Diagnostik notwendig und üblich sind, ermöglicht werden.

4.7 Kontrollen und Korrekturen bei der Ionisationsdosimetrie

Dosimeter bestehen aus drei wesentlichen Baugruppen, der Meßsonde, dem Anzeigegerät und der Kontrollvorrichtung. Bis auf wenige absolut messende Dosimeter müssen alle Dosimeter durch Vergleich ihrer Meßanzeige mit absolut messenden Primär- oder Sekundär-Dosimetern kalibriert werden. Klinische Dosimeter werden meistens von den Herstellern kalibriert, indem sie mittelbar oder unmittelbar mit nationalen Normaldosimetern verglichen werden. Sie unterliegen für den Bereich der strahlentherapeutischen Nutzung außerdem einer gesetzlichen Eichpflicht, die von den regionalen Eichämtern wahrgenommen wird.

Im praktischen Einsatz muß die Anzeige und Funktionstüchtigkeit von Dosimetern aus Gründen der Genauigkeit und Reproduzierbarkeit der dosimetrischen Ergebnisse durch laufende routinemäßige Kontrollmessungen überprüft werden. Diese Kontrollen, die mit Hilfe der Kontrollvorrichtung vorgenommen werden, müssen sowohl das Anzeigegerät als auch die verwendeten Meßsonden umfassen. Man verwendet deshalb Kontrollvorrichtungen, die den Anzeigegeräten und Sonden fest zugeordnet sind. Sie enthalten langlebige radioaktive Strahler (meistens 90-Sr), in deren Strahlungsfeld die Meßsonden unter dosimetrischen Normalbedingungen eine bestimmte Anzeige des Dosimeters bewirken müssen, die sogenannte Kontrollanzeige. Mit Hilfe dieser Kontrollanzeige können Abweichungen von den im Prüfprotokoll dokumentierten Ergebnissen der Kalibrierung rechnerisch sehr einfach korrigiert werden. Solche Abweichungen können je nach Bauart der Dosimetersonde ihre Ursache in Änderungen der Umgebungsbedingungen haben oder von elektronischen oder sonstigen Veränderungen im Anzeigegerät (Verstärkung, Eingangswiderstand, usw.) herrühren. Früher waren auch sogenannte Stromnormale üblich, die anstelle der Meßsonden unmittelbar an das Anzeigegerät angeschlossen werden konnten. Sie bestanden entweder aus elektronisch stabilisierten Strom- oder Spannungsquellen oder aus geschlossenen Ionisationssonden, in denen ein kleines, langlebiges radioaktives Präparat (z. B. 14-C) direkt im Gasvolumen untergebracht wurde. Diese "radioaktiven" Stromnormale erzeugten einen konstanten Ionisationsstrom, mit dem das Anzeigegerät überprüft werden konnte. Da solche Prüfungen die Kontrolle der Meßsonden jedoch nicht mit einschließen, werden heute die oben erwähnten externen radioaktiven Kontrollvorrichtungen bevorzugt.

Luftdruck- und Temperaturkorrekturen: Luftgefüllte Ionisationskammern können entweder als offene oder als geschlossene Systeme ausgelegt sein. Offene Systeme stehen durch Bohrungen in der Kammerwandung oder über das elektrische Verbindungskabel mit der umgebenden Atmosphäre in Verbindung. Das für den Nachweis des Meßsignals verwendete Luftvolumen kann dadurch seine dosimetrischen Eigenschaften (atomare Zusammensetzung, z. B. Wasserdampfgehalt) wie auch seine sonstige physikalische Beschaffenheit (Dichte, Temperatur, Luftdruck) mit der Außenluft verändern und damit auch die Meßanzeige des Dosimeters. Alle Dosisgrößen sind massenspezifische Größen. Dosimeter, deren Luftvolumen bei der Messung anderen Bedingungen unterliegt als bei der Kalibrierung, zeigen deshalb unter Umständen durch Massenänderungen verfälschte Meßergebnisse an. Geschlossene Systeme werden immer dann verwendet, wenn man von den dosimetrischen Umgebungsbedingungen unabhängig sein will. Werden Ionisationsdosimeter beispielsweise für in-vivo-Messungen (Messungen im Patienten) benutzt, so unterscheiden sich in der Regel die Temperaturen während der Kalibrierung des Dosimeters (Zimmertemperatur) und der Anwendung (Kerntemperatur des Menschen, etwa 37 °C) so sehr, daß entweder in der klinischen Routine lästige Temperaturmessungen und Korrekturrechnungen der Meßanzeigen durchgeführt werden müssen oder die Meßergebnisse systematische Fehler bis zu 6% aufweisen können (vgl. dazu Beispiel 10). Eine zweite wichtige Anwendung geschlossener Ionisationskammern sind die Dosismonitore von Elektronenbeschleunigern, bei denen ebenfalls eine weitgehende Unabhängigkeit von den klimatischen Bedingungen erwünscht wird (vgl. dazu Abschnitt 2.2.7).

Eine Erhöhung der Luftdichte durch erhöhten Druck oder erniedrigte Temperatur erhöht die Zahl der Atome in der Sonde und damit der Ionisationen im Meßvolumen und erzeugt bei unverändertem Strahlungsfeld ohne Korrektur eine höhere Dosimeteranzeige. Zwar ist die Ionendosis oder Energiedosis im Sondenvolumen wegen der Dichteunabhängigkeit von Massenabsorptionskoeffizient oder Massenstoßbremsvermögen unabhängig von der Sondenmasse, die unter anderen Bedingungen bestimmten Kalibrierfaktoren können aber unter geänderten Umgebungsbedingungen nicht ohne Korrektur verwendet werden. Zur Korrektur der Luftdruck- und Temperatureinflüsse gibt es zwei Möglichkeiten. Werden radioaktive Kontrollvorrichtungen benutzt, so genügt ein einfacher Vergleich zwischen Soll- und Istwert der Kontrollanzeige für das Bezugsdatum. Die Meßwertkorrektur, die auch eventuelle Veränderungen des elektrischen und elektronischen Teils des Dosimeters enthält, lautet dann:

$$M_{korr} = (\text{Sollanzeige}/\text{Istanzeige})_{kv} \cdot M_{unkorr} \qquad (4.30)$$

oder

$$M_{korr} = (\text{Istzeit}/\text{Sollzeit})_{kv} \cdot M_{unkorr} \qquad (4.31)$$

Die Kontrollanzeigen (Index "kv") können also je nach Bauart und Dosimetriekonzept des Herstellers entweder die Anzeige des Dosimeters (Gl. 4.30) pro Zeitintervall oder die für eine bestimmte Dosimeteranzeige erforderliche Meßzeit sein (Gl. 4.31). Werden keine Kontrollvorrichtungen benutzt, oder soll die Kontrollanzeige nicht zur Korrektur der Luftdruck- und Temperaturabhängigkeit der Anzeige benutzt werden, so können auch rechnerische Korrekturen direkt nach dem Gasgesetz durchgeführt werden. Der Korrekturfaktor lautet in Anlehnung an die allgemeine Gasgleichung:

$$k_{pT} = k_p \cdot k_T = p_0/p \cdot T/T_0 \qquad (4.32)$$

Dabei bedeuten p und T den Luftdruck und die absolute Temperatur bei der Messung, p_0 und T_0 diejenigen während der Kalibrierung (dosimetrische Normalbedingungen).

Beispiel 10: Die Kenndosisleistung eines Kobaltbestrahlungsanlage wird bei 23 Grad Celsius und bei einem Luftdruck von 1003 hPa (mbar) gemessen. Normalbedingungen für die Kalibrierung waren 20 Grad Celsius und 1013 hPa. Der Korrekturfaktor für die Temperatur beträgt k_T = (273.15+23)/(273.15+20) = 298.15/293.14 = 1.010. Der Korrekturfaktor für den Luftdruck ist k_p = 1013/1003 = 1.010. Zusammen ergibt das eine Korrektur von 2% und folgende Faustregeln für offene Ionisationskammern:

> Drei Grad Celsius zuwenig oder 10 mbar (hPa) Druck zuviel erhöhen die Dosimeteranzeige um 1 Prozent, drei Grad Celsius zuviel oder 10 mbar Druck zuwenig vermindern die Dosimeteranzeige um 1 Prozent.

Wegen der von der Ionisierungskonstanten in Luft verschiedenen mittleren Ionisierungsenergie pro Ionenpaar für Wasserdampf ($W_{wasserdampf}/W_a \approx 0.9$) und wegen der zusätzlich mit den Wasserdampfeinlagerungen veränderten Dichte im Meßvolumen sollte die Dosimeteranzeige bei Präzisionsmessungen auch auf Luftfeuchte korrigiert werden. Fehler durch fehlende Luftfeuchtekorrekturen sind unter typischen klinischen Verhältnissen wegen der geringen Wasserdampfbeimischungen allerdings so gering, daß sie in der Regel vernächlässigt werden können und nur unter extremen Klimabedingungen berücksichtigt werden müssen (s. DIN 6817). Klimakorrekturen an geschlossenen Systemen sind nicht erforderlich.

Sättigungskorrektur: Bei hohen Dosisleistungen, wie sie bei gepulster Strahlung von Beschleunigern auftreten können, kommt es vor allem bei niedrigen Feldstärken in Ionisationskammern zu Signalverlusten durch Rekombination der erzeugten Ladungsträger. Der Grund liegt in einer Verdrängung des externen ladungssammelnden elektrischen Feldes bei hoher Ionisationsdichte im Gasvolumen der Sonde. Dadurch werden die Ladungssammelzeiten in der Kammer so groß, daß in ungünstigen Fällen in erheblichem Maß Rekombinationen der Ionenpaare stattfinden können. Werden weniger als 100% der durch ionisierende Strahlung erzeugten Ladungsträgerpaare auf den Elektroden der Ionisationskammer gesammelt, so bezeichnet man dies als mangelnde Sättigung. Ob Sättigungsverluste einer Korrektur bedürfen oder nicht, muß in jedem Einzelfall entschieden werden. Als Regel gilt, daß Rekombinationsverluste mit der Größe des Meßvolumens der Sonde zunehmen, mit der Feldstärke

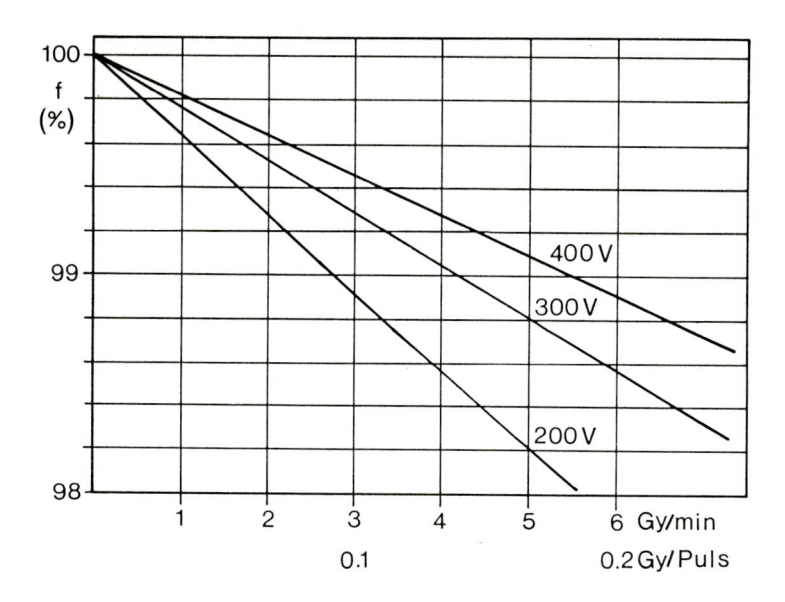

4.7 Kontrollen und Korrekturen bei der Ionisationsdosimetrie

Fig. 4.3: Sättigungsfunktion f als Funktion von Kammerspannung und Dosisleistung bzw. Pulsleistung für eine kommerzielle Flachkammer (für f = 100% werden alle Ladungen gesammelt).

in der Kammer abnehmen und um so größer sind, je höher die mittlere Dosisleistung der Strahlungsquelle am Meßort ist. Für konkrete Korrekturfaktoren befragt man am besten die Bedienungsanleitungen der Hersteller der verwendeten Dosimetrieausrüstung, die in der Regel solche Faktoren in Kurvenform oder als Tabellen zur Verfügung stellen (vgl. Fig. 4.3). Vollständige Ausführungen zur Problematik der Rekombinationsverluste und Tabellen mit Korrekturfaktoren für verschiedene Kammerformen finden sich im ICRU-Report (34).

Effektiver Meßort: Die räumliche Zuordnung der Anzeige eines Dosimeters geschieht in der Regel über den Bezugsort der Meßsonde im Phantom oder Strahlungsfeld. Dieser ist bei zylindrischen Ionisationskammern üblicherweise die zentrale Elektrode in der Kammermitte, bei Flachkammern die Rückseite des dem Strahl zugewandten Strahleintrittsfensters. Bei sehr inhomogenen Feldern, d. h. bei großen örtlichen Dosisgradienten, kann es wegen des endlichen Sondenvolumens zu räumlichen Fehlzuordnungen der Meßanzeige kommen. Der Unterschied zwischen Bezugsort und wirklichem Zuordnungspunkt wird als **Meßortverschiebung** der Sonde bezeichnet. Sie kommt dadurch zustande, daß der effektive Meßort von Ionisationskammern etwa die dem Strahl zugewandte Vorderseite des empfindlichen Sondenvolumens ist, da hier das im wesentlichen nach vorne ausgerichtete Elektronenstrahlungsfeld auf das Meßvolumen trifft. Bei Flachkammern und senkrechter Einstrahlung auf die Kammervorderseite ist deshalb Bezugsort gleich dem effektiven Meßort. Bei zylinderförmigen

Kammern ist die Eintrittsfläche die gekrümmte strahlzugewandte Innenseite des Kammerzylinders. Zur Berechnung des effektiven Meßortes muß daher über diese Fläche gemittelt werden. Beträgt der Innenradius der Kammer r, so ergibt diese rein geometrische Berechnung für den effektiven Meßort bei hochenergetischer Elektronenstrahlung und ultraharten Photonen eine Verschiebung des Meßortes um

$$\Delta r = 0.75 \cdot r \qquad (4.33)$$

vor die Kammermitte, was näherungsweise auch als Ergebnis zahlreicher experimenteller Untersuchungen gefunden wurde. Die Meßortverschiebung hängt allerdings von der jeweiligen Bauform der Ionisationskammer und den Strahlungsfeldbedingungen ab (Strahlrichtung, Streuanteile im Strahlungsfeld, Strahlungsqualität am Meßort), so daß für spezielle Meßsituationen geringfügige Abweichungen vom Wert nach Gleichung (4.33) auftreten können.

Zur experimentellen Überprüfung der Meßortverschiebungen werden zunächst mit einer kleinvolumigen Flachkammer, deren Meßort die strahlzugewandte Eintrittsseite des Meßvolumens ist, die Dosisleistungswerte in verschiedenen Phantomtiefen und verschiedenen Strahlungsfeldbedingungen ermittelt. Dann wird die zu untersuchende Kompaktkammer unter sonst gleichen Bedingungen statt der Flachkammer so in das Phantom eingebracht ("Replacement-Technik"), daß ihr Bezugort (bei Zylinderkammern die Kammermitte) sich in der Position des Meßortes der Flachkammer befindet. Im allgemeinen (d. h. außerhalb des breiten Dosismaximums der Tiefendosiskurven) werden sich die korrigierten und kalibrierten Anzeigen der Flachkammer und der zu untersuchenden Zylinderkammer unterscheiden. Die Position der Zylinderkammer wird jetzt solange verändert, bis diese die gleiche Meßanzeige wie die Flachkammer ergibt. Die Positionsunterschiede sind die gesuchten Meßortverschiebungen. Da die Meßortverschiebungen handelsüblicher Zylinder- oder anderer Kompaktkammern in der Größenordnung weniger Millimeter liegen, erfordern die experimentellen Untersuchungen der Meßortverschiebungen nach der genannten Methode äußerste Präzision sowohl in der Geometrie als auch in den sonstigen dosimetrischen Randbedingungen. Insbesondere sind die empirischen Meßortverschiebungen stark von den Strahlungsfeldbedingungen bei der Messung abhängig und können nicht ohne weiteres auf andere Strahlungsqualitäten, Strahlungsarten, Bestrahlungsgeometrien und Phantommaterialien übertragen werden.

Zur Berücksichtigung der Meßortverschiebung gibt es für Kugel- oder Zylinderkammern neben der Korrektur der Sondenkoordinaten auch eine zweite Methode, bei der nicht der Meßort sondern der Meßwert korrigiert wird. Man verwendet dazu vor allem im angloamerikanischen Raum Dosiskorrekturfaktoren ("displacement-Faktoren"), die die Dosiszunahme durch die Verschiebung des effektiven Meßortes in Richtung zur Strahlungsquelle im abfallenden Teil der Tiefendosiskurven korrigieren sollen. Dieses Verfahren ist der Meßortverschiebungsmethode im wesentlichen äquivalent.

4.7 Kontrollen und Korrekturen bei der Ionisationsdosimetrie

Richtungsabhängigkeit der Dosimeteranzeigen: Alle in der klinischen Dosimetrie üblichen Ionisationskammern und auch die anderen zur Strahlungsmessung oder der Dosimetrie verwendeten Detektoren zeigen ausgeprägte, von ihrer Bauart abhängige Richtungsabhängigkeiten der Anzeige, die bei der Anwendung der Dosimeter unbedingt beachtet werden müssen (vgl. Abschnitt 4.6). Flachkammern für die Elektronen- oder Weichstrahldosimetrie dürfen nur bei nahezu senkrechtem Einfall des Strahlenbündels auf die Vorderseite der Kammer betrieben werden. Sie zeigen den größten Gang ihrer Anzeige bei einer Veränderung ihrer Kammerposition relativ zum Nutzstrahlenbündel (Fig. 4.4a). Weichstrahlionisationskammern, die von hinten bestrahlt werden, können je nach Strahlungsqualität unter Umständen nahezu keine Anzeige mehr aufweisen. Durchstrahlkammern (Transmissionskammern) müssen ebenfalls senkrecht zu ihren Kammerwänden bestrahlt werden. Zylinder- und Fingerhutkammern sind wegen ihrer Bauart (Zylindersymmetrie) bei ordentlichen Fertigungstechniken bezüglich ihrer Anzeigen weitgehend unempfindlich gegen Rotationen um ihre Längsachse, für Präzisionsmessungen und die Ermittlung der Kontrollanzeige empfiehlt sich dennoch die

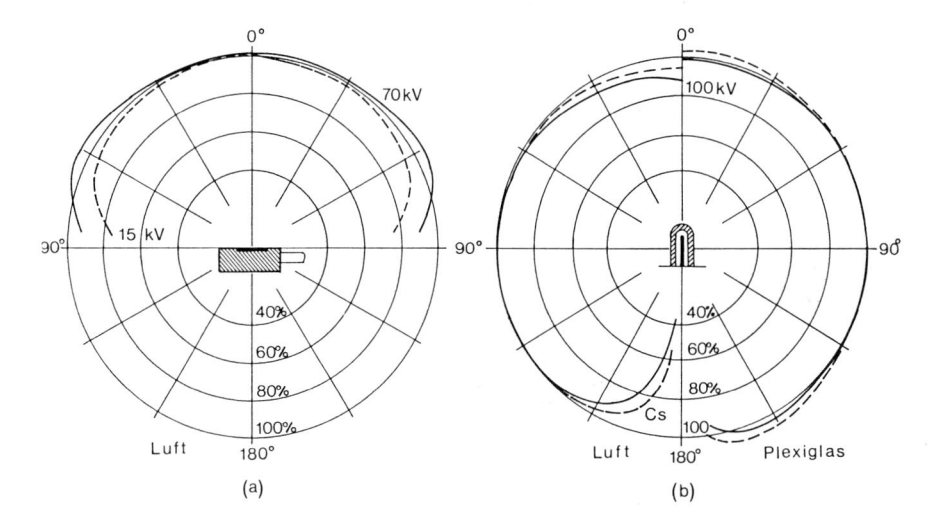

Fig. 4.4: Richtungsabhängigkeiten der Meßanzeigen kommerzieller Ionisationskammern, (a): Weichstrahlkammer (in Luft, Anzeige bei $0°$ auf 100% normiert), (b): Fingerhutkammer (Volumen 0.3 cm^3, links: in Luft, rechts in Plexiglas, Anzeige bei $90°$ auf 100% normiert, Cs: 137–Cs–Strahlung).

Einhaltung standardisierter Positionen. Bei einer Bestrahlung von Zylinderkammern oder Fingerhutkammern von der Kammerspitze her treten zum Teil erhebliche bauartbedingte Abweichungen der Anzeigen auf (vgl. Fig. 4.4b). Diese Abweichungen hängen von der Strahlungsqualität und dem Umgebungsmedium ab. Werden Messungen in wenig dichten Medien wie Luft durchgeführt, so wird der primäre Teilchenfluß nur geringfügig durch das Medium gestört, da wenig isotrope Streustrahlung erzeugt wird. Dichte Medien wie Plexiglas oder Wasser erhöhen dagegen den Streustrahlungsanteil, der zu einer Verschmierung der Winkelabhängigkeit des Meßsignales führen kann. Je härter die Strahlungsqualität der untersuchten Strahlungsquelle ist, um so weniger Einfluß haben geometrische Details der Kammer auf das Meßsignal. Die Richtungsabhängigkeiten für harte und ultraharte Strahlungsqualitäten sind daher deutlich weniger ausgeprägt als die für weiche Strahlungen (vgl. Fig. 4.4). Veränderungen der Kammerorientierung relativ zur Strahlungsquelle führen eventuell auch zu Verschiebungen des effektiven Meßortes der Kammern, die besonders bei der Dosimetrie punktförmiger Strahler (Beispiel: Afterloading) im Nahbereich der Quellen zu erheblichen Fehlern führen können. Seriöse Hersteller legen deshalb jeder Ionisationskammer neben dem Prüfprotokoll über die Kammerkalibrierung auch Datenblätter zu den Abmessungen der Ionisationskammer, dem effektiven Meßort, dem Bezugsort für die Kalibrierung und Diagramme über die Richtungsabhängigkeit der Dosimeteranzeige bei.

Eisensulfatkalibrierung: Wegen der hohen Anforderungen an die absolute Genauigkeit der klinischen Dosimetrie (vgl. Abschnitt 3.2) sollten neben den täglichen Routinekontrollen der Dosimeter in regelmäßigen Abständen Dosimetrievergleiche auf nationaler Ebene durchgeführt werden. Die Physikalisch-Technische Bundesanstalt (PTB) bietet ein- bis zweimal jährlich den sogenannten "Eisensulfatdienst" an. Dabei werden von der PTB Frickedosimeter (Eisensulfatlösungen in Glasampullen) verschickt, die unter festgelegten Bedingungen zusammen mit Ionisationsdosimetern bestrahlt werden müssen. Das für die Bestrahlung benötigte Wasserphantom und die Halterungen für Ionisationskammern und Ampullen können entweder von der PTB gegen geringe Gebühren ausgeliehen oder auch käuflich erworben werden. Die Dosimeter müssen aus Gründen der Genauigkeit und wegen der geringen Empfindlichkeit der Eisensulfatdosimeter mit Energiedosen von etwa 40 Gy bestrahlt werden. Kalibrierungen werden für ultraharte Photonenstrahlungen (60-Co und Photonen aus Beschleunigern) sowie für schnelle Elektronen (ab 12 MeV) durchgeführt. Ein Teil der Ampullen (mindestens 4 Stück) bleiben unbestrahlt und werden zu Vergleichszwecken mit ausgewertet. Nach der Auswertung durch das nationale Dosimetrielabor erhält der Einsender ein Zertifikat, in dem die tatsächlich auf die Dosimeter eingestrahlten Energiedosen bescheinigt werden. Die absolute Genauigkeit der Kalibrierangaben der PTB ist zur Zeit ± 2% .

Teilnahmen am Eisensulfatdienst sind besonders dann zu empfehlen, wenn die klinisch verwendeten Dosimeter längere Zeit nicht zur Nachkalibrierung bei den Dosimeterherstellern waren, deren Labors ebenfalls dosimetrisch an die nationalen Labors "angeschlossen" sind. Stehen in den Strahlentherapieabteilungen noch Kobaltanlagen zur Verfügung, so kann durch eigene Anschlußmessungen während der an diesen Anlagen gesetzlich vorgeschriebenen halbjährlichen dosimetrischen Überprüfung wenigstens die Richtigkeit der Anzeige der für die klinische Dosimetrie verwendeten Dosimeter für Kobaltstrahlung überprüft werden (Konstanzprüfung), sofern früher mindestens eine Eisensulfatkalibrierung an den im Einsatz befindlichen Ionisationskammern durchgeführt wurde. In diesem Zusammenhang ist es günstig, eine der so kalibrierten Kammern aus dem Routinebetrieb herauszunehmen und als hauseigenen, internen Standard zu verwenden, sofern die finanzielle Lage dies ermöglicht. Ohne eigene Kobaltanlage entfällt diese einfache und preiswerte Prüfmöglichkeit. In solchen Fällen sollte unbedingt regelmäßig einmal im Jahr am Eisensulfatdienst teilgenommen werden.

5 Thermolumineszenzdosimetrie

Eine Reihe von natürlichen oder künstlich erzeugten kristallinen Substanzen speichert die bei einer Bestrahlung mit ionisierender Strahlung auf den Kristall übertragene Energie in langlebigen Zuständen (metastabilen Energieniveaus) von Kristallelektronen, die ohne äußere Energiezufuhr nicht mehr aus diesen Zuständen befreit werden können. Durch Erhitzen kann die gespeicherte Energie in Form von Lichtquanten wieder freigesetzt werden. Diesen Vorgang bezeichnet man als Thermolumineszenz, die Substanzen, die Thermolumineszenz zeigen, als Phosphore oder **Thermolumineszenz–Detektoren (TLD)**. Das beim Erhitzen freigesetzte Licht wird mit Photomultipliern in lichtdichten Auswertegeräten nachgewiesen. Der Lichtstrom bzw. die über die Zeit integrierte Lichtmenge ist ein Maß für die im Kristall gespeicherte Dosis. Die für die Strahlungsmeßtechnik wichtigsten Verbindungen sind Lithiumfluorid, Kalziumfluorid, Kalziumsulfat und Lithiumborat, die mit verschiedenen Fremdatomen wie Mn, Mg, Ti u. ä. gezielt verunreinigt (dotiert) sind (s. z. B. Tab. 5.1). Diese Dotierungen dienen der Erzeugung von Fehlstellen im Kristall, in denen die bei der Bestrahlung im Kristall freigesetzten Elektronen eingefangen werden.

Thermolumineszenzdetektoren können nur als relative Dosimeter verwendet werden, da ihre Anzeige in quantitativ nicht vorhersagbarer Weise von den individuellen Eigenschaften und der Strahlungsvorgeschichte des Detektormaterials abhängt. Die verschiedenen Detektormaterialien zeigen unterschiedliche Speicherfähigkeiten für die Strahlungsenergie und zum Teil erhebliche Abhängigkeiten ihrer Nachweiswahrscheinlichkeit von der Strahlungsqualität. Der Dosismeßbereich üblicher Thermolumineszenz–Detektoren erstreckt sich von wenigen mGy bis zu einigen 10'000 Gy. Einige Substanzen sind wegen der empirisch festgestellten LET–Abhängigkeit ihrer Anzeigen sogar zur Diskriminierung verschiedener Strahlungsarten geeignet, sie können also z. B. in gemischten Strahlungsfeldern (Neutronen und Photonen) zum quantitativen Nachweis der einzelnen Strahlungsfeldanteile verwendet werden.

Der Anwendungsbereich der Thermolumineszenz–Dosimeter in der Medizin ist die klinische Dosimetrie an Patienten (in–vivo–Dosimetrie) und die Untersuchung von Dosisverteilungen bei der Therapieplanung. Dazu werden in der Regel sehr kleinvolumige Detektoren verwendet, die für Zwecke der in–vivo–Dosimetrie auch in Glas eingeschmolzen oder in Teflonhüllen eingeschweißt werden. Wegen der Langzeitspeicherung der Dosisinformation werden TLD auch für die Personendosisüberwachung im Strahlenschutz verwendet (z. B. als Fingerringdosimeter oder in Kassetten). TLD spielen außerdem eine bedeutsame Rolle in der technischen Neutronendosimetrie (z. B. in Kernreaktoren) und bei der Umgebungsüberwachung kerntechnischer Anlagen. Da viele natürliche Substanzen wie Knochen, Keramiken, Gesteinsarten und Meteoriten wegen ihrer Langzeitexposition im kosmischen oder terrestrischen Strahlungsfeld erhebliche Thermolumineszenz zeigen, kann die Thermolumineszenzdosimetrie auch zur Alters– und Herkunftsbestimmung dieser Substanzen verwendet werden.

5.1 Physikalische Grundlagen

Das Bändermodell der Festkörper: In isolierten Atomen befinden sich die Hüllenelektronen in klar voneinander getrennten, scharfen Energieniveaus, deren energetische Lage charakteristisch für das jeweilige Atom ist. Anorganische Kristalle (Festkörper) bestehen aus einer regelmäßigen, periodischen Anordnung vieler Atome, dem sogenannten Kristallgitter. Die Elektronen der inneren Schalen bleiben den einzelnen Atomen (Gitterplätzen) auch im Festkörper eindeutig zugeordnet. Die äußeren Elektronenniveaus werden dagegen durch die gegenseitige Wechselwirkung der Kristallatome energetisch so sehr verbreitert, daß man von Energiebändern spricht. Elektronen in diesen erlaubten Energiebändern sind einzelnen Gitterplätzen nicht mehr zuzuordnen, sie sind Elektronen "des ganzen Kristalls". Zwischen den Energiebändern befinden sich ähnlich wie zwischen den diskreten Zuständen im isolierten Atom energetisch verbotene Zonen, die sogenannten Bandlücken (engl.: gaps).

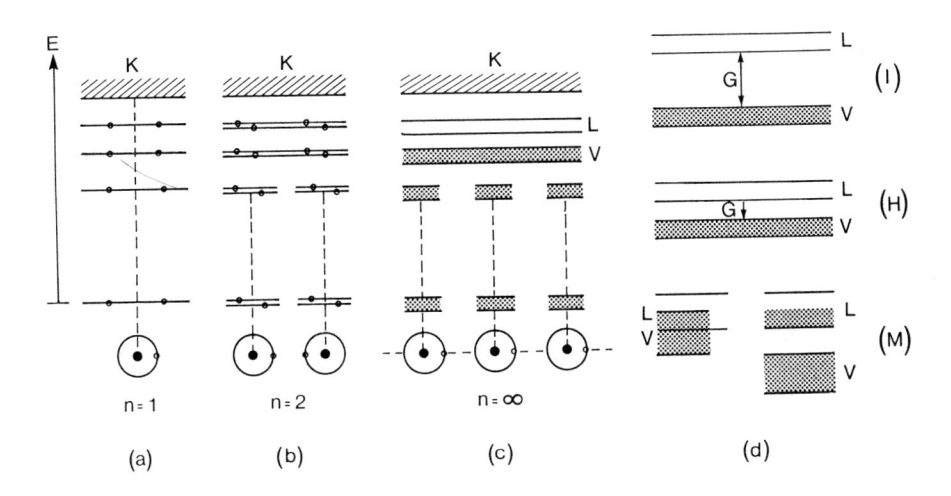

Fig. 5.1: Entstehung der Energiebänder im Kristall (E: Energieachse, K: Bereich kontinuierlicher Zustände oberhalb der Ionisierungsenergie, V: Valenzband, L: Leitungsband). (a) Elektronenenergieniveaus im einzelnen, isolierten Atom (n=1). (b) Zweifach aufgespaltene Energieniveaus im zweiatomigen Molekül (n=2). (c): Energiebänder im Kristall (n=∞). (d): Anordnung von Valenzband und Leitungsband in Kristallen (V: Valenzband, L: Leitungsband, G: Energielücke). Beim Isolator (I) ist der Bandabstand ca. 2–6 eV, beim Halbleiter (H) etwa 0.2–2 eV. Beim Metallgitter (M)) überlappen entweder V– und L–Band oder das L–Band ist nur zur Hälfte gefüllt. In beiden Fällen sind Elektronen frei im Kristall beweglich.

Das Energieband, in dem sich die äußersten Elektronen der Einzelatome, die Valenzelektronen befinden, wird als **Valenzband** bezeichnet (Fig. 5.1c). Energetisch oberhalb des letzten im Grundzustand des Kristalls normalerweise von Elektronen voll besetzten Valenzbandes befindet sich ein weiteres, leeres Energieband. Elektronen, die durch Anregung in dieses Band gelangen, können sich frei im Kristall bewegen, der Kristall wird dadurch elektrisch leitend. Dieses Band wird deshalb als **Leitungsband** bezeichnet. Damit Elektronen vom Valenzband in das Leitungsband überwechseln können, muß ihnen mindestens die Differenzenergie zwischen den Bändern als Anregungsenergie zur Verfügung stehen. Diese Energie kann aus der Wärmebewegung oder aus Anregungen der Elektronen durch Licht oder ionisierende Strahlung herrühren. Ist die Energielücke so groß, daß durch thermische Anregung kein Elektronenübergang in das Leitungsband möglich ist, bezeichnet man den Festkörper als Isolator (Fig. 5.1d). Die Breite des Energiegaps beträgt in Isolatoren mehrere Elektronenvolt. Wird die Energielücke, der verbotene Energiebereich, auf deutlich unter 2 Elektronenvolt verkleinert, so ist bereits bei Zimmertemperatur eine gewisse Übergangsrate der Elektronen möglich. Der Kristall wird dann als Halbleiter bezeichnet. Der Übergang zwischen Isolatoren und Halbleitern ist fließend, d. h. es können keine festen Grenzen für den Bandabstand angegeben werden. Kennzeichnend für Halbleiter ist die starke Temperaturabhängigkeit der elektrischen "Eigenleitfähigkeit", die bei einer gegebenen Temperatur um so größer ist, je kleiner der Bandabstand zwischen Valenz- und Leitungsband ist. Die Eigenleitung kann bei Überschreiten der zulässigen Ströme durch Temperaturerhöhung leicht zur Zerstörung des Kristalls führen. Bei Kristallgittern zweiwertiger Metalle ist das Valenzband gefüllt. Da Leitungsband und Valenzband aber teilweise energetisch übereinanderliegen, können Elektronen im Valenzband ohne externe Energiezufuhr ins Leitungsband wechseln und sich dort frei bewegen. Bei einwertigen Metallen ist das Leitungsband nur halb mit Elektronen besetzt. Auch in diesem Fall sind die Elektronen wieder frei beweglich. Beide Arten der elektrischen Leitung werden deshalb als metallische Leitung bezeichnet.

Das physikalische Modell, das auf diese Weise die Eigenschaften des Festkörpers beschreibt, wird wegen der Bandstruktur der Energieniveaus anschaulich als **Bändermodell** bezeichnet. Wird ein Elektron durch Anregung aus dem Valenzband entfernt, so entsteht gleichzeitig immer auch ein Elektronenloch, das wie eine lokalisierte positive Ladung wirkt. Elektronen und Elektronenlöcher werden also immer paarweise erzeugt. Man bezeichnet die Elektronenlöcher auch als "Defektelektronen" oder einfach als **"Löcher"**. Durch Elektron-Loch-Erzeugung wird zwar das lokale Ladungsgleichgewicht gestört, verläßt das Elektron bei der Anregung den Kristall aber nicht, bleibt der Kristall insgesamt elektrisch neutral. Für Elektronenlöcher existieren nach dem Bändermodell ebenfalls erlaubte und verbotene Energiebereiche, die Defektelektronenbänder. Durch Austausch von Elektronen mit Atomen auf den benachbarten Gitterplätzen können die positiv geladenen Elektronenfehlstellen innerhalb dieser Bänder ähnlich wie die negativen Elektronen im Kristall wandern. Die durch sie verursachte elektrische Leitung wird als "Löcherleitung" bezeichnet. Treffen die im Leitungsband beweglichen Elektronen auf ein Elektronenloch (Rekombinationszentrum), so können sie sich mit diesem unter Umständen wieder vereinigen (rekombinieren); sie nehmen wieder einen Platz im Valenzband ein. Die bei der Rekombination freiwerdende Energie wird dann in Form von elektromagnetischer Strahlung (Photonen, Fluoreszenz) emittiert oder sie wird durch den ganzen Kristall in Form kollektiver Gitterschwingungen (Phononen) aufgenommen und erhöht damit die thermische Energie des Kristalls. Elektronen und Defektelektronen treten also immer paarweise auf und verhalten sich formal völlig identisch. Alle Aussagen zu Elektronen gelten daher in gleicher Weise auch für die Elektronenlöcher.

Ideale und reale Kristalle: Ideale Kristalle bestehen aus periodischen Anordnungen ruhender Atome (Fig. 5.2a). Die Bindung an einen Gitterplatz kann durch ionische Bindung (ionische Kristalle, Beispiel Kochsalz) oder durch kovalente Bindung der Gitteratome (Beispiel Diamant) bewirkt werden. Ideale Kristalle sind außerdem unendlich groß, d. h. sie haben keine Oberflächen. Dadurch hat jedes Atom an einem Gitterplatz die gleiche Zahl von Nachbarn, die Periodizität wird nicht durch Oberflächen gestört. Reale Kristalle dagegen sind endlich, sie haben also Oberflächen. Ihre Atome schwingen wegen der thermischen Bewegung um ihre

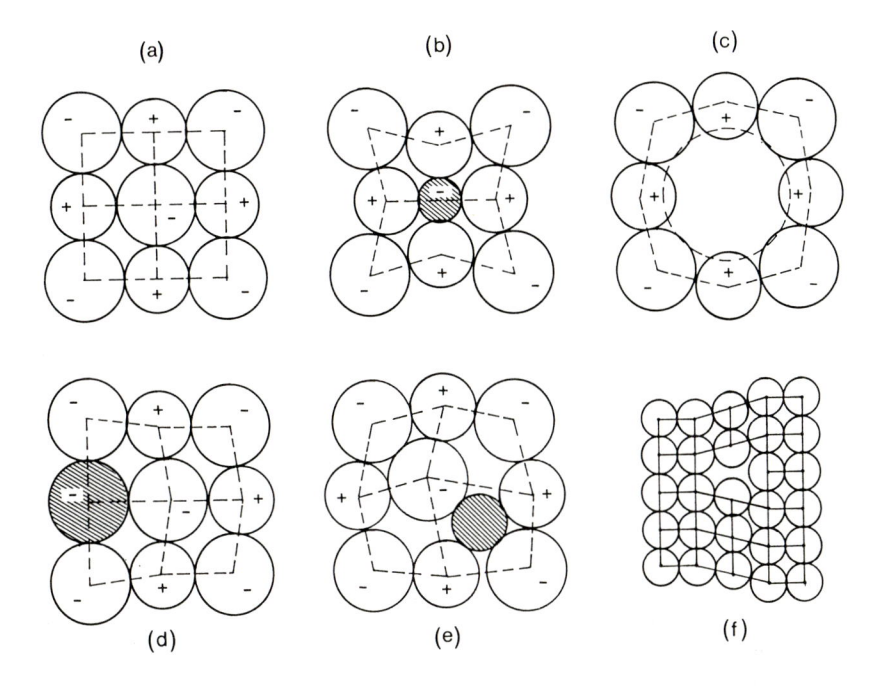

Fig. 5.2: Störstellen im Kristall, (a): idealer Ionenkristall. (b): Einlagerung von Fremdatomen auf einen Gitterplatz. (c): Unbesetzter Gitterplatz (Fehlstelle). Das fehlende Anion ("Trap") fängt frei bewegliche Elektronen ein, die sich mit größter Wahrscheinlichkeit in der Nähe der Kationen (+) aufhalten. (d): Mit einem Gitteratom fehlbesetzter Gitterplatz (lokaler negativer Ladungsüberschuß). (e): Zwischengittereinbau eines Fremdatoms (z. B. bei der Dotierung). (f): Versatz von Kristallebenen (Fehlstelle am Übergang der beiden Ebenen).

Ruhelagen. Die Schwingungsamplituden der Gitteratome erreichen knapp unterhalb des Schmelzpunktes des Kristalls etwa 10% des Abstandes zum nächsten Gitterplatz. Die elektrischen Potentiale um die Atome in einem Kristallgitter, die für die Entstehung der Energiebänder verantwortlich sind, oszillieren etwa mit den gleichen Amplituden.

Die Periodizität des Kristalls kann in realen Kristallen außerdem durch Einbau fremder Atome an Gitterplätze (Fig. 5.2b), durch Fehlbesetzungen von Gitterplätzen durch zwar zum Kristall gehörige, aber an der falschen Stelle eingebaute Atome (Fig. 5.2d), durch besetzte Zwischengitterplätze (Fig. 5.2e), durch unbesetzte Gitterplätze (Fehlstellen, Fig. 4.2c) oder durch sonstige Unregelmäßigkeiten im Gitteraufbau, z. B. Versatz von Kristallebenen (Fig. 5.2f), gestört werden. Diese Kristallfehler, d. h. die Abweichungen von der idealen periodischen Kristallstruktur, sind von wesentlicher Bedeutung für die Speicherfähigkeit der Kristalle für Strahlungs- oder Anregungsenergie.

Die meisten Kristallfehlstellen sind mit Störungen der lokalen Ladungsneutralität verbunden, d. h. sie sind durch Überschuß oder Mangel an Ladungsträgern gekennzeichnet. Bleibt der Kristall als ganzer neutral, so befinden sich die entsprechenden positiven oder negativen Überschußladungen in der Nachbarschaft der Störstellen, die deshalb immer paarweise auftreten. Durch Kristallfehlstellen entstehen zusätzliche Energieniveaus in der verbotenen Zone zwischen Valenz- und Leitungsband (Fig. 5.3). Diese Zustände sind ortsfest. Sofern diese Niveaus eine positive Überschußladung tragen, weil sie z. B. durch den Einbau eines Atomions mit anderer Wertigkeit oder Fehlen eines negativen Gitteratoms entstanden sind, können sie Elektronen einfangen, die vorher ins Leitungsband angeregt wurden, und in diesem wandern. Sie werden deshalb Elektronenfallen (engl.: traps) genannt. Innerhalb der Traps können die eingefangenen Elektronen ähnlich wie in der Hülle einfacher Atome diskrete Anregungszustände einnehmen. Die bei Elektronenübergängen zwischen diesen Trap-Niveaus absorbierten Photonen sind für die Farbe von Kristallen bei Bestrahlung mit weißem Licht verantwortlich. Um Elektronen wieder aus den Traps zu befreien, muß mindestens die Energiedifferenz zum Leitungsband aufgebracht werden. Die Anregungsenergie kann durch thermische Energie (Erhitzen), Lichtenergie oder ionisierende Strahlung aufgebracht werden. Dieser Vorgang entspricht formal der Ionisation von Elektronenhüllen, die erst oberhalb einer Mindestenergie, der Bindungsenergie des betroffenen Elektrons, stattfinden kann.

Fehlstellen in Kristallen können z. B. durch chemische Verunreinigung (Dotierung) mit anderen Atomarten, durch mechanische Einwirkung auf den Kristall und durch Bestrahlung mit ionisierender Strahlung erzeugt werden. Eine besondere Bedeutung haben die sogenannten Leuchtzentren in Kristallen, die durch Dotierung mit Metallatomen entstehen. Sie bestehen oft aus Löchertraps, die durch vorheriges Einfangen von Defektelektronen angeregt (aktiviert) wurden. Sie werden deshalb auch als Aktivatorzentren bezeichnet. Werden Elektronen beim Rücksprung aus dem Leitungsband in solchen Aktivatorzentren eingefangen, so werden diese desaktiviert. Sie senden die überschüssige Energie in Form sichtbaren Lichtes aus. Die Leuchtintensität von Phosphoren hängt direkt mit der Konzentration an Leuchtzentren und damit von der Dotierung mit den entsprechenden Fremdatomen ab. Im wichtigsten Thermolumineszenzmaterial, dem LiF, spielen Mg^{2+}-Ionen die Rolle der Leuchtzentren.

Lumineszenz: Unter Lumineszenz versteht man die Emission von elektromagnetischer Strahlung (Photonen beliebiger Energie) in Festkörpern während oder nach einem Einwirken auf den Kristall, bei dem Energie in irgendeiner Form auf den Kristall übertragen wird. Ist die Abklingzeit der Lichtemission unabhängig von der Temperatur des Festkörpers, so bezeichnet man dies als **Fluoreszenz**. Sie findet immer schon während der Anregung des Kristalls und unmittelbar danach statt. Lumineszenz, deren Lebendauer von der Temperatur des Festkörpers abhängt, wird als **Phosphoreszenz** bezeichnet. Das Bändermodell liefert eine einfache Erklärung für die beiden Erscheinungsformen der Lumineszenz.

Werden Elektronen durch Anregung eines Kristalls vom Valenzband in das Leitungsband angeregt, so rekombinieren sie mit der Lebensdauer der angeregten Zustände im Leitungsband mit den Lochzuständen im Valenzband (Fig. 5.3a). Ihre Lebensdauer ist bestimmt durch die Übergangsrate, also die quantenmechanischen Auswahlregeln der beteiligten Übergänge. Diese sind völlig unabhängig von der Temperatur des Kristalls. Fluoreszenz findet bereits während der Anregung des Kristalls statt und hört kurz nach Beendigung der Aktivierung des Kristalls durch äußere Energiezufuhr wieder auf. Die Fluoreszenzintensität ist also bei einem gegebenen Kristall nur von der zugeführten Energie während der Anregung, nicht aber von der Temperatur des Kristalls abhängig.

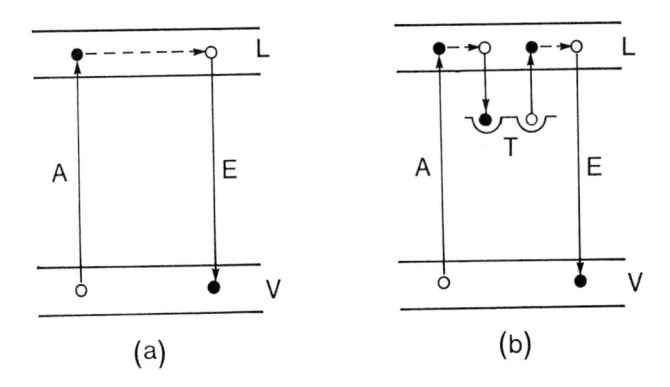

Fig. 5.3: Lumineszenz im Festkörper nach Anregung durch äußere Energiezufuhr (nach dem Bändermodell, A: Anregung, E: Emission von Energie). (a): Fluoreszenz durch Rekombination von Leitungselektronen in das Valenzband. (b): Trapping von Elektronen in langlebigen Zwischenniveaus (T: Traps), Phosphoreszenz nach Anregung der getrapten Elektronen in das Leitungsband mit anschließender Rekombination in das Valenzband.

Befinden sich durch Störstellen verursachte metastabile Zwischenniveaus in der verbotenen Zone (Fig. 5.3b), so können Elektronen nach der Anregung in das Leitungsband in diesen Traps eingefangen werden. Ohne weitere Energiezufuhr können sie die Traps nicht mehr verlassen. Wird dem Kristall erneut Energie zugeführt, z. B. in Form von Wärme oder Licht, so können die Elektronen von den Traps zurück in das Leitungsband gelangen. Von dort aus können sie wie bei der Fluoreszenz mit den Lochzuständen im Valenzband rekombinieren. Zum Teil werden sie statt dessen auch wieder in Elektronenfallen eingefangen. Die Lumineszenzrate (Zahl der Übergänge pro Zeiteinheit) aus den langlebigen Zwischenniveaus hängt bei einer gegebenen Trap–Tiefe nur von der Temperatur und der Zahl der vorher eingefangenen Elektronen ab. Die Intensität des Lumineszenzlichtes nimmt wegen der kontinuierlichen Entvölkerung der Traps mit der Zeit ab, sie dauert solange an, bis alle Traps geleert sind. Die Übergangsrate und damit die Lichtintensität ist um so größer, je höher die Temperatur ist, da bei höheren Temperaturen die Traps schneller geleert werden können. Je weiter die Traps vom Valenzband entfernt sind, um so höher müssen die Temperaturen sein, um die Lumineszenz auszulösen.

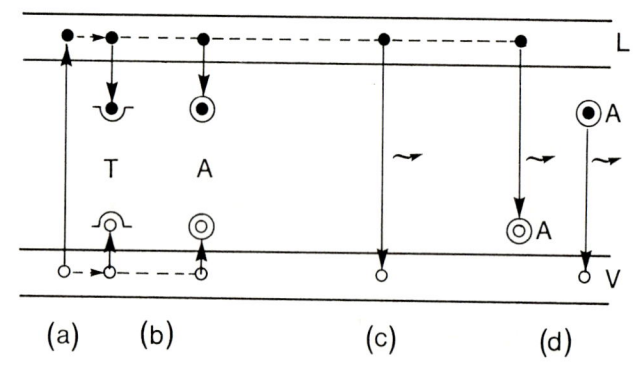

Fig. 5.4: Vorgänge im Thermoluminezenz–Dosimeter bei der Exposition mit ionisierender Strahlung nach dem Bändermodell (Elektronenzustände sind durch ausgefüllte Kreise, Lochzustände durch offene Kreise dargestellt). (a): Erzeugung von beweglichen Elektron–Loch–Paaren durch Anregung. (b): Einfangen der Elektronen und Löcher in Traps (T) oder Leuchtzentren (A). (c): Direkte strahlende (Fluoreszenz) oder strahlungsfreie Rekombination von Elektron–Loch–Paaren. (d): Einfang von Elektronen und Löchern in aktivierten Leuchtzentren (A) und deren Desaktivierung unter Emission von Licht (Radiolumineszenz).

Thermolumineszenz: Unter Thermolumineszenz versteht man die durch kontinuierliche Temperaturerhöhung in Kristallen ausgelöste Lumineszenz, also wärmestimulierte Lichtemission. Geeignete Thermolumineszenz–Phosphore mit hoher Lichtausbeute enthalten eine hohe Zahl von Störstellen (Elektronentraps) und entsprechend viele Leuchtzentren (Aktivatorzentren). Thermolumineszenz findet in zwei Stufen statt. Zunächst wird der Phosphor bei niedrigen Temperaturen dem Strahlungsfeld ausgesetzt. Dadurch werden im Kristall bewegliche Elektron–Loch–Paare erzeugt. Diese können sich im Leitungsband (Elektronen) oder Valenzband (Löcher) frei bewegen (Fig. 5.4a). Nach kurzer Zeit werden sie entweder in metastabile Zustände (Traps) eingefangen (Fig. 5.4b) oder sie rekombinieren direkt mit den Lochzuständen im Valenzband (Fig. 5.4c). Diese Rekombination kann unter Emission von Fluoreszenzstrahlung oder strahlungsfrei stattfinden, wobei die Differenzenergie beim letzteren Prozeß in Form von Kristallschwingungen übernommen wird. Sie können außerdem in Leuchtzentren eingefangen werden, die bereits durch Löcher aktiviert wurden und diese unter Abgabe von Licht desaktivieren (Fig. 5.4d). Dieser Vorgang wird als Radiolumineszenz bezeichnet und z. B. in Szintillationszählern ausgenutzt.

Zur Auswertung wird der Thermolumineszenzdetektor im Auswertegerät aufgeheizt. Dabei werden die in Traps eingefangenen Elektronen oder Löcher durch Übernahme thermischer Energie zurück ins Leitungs- oder Valenzband befördert (Fig. 5.5a). Sie können sich dort wieder frei bewegen, der Festkörper wird dadurch kurzfristig elektrisch leitend. Elektronen und Löcher erleiden jetzt das gleiche Schicksal wie zuvor bei der Bestrahlung. Sie können also entweder wieder in metastabile Zustände (Traps) oder von Leuchtzentren eingefangen werden und diese aktivieren (Fig. 5.5b). Sie können auch direkt strahlend oder strahlungsfrei mit den Lochzuständen im Valenzband rekombinieren (Fig. 5.5c) oder sie werden in aktiven Leuchtzentren eingefangen und desaktivieren diese unter Abgabe von Licht (Fig. 5.5d). Da das dabei entstehende und emittierte Licht erst nach Übertragung von Wärmeenergie entsteht, wird diese Art der Lumineszenz als Thermolumineszenz bezeichnet.

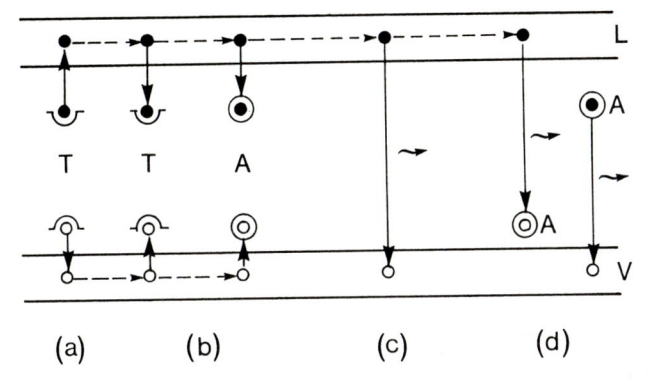

Fig. 5.5: Vorgänge im bestrahlten Thermolumineszenz–Dosimeter beim Aufheizen. (a): Erzeugung von beweglichen Elektron–Loch–Paaren durch Anregung getrappter Elektronen in langlebigen Zwischenniveaus T). (b): Wiedereinfangen der Elektronen oder Löcher in Traps (T, Retrapping) oder in Leuchtzentren (A), die dadurch aktiviert (angeregt) werden. (c): Direkte strahlende oder strahlungsfreie Rekombination von Elektron–Loch–Paaren. (d): Einfang von Elektronen und Löchern in aktivierten Leuchtzentren (A) und deren Desaktivierung unter Emission von Licht (Thermolumineszenz).

Direkte Rekombination von Elektronen mit Lochzuständen im Valenzband erzeugt entweder Strahlung mit Energien, die in der Regel wesentlich höher sind als die Traptiefe, oder sie findet strahlungsfrei statt. Die Übergangsenergie ist etwa so groß wie die Energielücke (der Bandabstand) zwischen Valenzband und Leitungsband. Die Rekombinationsstrahlung wird deshalb in der Mehrzahl der Fälle durch Selbstabsorption im Kristall wieder vernichtet. Bei den strahlungsfreien Rekombinationsübergängen wird die Energiedifferenz in Form von kollektiven Gitterschwingungen vom Kristall übernommen, steht also auch für Lichtemission nicht zur Verfügung. Direkte Rekombinationsübergänge tragen deshalb insgesamt nur unwesentlich zur Emission von Licht aus dem Kristall bei.

Glowkurven: Reale thermolumineszierende Materialien haben mehrere metastabile Elektronenniveaus in der Energielücke zwischen Valenz- und Leitungsband, die sich in ihrer energetischen Lage relativ zum Leitungsband unterscheiden (Fig. 5.6a). Elektronen können dementsprechend nicht nur in einer Art von Traps eingefangen werden, die zu ihrer Befreiung aus den Traps erforderliche Energie ist deshalb je nach Traptiefe verschieden. Wird die beim

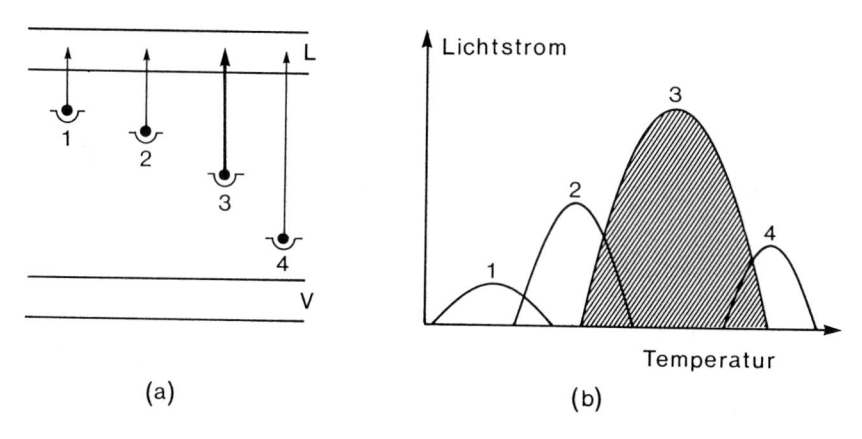

Fig. 5.6: (a): Schematische Darstellung der Lage der verschiedenen Elektronentraps (1-4) in der Energielücke eines TLD. (b): Komponenten der zugehörigen Glow-Kurve beim Ausheizen eines bestrahlten TLD (schematisch). Die zu einer bestimmten Traptiefe gehörige Lichtausbeute entspricht der Fläche unter der entsprechenden Glowkurve. Experimentelle Glowkurven bestehen aus der Summe der Einzelkomponenten. Trap (1) entleert sich schon bei Zimmertemperatur, da der Abstand zum Leitungsband zu gering ist (Fading). Glowkurve (3) hat die höchste Lichtausbeute, da die Trapzustände (3) am stärksten besetzt waren.

Aufheizen eines thermolumineszierenden Materials emittierte Lichtintensität in Abhängigkeit von der Temperatur der Probe aufgetragen, so erhält man sogenannte **Glühkurven** (engl.: glow-curve, Fig. 5.6b). Glowkurven enthalten aus den oben genannten Gründen in der Regel mehrere Intensitätsmaxima (Peaks), deren Form und Größe neben den Eigenschaften des Kristalls (energetische Lage der Traps, Dotierung) auch von der Heizrate, also dem zeitlichen Verlauf des Temperaturanstiegs im Detektor abhängt. Die Höhe der Maxima ist ein Maß für die Zahl der während der Bestrahlung besetzten metastabilen Niveaus, ihre Lage entspricht der energetischen Tiefe der Traps. Je schneller die Heiztemperatur erhöht wird, um so höher wird auch die Amplitude der Glow–Kurven–Peaks und um so mehr werden die Maxima zu höheren Temperaturen hin verschoben. Die Form von Glowkurven ist unter sonst gleichen experimentellen Bedingungen vor allem vom verwendeten Thermolumineszenz–Material abhängig. Wegen der zum Teil komplexen Formen von Glow–Kurven werden oft nicht die Intensitätsmaxima (Amplituden) sondern die Flächen unter den Glow–Peaks als Maß für die gespeicherte Energie verwendet. Diese Flächen sind proportional zur Lichtsumme, d. h. dem Zeitintegral über den Lichtstrom im Auswertegerät.

Elektronen, die in dicht unter dem Leitungsband liegenden Traps gespeichert sind, können schon bei niedrigen Temperaturen zurück ins Leitungsband angeregt werden und in der Folge Lumineszenz auslösen. Die im Kristall gespeicherte Dosisinformation geht auf diese Weise bei einigen Dosimetermaterialien schon bei Zimmertemperatur teilweise wieder verloren. Dieses unerwünschte Löschen der Dosisinformation wird als **Fading** bezeichnet (vgl. Tab. 5.2 und 5.3). Neben dem Fading bei niedrigen Temperaturen kann es auch zur Signalunterdrückung oder –verminderung durch thermisches **Quenchen** kommen. Darunter versteht man die Verminderung der Lumineszenzausbeute durch den konkurrierenden strahlungsfreien Übergang der Elektronen im Leitungsband, dessen Wahrscheinlichkeit mit zunehmender Temperatur zunimmt. Fading und thermisches Quenchen hängen von den individuellen Eigenschaften der Dosimetersubstanz ab. Durch geeignete Behandlung der Dosimeter vor und während der Auswertung kann ihr Einfluß auf die Meßgenauigkeit gering gehalten werden.

5.2 Dosimetrische Eigenschaften von Thermolumineszenz–Materialien

Wesentliche Eigenschaften von Detektoren für die Dosimetrie sind Linearität der Dosimeteranzeige (Dosisproportionalität), die Unabhängigkeit der Dosimeteranzeige von der Dosisleistung (Impulsverhalten), der Strahlungsqualität und Strahlungsart, die Genauigkeit und Reproduzierbarkeit der Anzeige des Dosimeters, seine Kalibrier– und Eichfähigkeit und seine Gewebeäquivalenz. Ionisationsdosimeter (luftgefüllte Ionisationskammern) erfüllen diese Eigenschaften in hervorragender Weise (vgl. dazu Kap. 4) und dienen deshalb als Referenz für andere Dosimeterarten. Thermolumineszenzdetektoren sind offene Detektoren, die überwiegend aus Detektormaterial bestehen. In der Regel sind sie also von keiner Hülle umgeben. Das Detektormaterial muß neben den oben aufgezählten Eigenschaften daher folgende Forderungen erfüllen: Es muß stabil gegen chemische Einflüsse wie Lösungsmittel, Wasserdampf und sonstige Atmospärenbedingungen sein und in seinen Eigenschaften nicht durch physikalische Einflüsse wie Temperatur, Druck, Licht u. ä. veränderlich sein. Seine Toxizität muß schließlich so gering sein, daß der Anwender auch bei versehentlich unsachgemäßem Umgang gesundheitlich nicht gefährdet werden kann (s. Tab. 5.1).

TL–Material (: Dotierung)	Dichte (g/cm^3)	Z_{eff}	chem. Stabilität	Toxizität	Emissionsmaximum (nm)
LiF:Mg,Ti	2.64	8.2	gut	mittel	400
Li$_2$B$_4$O$_7$:Mn	2.3	7.4	hygroskopisch	niedrig	605
CaSO$_4$:Dy	2.61	15.3	gut	niedrig	478, 571
CaSO$_4$:Mn	2.61	15.3	gut	niedrig	500
CaSO$_4$:Sm	2.61	15.3	gut	niedrig	600
BeO	3.01	7.2	gut	hoch (Pulver)	330
CaF$_2$:Dy	3.18	16.3	gut	niedrig	483, 576
CaF$_2$:Mn	3.18	16.3	gut	niedrig	500
CaF$_2$(nat.)	3.18	16.3	gut	niedrig	380

Tab. 5.1: Physikalische und chemische Daten einiger gebräuchlicher Thermolumineszenz–Materialien.

Emissionsspektren von TLD: Das bei der Auswertung im Lesegerät emittierte Licht muß in seiner spektralen Zusammensetzung zum einen an den Photomultiplier im Leser angepaßt sein, zum anderen darf das Thermolumineszenzmaterial nicht zu viele Absorptionsbanden im sichtbaren Bereich aufweisen, da sonst der Eigenabsorptionsanteil im Detektor zu hoch bzw. die Lichtausbeute zu gering ist. Die meisten kommerziellen Photomultiplier haben ihr Empfindlichkeitsmaximum im blauen Spektralbereich (450 bis 350 nm, blau, violett, nahes UV), so daß Phosphore, die solches Licht emittieren, besonders große Signalhöhen ermöglichen (s. Tab. 5.1). Weniger günstig sind dagegen Materialien mit Emissionen im gelben oder roten bis infraroten Spektralbereich (1000 bis 600 nm), da Thermolumineszenzdetektoren beim Auswerten bis auf mehrere Hundert Grad Celsius aufgeheizt werden und die Photomultiplier deshalb durch Infrarotfilter vor Überhitzung geschützt werden müssen. Damit wird gleichzeitig die Signalintensität des roten Lumineszenzlichtes aus dem Detektor herabgesetzt. Emittieren die Detektoren überwiegend im ultravioletten Spektralbereich, müssen Photomultiplier mit UV–durchlässigen Eingangsfenstern, z. B. aus Quarz, verwendet werden.

Struktur der Glowkurven: Die ideale Glowkurve eines Thermolumineszenzdetektors für die klinische Dosimetrie besteht aus einem einzelnen Glowpeak, der zu einer energetisch klar definierten einfachen Trapkonfiguration gehört. Die Tiefe der Traps (ihre energetische Lage unter dem Leitungsband) soll so groß sein, daß bei den üblichen Umgebungstemperaturen (Zimmertemperatur) keine Entvölkerung der Traps zu erwarten ist, also auch bei langen

5.2 Dosimetrische Eigenschaften von Thermolumineszenz-Materialien

TL-Material (: Dotierung)	Glowpeak (Nummer)	Temperaturen der Peakmaxima (°C)	Traptiefen (eV)	Halbwertzeit (bei 20°C) (bzw. Signalverlustrate)
LiF:Mg,Ti	I	70		5 min
	II	130		10 h
	III	170		0.5 a
	IV	200		7 a
	V	225		80 a
	VI	275		
$Li_2B_4O_7$:Mn	I	50		
	II	90		
	III	200		10% pro Monat
	IV	220		10% pro Monat
$CaSO_4$:Dy	III	220	1.4	120 a
	IV	260	1.54	20300 a
$CaSO_4$:Mn	I	90		40 bis 85% in 10 h
BeO	I	70		
	II	160		
	III	180		0% in 5 Monaten bis
	IV	220		7% in 2 Monaten
CaF_2:Dy	I	120		instabil
	II	140		instabil
	III	200		25% pro Monat
	IV	240		25% pro Monat
CaF_2:Mn	I	260		1% pro Tag
CaF_2(nat.)	I	110	1.2	3 Monate
	II	175	1.65	5 a
	III	263	1.71	$2 \cdot 10^5$ a

Tab. 5.2: Glowkurvendaten verschiedener Thermolumineszenzmaterialien (Halbwertzeiten für Lagerung bei Zimmertemperatur, Daten nach: Portal und Busuoli).

Lager- oder Tragezeiten des Detektors kein Fading auftritt. Sie darf aber auch nicht zu groß sein, da sonst beim Ausheizen des Detektors zu hohe Temperaturen benötigt werden, die Probleme durch erhöhte Wärmestrahlung oder thermisches Quenchen (thermischen Signalverlust, vgl. Abschnitt 5.1) verursachen können. Als günstig werden "Lesetemperaturen" nicht wesentlich oberhalb 200 °C betrachtet. Wünschenswert ist auch eine weitgehende Unempfindlichkeit des Thermolumineszenzmaterials gegen UV-Lichtexposition, die in den meisten TL–Materialien zu Fading durch UV–induzierte Entleerung der Traps, in manchen Materialien auch zu einer Wanderung von Traps innerhalb des Kristalls mit einer anschließenden Erhöhung der Lichtausbeute ("Antifading") durch Umbesetzung von tiefen Traps führen kann. Viele Thermolumineszenz–Materialien haben recht komplexe Trapkonfigurationen und weisen deshalb auch komplizierte Überlagerungen der zu den einzelnen Traps gehörenden Glowkurven auf (vgl. Fig. 5.6, Tab. 5.2). Sie zeigen ein teilweise erhebliches thermisches Fading und sind außerdem unterschiedlich empfindlich gegen den UV–Lichtanteil im Tageslicht (s. Tab. 5.3). In manchen Thermolumineszenzmaterialien werden durch Tageslicht- oder UV–Licht–Bestrahlung einige tiefe Traps um- oder neubesetzt und täuschen dadurch bei der späteren Auswertung eine Exposition mit ionisierender Strahlung vor. Manchmal sitzen Traps so tief, daß sie bei der Auswertung nicht geleert werden können, da die thermische Energie dazu nicht ausreicht. Ein Teil der Dosisinformation bleibt deshalb im Detektor gespeichert und kann bei späterer Verwendung der Detektors unter Umständen wegen der Trapwanderung oder Umbesetzung zu einer Erhöhung des Untergrundes führen.

TL–Material (: Dotierung)	Thermisches Fading (bei 20–25°C)	optisches Fading (einschl. UV)
LiF:Mg,Ti	5% in 3 Monaten	schwach
$Li_2B_4O_7$:Mn	10% in 2 Monaten	schwach
$CaSO_4$:Dy	1–2% pro Monat	schwach
$CaSO_4$:Mn	36% pro Tag	
BeO	bis 8% in 3 Monaten	stark
CaF_2:Dy	25% im 1. Monat	stark
CaF_2:Mn	10% im 1. Monat	
CaF_2(nat.)	< 3% in 9 Monaten	Trap–Wanderung

Tab. 5.3: Fadingeigenschaften der für die Dosimetrie verwendeten Glow–Peaks einiger Thermolumineszenzmaterialien.

Dosisbereich und Linearität von TLD: Im allgemeinen wird ein großer Dosismeßbereich und innerhalb dieses Bereiches eine strenge Linearität zwischen applizierter Dosis und Signal des Detektors erwünscht. Thermolumineszenzdetektoren erfüllen diese Bedingungen je nach Zusammensetzung des Detektormaterials für Dosen zwischen wenigen mGy und 10^4 Gy (s.Tab. 5.4). Die meisten TLD zeigen aber ab einer bestimmten Schwellendosis ein überproportionales Anwachsen des Meßsignals mit der Dosis (s. Fig. 5.7). Dieser Effekt wird als **Supralinearität** bezeichnet. Als Grund für dieses relative Anwachsen des Meßsignals wird unter anderem die Erzeugung neuer Traps durch die Bestrahlung (Strahlenschäden im Kristall) vermutet.

5.2 Dosimetrische Eigenschaften von Thermolumineszenz–Materialien

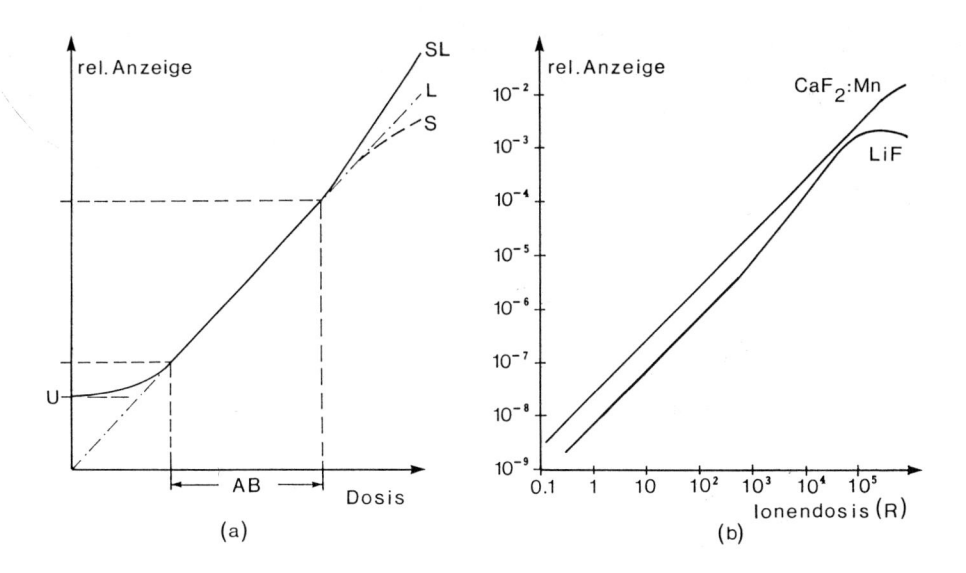

Fig. 5.7: Zur Linearität der Meßanzeige von Thermolumineszenzdetektoren. (a): Schematische Darstellung der Dosisabhängigkeit der Dosimeteranzeige (L: linearer Verlauf, SL: supralinearer Verlauf, S: Übergang in die Sättigung, U: Untergrund, AB: linearer Arbeitsbereich, vgl. Tab. 5.4). (b): Experimentelle Empfindlichkeitskurve für das Glowkurven–Maximum von LiF und CaF_2:Mn–TLD bei Bestrahlung mit 60–Co–Gamma–Strahlung (nach Fowler/Attix). Während die Anzeige für CaF_2:Mn über den gesamten Dosisbereich bis zur beginnenden Sättigung nahezu linear verläuft, zeigt die Kurve für LiF bereits ab etwa 300–500 R eine ausgeprägte Supralinearität, die bei etwa 100'000 R in die Sättigung übergeht.

Die Supralinearität ist keine Materialkonstante, sondern hängt von den individuellen Eigenschaften des Detektors ab. Sie kann auch bei sonst gleicher nomineller Zusammensetzung der TLD sogar bei jeder Herstellungscharge wechseln. Verschiedene Traps innerhalb eines Detektormaterials und die zugehörigen Glowpeaks können nicht nur unterschiedliche Abhängigkeiten ihrer Besetzung vom LET der verwendeten Strahlung aufweisen, die einzelnen Glowpeaks können auch verschiedene Supralinearität zeigen. Die Supralinearität eines einzelnen Glowpeaks kann sich also von der Gesamtsupralinearität des Detektors unterscheiden. Hat ein Detektor einmal den Bereich der Supralinearität erreicht, so behält er die erhöhte Empfindlichkeit, auch wenn er beim nächsten Mal nur mit niedrigeren Dosen bestrahlt wird, da eventuelle zusätzliche, durch Strahlung erzeugte Traps durch die normale Auswertung nicht wieder aus dem Detektor entfernt werden. Seine Empfindlichkeit hat sich insgesamt erhöht, der Detektor zeigt eine scheinbare Supralinearität bereits unterhalb der Schwelle. Um die ursprüngliche Empfindlichkeit der Detektoren wieder herzustellen, müssen sie einer vollständigen Lösch–Prozedur ("Annealing") bei hohen Temperaturen ausgesetzt werden (s. u.). Aus

Gründen der dosimetrischen Genauigkeit ist deshalb die individuelle Ermittlung der Supralinearität für jeden Satz Detektoren, für den zur Auswertung herangezogenen Glowkurvenanteil und für die zu untersuchende Strahlungsart und -qualität dringend zu empfehlen.

TL–Material (: Dotierung)	Dosisbereich (Gy)	lin. Dosisbereich (Gy)	Empfindlichkeit (rel. zu LiF)	Unabhängigkeit von der Dosisleistung bis
LiF:Mg,Ti	10^{-5}–10^{3}	< 3.0	1.0	$1.5 \cdot 10^{9}$ Gy/s
$Li_2B_4O_7$:Mn	10^{-4}–10^{4}	< 1.0	0.02–0.5	10^{10} Gy/s
$CaSO_4$:Dy	10^{-7}–10^{2}	< 30	30	
$CaSO_4$:Mn	10^{-7}–10^{2}	< 50	70	
BeO	10^{-4}–10^{2}	< 0.5	1.2	$5 \cdot 10^{9}$ Gy/s
CaF_2:Dy	10^{-6}–10^{3}	< 6	15–30	
CaF_2:Mn	10^{-4}–$3 \cdot 10^{3}$	< 2000	3	
CaF_2(nat.)	10^{-4}–10^{2}	< 50	23	

Tab. 5.4: Dosismeßbereich, linearer Dosismeßbereich (unterhalb der Supralinearität), Empfindlichkeit (relativ zu LiF) und Dosisleistungsabhängigkeit von Thermolumineszenzmaterialien.

Oberhalb des Bereiches der Supralinearität können einige Thermolumineszenzdetektoren bei hohen Dosen in die Sättigung geraten, die durch eine vollständige Besetzung aller verfügbaren Traps erreicht wird (Fig. 5.7). In diesem Dosisbereich sollten Thermolumineszenz–Detektoren nicht mehr betrieben werden, da die dosimetrische Genauigkeit dort zu gering ist. Meistens ist es möglich, statt dessen ein anderes, weniger empfindliches Material zu verwenden. Einige Dosimetermaterialien (z. B. Lithiumborat) verfärben sich bei hohen Dosen. Da dadurch die Lichtemission abnimmt, zeigen diese Materialien bei hohen Dosen einen unterproportionalen Signalanstieg. Diesen Effekt bezeichnet man als **Sublinearität**.

Die untere Grenze für die quantitative Dosimetrie mit Thermolumineszenzdetektoren ist durch den Untergrund (engl.: background) der Meßsignale bei der Auswertung gegeben (Fig. 5.7a). Untergrundsignale können im Auswertegerät (z. B. durch Rauschen, Infrarotstrahlung) oder direkt im Detektor entstehen. Quellen von Untergrundstrahlung im Detektor sind **Infrarotstrahlung** aus dem Kristall beim Ausheizen, **Chemolumineszenz** (durch Oxidationsprozesse verursachte Photonenemission) oder **Tribolumineszenz** (durch innere Reibung, Veränderungen der Oberflächenspannungen unter Lichtemission und andere mechanische Effekte verursachte Photonenemission). Die Beiträge der Chemolumineszenz und Tribolumineszenz zum Untergrundsignal kann man dadurch verringern, daß man Oxidationsprozesse auf den

Oberflächen der Kristalle durch Umspülen des Detektors mit inerten Schutzgasen (Argon, hochreinem Stickstoff) während der Aufheizung des Detektors im Lesegerät verhindert. Die Triboluminszenz ist am größten bei Thermolumineszenz–Pulvern, sie ist am kleinsten, wenn das Thermolumineszenzmaterial entweder aus Einkristallen besteht, gesintert ist oder in einer Trägermatrix (z. B. aus Teflon) fest gebunden wurde. Weitere Untergrundquellen im Detektor sind Restsignale aus vorherigen Bestrahlungen, die nicht durch eine ausreichende Signallöschung (Annealing) nach der Auswertung beseitigt wurden. Als Kriterium für die Grenze der Verwendbarkeit von TLD im Niedrigdosisbereich kann die Signalhöhe unbestrahlter Detektoren im Auswertegerät herangezogen werden. Ist die zu erwartende Detektoranzeige in der gleichen Größenordnung wie dieser Untergrund, so sollte besser die Dosimetersubstanz gegen ein empfindlicheres Material ausgetauscht werden.

Die Anzeigen von Dosimetern im Strahlungsfeld gepulster Strahlungsquellen oder bei hohen kontinuierlichen Dosisleistungen sollen idealerweise unabhängig von der Dosisleistung sein. Während bei Ionisationskammern wegen der Rekombinationsverluste und der Sättigungsverluste im Kammervolumen Korrekturen bis in den Prozentbereich hinein erforderlich werden können (vgl. Abschnitt 4.7), ist bei Thermolumineszenzdetektoren bisher keine Abhängigkeit der Detektorsignale von der Dosisleistung bekannt. Ihre Anzeigen sind dosisleistungsunabhängig bis zu Dosisleistungen von einigen 10^9 Gy/s (vgl. Tab. 5.4).

Abhängigkeit der Dosimeteranzeige von der Photonen–Strahlungsqualität: Um die Energieabhängigkeit von Dosimeteranzeigen zu vergleichen, bezieht man sie immer auf die Anzeigen von luftgefüllten Ionisationskammern im gleichen Strahlungsfeld, da Luft und menschliches Weichteilgewebe weitgehend dosimetrisch äquivalent sind (vgl. Abschnitt 4.5). Ein Maß für die Energieabhängigkeit von Thermolumineszenzdetektoren in Photonenstrahlungsfeldern unter Sekundärelektronengleichgewicht ist die Veränderung des Verhältnisses der Massenenergieabsorptionskoeffizienten des Detektormaterials und von Luft mit der Photonenenergie, da die absorbierte Energie proportional zum Massenenergieabsorptionskoeffizienten im jeweiligen Medium ist (vgl. dazu Abschnitt 7.3 und Kap. 4). Es ist daher zu erwarten, daß Detektormaterialien, deren atomare Zusammensetzung sich wenig von Luft unterscheidet, die also weitgehend dosimetrisch äquivalent zu Luft sind (vgl. Abschnitt 4.5, Tab. 5.1), eine ähnliche Energieabhängigkeit wie diese zeigen. Die für die klinische Dosimetrie wichtigsten Thermolumineszenzmaterialien sind deshalb dotierte Lithium–Verbindungen wie z. B. LiF:Mg oder LiF:Ti, die eine effektive Ordnungszahl von etwa 8.2 haben oder das (allerdings hoch toxische) Berylliumoxid (BeO) mit einer effektiven Ordnungszahl von 7.1 . Dotierungen von TL–Materialien mit hochatomigen Verunreinigungen führt zu einem erheblichen Anwachsen der Energieabsorption im Bereich des Photoeffektes, also bei niedrigen Photonenenergien (Fig. 5.8). In der Regel ist diese starke Energieabhängigkeit unerwünscht, da bei heterogenen Strahlungsfeldern die Dosisunsicherheit wächst. Für Strahlenschutzzwecke kann die starke Energieabhängigkeit von manchen Thermolumineszenz–Materialien jedoch dazu verwendet werden, verschiedene Strahlungskomponenten wie bei Strahlenschutzfilmen nach der Filtermethode zu unterscheiden.

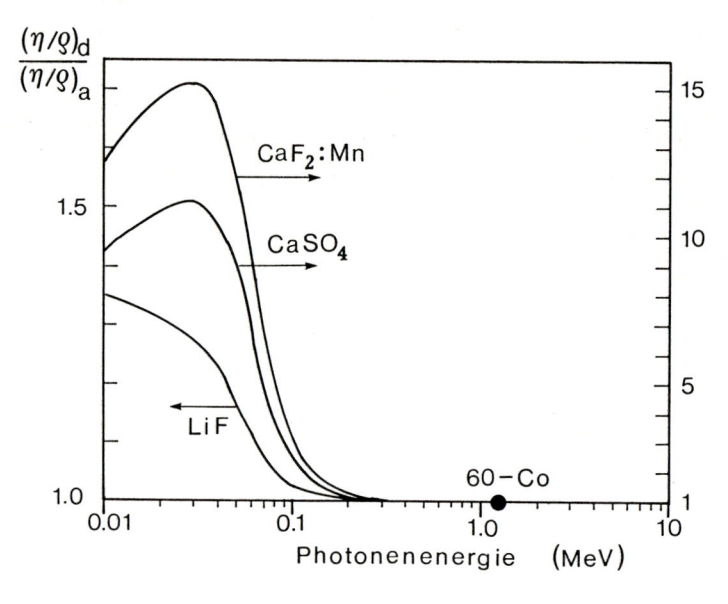

Fig. 5.8: Relatives Ansprechvermögen von Thermolumineszenzmaterialien, berechnet als Verhältnis der Massenenergieabsorptionskoeffizienten $(\eta/\rho)_d/(\eta/\rho)_a$ für TLD (Index d) und Luft (Index a), normiert auf den Wert bei 1.25 MeV (60–Co–Strahlung), (nach Fowler/Attix). Für LiF gilt die linke Skala, für $CaSO_4$ und CaF_2 die rechte Skala. Die Kurven verändern sich wegen der Ordnungszahl– und Energieabhängigkeit der Photonenwechselwirkungen mit der Art und dem Grad der individuellen Dotierung der Phospore mit schwereren Elementen.

5.3 Praktische Aspekte der Thermolumineszenzdosimetrie

Form von Thermolumineszenzdetektoren: Thermolumineszenzdetektoren werden als kleine kreisförmige oder quadratische Scheiben (chips), Stäbchen mit wenigen Millimetern Länge und Durchmesser bei quadratischem oder kreisförmigem Querschnitt (rods), als offenes Pulver, das in Hüllen eingeschweißt wird (Bänder, engl.: ribbons) oder als in Glas eingeschmolzene Detektoren (engl.: bulbs) aus allen gängigen Detektormaterialien hergestellt (Fig. 5.9b). Daneben werden die Phosphormaterialien auch in Kunststoffmatrizen eingebracht wie zum Beispiel aus Teflon (PTFE: Polytetrafluoroäthylen). Dies erhöht zwar die mechanische Festigkeit der Detektoren, hat aber den entscheidenden Nachteil, daß diese Detektoren bei hohen Temperaturen ihre Form und Größe ändern, da die Kunststoffe nicht ausreichend wärmestabil sind. Durch solche Formänderungen wird der Wärmeübergang von den Detektorträgern auf die Detektoren beim Aufheizen während des Lesevorgangs mit der Zeit verschlechtert, was natürlich Einfluß auf die Genauigkeit und Reproduzierbarkeit der Meßergebnisse haben kann. Detektoren in reiner kristalliner Form, entweder als Einkristalle, Pulver oder gesinterte und gepreßte Formen sind deshalb bei angestrebter hoher dosimetrischer Genauigkeit vorzuziehen, wenn die sonstigen Umstände dies erlauben.

Die Auswerteeinheit: Zur Auswertung werden die bestrahlten Thermolumineszenzdetektoren auf Träger aufgebracht, die dann im Lesegerät aufgeheizt werden. Das Auswertegerät besteht aus zwei wesentlichen Funktionseinheiten, der **Leseeinrichtung** und der **Heizeinrichtung**. Zum Lichtnachweis werden Sekundärelektronenvervielfacher (Photomultiplier) benutzt, deren Photokathode selbstverständlich auf die spektrale Zusammensetzung des Lumineszenzlichtes abgestimmt sein muß (vgl. Abschnitt 5.2). Der Strom bzw. die im Photomultiplier erzeugte Ladung ist proportional zur emittierten Lichtintensität bzw. Lichtmenge. Um Beschädigungen durch Überhitzen des Photomultipliers zu vermeiden, befinden sich zwischen Detektorträger und Photokathode des Photomultipliers Infrarot–Filter, die die von den Detektoren und den Trägerschälchen ausgehende Wärmestrahlung absorbieren. Zusätzlich werden die Photomultiplier durch die bei den meisten Lesern zur Vermeidung der Tribo– und Chemolumineszenz verwendeten Stickstoffspülung gekühlt. Die Form der Detektorträger hängt von der Heizmethode im Lesegerät ab. Träger sollen zum einen eine reproduzierbare Positionierung der Detektoren relativ zum Photomultiplier garantieren, die für eine vollständige Erfassung des emittierten Lumineszenzlichtes erforderlich ist. Zum andern muß je nach Heizverfahren auch ein guter Wärmekontakt zum Heizmedium gewährleistet sein, damit reproduzierbare zeitliche Temperaturprofile in den Detektoren erzeugt weden können, die wichtig für die Form der Glowkurven sind (Höhe und Lage der Peaks). Wichtig ist ein hohes, zeitlich möglichst unveränderliches Reflexionsvermögen der Träger, da der reflektierte Lichtintensitätsanteil erheblich zum Signal des Photomultipliers beiträgt. Da bei den hohen Temperaturen in den Lesern die Gefahr der Korrosion und Eintrübung der Detektorträger besteht, werden diese am besten aus Edelmetallen, meistens Platin oder Rhodium, gefertigt. Zumindest sollten die Oberflächen der Träger mit Edelmetallen veredelt sein, da die Korrosion bei reinen Edelstahlträgern (Rost) das Reflexionsvermögen bereits nach wenigen hundert Auswertezyklen um mehrere Prozent der Anfangswerte verringern kann.

Zum Aufheizen der Detektoren werden verschiedene Methoden angewendet. In **Heißgaslesern** wird das Spülgas gleichzeitig zum Heizen der Detektoren verwendet. Dieses Verfahren ist besonders günstig, wenn Wert auf große Auswertegeschwindigkeit und gleichmäßige und schnelle Erhitzung der TLD gelegt wird. Ein weiterer Vorteil der Gasheizung ist die Unabhängigkeit der Heizrate (Temperaturanstieg) im Detektor von der Form und Größe der Detektoren, da bei umströmendem Gas keinerlei Probleme mit dem Wärmeübergang zwischen Detektor und Heizmedium auftreten. Nachteilig ist das üblicherweise fest vorgegebene Heizprofil der Gasleser und die damit verbundene mangelnde Flexibilität, die besonders bei

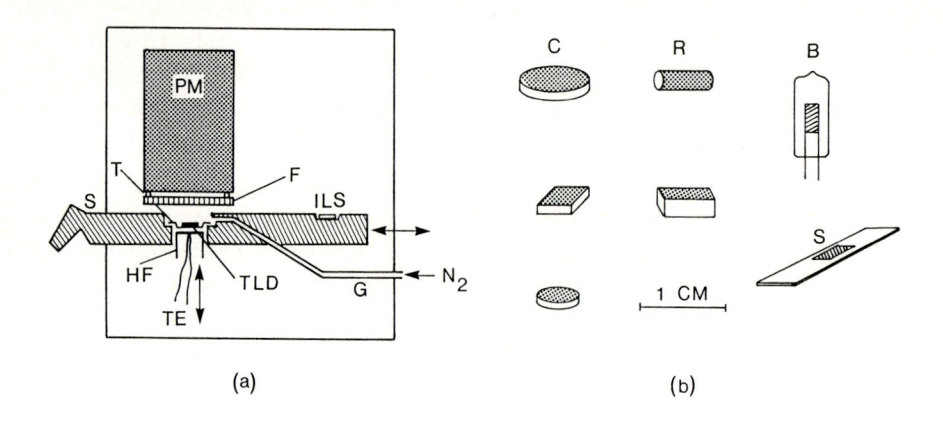

Fig. 5.9: (a): Anordnung von Detektor, Heizelement und Photomultiplier bei einem TLD-Leser mit indirekter Trägerheizung (schematische Darstellung, PM: Photomultiplier, F: Infrarotfilter, S: Schieber für den Detektoraustausch, HF: beweglicher Heizfinger mit Thermoelement TE, TLD: Detektor, G: Gaszuführung, ILS: interne Kalibrierlichtquelle, T: Träger aus Platinfolie). (b): Übliche Bauformen kommerzieller Thermolumineszenzdetektoren (C: Chips, R: Rods beide Formen aus gepreßtem oder gesintertem TL-Material, B: in Glaskolben eingeschmolzener direkt beheizter TL-Detektor mit externem Anschluß für die Heizung, S: in Teflonstreifen eingeschweißtes TL-Pulver für die physikalische Strahlenschutzkontrolle).

Grundlagenuntersuchungen mit ständig wechselnden Heizprofilen hinderlich ist. Bei den **Trägerheizverfahren** (s. Beispiel in Fig. 5.9a) werden die Detektorträger selbst direkt oder indirekt elektrisch geheizt. Bei direkter Heizung werden die metallischen Träger (Planchets, Trays) unmittelbar als Heizkörper verwendet. Sie werden dazu an eine einstellbare und geregelte Spannungsquelle angeschlossen, die einen Heizstrom direkt durch den Träger schickt. Die Temperatur des Trägers wird meistens mit Thermoelementen geregelt, die ebenfalls direkt mit dem Detektorträger verbunden sind. Bei indirekt geheizten Trägern wird ein Heizelement ("Heizfinger") unter das Detektorschälchen gefahren, sobald sich dieses in Auswerteposition unterhalb des Photomultipliers befindet. Die Temperaturregelung übernimmt auch hier ein Thermoelement, das permanent mit dem Heizfinger verbunden ist. Die indirekte Heizung hat wegen der besseren elektrischen Bedingungen (keine Kontaktprobleme) geringe Vorteile gegenüber der direkten Trägerheizung.

Bei beiden Verfahren dürfen die Wärmekapazitäten der Detektorträger nicht zu hoch sein, damit keine unnötigen Verzögerungen des Temperaturanstiegs oder örtliche Temperaturgradienten auftreten. Die Träger sind aus Gründen der Wärmeleitfähigkeit und der Wärmekapazität meistens als dünne metallische Schälchen oder Schiffchen aus Edelstahl oder aus

Platin gefertigt. Bei beiden Trägerheizverfahren kann es zu Schwierigkeiten mit dem Wärmeübergang zwischen Träger und Detektor kommen. Dies ist besonders dann der Fall, wenn die Detektoren keine ebenmäßigen Oberflächen haben oder sich Staub in der Auswerteeinheit befindet, der die erforderliche Planlage der Detektoren verhindert. Aus diesen Gründen sollte nicht nur auf peinliche Staubfreiheit des Arbeitsplatzes geachtet werden, sondern auch auf die mechanische Unversehrtheit der Detektoren. Detektoren, deren Oberflächen verletzt sind oder bei denen äußere Beschädigungen feststellbar sind, sollten deshalb unbedingt aus dem Verkehr gezogen werden. Wegen der niedrigen Wärmekapazitäten der Detektorhalterung sind die Temperaturen beim Trägerheizverfahren besonders einfach zu regeln. Die leichte Programmierbarkeit der Temperaturregelung ermöglicht bei den Trägerheizverfahren die Wahl individueller Heizprofile und macht die Trägerheizverfahren deshalb besonders für Grundlagenuntersuchungen geeignet.

Weitere, weniger verbreitete Heizmethoden sind die Verwendung eines elektrisch geheizten Heizblocks mit großer Wärmekapazität, mit dem die Detektoren bei der Auswertung kurz in Kontakt gebracht werden, die Heizung mittels Infrarot- und Lichtquellen, deren Strahlung über Linsen auf den Detektor fokussiert werden, die Heizung mit Kurzwellensendern oder die direkte Heizung von Detektoren, die in Glasröhren eingeschmolzen sind und ähnlich wie Radioröhren externe Anschlüsse für eine Heizwendel im Inneren haben. Diese Verfahren bieten keine entscheidenden Vorteile im Vergleich zu den Methoden der Gasheizung oder der direkten oder indirekten Trägerheizung.

Heizprofile: Die Form der Heizprofile (Temperaturverlauf als Funktion der Zeit) hängt vom Detektormaterial und den dosimetrischen Randbedingungen und Anforderungen ab. Ein vollständiger Heizzyklus (s. Fig. 5.10) besteht im allgemeinen aus einer Vorheizzone, einer Lesezone und einer Nachheizzone. Während der Vorheizung werden der Detektor und der Träger aufgeheizt, ohne dabei das emittierte Lumineszenzlicht auszulesen (Pre-read heating). Die Vorheizung dient der Unterdrückung von Signalen aus energetisch hochliegenden Traps, die schon bei niedrigen Temperaturen ein erhebliches Fading zeigen (vgl. Abschnitt 5.2). Man bezeichnet die Vorheizung deshalb auch als **Pre-Annealing** (engl.: ausglühen). Die Höhe der Pre-Annealing-Temperatur hängt vom Detektormaterial und der angestrebten dosimetrischen Genauigkeit ab. Manche Materialien benötigen wegen des geringen Fadings keine Vorheizzone, was die für einen Auswertzyklus benötigte Zeit erheblich verkürzen kann.

In der **Lesezone** werden die Detektoren auf die zur Erzeugung der Thermolumineszenz erforderliche Temperatur (ca. 200–300°C) aufgeheizt. Gleichzeitig wird das emittierte Licht im Photomultiplier registriert. Die Dauer der Lesezone und die dabei erreichte maximale Temperatur sind wieder vom Detektormaterial (Struktur der Glowkurve), dem zu untersuchenden Dosisbereich und der gewählten Heizrate (zeitlicher Temperaturgradient) abhängig. Als Heizprofile können lineare und nicht lineare Temperaturverläufe gewählt werden. Lineare

Heizraten (konstante zeitliche Tempearturgradienten) sind vor allem für Grundlagenuntersuchungen der Trapstrukturen von Thermolumineszenzmaterialien von Bedeutung. Die bei linearer Heizung entstehenden Glowkurven ermöglichen die direkte Zuordnung von Glowpeaks zu den Temperaturen des Detektors, da Zeit und Temperatur proportional sind. Bei nicht linearen Heizprofilen ist eine unmittelbare Zuordnung von Glowpeak und Temperatur im allgemeinen nicht möglich. Für Routinemeßaufgaben ist die Wahl der Heizrate ohne Bedeutung, wenn sowohl die Kalibrierung als auch die Auswertung der Detektoren unter gleichen Bedingungen durchgeführt werden. Vorheizzone und Lesezone werden am besten dadurch für die konkrete Meßaufgabe optimiert, daß man sowohl Temperaturkurven wie Glowkurven während der Auswertung einer Reihe von üblich bestrahlten Detektoren über Schreiber dokumentiert und dann die gewünschten Heizprofile an Hand dieser Kurven festlegt. Bei manchen kommerziellen TLD–Lesern sind die Heizprofile bereits vom Hersteller fest eingestellt, andere flexiblere Systeme ermöglichen die individuelle Wahl der Heizrate und Heizzeiten am Leser. Für solche Fälle finden sich Empfehlungen für die Heizzyklen in den Bedienungsanleitungen der Hersteller von Lesern oder Detektoren und außerdem in der einschlägigen Literatur (z. B. Oberhofer/Scharmann).

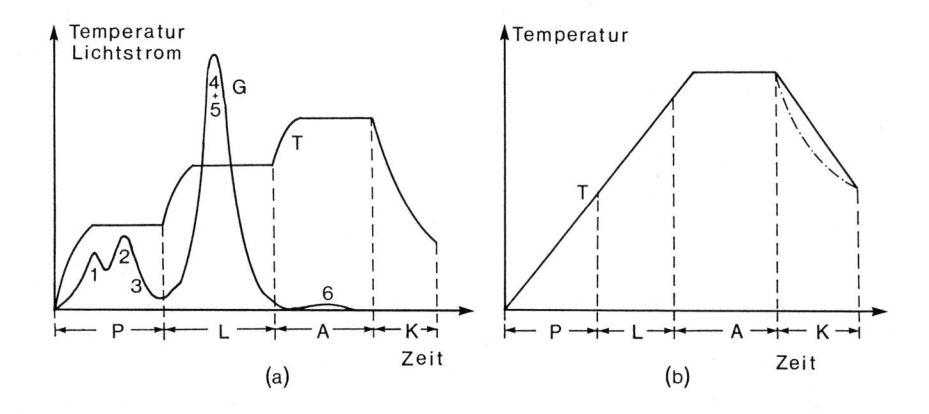

Fig. 5.10: Zeitlicher Verlauf der Heizprofile bei der Auswertung von TLD. (a): Typisches nicht lineares Heizprofil und zugehörige Glowkurve für die Routineauswertung von LiF in Teflonmatrix (P: Preannealzone, L: Lesezone, A: Annealzone, K: Kühlbereich, T: Temperaturverlauf, G: Glowkurve, 1–6: Glowpeaks von LiF). (b): Lineare Heizrate für Grundlagenuntersuchungen (schematisch, Zonen und Bezeichnungen wie bei (a)). Der Anstieg der Temperaturkurve im linearen Teil kann ebenso wie die Zonenbreiten individuell eingestellt werden. Zum Abkühlen kann entweder die natürliche (exponentielle) Kühlung verwendet werden (strich–punktierte Linie) oder durch kontrolliertes Nachheizen ein linearer Verlauf.

Anschließend an die Ausleseprozedur wird die **Nachheizzone** angeschlossen. Sie dient der Rückstellung (Löschung von Restsignalen) der Detektoren und der Regeneration der Trapstrukturen der Thermolumineszenzdetektoren und wird deshalb auch als Post–Read–Annealing bezeichnet. Auch hier sind die Dauer und die zum Annealing erforderlichen Temperaturen wieder vom verwendeten Detektormaterial abhängig. Einige komerzielle Auswertegeräte ermöglichen ein kurzes Post–Annealing im unmittelbaren Anschluß an den Lesezyklus. Nach Erfahrungen vieler Autoren werden bessere Konditionierungen der Detektoren erreicht, wenn das Post–Annealing in gesonderten Heizöfen durchgeführt wird, deren Heiztemperatur und Zeiten heute über Mikroprozessoren gesteuert und exakt geregelt werden.

Beispiel: Heizprofil (für Trägerheizverfahren) und Annealing–Prozedur von LiF–Rods für die klinische Dosimetrie. Es sollen LiF–Rods für sehr genaue klinische Dosimetrieuntersuchungen z. B. an Phantomen verwendet werden. Nach der Bestrahlung werden die Detektoren in einem speziellen Ofen auf $100^{\circ}C$ erhitzt und bei dieser Temperatur 10 min vorgeheizt (preannealing). Nach natürlicher Abkühlung auf $40^{\circ}C$ werden die Detektoren dem Ofen entnommen und im Auswertegerät ausgelesen. Dieser Leser ist ein Gerät mit indirekt geheiztem Träger. Es wird folgendes Heizprofil verwendet. Zunächst wird eine Vorheizzone bis $130^{\circ}C$ für die Dauer von 12 s verwendet. Dieses Vorheizen dient nicht mehr dem Preannealing sondern lediglich zur Vorwärmung von Detektor und Träger. Daran schließt sich ein 40–s–Lesezyklus bei einer maximalen Temperatur von $300^{\circ}C$ an, während dessen das emittierte Licht vom Leser registriert wird. Diese relativ lange Lesezeit wird verwendet, um auch bei schlechtem thermischen Kontakt zwischen Träger und Detektor ausreichend Zeit zum Lichtsammeln zu lassen. Es wird kein Postannealing im Lesegerät durchgeführt. Statt dessen wird bis auf etwa $40^{\circ}C$ natürlich gekühlt. Die Rods werden anschließend im Annealing–Ofen 1 h bei $400^{\circ}C$ und weitere 2 h bei $100^{\circ}C$ nachgeheizt (postannealing). Bei diesem Auswerte– und Regenerierzyklus können bei auch bei mehr als 20–facher Bestrahlung der TLD mit hohen Dosen keine Untergrundsignale mehr nachgewiesen werden. Die Reproduzierbarkeit der Messungen beträgt etwa 1%. Die Auswertezeit für einen TL–Detektor beträgt bei diesem Lesezyklus etwa 70s.

Kalibrierung von TLD: Die Kalibrierung von Thermolumineszenzdosimetern muß wie bei den Ionisationsdosimetern sowohl Auswertegerät wie Detektoren umfassen. Kontrollen der TLD–Leser (Auswertegeräte) können elektronischer Art sein oder mit externen oder internen Kalibrierlichtquellen durchgeführt werden. Diese Kalibrierlichtquellen bestehen meistens aus langlebigen radioaktiven Strahlern (z. B. 14–C), die in Szintillatormaterialien eingebettet sind. Sie können direkt in den Leser eingebaut sein (interne Lichtquellen, s. Fig. 5.9a) und werden nach jeder Auswertung automatisch vor den Photomultiplier gebracht. Mit den auf diese Weise erzeugten Referenzlichtsignalen ist es möglich, die Verstärkung von Photomultipliern über die Regelung der Hochspannung konstant zu halten. Externe Lichtquellen können verwendet werden, wenn eine zusätzliche gelegentliche externe Kontrolle der Leseeinrichtung erwünscht wird. Externe Lichtquellen werden anstelle der Detektoren in den Leser gebracht, die dann natürlich keine Heizzyklen durchlaufen dürfen, da die Lichtquellen in Kunststoffträgern eingebaut sind. Externe oder interne Lichtquellen entsprechen der Überprüfung von Ionisationsdosimetern mit Hilfe von Stromnormalen (vgl. Abschnitt 4.7), enthalten also keine Überprüfung oder Kalibrierung der Detektoren.

Zur Dosimeterkalibrierung werden externe Strahlungsquellen verwendet. Diese können beispielsweise radioaktive Kontrollvorrichtungen sein, die in der Regel 90-Sr-Präparate enthalten. In ihrem Strahlungsfeld werden die Detektoren eine vorgegebene Zeit bestrahlt und dann im Leser ausgewertet. Aus der Kalibrieranzeige können Kalibrierfaktoren für die Detektoren bestimmt werden. Je nach gewünschter dosimetrischer Präzision werden die Detektoren dann in Gruppen gleicher Nachweiswahrscheinlichkeit eingeteilt (dosimetrische Klasseneinteilung) oder die individuellen Kalibrierfaktoren jedes einzelnen Detektors werden dokumentiert und für die Auswertung gespeichert. In diesem Fall müssen die Detektoren auf Dauer individuell unterschieden werden. Da eine individuelle Markierung der kleinvolumigen Thermolumineszenzdetektoren in der Regel nicht möglich ist, ist man auf ein zuverlässiges Ordnungssystem angewiesen. TLD sollten deshalb in Trägern aus oberflächenbehandelten Metallen (z. B. hartanodisiertem Aluminium) gelagert werden, in denen jeder Detektor seinen "Stammplatz" hat. Diese Träger können auch bei den hohen Temperaturen während der Ausheizprozedur in den Annealingöfen verwendet werden.

Um Schwierigkeiten bei der Anwendung von Thermolumineszenz-Dosimetern bei verschiedenen Strahlungsarten und -qualitäten zu entgehen, empfiehlt sich wie bei den Ionisationsdosimetern die direkte Kalibrierung in der gewünschten Strahlungsqualität. Dazu werden die Detektoren am besten in geometrisch gut definierte Festkörperphantome eingebracht, die dann an den Bestrahlungsanlagen bestrahlt werden können. Aus diese Weise umgeht man weitgehend die Probleme der Energieabhängigkeit der Dosimeteranzeigen und eventuell erforderliche Korrekturen. Bei sorgfältiger Behandlung der Detektoren und individueller Kalibrierung von Thermolumineszenz-Dosimetern sind dosimetrische Genauigkeiten und Reproduzierbarkeiten in der Größenordnung von 1% möglich.

6 Dosisleistungen therapeutischer Strahlungsquellen

Sollen Strahlungsquellen für therapeutische Zwecke eingesetzt werden, so muß ihre "Quellstärke" bzw. Dosisleistung an jedem Raumpunkt innerhalb und außerhalb des Phantoms oder Patienten bekannt sein. Mit Hilfe dieser Informationen können Bestrahlungszeiten oder Monitoreinheiten (bei Beschleunigern) und die Dosis- oder Dosisleistungsverteilungen im Patienten berechnet werden. Die Quellstärke kann bei radioaktiven Strahlern im Prinzip über deren Aktivität charakterisiert werden, bei künstlich erzeugter Strahlung verwendet man besser eine typische Dosisleistungsgröße, die sogenannte Kenndosisleistung. Dosisleistungen perkutaner Strahler werden von drei wesentlichen Größen beeinflußt: Der Intensität der Strahlungsquelle, ihrem Abstand vom Aufpunkt und von der Größe des Strahlenkegels (Feldgröße). Die Abstandsabhängigkeit kann bei vielen Strahlern näherungsweise mit dem Abstandsquadratgesetz beschrieben werden (s. Abschnitt 6.1.3). Die Gültigkeitsgrenzen dieses Gesetzes für die Dosisleistungen realer perkutaner medizinischer Strahlungsquellen werden ausführlich in Abschnitt (6.1.3), für die Dosisverteilungen in durchstrahlten Medien in den Kapiteln (7) und (8), die Abhängigkeit der Dosisleistung von der Feldgröße und die Einflüsse auf die Feldgrößenabhängigkeiten in Abschnitt (6.1.2) diskutiert.

6.1 Perkutane Strahlungsquellen

Zur Kennzeichnung der Strahlungsintensität perkutaner medizinischer Strahlungsquellen (Röntgenröhren, Kobaltanlagen, Beschleuniger) wird meistens eine experimentell ermittelte Dosisleistung herangezogen. Sie kann entweder in Luft oder in gewebeähnlichen Phantommaterialien wie Plexiglas, Polystyrol oder Wasser gemessen werden. Typische Dosisleistungsgrößen von Strahlungsquellen sind die Standard-Ionendosisleistung frei in Luft (Exposure), die Energiedosisleistung im Maximum der Tiefendosiskurve oder Dosisleistungen in beliebigen Tiefen von Phantomen (Fig. 6.1). Messungen können mit konstantem oder variablem Abstand zwischen Meßsonde und Quelle durchgeführt werden. Aus den in den verschiedenen geometrischen Anordnungen gewonnen Meßwerten können über die absolute Dosisleistung hinaus eine Reihe weiterer wichtiger dosimetrischer Größen abgeleitet werden. Es sind dies der **Rückstreufaktor** (Backscatter-Factor: BSF), das **Gewebe-Luft-Verhältnis** unter Sekundärelektronengleichgewicht (Tissue-Air-Ratio: TAR) für Photonenenergien unter 3 MeV, das **Gewebe-Maximum-Verhältnis** (Tissue-Maximum-Ratio: TMR) unter BRAGG-GRAY-Bedingungen, die **relative Tiefendosiskurve** (TDK, Percentage-Depth-Dose: PDD) einschließlich ihrer Feldgrößenabhängigkeiten und sonstige, ähnlich definierte Größen (s. Abschnitt 7.1.2). Aktivitätsangaben der verwendeten radioaktiven Strahler sind wegen der Selbstabsorption in der Quelle und der erheblichen Einflüsse der Streuung der Strahlung in der Quellenumgebung zur Kennzeichnung der Quellstärke von perkutanen Strahlungsquellen nicht geeignet. Ähnliches gilt auch für die Angabe von Röhren-Strömen oder Röhren-Spannungen zur Charakterisierung der Dosisleistungen von Röntgenstrahlern.

6.1.1 Definition und Messung der Kenndosisleistung

Nach deutscher Norm (DIN 6814-3) soll zur Charakterisierung perkutaner Strahlungsquellen die **Kenndosisleistung** verwendet werden. Ihre Definition unterscheidet sich nach der Art der Strahlungsquelle und deren Verwendungszweck. Für diagnostische Röntgen- und Gammastrahler soll sie als Luft- oder Wasser-Kermaleistung in 1 m Abstand vom Strahlfokus angegeben werden. Sie ist auf der Achse des Nutzstrahlenbündels für eine Feldgröße in diesem Abstand von $10 \cdot 10 \text{ cm}^2$ ohne Streukörper aber mit dem in der diagnostischen Routine verwendeten Aufbau in Luft zu messen. Für therapeutische Strahlungsquellen soll die Kenndosisleistung als Wasser-Energiedosisleistung in einem rückstreugesättigten, also genügend großen Phantom im Maximum der Zentralstrahl-Tiefendosiskurve für eine Hautfeldgröße von $10 \cdot 10 \text{ cm}^2$ angegeben werden. Ausnahmen im Abstand sind nach DIN für Therapieanlagen mit weicher Röntgenstrahlung erlaubt, da bei diesen in 1 m Entfernung je nach eingestellter Röhrenspannung und Filterung bereits ein erheblicher Anteil des Photonenflusses durch die Luft absorbiert werden kann. Für Zwecke der Strahlentherapie können nicht umbaute aber umschlossene radioaktive Strahler (z. B. Afterloadingquellen) über ihre effektive Aktivität und Dosisleistungskonstante Γ gekennzeichnet werden, aus denen mit Hilfe des Abstandsquadratgesetzes charakterisierende Dosisleistungen berechnet werden können (vgl. aber die Ausführungen in Abschnitt 6.2). Heute wird auch für Afterloading-Strahler international die Kennzeichnung über die Luftkermaleistung bevorzugt.

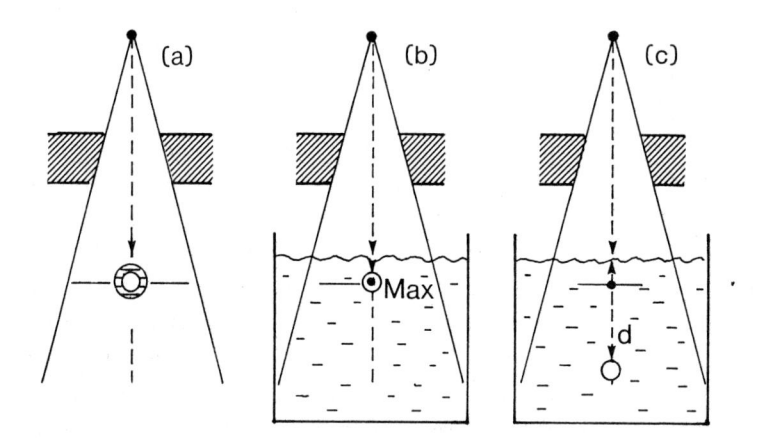

Fig. 6.1: Anordnungen zur Messung von Dosisleistungen perkutaner Therapie-Strahlungsquellen. (a): Frei-Luft-Messung mit Aufbaukappe um die Sonde. (b): Messung im Wasserphantom im Tiefendosismaximum. (c): Messung im Wasserphantom in beliebiger Tiefe d.

In der Praxis werden die Kenndosisleistungen von Kobaltanlagen und Beschleunigern meistens in gewebeähnlichen Phantomen genügender Ausdehnung (z. B. Blockphantom aus Plexiglas mit den Abmessungen 30x30x20 cm^3) oder in einem großen Wasserphantom ionometrisch, d. h. mit Ionisationskammern, bestimmt. Als Abstand der Phantomoberfläche von der Strahlungsquelle wird der häufigste therapeutische Abstand gewählt oder die Entfernung des Isozentrums der Bestrahlungsanlage. Die Messungen werden in der Regel im Dosismaximum durchgeführt. Kleine Verschiebungen der Sonde oder Unsicherheiten über die exakte Lage des effektiven Meßortes haben in dieser Tiefe wegen des dort flachen Dosisverlaufs nur wenig Einfluß auf die Meßergebnisse. Manchmal ist es bei hochenergetischer Photonenstrahlung aus Beschleunigern jedoch vorteilhafter, die absoluten Dosisleistungen hinter dem Maximum zu messen, z. B. in 5 oder 10 cm Wassertiefe. Kontaminationen des primären Photonenstrahlenbündels mit bereits gestreuten Photonen oder aus ungewollten Wechselwirkungen mit dem Dosimetrieaufbau herrührende Elektronen können zwar die Maximumsdosisleistung erhöhen, diese niederenergetische Strahlung erreicht aber wegen ihrer niedrigeren Energie auf keinen Fall größere Phantomtiefen (vgl. Abschnitt 7.1.1). Dosisleistungen in der Tiefe sind deshalb weitgehend unabhängig von zufälligen durch den Dosimetrieaufbau verursachten Verunreinigungen des Photonenstrahlenbündels. Außerdem werden die Ionisationskammern für ultraharte Photonenstrahlungen in der Regel in 5 oder 10 cm Wassertiefe kalibriert, da die Spektren dort nur noch geringfügigen Änderungen unterliegen. Für die Weichstrahldosimetrie reichen wegen der geringeren Reichweite der Sekundärstrahlung niederenergetischer Röntgenstrahlung (s. Abschnitte 1.2 und 1.3) kleine handliche Festkörperphantome zur Kenndosisleistungsmessung aus, die in den typischen kurzen therapeutischen Entfernungen (etwa 10 bis 30 cm) bestrahlt werden. An Weichstrahltherapieanlagen müssen absolute Dosisleistungen für alle verfügbaren Tubusse direkt gemessen werden, da die Feldgrößen nicht kontinuierlich verstellbar sind und wegen der Aufsättigung durch die Tubuswände keine einfache Systematik der Feldgrößenabhängigkeit der Dosisleistung existiert. Freiluftmessungen der Kenndosisleistung therapeutischer Röntgenstrahler im Nahbereich sind wegen der merklichen Dosisleistungsfehler bei Fehlpositionierungen zu unsicher.

Dosimetrisch ist bei der Messung der Kenndosisleistung therapeutischer Bestrahlungsanlagen nach zeitgesteuerten und monitorüberwachten Anlagen zu unterscheiden. Zur ersten Kategorie zählen die Röntgenbestrahlungsanlagen und die Kobaltgeräte, bei denen die Bestrahlungszeiten über Doppeluhren gesteuert und kontrolliert werden. Bei diesen bleibt die Dosisleistung der Strahlungsquelle während der Behandlung oder der Dosimetriemessung zeitlich weitgehend konstant. Bei Kobaltquellen ist die Kenndosisleistung durch die Aktivität des Strahlers und dessen radioaktiven Zerfall festgelegt, bei Röntgentherapieröhren wird dies durch die zeitliche Konstanz der elektrischen Betriebsbedingungen der Röntgenröhre bewirkt. Zur Erstellung von Bestrahlungszeittabellen kann bei solchen Strahlungsquellen die Dauer des Meßintervalls direkt mit den geräteinternen oder externen Uhren gesteuert werden. Die Meßgröße "Dosisleistung" ist in diesen Fällen physikalisch korrekt eine Dosis pro Zeit, die in den üblichen Einheiten (z. B. Gy/min o.ä.) angegeben wird.

Bei der zweiten Gruppe von Bestrahlungsanlagen, den Beschleunigern, schwanken trotz der maschineninternen Dosisleistungsregelungen die Kenndosisleistungen erheblich mit der Zeit. Die Dosisleistungen und die dem Patienten applizierte Dosis muß deshalb durch interne Strahlmonitore ständig überwacht werden (s. Abschnitt 2.2.7). Angaben der Kenndosisleistung von Beschleunigern werden immer auf die Anzeige dieses internen Monitors bezogen, der unabhängig von den zeitlichen Schwankungen der Dosisleistung die in der Monitorkammer erzeugte Dosis dokumentiert. Bei der periodischen dosimetrischen Überprüfung dieses Strahlüberwachungssystems, der Monitorkalibrierung, werden die Dosisanzeigen des externer Dosimeter gegen die sogenannte Monitoreinheit (Zähleinheit des Monitors) gemessen. Die Anzeigen von Strahlmonitoren hängen von vielfältigen anlagenbedingten Einflüssen ab, sie stehen deshalb im allgemeinen in keinem festen Zusammenhang zur Bestrahlungszeit. "Kenndosisleistungen" von Beschleunigern werden daher immer als Dosis pro Monitoreinheit (z. B. in der Einheit Gy/100 ME) angegeben. Sie sind also streng genommen keine (auf die Zeit bezogenen) Dosisleistungen sondern Dosisangaben pro Meßanzeige des Monitors.

6.1.2 Feldgrößenabhängigkeit der Zentralstrahldosisleistungen

Absolute Dosisleistungen perkutaner Bestrahlungsanlagen mit variabler Feldgröße müssen nicht nur für die in DIN vorgeschriebene Feldgröße von $10 \cdot 10$ cm^2 sondern für alle klinisch möglichen quadratischen, rechteckigen und irregulären Bestrahlungsfelder gemessen werden, da die extern gemessenen Dosisleistungen im allgemeinen ausgeprägte Feldgrößenabhängigkeiten zeigen. Zur Beschreibung der Feldgrößenabhängigkeit der Dosisleistung im Zentralstrahl verwendet man relative Dosisleistungsfaktoren (engl.: outputfactor), die in der Regel auf die Dosisleistung eines Standard–Bestrahlungsfeldes (meistens das $10 \cdot 10$ cm^2 Quadratfeld) bezogen werden (Fig. 6.3, 6.6). Streustrahlungsbeiträge zur "primären" Dosisleistung einer Teletherapiequelle entstammen entweder der Streuung des Nutzstrahlenbündels durch das bestrahlte Medium, sofern die Messungen der Kenndosisleistung in Phantomen durchgeführt werden (Phantomstreuung) oder dem Strahlerkopf (Strahlerkopfstreuung).

Phantomstreuung: Die Phantomstreuung hängt vom durchstrahlten Volumen (Feldgröße, Phantomtiefe), den strahlenphysikalischen Eigenschaften des Mediums (Ordnungszahl und Dichte) und der verwendeten Strahlungsqualität und Strahlungsart ab (Fig. 6.3). Sie ist aber unabhängig von der Geometrie der verwendeten Strahlungsquelle. Zur experimentellen Trennung der Phantomstreuung von den anderen Streubeiträgen können für Photonenstrahlungen unter 3 MeV (mit oder ohne Aufbaukappe) Frei–Luft–Messungen und am gleichen Kammerort Messungen im Phantom unter sonst identischen Bedingungen durchgeführt werden. Das Verhältnis der beiden Meßanzeigen wird als **Streufaktor** bezeichnet und ist ein direktes Maß für den relativen Streubeitrag durch das bestrahlte Medium (vgl. Abschnitt 7.1.2). Wird die Kenndosisleistung im Maximum der Tiefendosiskurve bestimmt, so beträgt der Streubeitrag aus dem Phantom für Kobaltstrahlung je nach Feldgröße zwischen 1 und 6 Prozent. Je tiefer im Phantom gemessen wird, um so höher ist der relative Streubeitrag zur Dosisleistung, da der größte Teil der Strahlung in Strahlvorwärtsrichtung zur Meßsonde hin gestreut wird (vgl. auch Abschnitt 1.1, Fig. 1.2 und 1.3).

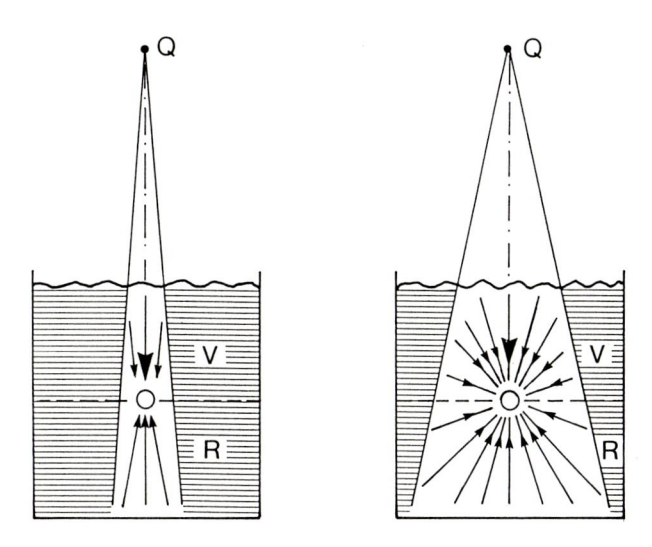

Fig. 6.2: Erhöhung der Dosisleistung auf dem Zentralstrahl durch Vorwärtsstreuung (V) und Rückstreuung (R) und die Zunahme der Streubeiträge zum Signal in der Sonde mit dem mit der Feldgröße zunehmendem Streuvolumen (dicke Pfeile: Primärstrahlung).

Bei hochenergetischen ultraharten Photonenstrahlungen aus Beschleunigern kann der vom Phantom herrührende Streustrahlungsbeitrag zur Dosisleistung experimentell aus prinzipiellen dosimetrischen Gründen nicht aus Frei–Luft–Messungen bestimmt werden (vgl. dazu Abschnitt 4.1). Aus den Phantom–Maximum–Verhältnissen (s. Abschnitt 7.1.2) können durch Extrapolation der Meßwerte zur Feldgröße Null aber auch bei ultraharten Photonen die Streuanteile der Dosisleistungen in beliebigen Phantomtiefen berechnet werden. Sie betragen wegen der höheren Photonenenergie und der dadurch verringerten Rückstreuung nur noch wenige Prozent und verändern sich auch nur geringfügig mit der Feldgröße. Bei Elektronenstrahlung wird außer im Phantom auch ein merklicher Teil der Elektronen des primären Strahlenbündels in der Luft zwischen Ausgleichsfolie und Phantomoberfläche gestreut. Dieser Anteil, der zum Teil auch außerhalb des geometrischen Strahlverlaufes entsteht und zum Feldausgleich mitverwendet werden kann (s. Abschnitt 2.3.5.3), ist am größten für kleine Energien. Er nimmt natürlich mit zunehmender Feldgröße und Fokusabstand, also zunehmendem Luftvolumen zu und erhöht deshalb in gewissem Umfang auch die Anzeige der externen Dosimetersonde auf dem Zentralstrahl. Der experimentell bestimmte Variationsbereich der Feldgrößenfaktoren für ultraharte Photonen beträgt je nach Bauform des Strahlerkopfes zwischen etwa 10 und 50 Prozent (Fig. 6.3, 6.6). Die Phantomstreuung liefert im Vergleich dazu also nur einen geringen Beitrag zur Feldgrößenabhängigkeit der Dosisleistungsanzeige in der externen Meßsonde.

Strahlerkopfstreuung in Kobaltanlagen: Der die Strahlungsquelle verlassende Photonen- und Energiefluß von Kobaltbestrahlungsanlagen ist völlig unabhängig von der am unteren, beweglichen Kollimator eingestellten Feldgröße. Er wird aussschließlich durch die effektive Aktivität der Quelle (s. Abschnitt 2.4.1) bestimmt. Die von der Feldgröße abhängige Dosisleistung im Nutzstrahlenbündel einer Kobaltanlage setzt sich deshalb aus den Beiträgen der feldgrößenunabhängigen "Primär-Strahlung" direkt aus der Quelle und denjenigen feldgrößenabhängigen Strahlungsanteilen zusammen, die den Strahler zwar in die falsche Richtung verlassen, in der Umgebung der Quelle aber wieder in Strahlrichtung zurückgestreut werden. Sofern die die Streustrahlung erzeugenden (streuenden) Flächen von der Meßsonde "gesehen" werden können, die von ihnen ausgehende Streustrahlung also die Sonde treffen kann, erhöht sie auch die Anzeige der Dosimetersonde im Zentralstrahl. Streuende Flächen wirken wie ein reflektierender und die Helligkeit in Vorwärtsrichtung erhöhender Spiegel um eine Lichtquelle, der auch seitlich oder in den hinteren Halbraum abgestrahlte Lichtenergie

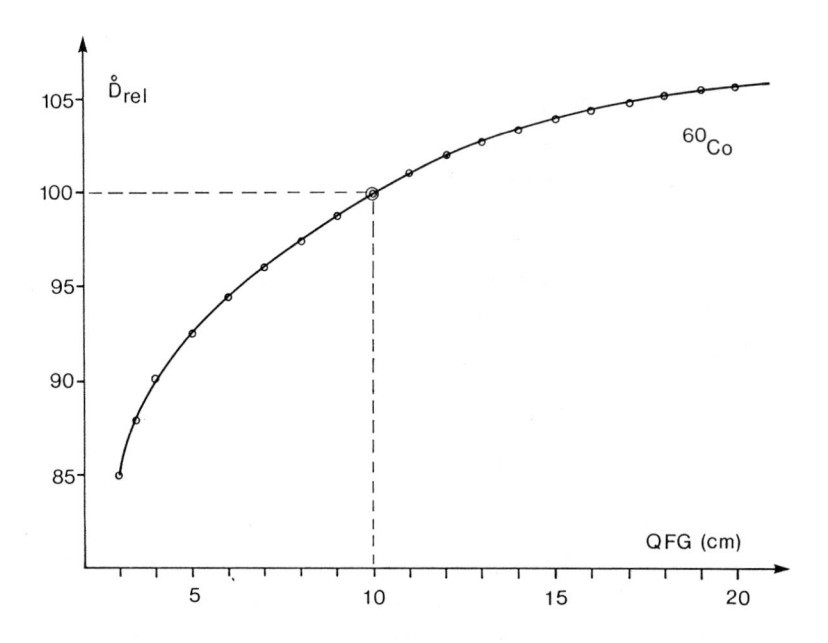

Fig. 6.3: Relative Feldgrößenfaktoren einer Kobaltbestrahlungsanlage mit nicht konvergierendem Blockkollimator (mit einem Fehler von ± 1% gültig für Fokus-Haut-Abstände von 50–90 cm, normiert auf $10 \cdot 10$ cm^2 Feld, QFG: Quadratfeldgröße = Seitenlänge des quadr. Feldes).

auf den Betrachter bündelt. In den Strahlerköpfen von Kobaltbestrahlungsanlagen befinden sich zwei wesentliche Streustrahlungsquellen, das bewegliche Blendensystem (der untere Kollimator) einerseits und der feste Primärkollimator und die Quellenhalterung andererseits.

Moderne Kobaltbestrahlungsanlagen haben in der Regel wie Beschleuniger konvergierende Kollimatorsysteme, deren Flanken bei jeder Feldgrößeneinstellung exakt dem geometrischen Verlauf der Randstrahlen folgen (vgl. Fig. 2.34). Eine Streuung von Teilen des Nutzstrahlenbündels an der dem Strahl zugewandten Innenseite konvergierender Kollimatoren ist bei punktförmigen Strahlungsquellen deshalb nicht möglich (Fig. 6.4a). Sind die Strahlungsquellen aber ausgedehnt (wie z. B. die realen Kobaltquellen), so entstehen selbst bei konvergierenden Kollimatoren erhebliche Streustrahlungsanteile, die in das Bestrahlungsfeld zurückgestreut werden und die Dosisleistung am Ort der Meßsonde erhöhen können. Kollimatorstreuung ist für alle solchen Strahlen möglich, deren Divergenzwinkel größer ist als der Winkel des durch den beweglichen Kollimator definierten Randstrahls. Ausgedehnte Quellen "sehen" die Innenseiten des Kollimators unter einem endlichen Raumwinkel, der um so größer wird, je größer die effektive Quellenfläche ist. Die streuwirksame Kollimatorfläche nimmt also mit der seitlichen Ausdehnung der Strahlungsquelle (Primärkollimator, Quelle und

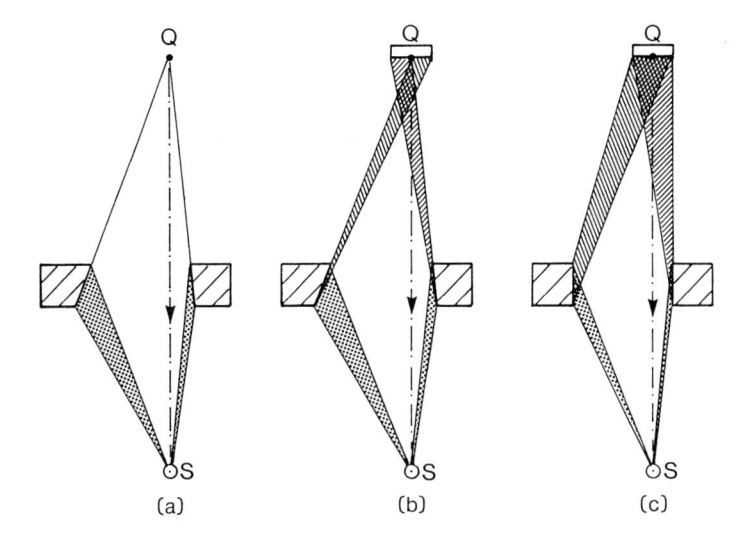

Fig. 6.4: Einfluß der Kollimatorstreuung auf die Kenndosisleistung. Schraffierte Flächen: Winkelbereiche, unter denen die Kollimatorinnenflächen die Quelle sehen. Punktierte Flächen: Winkelbereiche, unter denen die Meßsonde die Kollimatorinnenflächen sieht (S: Sonde, Q: Quelle). (a): Punktquelle, konvergierender Kollimator (Streufläche am Kollimator ist Null). (b): Ausgedehnte Quelle, konvergierender Kollimator. (c): Ausgedehnte Quelle, nicht konvergierender Blockkollimator. Die Darstellungen sind nicht maßstäblich.

Quellenhalterung) zu, verändert sich aber nur wenig mit der Feldgröße. Der Meßsonde erscheinen die streuenden Kollimatorinnenflächen dagegen um so größer, je weiter der Kollimator geöffnet ist und je näher sich die Sonde am Strahlerkopf befindet (Fig. 6.4b). Die vom Kollimator ausgehende Streustrahlung erhöht deshalb feldgrößenabhängig und ohne eine geometrische Sättigung zu erreichen die Dosisleistung auf dem Zentralstrahl. An älteren Kobaltanlagen wurden wegen der einfacheren und preiswerteren Konstruktion nicht konvergierende Blockkollimatoren verwendet, deren Flanken unabhängig von der jeweiligen Einstellung parallel zum Zentralstrahl verlaufen (Fig. 6.4c). Die Projektionen der Kollimatorinnenflächen in Richtung zur Quelle nehmen deshalb deutlich mit der Blendenöffnung zu (Fig. 6.4c). Die Raumwinkel, unter denen die Sonde die Kollimatorinnenseite sieht, verändert sich dagegen etwas weniger mit der Feldgröße als bei konvergierenden Kollimatoren. Insgesamt sind deshalb die Streustrahlungsbeiträge zur Dosisleistung im Bestrahlungsfeld an solchen Anlagen vergleichbar mit denen modernerer Bauart. Daß dennoch die aufwendigen, konvergierenden

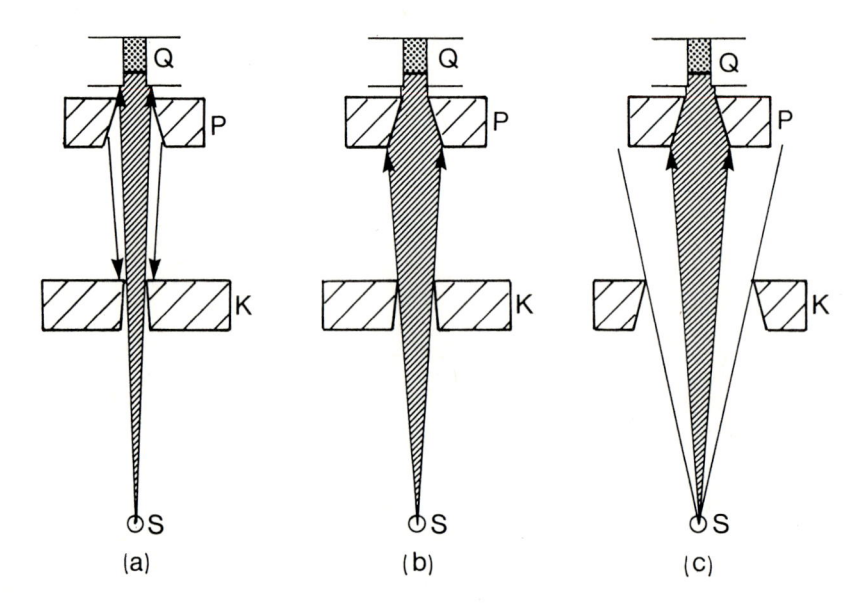

Fig. 6.5: Einfluß der Streustrahlungsbeiträge von Primärkollimator und Quellenhalterung in Kobaltanlagen auf die Dosimeteranzeige der Meßsonde im Zentralstrahl und ihre Abhängigkeit von der Öffnung des unteren Kollimatorsystems. Die schraffierten "Strahlenbündel" symbolisieren den von der Blendenöffnung abhängigen Sehwinkelbereich der Meßsonde (Pfeile nach oben), aus dem Streustrahlung von Primärkollimator und Quellenhalterung die Sonde erreichen kann. Die beiden Pfeile in (a) stellen Streustrahlung dar, die von den Innenflächen des Primärkollimators herrührt und auf der Oberseite des beweglichen Kollimators auftrifft. (Q: Quelle, P: Primärkollimator, K: beweglicher Kollimator, S: Sonde), (a): Minimum, (b): Maximum, (c): Sättigung des Streuanteils.

Kollimatoren in moderneren Bestrahlungsanlagen vorgezogen werden, hat seinen Grund also nicht in der geringeren Feldgrößenabhängigkeit der Zentralstrahldosisleistungen sondern ausschließlich in den besseren Abbildungseigenschaften (Halbschatten, Transmission).

Der von der unmittelbaren Umgebung der Quelle (Primärkollimator, Quellenhalterung) ausgehende diffuse Streustrahlungsanteil trifft bei geschlossenem beweglichen Kollimator auf die Oberseiten der Blendenschieber (Fig. 6.5a). Mit zunehmender Öffnung des Kollimators, also zunehmender Größe des Bestrahlungsfeldes, mischt er sich mehr und mehr dem primären Strahlenbündel bei. Er erhöht also auch dessen Dosisleistung. Aus der Sicht der Meßsonde wirkt die zunehmende Öffnung des Kollimators wie eine Vergrößerung der wirksamen (effektiven) Quellenfläche (Fig. 6.5b). Dieser Effekt tritt bei konvergierenden und nicht konvergierenden Kollimatorsystemen gleichermaßen auf. Er hängt bei einer gegebenen Quellenanordnung (Halterung) nur von der Kollimatoröffnung und dem Abstand der Sonde vom Kollimator ab. Ab einer bestimmten Kollimatoröffnung liegt der gesamte Primärkollimator und die Quellenhalterung im Blickfeld der Meßsonde. Der von ihnen durch Streuung bewirkte Dosisleistungsbeitrag erreicht dann einen maximalen Wert (Sättigung), der sich auch bei weiterer Feldvergrößerung nicht mehr ändert (Fig. 6.5c).

Strahlerkopfstreuung in Elektronenlinearbeschleunigern: Die Dosisleistung von Strahlungen aus Elektronenbeschleunigern setzt sich ähnlich wie bei Kobaltanlagen aus der Primärstrahlung, die von der Strahlungsquelle ausgehend direkt die Meßsonde trifft, und den unter-

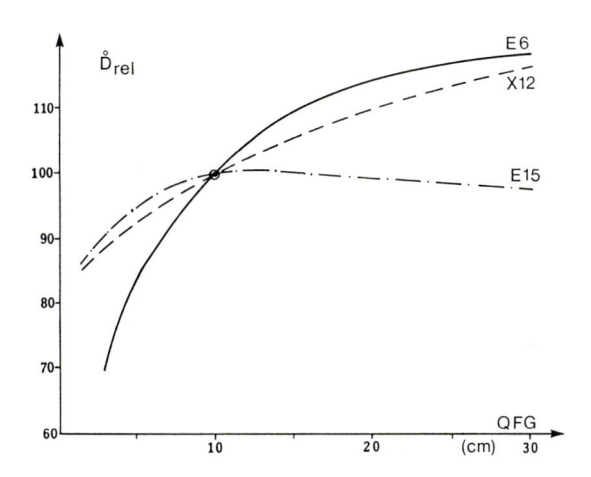

Fig. 6.6: Relative Feldgrößenfaktoren eines Elektronenlinearbeschleunigers mit überlappenden Halbblenden (nach Fig. 2.27) für 12 MeV–Photonen (X12), 6 MeV–Elektronen (E6) und 15 MeV–Elektronen (E15). Normiert auf den Wert der Dosisleistung der $10 \cdot 10$ cm^2–Felder (Angaben für Quadratfelder mit der Seitenlänge QFG).

schiedlichen Streustrahlungsanteilen aus Strahlerkopf und Phantom am Ort der Sonde zusammen. Die Dosisleistung des primären Strahlenbündels ist bei konstanter Einstellung der strahlformenden Elemente (Spulen, Extraktion aus der Elektronenkanone) etwa proportional zum Kanonenstrom bzw. zum Elektronenstrom im Beschleunigungsrohr. Um die Dosisleistung des Beschleunigers konstant zu halten, wird der Kanonenstrom während der Bestrahlung geregelt. Wird für diese Regelung das feldgrößenabhängige Signal eines der beiden Doppelmonitore verwendet (vgl. Abschnitt 2.2.7), so ändert sich auch der Strom in der Kanone und damit die primäre Dosisleistung je nach Regelcharakteristik mit der Kollimatoröffnung. Für die verbleibenden Abhängigkeiten der Dosisleistung von der Feldgröße sind wieder die verschiedenen Streubeiträge verantwortlich. Diese Streuanteile sind die **Primärkollimatorstreuung**, die Streuung in den **Ausgleichskörpern** oder **Streufolien**, die **Monitorrückstreuung**, die **Kollimatorstreuung** am beweglichen Blendensystem und die **Phantomstreuung**. Bezüglich der Streuung an den beiden Kollimatoren und im Phantom unterscheiden sich Beschleuniger prinzipiell nicht von den Kobaltanlagen. Zusätzliche Beiträge an Streustrahlung liefern aber das Monitorsystem (Monitorrückstreuung) und die Ausgleichskörper oder Streufolien (Ausgleichskörper-Streuung). Die Beiträge zur Streustrahlung aus dem Strahlerkopf und die Feldgrößenfaktoren (Fig. 6.6) werden sehr von der speziellen Bauform des Beschleunigers und der Strahlungsart und -qualität beeinflußt und sind deshalb von Anlage zu Anlage verschieden. Strahlmonitore medizinischer Beschleuniger befinden sich dicht oberhalb des beweglichen

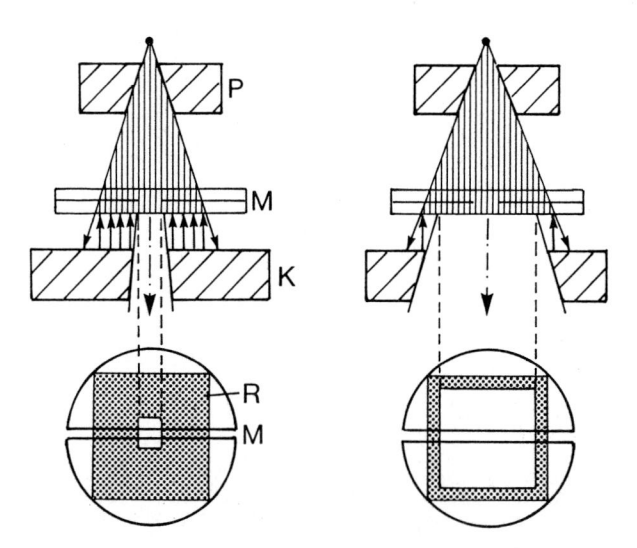

Fig. 6.7: Änderung der Monitoranzeige durch Monitorrückstreuung bei Beschleunigern. Die punktierten Flächen zeigen schematisch die von Rückstreustrahlung getroffenen Monitorflächen R (P: Primärkollimator, M: Durchstrahlmonitor, K: beweglicher Kollimator, untere Zeichnungen: Aufsicht auf den Monitor).

Kollimatorsystems. Der feste Primärkollimator begrenzt das Strahlenbündel auf den größten medizinisch verwendeten Felddurchmesser. Seine Öffnung ist unabhängig vom eingestellten Feld. Die Monitorkammern sind ausreichend groß, um vom gesamten Primärstrahlenbündel durchstrahlt zu werden. Wird der verstellbare Kollimator geschlossen, so trifft dieses primäre Strahlenbündel auf die der Strahlenquelle zugewandte Oberfläche der Kollimatorblöcke. Ein Teil der Strahlung wird in die Monitorkammern zurückgestreut und erzeugt dort auch bei fast geschlossenem Kollimator bereits eine Anzeige (Fig. 6.7). Das Ausmaß der Rückstreuung hängt von der Strahlungsart und -qualität ab (s. Beispiel 3 in Abschnitt 1.2.4 und Abschnitt 7.1.2)). Bei der gestreuten Strahlung handelt es sich um niederenergetische Photonen oder Elektronen oder von der primären Strahlung ausgelöste Sekundärteilchen. Mit zunehmender Öffnung des unteren Kollimators verringert sich der Dosisbeitrag durch Streustrahlung in den Monitorkammern, da nur noch ein kleinerer Anteil der Kollimatoroberflächen vom primären Strahlenbündel getroffen wird und dabei dessen Strahlung zurückstreut. Die Monitoranzeige nimmt dadurch auch bei konstanter interner Dosisleistung mit der Feldgröße ab. Da das externe Dosimeter gegen diese Monitoranzeige gemessen wird, entsteht der Eindruck einer Zunahme der internen Dosisleistung des Beschleunigers. Die beiden unabhängigen

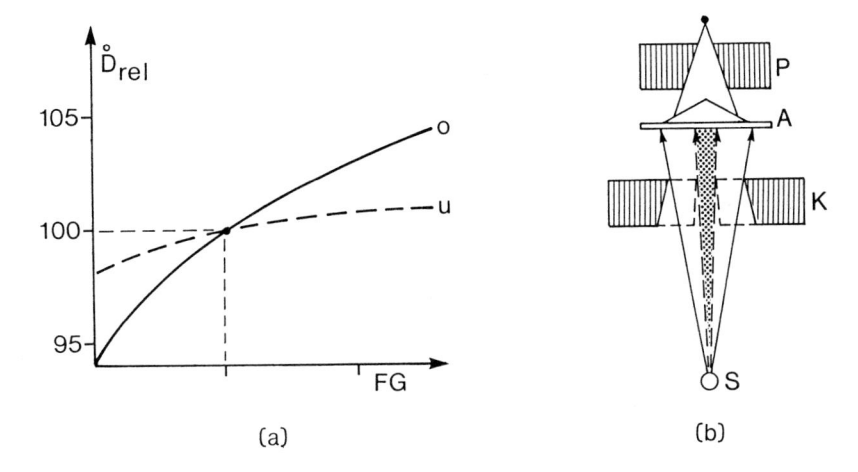

Fig. 6.8: (a): Rotationsasymmetrie der Feldgrößenfaktoren am Beispiel eines Elektronenlinearbeschleunigers mit überlappenden Halbblenden (vgl. Fig. (2.27b,c), o: obere, u: untere Halbblende verstellt, FG: veränderliche Feldlänge der verstellten Halbblende. Die andere Halbblende bleibt unverändert und hat eine konstante Einstellung für 10 cm Feldlänge).
(b): Ausgleichskörperstreuung bzw. Folienstreuung bei Linearbeschleunigern (P: Primärkollimator, A: Ausgleichskörper bzw. Streufolie, K: beweglicher Kollimator, punktierte Fläche: Winkelbereich, unter dem die Sonde den Ausgleichskörper bei der kleineren Feldgröße sieht. Äußere Pfeile: maximale Feldöffnung mit Sättigung des Streuanteils, da der Streukörper vollständig im Blickfeld der Sonde liegt, vgl. Text).

Halbblenden des Kollimators befinden sich aus konstruktiven Gründen in der Regel in verschiedenen Abständen zur Monitorkammer (vgl. Fig. 2.25). Das von der Rückstreuung an den Blenden erzeugte Signal in der Monitorkammer hängt neben der rückstreuenden Fläche auch vom Abstand des Kollimators zum Monitor ab. Die zurückgestreute Strahlung wirkt sich deshalb je nach Kollimatordrehung verschieden auf das Monitorkammersignal aus. Dieser Effekt wird besonders deutlich bei der Drehung von Rechteckfeldern mit stark unterschiedlichen Seitenlängen, d. h. sehr asymmetrischer Kollimatoreinstellung. Die Rotationsasymmetrie kann dann bis zu 6% der Anzeige für das $10 \cdot 10 \, cm^2$–Feld betragen (Fig. 6.8a).

Die Aufgabe der Ausgleichskörper oder Streufolien der Linearbeschleuniger ist die Verbreiterung der nach vorne gerichteten Dosisleistungsverteilungen durch Aufstreuung. Streukörper wirken deshalb wie ausgedehnte Strahlungsquellen. Ähnlich wie bei der Primärkollimatorstreuung von Kobaltanlagen (vgl. Fig. 6.5) sieht auch am Linearbeschleuniger die Meßsonde im Zentralstrahl die von diesen Streukörpern ausgehende Streustrahlung durch den Kollimator hindurch unter Raumwinkeln, deren Größe von der Öffnung der Kollimatoren und dem Abstand der Meßsonde abhängt. Je weiter die Blenden geöffnet sind, um so größer erscheint der effektive Quellendurchmesser und um so größer ist der in der Meßsonde nachgewiesene Streustrahlungsanteil aus dem Ausgleichskörper oder den Elektronenfolien. Die Dosisleistung im Zentralstrahl nimmt durch diese Ausgleichskörperstreuung wiederum mit wachsender Feldgröße bis zu einem durch die Konstruktion bedingten Sättigungswert zu (Fig. 6.8b).

Die Methode der äquivalenten Quadratfelder: In der klinischen Routine werden im allgemeinen keine quadratischen, sondern rechteckige oder durch Blöcke beliebig geformte, "irreguläre" Felder zur Therapie verwendet. Zur Berechnung der Bestrahlungszeiten bzw. Monitoreinheiten und der applizierten Dosis wird die jeweilige Kenndosisleistung und Tiefendosiskurve benötigt. Da diese nicht in jedem Einzelfall gesondert gemessen werden kann, benutzt man statt dessen die sogenannten äquivalenten Quadratfelder, deren absolute Dosisverteilungen experimentell bekannt sind. Sie werden so definiert, daß sie sowohl gleiche Dosisverteilungen wie auch gleiche Bestrahlungszeiten wie das betrachtete, nicht standardisierte Feld aufweisen.

> **Bestrahlungsfelder gelten als dosimetrisch äquivalent, wenn sowohl Maximumsdosisleistung als auch der Verlauf der Tiefendosis im Zentralstrahl übereinstimmen.**

Aus experimentellen und theoretischen Untersuchungen ist bekannt, daß für Kobaltstrahlung die Äquivalenz von Rechteckfeldern und Quadratfeldern in guter Näherung gilt, wenn die Verhältnisse von Feldumfang und Flächen beider Felder gleich sind. Für das zu einem regulären Rechteckfeld (Seitenlängen a und b) äquivalente Quadratfeld (Seitenlänge r) gilt dann:

$$2(a+b)/a \cdot b = 4r/r^2 \quad \text{bzw.} \quad r = 2 \cdot a \cdot b/(a+b) \qquad (6.1)$$

Für die Routine sind Tabellen sehr nützlich, die die Ergebnisse solcher Berechnungen bereits für alle möglichen Kombinationen von Feldlängen und –breiten enthalten. Für ultraharte Photonenstrahlung aus Beschleunigern gilt diese Äquivalenzfeldformel wegen der unterschiedlichen Erzeugung und Energie der Photonen und der individuellen Geometrie der Strahlerköpfe nur noch näherungsweise. Ihre Gültigkeit muß daher unbedingt dosimetrisch überprüft werden. Die beste Übereinstimmung erhält man für Rechteckfelder, deren Seitenlängenverhältnis kleiner als Zwei ist ($a/b < 2$ bzw. $b/a < 2$). Bei sehr unterschiedlichen Seitenlängen treten dagegen die größten Abweichungen von Gleichung (6.1) auf. Wegen der begrenzten Reichweite der Streustrahlung sind aus entfernten Regionen des Feldes keine wesentlichen Beiträge zur Dosis in der Mitte des Feldes zu erwarten. Die Zentralstrahl–Dosisleistung solcher extremer Felder wird deshalb vor allem durch die Stellung des enger gestellten Halbkollimators bestimmt. Außerdem darf die Asymmetrie der Kenndosisleistung bei Kollimatordrehungen nicht außer acht gelassen werden (s. o.).

Beispiel 1: An einer Kobaltanlage wird ein Hautfeld von 16×12 cm^2 zur Behandlung verwendet. Das äquivalente Quadratfeld ergibt sich nach Gleichung (6.1) zu $r = 2 \cdot 16 \cdot 12/(16+12) = 13.7 \times 13.7$ cm^2. Zeiten und Tiefendosiswerte sind der an der Bestrahlungsanlage ausliegenden Tabelle für dieses Quadratfeld zu entnehmen.

Für Elektronenstrahlung existiert wegen der komplizierten Verhältnisse beim Feldausgleich und der Vielfalt möglicher Tubus– oder Kollimatorkonstruktionen und der damit verbundenen ausgeprägten Energieabhängigkeit der Referenz–Dosisleistung keine allgemeingültige Näherungsformel zur Berechnung der Äquivalenzfelder. Wegen der dominierenden Einflüsse der Streuung von Elektronen auf die Tiefendosisverteilung verändert sich bei Elektronenstrahlung die Feldäquivalenz auch deutlich mit der Tiefe im Phantom. Hier müssen also auf alle Fälle ausführliche und leider sehr zeitintensive dosimetrische Basisuntersuchungen vorgenommen werden, bevor der therapeutische Betrieb aufgenommen werden kann. Die Abdeckung von Teilen des Bestrahlungsfeldes bei irregulären Feldern vermindert sowohl im Photonen– wie auch im Elektronenbetrieb wegen des kleineren durchstrahlten Volumens auf alle Fälle den Streubeitrag zur Dosisleistung im Maximum und in der Tiefe des Gewebes. Die Dosisleistung reduzierter, ausgeblockter Felder entspricht deshalb immer kleineren Äquivalentfeldern als das zugehörige freie Feld. Die dosimetrische Feldgrößenreduktion ist um so größer, je deutlicher die Feldgrößenabhängigkeit der Dosisleistung und je weicher die Strahlungsqualität ist, da bei weicher Strahlung die Streubeiträge höher sind. Irreguläre Photonen– oder Elektronenfelder aus Beschleunigern müssen zur Feststellung ihrer Äquivalenz deshalb entweder individuell dosimetrisch untersucht oder per Handrechnung bzw. mit dem Therapieplanungsrechner überprüft werden. Ähnliche Probleme wie bei irregulären Feldern treten auch bei asymmetrischer Blendeneinstellung oder dynamischen Feldgrößenänderungen auf, wie sie bei modernen Linearbeschleunigern möglich sind.

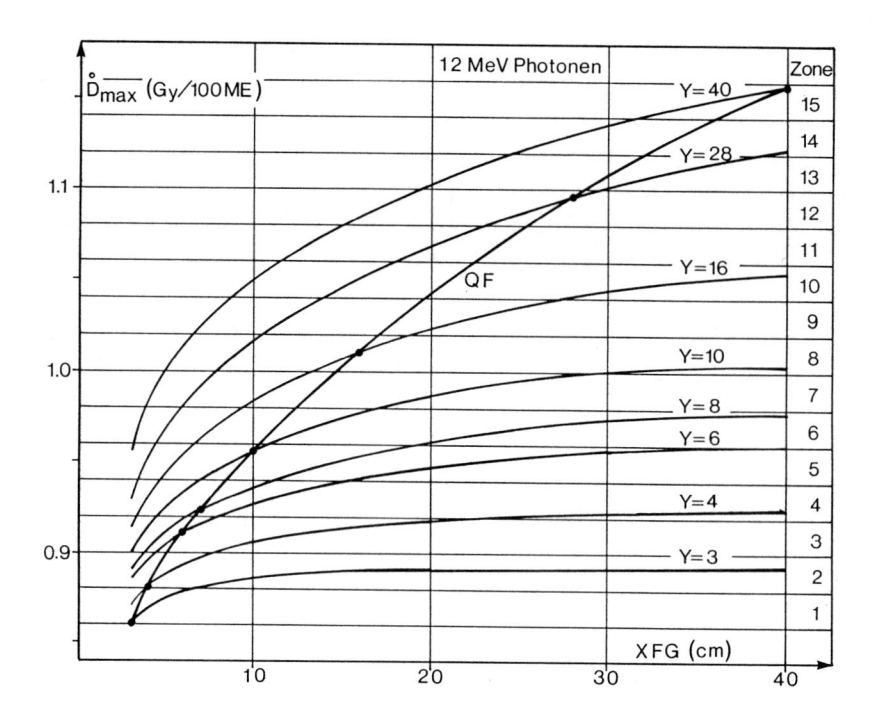

Fig. 6.9: Zoneneinteilung für 12 MeV Photonenstrahlung eines Elektronen–Linearbeschleunigers mit überlappenden Halbblenden (s. Text). Die Abzisse ist die X–Seitenlänge der rechteckigen Felder, auf der Ordinate ist die Dosisleistung im Tiefendosismaximum in Gy/100ME aufgetragen. Parameter der Kurvenschar sind die y–Seitenlängen der Rechteckfelder. (XFG: X–Feldgröße, Y: Y–Feldgröße, QF: Quadratfelder, ME: Monitoreinheiten des Beschleunigers). Die Zonenbreite beträgt 0.02Gy, also etwa 2% der Dosisleistung. Die Dosisleistungskurven für Rechteckfelder sind der Übersicht halber nur auszugsweise eingezeichnet.

Eine Möglichkeit zur Festlegung der Äquivalenz von Bestrahlungsfeldern für die praktische Arbeit ist die dosimetrische Zoneneinteilung für die Maximumsdosisleistungen (Fig. 6.9). Man legt dazu Toleranzbereiche für Dosisleistungen fest, innerhalb derer man beliebige Rechteck– oder Quadratfelder als äquivalent betrachten will. Die Wahl der Toleranzbereiche (Zonenbreiten) hängt von der Reproduzierbarkeit und Genauigkeit der Dosimetrie ab. Die Zonenbreiten betragen typischerweise etwa 2 Prozent der jeweiligen Kenndosisleistung. Man zeichnet dann die Feldgrößenabhängigkeiten aller Rechteck– und Quadratfelder in ein Diagramm und teilt die Zonen mit der gewünschten Zonenbreite ein. Als charakteristische Dosisleistung der so entstandenen Zonen wird der Wert der Zonenmitte verwendet und in Tabellen zur Berechnung der Monitoreinheiten aufgelistet. Das für jede Zone zugehörige

Äquivalentquadratfeld entnimmt man dem Schnittpunkt von Quadratfeldkurve (QF in Fig. 6.9) mit der Zonenmitte. Alle Felder beliebiger Form, deren Maximumsdosisleistungen innerhalb dieser speziellen Zone liegen, werden als dosimetrisch äquivalent zum Zonenquadratfeld betrachtet und benötigen deshalb die gleiche Zahl von Monitoreinheiten zur Bestrahlung mit einer bestimmten Dosis im Zielvolumen.

Beispiel 2: Ein rechteckiges Bestrahlungsfeld zur Bestrahlung des Rückenmarks eines Patienten mit 12–MeV–Photonen habe die Größe y = 4 und x = 36 cm. Nach Gleichung (6.1) errechnet man das Äquivalentquadratfeld zu 7.2x7.2 cm^2. Dosimetrisch (s. Fig. 6.9) ergibt sich an dem verwendeten Beschleuniger ein Äquivalentquadratfeld von etwa 7x7 cm^2 (entsprechend Zone 4), was als gute Übereinstimmung mit dem rechnerischen Wert betrachtet werden kann. Dreht man den Kollimator aber um 90°, wie es in der klinischen Routine aus Einstellungs– und Lagerungsgründen häufig notwendig ist, vertauscht man also die x– mit der y–Blende, so daß die Feldgröße jetzt y = 36 und x = 4 cm beträgt, so erhält man dosimetrisch ein Äquivalentquadratfeld von 11.6x11.6 cm^2 (entsprechend Zone 8). In diesem konkreten Fall befand sich die eng geschlossene x–Halbblende des überlappenden Kollimators (s. Fig. 2.25b) weiter entfernt vom Strahlmonitor als die y–Blende vor der Drehung. Die durch die verminderte Blenden–Rückstreuung erniedrigte Monitoranzeige entspricht einem erheblich größeren Bestrahlungsfeld.

6.1.3 Abstandsabhängigkeit der Dosisleistung perkutaner Strahlungsquellen

Das Abstandsquadratgesetz: Wegen der Erhaltung der Strahlungsenergie bei der Ausbreitung der Strahlung einer Quelle nimmt die Intensität der Strahlung eines isotrop strahlenden punktförmigen Strahlers (Intensität = Energie durch durchstrahlte Fläche mal Zeit) im Vakuum mit dem Quadrat der Entfernung ab. Dieser Zusammenhang wird üblicherweise als **Abstandsquadratgesetz** bezeichnet und spielt eine zentrale Rolle für die Berechnung der Ausbreitung ionisierender Strahlungen und in der Dosimetrie medizinischer Strahlungsquellen. Bezeichnet man die Entfernung von der Quelle mit r, so gilt das Abstandsquadratgesetz für die Intensität in der Form

$$I(r) = c/r^2 \tag{6.2}$$

wobei die Konstante c eine charakteristische Größe der untersuchten Strahlungsquelle ist. Gleichung (6.2) wird auch einfacher als $1/r^2$–**Gesetz** bezeichnet. Aus den gleichen Energieerhaltungsgründen wie für die Intensität kann das Abstandsquadratgesetz auch für Dosisleistungen von Strahlungsquellen formuliert werden. Es lautet dann in allgemeiner Form:

$$\overset{\circ}{D}(r) = c/r^2 \tag{6.3}$$

Die Konstante c kann verschiedene Bedeutungen haben. Soll die durch Gamma– oder charakteristische Röntgenstrahlung entstehende Kermaleistung einer radioaktiven Punktquelle im Abstand r berechnet werden, so hat Gl. (6.3) die Form

$$\overset{\circ}{K}(r) = A \cdot \Gamma_\delta / r^2 \qquad (6.4)$$

Die Konstante c besteht also aus dem Produkt von Aktivität A der Quelle und der Dosisleistungskonstanten Γ_δ. Dosisleistungskonstanten können theoretisch berechnet werden, wobei der Index "δ" für die Photonenenergiegrenze in keV steht, oberhalb derer Photonenstrahlung bei der Berechnung berücksichtigt wird (vgl. dazu Petzold/Krieger Band 1, Abschnitt 7.3.1). Wird das Abstandsquadratgesetz zur Beschreibung des Dosisleistungsverlaufs eines punktförmigen Strahlers für Photonenstrahlung (Röntgenröhre, Beschleuniger usw.) verwendet, so hat es für die Kermaleistung die Form:

$$\overset{\circ}{K}(r) = \overset{\circ}{K}_o \cdot R_o^2 / r^2 \qquad (6.5)$$

In dieser Gleichung bedeutet $\overset{\circ}{K}_o$ die Kermaleistung in der Referenzentfernung R_o. Die Dosisleistung isotrop strahlender, frei im Vakuum befindlicher mathematischer Punktstrahlungsquellen nimmt also exakt mit dem Quadrat des Abstandes zwischen Strahler und Meßort ab. Konstante Dosisleistung herrscht deshalb auf den Oberflächen von Kugelschalen um den Quellenort, also an Orten, die die gleiche Entfernung vom Quellpunkt haben (Fig. 6.10c).

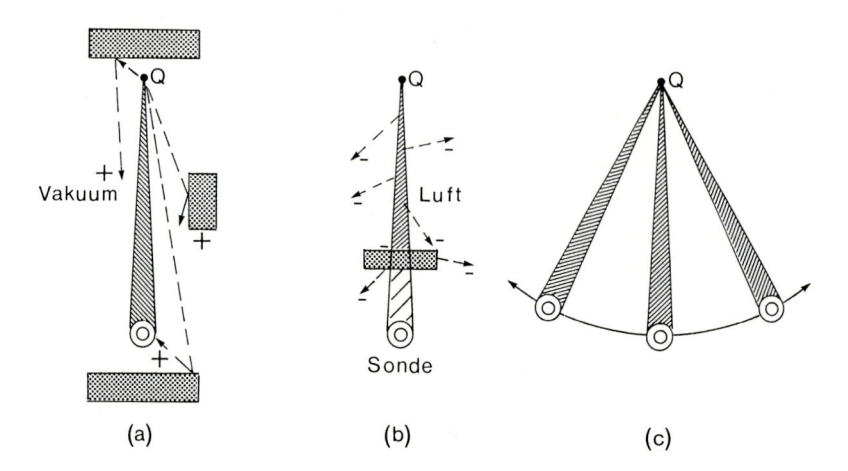

Fig. 6.10: Erhöhung und Verminderung der Meßanzeige einer Dosimetersonde im Strahlungsfeld eines Punktstrahlers durch (a): Rückstreuung hinter der Quelle und seitliche Einstreuung, (b): Absorption und Streuung durch Luft und Absorber zwischen Quelle und Sonde. (c): Orte gleicher Dosisleistung bei isotroper Ausbreitung im Vakuum. Die schraffierten Strahlenkegel zwischen Quelle und Sonde entsprechen den streustrahlungsfreien primären Strahlenbündeln.

Das Abstandsquadratgesetz gilt an realen Strahlungsquellen nur näherungsweise, da für seine Gültigkeit verschiedene Voraussetzungen gemacht werden müssen, die in der Regel nicht streng erfüllt sind. Die wichtigsten Bedingungen sind:

- Isotropie der Abstrahlung,
- mathematische Punktform der Strahlungsquelle und bekannter "Quellort",
- keine Absorption des Strahlungsintensität auf dem Weg vom Strahler zum Aufpunkt im Abstand r,
- keine Veränderung der Intensität des Strahlungsfeldes durch Streuung vor, hinter oder seitlich von der Quelle.

Weicht die Quellenform von der strengen Punktgeometrie ab, oder befinden sich vor oder hinter der Quelle streuende oder absorbierende Materialien wie Quellenhalterungen, Kollimatoren, Luft oder Gewebe, so erhöhen oder vermindern sich die Dosisleistungen dieser Anordnungen im Vergleich zu den nach dem einfachen Abstandsquadratgesetz berechneten Werten (Fig. 6.10a,b). In der Tiefe dichter Materie wie gewebeähnlichen Phantomen oder Abschirmungen können die Dosisverläufe perkutaner Strahlungsquellen selbst für reine Punktquellen wegen der intensiven Wechselwirkungen mit dem Absorbermaterial (Absorption und Streuung) auch nicht mehr näherungsweise durch das Abstandsquadratgesetz beschrieben werden. Eine Ausnahme bilden die Dosisverteilungen von Afterloadingquellen in menschlichem Gewebe, bei denen wegen des geringen Abstandes von Medium und Strahler der Geometrieeinfluß über die Strahlungsschwächung im Medium dominiert.

In der perkutanen Strahlentherapie müssen aus klinischen Gründen oft Bestrahlungsabstände und Geometrien gewählt werden, die sich von denen bei der Basisdosimetrie der Bestrahlungsanlagen verwendeten unterscheiden. Kenndosisleistungen müssen deshalb auf die individuellen Behandlungsabstände umgerechnet werden. Der komplexe Aufbau der Strahlerköpfe medizinischer Bestrahlungsanlagen bewirkt, daß Dosisleistungen perkutaner Strahlungsquellen nur näherungsweise durch das Abstandsquadratgesetz beschrieben werden können. Der reale Dosisleistungsverlauf mit der Entfernung von der Strahlungsquelle muß daher an jeder Bestrahlungsanlage experimentell ermittelt werden. Häufig findet man dabei heraus, daß das Abstandsquadratgesetz unter Einhaltung bestimmter Randbedingungen doch eine für klinische Zwecke brauchbare Näherung darstellt (s. u.).

Werden Kenndosisleistungen frei in Luft gemessen, so muß zur Untersuchung des Abstandsverlaufes der Dosisleistung bei allen Teletherapieanlagen unbedingt die Divergenz des Strahlenbündels (Öffnungswinkel der Kollimatorblenden) während der Messung konstant gehalten werden. Wegen der Feldgrößenabhängigkeit der Dosisleistung (s. Abschnitt 6.1.2) würden sonst unrealistische Entfernungsabhängigkeiten vorgetäuscht. Es darf also bei Abstandsänderungen auf keinen Fall mit konstanter Feldgröße am Sondenort gemessen werden. Bei Messungen im Phantom ändert sich dagegen trotz konstanter Strahldivergenz die Rückstreuung aus dem Phantommaterial mit der Feldgröße am Sondenort. Die Meßwerte werden also wegen der Vergrößerung des streuenden Volumens um die Zunahme des Streufaktors mit zunehmender Entfernung zu hoch ausfallen. Da die Variation der Streufaktoren mit der Bestrahlungsfeldgröße allerdings wesentlich geringer ist als die übliche Feldgrößenabhängigkeit der Dosisleistungen, können für klinische Zwecke für die meisten Teletherapieanlagen dennoch eingeschränkte Entfernungsbereiche festgelegt werden, innerhalb derer das Abstandsquadratgesetz auch für die im Phantom gemessenen Dosisleistungen näherungsweise so gut erfüllt ist, daß Umrechnungen auf andere Abstände mit dem Abstandquadratgesetz möglich sind.

Beispiel 3: Vergleich der Dosisleistungen im Phantom bei konstanter Strahldivergenz bzw. Feldgröße.

An einer Kobaltanlage gelte das Abstandsquadratgesetz in ausreichender Näherung für die Kenndosisleistungen in Luft. Die Maximumsdosisleistungen unterscheiden sich von diesen nur durch den feldgrößenabhängigen Rückstreufaktor (BSF, vgl. Abschnitt 7.1.2). Wird die Dosisleistung im Tiefendosismaximum eines 10x10 cm^2 Feldes im Phantom vom Fokushaut-Abstand (FHA) 70 cm auf den Fokushautabstand 80 cm unter Vernachlässigung dieses Rückstreufaktors mit dem Abstandsquadratgesetz umgerechnet, so ist der Fehler nur das Verhältnis der Rückstreufaktoren für die beiden Feldgrößen am Sondenort. Aus Fig. (7.11) findet man für das 10er Feld den Backscatterfaktorwert BSF = 1.036 und für das Feld in 80 cm Entfernung (Feldgröße = 11.4x11.4cm^2) BSF = 1.039. Der Fehler der berechneten Dosisleistung im Phantom beträgt also −0.3% und liegt damit innerhalb der üblichen Fehlerbreiten der klinischen Dosimetrie. Wird dagegen für eine konstante Feldgröße am Meßort korrigiert, also für ein 10x10 cm^2 Feld auch in 80 cm Fokushautabstand, obwohl das reale Bestrahlungsfeld in diesem Abstand ja die Feldgröße 11.4x11.4 cm^2 hat, so ergibt das einen Dosisleistungsfehler durch die Feldgrößenabhängigkeit von −1.5% (nach Fig. 7.2), also deutlich mehr als bei Vernachlässigung der Rückstreuung. Für eine Dosisleistungskorrektur von 70 cm auf 90 cm Abstand ergibt die gleiche Überlegung einen Fehler durch vernachlässigte Rückstreuung von −0.7%, der Fehler durch die Feldgrößenabhängigkeit beträgt dann bereits −2.4% .

Gültigkeit des Abstandsquadratgesetzes an Kobaltanlagen: Kobaltquellen sind zur Halterung und aus Abschirmungsgründen in Schwermetalle eingebettet. Die von der Umgebung aus dem hinteren Halbraum diffus in Strahlrichtung gestreute Strahlung erhöht die Intensität der vorwärtsgerichteten Strahlung deshalb erheblich. Kobaltquellen sind zudem keine Punktstrahler, sie haben Tiefen und Breiten von mehreren Zentimetern. Neben der durch die Selbstabsorption verursachten Schwächung der Strahlungsintensität bedeutet dies auch eine Verschmierung des Quellenortes in die Tiefe der Quelle. Die Strahlung wird außerdem am Kollimatorsystem, dem Spiegel für das Lichtvisier und dem Austrittsfenster des Strahlerkopfes gestreut. Der Streustrahlungsanteil des Nutzstrahlenbündels hat also einen diffusen Entstehungsort, der über den Bereich von der unteren Austrittsfläche der Quelle bis zur patientennahen Unterkante des Strahlerkopfes verteilt ist. Zur Bestimmung des effektiven Quellenortes mißt man bei konstanter Strahldivergenz die Dosisleistung frei in Luft, also ohne umgebendes Phantommaterial als Funktion des Abstandes. Trägt man die reziproke Quadratwurzel der Meßwerte über dem Abstand auf ("reziproke Wurzeldarstellung", Fig. 6.11), so erhält man näherungsweise Geraden. Aus ihrer Steigung kann man (nach den Gl. 6.3 bis 6.5) die Kenndosisleistung bzw. die effektive Aktivität der Quelle berechnen, aus ihrem Schnittpunkt mit der Entfernungsachse erhält man den virtuellen Quellenort für die jeweilige Kollimatoröffnung. Die Verschiebung des Quellenortes hängt von der Art des Kollimatorsystems, der verwendeten Quelle und der Feldgröße ab und muß deshalb für jede Kobaltanlage und Quellenbeladung individuell ermittelt werden. Sie beträgt typischerweise etwa 1 bis 3 cm in Strahlrichtung. Wird die Divergenz des Strahlenbündels konstant gehalten und diese Quellenverschiebung berücksichtigt, so gilt an den meisten Kobaltanlagen das Abstandsquadratgesetz für die Luftdosisleistungen und in ausreichender Näherung auch für die Maximumsdosisleistungen im Phantom (vgl. Beispiel 3) mit nur geringen Abweichungen zumindestens bei den typischen therapeutischen Fokusabständen zwischen 50 und 90 Zentimetern. Erst bei noch größeren Entfernungsunterschieden machen sich der Einfluß der Luftstreuung und Luftabsorption und die mit der Volumenänderung zunehmende Rückstreuung im Phantom auf die Dosisleistung so bemerkbar, daß sie für klinische Anwendungen beachtet werden müssen.

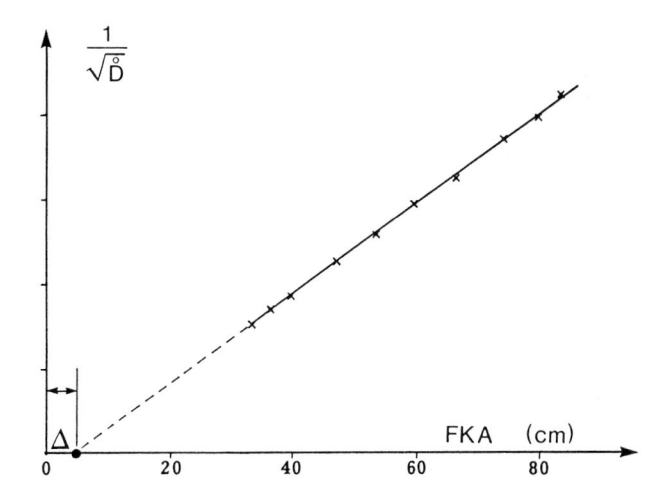

Fig. 6.11: Dosisleistungsgerade und virtuelle Quellenverschiebung Δ einer Kobaltanlage (FKA: Fokus-Kammerabstand). Die virtuelle Quellenverschiebung Δ erhält man aus dem Schnittpunkt der Ausgleichgeraden (an die reziproken Wurzeln der Dosisleistungen) mit der Entfernungsachse.

Beispiel 4: Berechnung einer Bestrahlungszeitkorrektur am Kobaltgerät.
An einer Kobaltanlage liegt eine "Maximumsdosisleistungstabelle" (Max.–Tiefe = 0.5 cm Wasser) für den Fokushautabstand FHA = 80 cm aus. Ein Patient soll aus medizinischen Gründen in seinem Bett bestrahlt werden, das nur einen FHA von 88 Zentimetern zuläßt. Das Hautfeld soll die Größe 11x11 cm^2 haben. Zur Berechnung der Entfernungskorrektur für die Maximumsdosisleistung muß zunächst wegen der obigen

Konstanzbedingung für die Strahldivergenz auf die Einstellfeldgröße bei FHA = 80 cm zurückgerechnet werden. Der Strahlensatz ergibt eine Einstellfeldgröße von 10x10 cm^2 bei 80 cm. Aus der Tabelle für diesen Fokushautabstand ist die Bestrahlungszeit für diese Einstellfeldgröße bei FHA = 80 cm zu entnehmen. Den Korrekturfaktor KF für die Dosisleistung im Abstand 88 cm berechnet man aus dem Abstandsquadratgesetz zu KF = $(80.5/88.5)^2$ = 0.827. Die aus der Tabelle entnommene Bestrahlungszeit muß um den Kehrwert dieses Korekturfaktors 1/KF ≈ 1.2 verlängert werden, um die in der Zeittabelle für den Fokus–Haut–Abstand von 80 cm enthaltene Dosis zu applizieren.

Gültigkeit des Abstandsquadratgesetzes an Elektronenlinearbeschleunigern: Bevor Elektronen als medizinisch nutzbares Elektronenstrahlenbündel den Strahlerkopf verlassen durchlaufen sie zunächst das Endfenster der Beschleunigersektion, passieren den Energiespalt und das Austrittsfenster des Strahlführungssystems und treffen dann je nach Konstruktion auf die Ausgleichsfolien oder durchlaufen den Scanmagneten. Anschließend durchstrahlen sie den

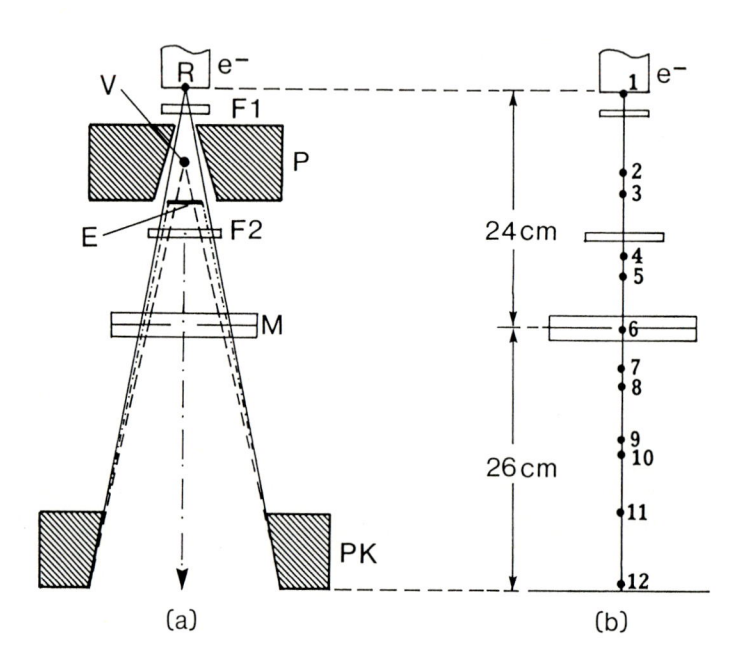

Fig. 6.12: (a): Lage der realen (R), effektiven (E) und virtuellen (V) Elektronenquelle in Linearbeschleunigern (F1,F2: primäre und sekundäre Ausgleichsfolien, M: Doppelmonitor, P: Primärkollimator, PK: Photonenkollimator). (b): Veränderung der virtuellen Fokuslage für Elektronenstrahlung eines kommerziellen 13–MeV–Linacs mit der Elektronenenergie und der Feldgröße in 100 cm Abstand vom realen Fokusort (R). Die Zahlenangaben bedeuten: (Nr):Energie(MeV)/Feldgröße(cm^2): (1):8/20^2, (2):13/10^2, (3):6/20^2, (4):10/10^2, (5):8/10^2, (6):4/20^2, (7):6/10^2, (8):10/5^2, (9):8/5^2, (10):4/10^2, (11):6/5^2, (12):4/5^2), (nach Briot).

Strahlmonitor, treffen eventuell auf den Spiegel des Lichtvisiers und verlassen zuletzt, beeinflußt durch das Kollimatorsystem aus Photonenkollimator und Tubus oder Applikator, den Strahlerkopf. Jede dieser Wechselwirkungen verändert den Fluß und die Divergenz des Elektronenstrahlenbündels. Wegen der vielen Richtungs- und Divergenzänderungen der Elektronen in Beschleunigern fällt es schwer, einen physikalisch klar definierten Brennfleck (Fokus) anzugeben. Man definiert deshalb den Ort einer effektiven Flächenquelle für Elektronen, die sich zwischen der ersten Streufolie und der Oberfläche des Phantoms befindet (Fig. 6.12). Sie würde die gleiche Divergenz und den gleichen Strahldurchmesser auf der Oberfläche dieses Phantoms erzeugen wie die reale Elektronenquelle in der ersten Streufolie. Die effektive Quelle ist Messungen nicht direkt zugänglich und ist auch nicht zur Berechnung der absoluten Dosisleistung geeignet. Durch Messungen der Dosisleistung als Funktion des Abstandes kann aber wie bei Kobaltanlagen (s. o.) der Ort einer virtuellen Elektronen-Punktquelle im Strahlerkopf bestimmt werden. Sie ist der dosimetrische Bezugsort für eventuelle Abstandskorrekturrechnungen der Dosisleistungen. Ihre Lage ist abhängig von der individuellen Geometrie des untersuchten Beschleunigers. Unglücklicherweise variiert der virtuelle Quellenort sehr stark mit der Elektronenenergie und der Einstellfeldgröße (Fig. 6.12). Für niedrige Energien und kleine Divergenzwinkel des Strahlenbündels (kleine Feldgrößen) können die Orte der virtuellen Punktquellen um bis zu 50 cm von der realen Quelle in Strahlrichtung verschoben sein, sich also bereits am unteren patientennahen Ende des Strahlerkopfes befinden (Fig. 6.12b). Für Elektronenstrahlungen verschiedener Energien und Feldgrößen aus Beschleunigern existiert daher kein gemeinsamer "Brennfleckort" und Fokusabstand. Veränderungen des Fokushautabstandes und Korrekturrechnungen der Dosisleistungen für Elektronenstrahlung sollten deshalb und auch wegen des dann eventuell ungenügenden Feldausgleiches (s. Abschnitt 2.2.5.3) nur nach dosimetrischer Kontrolle vorgenommen werden.

Im Photonenbetrieb von Beschleunigern entsteht die Photonenstrahlung im Bremstarget, das statt der ersten Elektronenausgleichsfolie in den Elektronenstrahl gebracht wird. Anschließend wird die Photonenstrahlenkeule im Ausgleichskörper homogenisiert. Als virtuellen Strahlfokus für die Photonen findet man daher bei der dosimetrischen Untersuchung einen Ort zwischen Target (reale Strahlungsquelle) und Ausgleichskörper. Die Fokusverschiebung ist dabei um so deutlicher, je größer die Ausdehnung des Ausgleichskörpers in Strahlrichtung ist. Die größten Fokusverschiebungen findet man bei großvolumigen Low-Z-Filtern, die neben der Aufstreuung auch eine Aufhärtung des Strahls bewirken sollen (vgl. Abschnitt 2.2.6). Monitorkammer und Lichtvisierspiegel beeinflussen die hochenergetische Photonenstrahlung nur wenig und führen insbesondere zu keiner Verschiebung des Brennflecks. Fokusverschiebungen für Photonenstrahlung aus Linearbeschleunigern liegen in der Größenordnung von nur wenigen Zentimetern und sind kaum von der Feldgröße abhängig. Änderungen der Dosisleistungen für Photonenstrahlung mit dem Abstand können daher auch bei größeren Variationen der typischen klinischen Fokus-Haut-Abstände in der Regel in guter Näherung mit dem Abstandsquadratgesetz berechnet werden.

6.2 Kenndosisleistungen von Afterloadingquellen

Zur Charakterisierung der Quellstärke von Afterloadingquellen benötigt man deren Aktivität oder die Kenndosisleistung in einer Referenzentfernung. Die Kennzeichnung von Strahlungsquellen mit Hilfe ihrer absoluten Aktivität ist allerdings aus mehreren Gründen unzweckmäßig und fragwürdig. Zum einen werden die bisher üblichen Aktivitätsangaben durch die Hersteller wie auch die Kenndosisleistungen auf nur ± 10% Genauigkeit garantiert. Zum anderen sind medizinische Strahler für Afterloadinggeräte aus Sicherheitsgründen und zur Absorption der Betastrahlung gekapselt und am Transportsystem befestigt. Sie werden darüberhinaus in individuell geformten und aus verschiedenen Materialien gefertigten klinischen Applikatoren eingesetzt. Bei der Messung der Aktivität durch die Quellenhersteller können die Veränderungen der Strahlungsintensität durch diese Umhüllungen nur teilweise berücksichtigt werden. Sie müssen deshalb rechnerisch korrigiert werden, was wegen der Unsicherheiten der Schwächungskoeffizienten leicht zu erheblichen Fehlern führen kann. Angaben der absoluten Aktivitäten zur Kennzeichnung der Stärke von Afterloadingquellen sind für klinische Zwecke zu ungenau und daher unbrauchbar. Mit den Mitteln der klinischen Dosimetrie sind direkte Aktivitätsmessungen zur Überprüfung der Herstellerangaben überdies nicht möglich. Unter Verwendung des Abstandsquadratgesetzes für Punktquellen und der Dosisleistungskonstanten Γ kann die therapeutisch "effektive Aktivität" der Strahlungsquelle jedoch aus Messungen der Ionendosisleistung oder Kermaleistung in Luft abgeleitet werden (vgl. Abschnitt 6.3). Werden die Luftmessungen einschließlich der klinischen Applikatoren durchgeführt, so ist die Applikatorschwächung in Richtung zur Meßsonde bereits ebenfalls in der effektiven Aktivitätsangabe enthalten. Da bei dieser "Aktivitätsmeßmethode" sowieso der Umweg über eine Dosisleistungsmessung gemacht wird, und da außerdem die Dosisleistungskonstanten von der spektralen Zusammensetzung der Gammaspektren und damit von den individuellen Umhüllung der Quellen abhängen, ist es günstiger, auf eine Angabe der Aktivität zu verzichten und statt dessen Quellen unmittelbar über ihre Kenndosisleistung zu charakterisieren.

Nach nationalen und internationalen Normen (DIN 6809-2, ICRU 38, BCRU, CFMRI, AAPM 32) muß deshalb heute die Quellstärke von Afterloadingquellen als Luftkermaleistung frei im Raum ("free in space") in 1 m Abstand angegeben werden. Eine Messung der Kenndosisleistung in einem Meter Abstand ist wegen der in dieser Entfernung zu niedrigen Dosisleistung mit üblichen kleinvolumigen kommerzielllen klinischen Dosimetersonden kaum möglich, da diese unterhalb der vom Hersteller vorgeschriebenen Mindestdosisleistungsbereiche (etwa 10–20 mGy/min) betrieben werden müßten. Die Dosisleistung selbst einer high-doserate 370–GBq–(10 Ci)–Iridium–Quelle beträgt in einem Meter Abstand beispielsweise nur etwa 80 μGy/min. Luftmessungen in 1 m Abstand von der Quelle können deshalb nur mit besonders großvolumigen, empfindlichen Ionisationskammern (Volumen etwa 30 ccm) durchgeführt werden. Messungen mit kleinen Meßsonden bei Abständen von nur wenigen Zentimetern, in denen die Dosisleistungen ausreichend groß sind, sind wegen der geometrischen

Ungenauigkeiten im Nahbereich nicht zuverlässig genug. Bei versehentlichen Verschiebungen des Meßortes der Sonde von nur wenigen Zehntel Millimetern treten im Nahbereich der Quelle schon Dosisleistungsfehler zwischen 10 und 50 % auf (Fig. 6.13), die damit noch größer sind als die Unsicherheiten der Herstellerangaben zur Kenndosisleistung. Zudem muß bei Freiluftmessungen streng darauf geachtet werden, durch die Halterungen und den Meßaufbau keine zusätzlichen Streustrahlungsquellen in die Nähe der Quelle oder Sonde zu bringen, die die Meßanzeige des Dosimeters erhöhen würden. Ohne stabilen Aufbau sind allerdings keine starren und geometrisch exakten Meßaufbauten möglich. Als Routinemethode zur Überprüfung der Kenndosisleistung von Afterloadingquellen sind Luftmessungen daher ungeeignet.

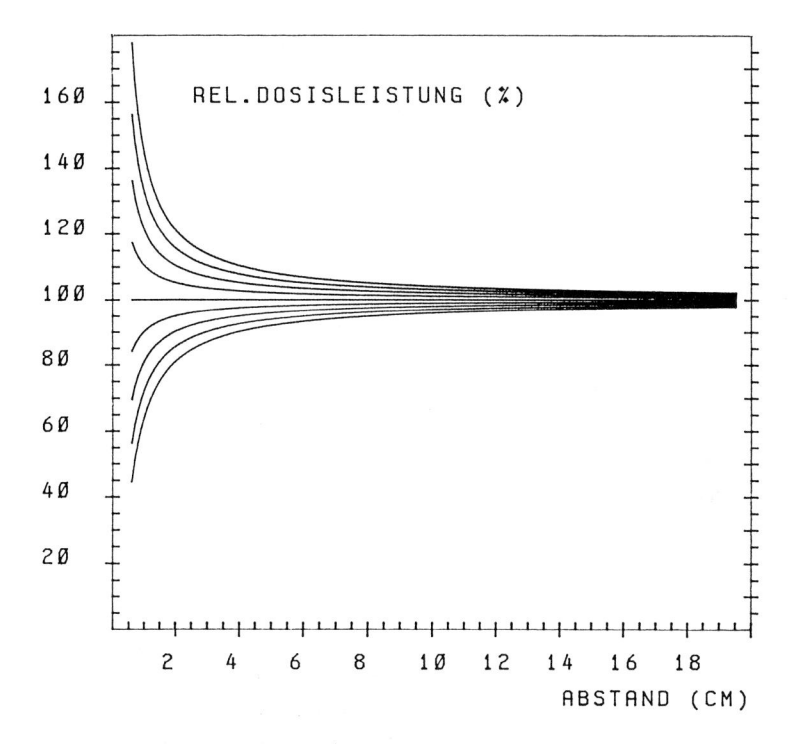

Fig. 6.13: Relative Abweichung der Dosimeteranzeige einer punktförmigen Meßsonde im Strahlungsfeld einer radioaktiven Punktquelle als Funktion des Positionierungsfehlers Quelle-Sonde (100% = exakter Meßort, >100%: Abstand zu klein, <100% Abstand zu groß). Parameter der Kurvenschar ist der Quellen–Sonden–Abstand (Schrittweite 0.5 mm).

Ein genaueres Verfahren ist die Messung der Kermaleistung der Quelle in Ersatzanordnungen, z. B. Festkörperphantomen aus Plexiglas, in denen in geometrisch exakter und vor allem leicht reproduzierbarer Weise mit klinischen Dosimetern Dosisleistungen von Afterloading–Quellen überprüft werden können. Anders als bei der Dosimetrie von Strahlungsquellen für die perkutane Therapie befinden sich bei Phantom- oder Patienten-Messungen an Afterloadingquellen sowohl Quelle wie Meßsonde in geringem Abstand eingebettet im Phantommaterial. Die Rückstreuung hinter Quelle und Meßkammer beeinflußt daher die Dosisleistung am Meßort in Abhängigkeit von der jeweils rückstreuenden Materieschicht. Untersuchungen der Rückstreuung in Plexiglasplattenphantomen (vgl. Beispiel in Fig. 6.14) zeigen, daß der Dosisleistungsverlust in endlichen Phantomen bis zu 10% der Meßanzeigen einer unendlichen rückstreugesättigten Geometrie betragen kann. Er muß daher auch in der klinischen Dosimetrie berücksichtigt werden. Messungen der Kenndosisleistung in Festkörperphantomen sollten deshalb entweder in immer gleicher Geometrie (Aufbau) durchgeführt werden, oder es müssen gesättigte Phantome verwendet werden, die allerdings erhebliche Abmessungen und damit ein großes Gewicht erreichen können. Für Iridiumstrahlung ist die

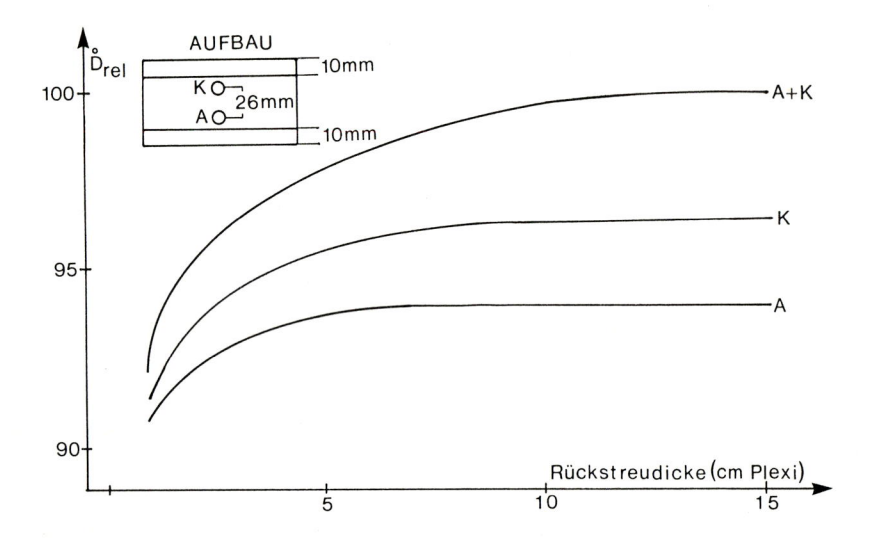

Fig. 6.14: Relative Zunahme der Dosisleistung einer 192-Ir Quelle am Ort der Ionisationskammer mit der Dicke des rückstreuenden Materials hinter Kammer (K), Applikator (A) oder beiden (A+K). Die kleine Zeichnung zeigt den Aufbau des Plattenphantoms für eine Rückstreudicke von je 1 cm hinter Kammer und Applikator. Für größere Rückstreudicken werden zusätzliche Plexiglasplatten aufgelegt (nach Krieger 1).

Rückstreusättigung nach Fig. (6.14) erreicht, wenn Meßsonde und Strahlungsquelle allseitig von mindestens 10 cm Phantommaterial umgeben sind. Das Plexiglas-Phantom hätte dann eine Masse von etwa 30 kg und würde somit für die tägliche Routine ziemlich unhandlich. Werden statt dessen kleine, nicht gesättigte Blockphantome verwendet, müssen diese durch Anschlußmessungen zunächst auf das Rückstreudefizit kalibriert werden. Bei weiteren Messungen muß dann immer die gleiche Geometrie verwendet werden. "Ungesättigte" Festkörperphantome müssen vor ihrer klinischen Verwendung selbstverständlich durch sorgfältige Vergleichsmessungen in Luft oder Wasser kalibriert werden (vgl. Abschnitt 9.5). Sie können durch spezielle Einsätze an alle Ionisationskammertypen und klinische Applikatoren angepaßt werden (Fig. 6.15b). Die Dosisleistung der Quelle kann dann einschließlich der klinischen Applikatoren gemessen werden, so daß die durch sie verursachte Absorption und Streuung bereits in der seitlich vom Applikator gemessenen Kenndosisleistung berücksichtigt ist. Solche Phantome können auch für die tägliche Kalibrierung der Rectum- und Blasensonden für die in-vivo-Dosimetrie eingesetzt werden. Für die Messungen werden wegen der großen Dosisleistungsgradienten im Nahbereich der Quellen am besten räumlich gut auflösende Meßsonden, also vorzugsweise kleinvolumige Ionisationskammern oder die allerdings weniger langzeitstabilen Halbleitersonden verwendet.

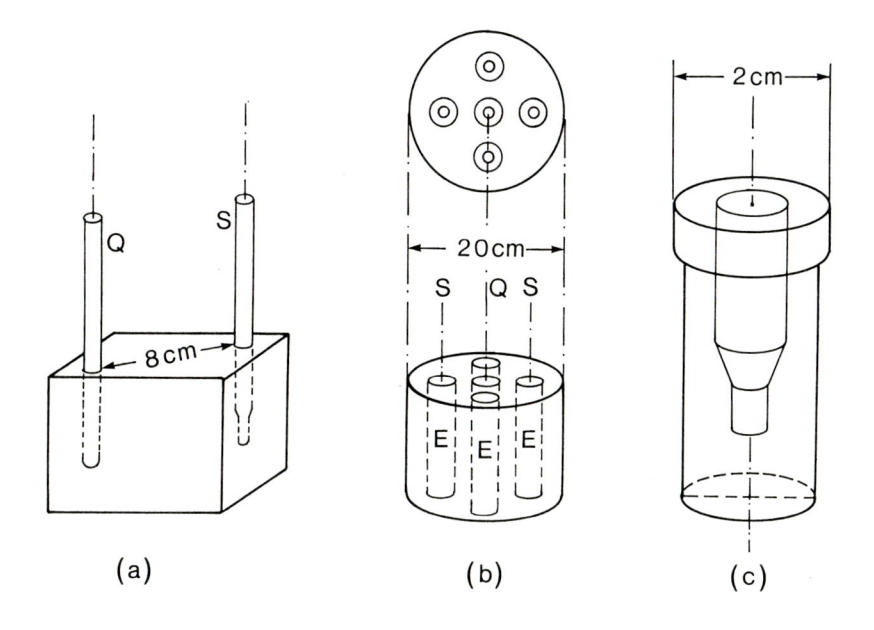

Fig. 6.15: Festkörperphantome aus Plexiglas zur Kenndosisleistungsmessung von Afterloadingquellen in starrer Geometrie. (a): Blockphantom für Ionisationssonde (S) und Applikator mit Quelle (Q). (b): Kommerziell verfügbares universelles, rotationssymmetrisches Zylinderphantom mit Einsatzbohrungen (E) für einen beliebigen zentralen Applikator mit Quelle und vier verschiedenen Meßsonden. (c): Detailskizze eines auswechselbaren Ionisationskammereinsatzes (nicht maßstabsgetreu). Beide Phantome (a und b) müssen zur Gewährleistung einer konstanten Rückstreuung auf Stativen untergebracht werden (zur Kalibrierung dieser Phantome vgl. Abschnitt (9.4), nach Krieger 2).

7 Dosisverteilungen von Photonenstrahlung in Materie

Für die Strahlentherapie wird Photonenstrahlung mit Energien zwischen etwa 10 keV und 50 MeV verwendet. Die Strahlungsquellen sind entweder Röntgenröhren, Beschleuniger oder radioaktive Gammastrahler. Je nach Strahlungsqualität und bestrahltem Medium spielen deshalb verschiedene Wechselwirkungsprozesse für Photonen die dominierende Rolle für die Entstehung der Dosisverteilungen in Materie. Der im menschlichen Gewebe wichtigste Wechselwirkungsprozess ist der Comptoneffekt (s. Abschnitt 1.1.2) mit der dabei entstehenden Streuung der primären Photonen und der Freisetzung von Comptonelektronen. Wie bereits früher ausführlich begründet, sind die bei den primären Wechselwirkungen (Photoeffekt, Comptoneffekt, Paarbildung) entstehenden elektrisch geladenen Sekundärteilchen (Elektronen, Positronen) für die "Feinstruktur" der Energieübertragung verantwortlich, während die Strahldivergenz und die von der Strahlungsqualität der Photonen abhängige Schwächung des Photonenstrahlenbündels durch Absorption und Streuung zusammen den Photonen-Energiefluß und damit die "Grobstruktur" der Energiedosisverteilung bestimmen.

Unter Dosisverteilungen von Photonen- oder Elektronen-Strahlung versteht man die **räumlichen Verteilungen der Energiedosis** in der bestrahlten Materie. Sie hängen in komplizierter Weise von den physikalischen Eigenschaften des Absorbers und von der verwendeten Strahlungsart und -qualität ab. Zu ihrer Beschreibung existieren mehrere Möglichkeiten. Vollständige Darstellungen dreidimensionaler Verteilungen sind prinzipiell nur mit Hilfe mathematischer Ausdrücke (also analytischer Formeln) oder Tabellen möglich. Tatsächlich sind sie wegen der vielfältigen Einflüsse nur in wenigen, einfachen Ausnahmefällen analytisch zu berechnen. Üblich sind eindimensionale grafische Darstellungen als Dosisverlaufskurven entlang einer Linie oder anschaulichere, zweidimensionale Isodosenplots in ausgewählten Ebenen.

Die für die Strahlentherapie interessierenden Dosisverteilungen im Patienten können im allgemeinen nicht unmittelbar aus in-vivo Messungen abgeleitet werden. Man ist deshalb auf Meßergebnisse an Ersatzsubstanzen, sogenannten **Phantomen**, angewiesen, die natürlich für den jeweiligen Zweck speziell ausgelegt werden können (vgl. dazu Abschnitt 4.5). Für die Basisdosimetrie behilft man sich in der Regel mit homogenen, geometrisch geformten Phantomanordnungen. Sie weisen überall die gleiche Dichte auf und stimmen sowohl in ihren Dichtewerten wie auch in der effektiven Ordnungszahl weitgehend mit menschlichem Weichteilgewebe überein (Wasserphantom, Blöcke oder Platten aus Plexiglas oder Polystyrol). Sie zeigen deshalb ein dem menschlichen Weichteilgewebe gleichendes Absorptions- und Streuverhalten, sind also für den Photonenenergiebereich der Strahlentherapie weitgehend dosimetrisch äquivalent. Zur dosimetrischen Simulation realistischer, klinischer Bestrahlungstechniken am Patienten existieren auch verschiedene menschenähnliche Phantome, die zum Teil echte menschliche Skelette und auch alle sonst im Patienten vorkommenden Gewebeinhomogenitäten enthalten. Sie können mit kleinvolumigen Detektoren wie Kondensatorkammern oder Thermolumineszenzdosimetern bestückt und dann wie Patienten "klinisch" bestrahlt werden. Solche dosimetrischen Überprüfungen sind zwar sehr zeitaufwendig, sie geben dem Strahlentherapeuten aber die für seine Behandlungen notwendige dosimetrische Sicherheit. Soweit Dosisverteilungen aus Zeitgründen nicht direkt meßtechnisch ermittelt werden können oder sollen, werden sie mit Therapieplanungssystemen näherungsweise berechnet. Diese Berechnungen müssen wegen der oft vereinfachenden Algorithmen in den Planungsprogrammen stichprobenartig für die häufigsten Bestrahlungstechniken und an therapeutisch besonders wichtigen Stellen im Patienten dosimetrisch überprüft werden.

7.1 Perkutane Photonendosisverteilungen im homogenen Medium

Wasser stellt die wichtigste Ersatzsubstanz für menschliches Weichteilgewebe dar. Die Photonendosisverteilungen werden deshalb zunächst an dieser Substanz erläutert. Eine für die Analyse räumlicher, **perkutaner** Dosisverteilungen günstige Methode (Fig. 7.1) ist die Darstellung durch **absolute Dosisleistungen** an Referenzpunkten (z. B. im Maximum), **Tiefendosiskurven** auf dem Zentralstrahl oder parallel dazu, und orthogonale **Querprofile** senkrecht zum Zentralstrahl. Sehr anschaulich ist auch die Präsentation von Dosisverteilungen in Form von Isodosenlinien (Linien gleicher Dosis oder Dosisleistung), die in ausgewählten Ebenen im

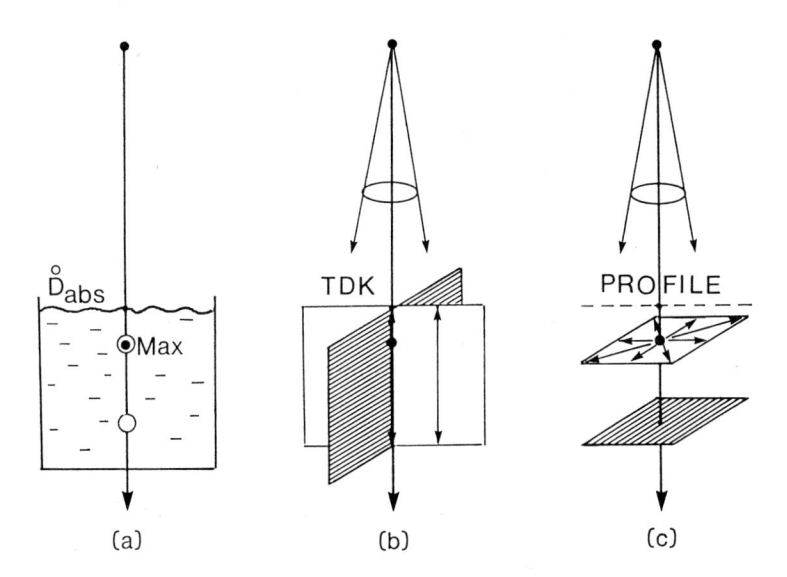

Fig. 7.1: Darstellung dreidimensionaler perkutaner Dosisverteilungen durch (a): absolute Dosisleistung an Referenzpunkten (z. B. im Dosismaximum Max), (b): Tiefendosiskurven (TDK), (c): Dosisquerprofile in verschiedenen Phantomtiefen.

Phantom oder Patienten berechnet und gezeichnet werden können (s. Abschnitt 7.2). Sie ist die in Planungsrechnern bevorzugte Darstellung der Patientendosisverteilungen. In den Therapieplanungssystemen werden diese Isodosenverteilungen den anatomischen Strukturen der Patienten überlagert, so daß sich der Strahlentherapeut ein unmittelbares Bild von der Dosis in Risikoorganen und dem therapeutischen Zielvolumen machen kann.

7.1.1 Tiefendosisverteilungen

Unter Tiefendosisverteilungen versteht man absolute oder die auf einen Bezugspunkt (Referenzpunkt) normierten relativen Energiedosisverteilungen oder Energiedosisleistungsverteilungen auf dem Zentralstrahl oder einer Linie parallel zum Zentralstrahl des therapeutischen Strahlenbündels. Relative Tiefendosisverläufe (Tiefendosiskurven, TDK) werden auch als prozentuale Tiefendosis bezeichnet. Die dosimetrisch wichtigste TDK ist die auf das Dosis- oder Dosisleistungsmaximum normierte prozentuale Tiefendosis entlang des Zentralstrahls. Therapeutisch und dosimetrisch wichtige Kenngrößen (Fig. 7.2) einer Tiefendosiskurve sind die Phantomoberflächendosis (Hautdosis), die Tiefenlage sowie der absolute und relative Wert des Dosismaximums, die erste und eventuell die zweite Halbwerttiefe bzw. die Zehntelwerttiefe und bei endlichen Phantomen die Phantomaustrittsdosis.

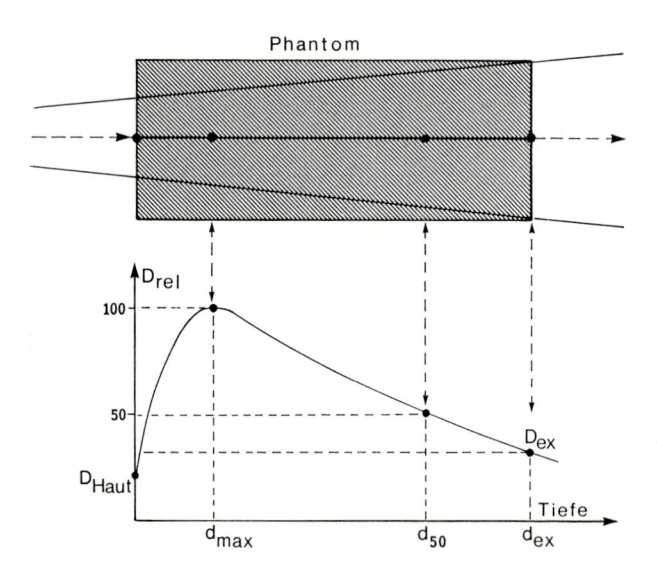

Fig. 7.2: Kenngrößen von perkutanen Tiefendosiskurven ultraharter Photonenstrahlung (D_{Haut}: relative Hautdosis; D_{rel}: relative Dosis bezogen auf das Dosismaximum; d_{max}: Maximumstiefe; d_{50}: Halbwerttiefe; d_{ex}: Dicke des Phantoms; D_{ex}: Austrittsdosis. (Schraffiert: Phantom).

Der Verlauf der Tiefendosiskurve hängt natürlich von den Eigenschaften des durchstrahlten Mediums (Dichte, Ordnungszahl) sowie von der Strahlungsqualität, also der Energie der Photonen und der Form des Photonenenergiespektrums ab. Sie bestimmen die Tiefe und Ausdehnung des Dosismaximums (Maximumslage, Breite der Aufbauzone) sowie den Wert der Oberflächendosis und legen das Ausmaß von Absorption und Streuung der Photonenstrahlung in Materie fest. Der Tiefendosisverlauf wird darüberhinaus von der Bestrahlungsgeometrie beeinflußt. Der Fokushautabstand (FHA) bestimmt über das Abstandsquadratgesetz zusammen mit der Streuung und der Absorption im Medium die Abnahme der Dosisleistung in der Tiefe des Phantoms. Die Bestrahlungsfeldgröße definiert zusammen mit der Phantomtiefe das durchstrahlte Phantomvolumen und legt damit den Anteil gestreuter Photonen und deren Beitrag zur Energiedosis fest.

7.1.1.1 Der Dosisaufbaueffekt von Photonen in Materie

Der Bereich von der Phantomoberfläche bis zum Dosismaximum wird **Aufbaubereich** genannt. Er entsteht aus dem Wechselspiel der Schwächung des primären Strahlenbündels durch Streuung und Absorption und der Übertragung der Bewegungsenergie der dabei entstehenden Sekundärteilchen auf das Phantommaterial (Fig. 7.3). Beim Eintritt in den Absorber nimmt der Fluß der Primärphotonen und der durch diese bewirkte Energiefluß wegen der Divergenz und der Wechselwirkungen der Photonen mit den Absorberatomen stetig ab. Durch diese Wechselwirkungen entsteht gleichzeitig ein Fluß an Sekundärteilchen, dessen Entstehungsrate proportional zur örtlichen Photonenflußdichte ist und der deshalb wie diese mit zunehmender Eindringtiefe in das Medium kleiner wird. Die geladenen Sekundärteilchen bewegen sich vor allem in Strahlrichtung (vgl. aber Abschnitt 1.1.2 und 1.2.3) und übertragen innerhalb ihrer Reichweite ihre gesamte kinetische Energie auf den Absorber. Die Bahnen der in aufeinanderfolgenden Schichten entstandenen und sich in Strahlrichtung bewegenden Sekundärelektronen überlappen teilweise, so daß sich auch die in den jeweiligen Tiefen abgegebenen Dosisbeiträge überlagern. Unmittelbar an der Oberfläche des Mediums ist der durch das Phantom ausgelöste Sekundärteilchenfluß noch sehr klein, die Haut- bzw. Oberflächendosis liegt deshalb nahe bei Null. Mit jeder weiteren Schicht entstehen durch Wechselwirkung der Photonen weitere Sekundärteilchen, deren Fluß dadurch mit der Tiefe zunächst zunimmt. Innerhalb der Reichweite der Sekundärteilchen der ersten Schicht addieren sich die lokalen Energieüberträge aller bis dahin neu entstandenen Sekundärelektronen. Solange die Elektronen der ersten Schicht noch nicht völlig abgebremst sind, erhöht sich also der Teilchenfluß und die insgesamt in einer Schicht absorbierte Energie, die Dosis, nimmt zu. Sie erreicht ihr Maximum etwa bei der mittleren Reichweite der Sekundärteilchen aus den oberflächennahen Schichten und nimmt dann wegen des allmählich kleiner werdenden Sekundärteilchenflusses stetig mit zunehmender Tiefe ab.

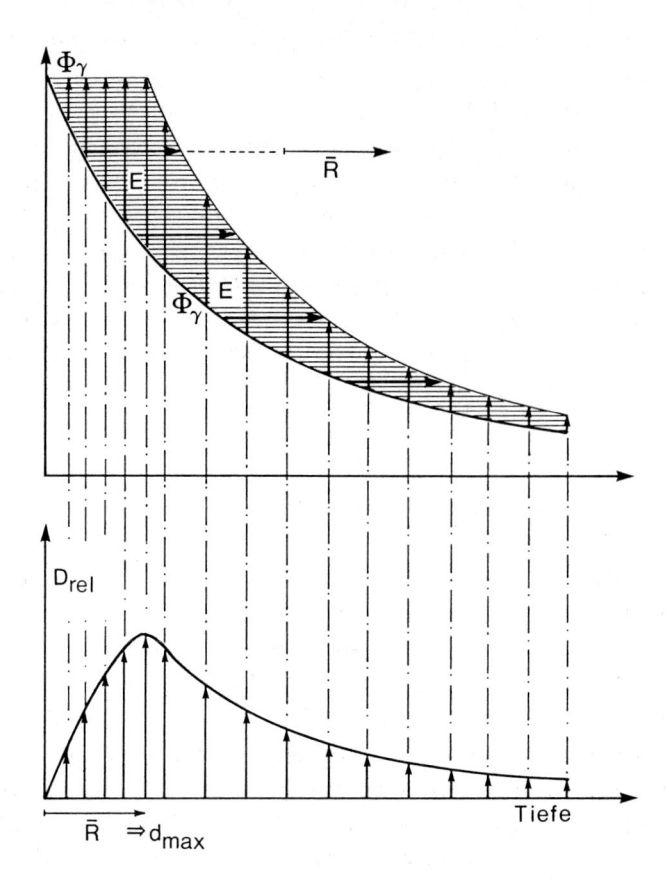

Fig. 7.3: Entstehung des Dosisaufbaueffektes für perkutane ultraharte Photonenstrahlung (schematisch). Oben: Photonenfluß Φ und durch ihn ausgelöste Sekundärelektronen (E, schraffiert) mit der mittleren Reichweite $\bar{R}$ (Pfeile). Unten: Verlauf der durch Sekundärelektronen lokal übertragenen Energiedosis (D_{rel}) mit der Tiefe im Phantom.

Die Lage des Maximums der Tiefendosiskurve entspricht der mittleren Reichweite der Sekundärteilchen und korreliert deshalb auch ungefähr mit der mittleren Energie des Photonenspektrums. Für Röntgenstrahlung bis etwa 400 keV Grenzenergie und kleine Feldgrößen liegt das Tiefendosismaximum an der Oberfläche des Phantoms oder in der Kammerwand der Ionisationskammer und kann deshalb meßtechnisch von der Oberflächendosis nicht unterschieden werden. Für große Felder (etwa größer als 7x7 cm^2) und Röntgengrenzenergien deutlich über 100 keV kann es durch gestreute Photonen zu einer geringfügigen Dosiserhöhung (1 bis 7%) etwa 0.5 bis 1.5 cm hinter der Phantomoberfläche kommen. Hierbei handelt es sich aber nicht um den oben beschriebenen Dosisaufbaueffekt, sondern um einen durch

Photonenstreuung im Phantom erhöhten Photonenfluß und die dadurch in der Tiefe zunächst anwachsende Kerma. Mit zunehmender Photonenenergie wandert das Maximum dann in die Tiefe. Bei 137–Cs Photonenstrahlung (Gammaenergie 662 keV) liegt das Dosismaximum in ca. 3 mm Wassertiefe, bei Kobaltstrahlung (mittlere Photonenenergie 1.25 MeV) bereits bei 5 mm. Für hochenergetische ultraharte Röntgenstrahlung aus Beschleunigern beträgt die Maximumstiefe in Wasser je nach Energie bis zu mehreren Zentimetern. Für heterogene Röntgenstrahlung bestimmt die mittlere und nicht die maximale Photonenenergie die Strahlungsqualität und damit die Tiefe der Aufbauzone. Die Maximumstiefen nehmen deshalb langsamer zu als die Nennenergie der Photonen. Sie hängen von der spektralen Verteilung und der Aufhärtung (Filterung) des Photonenspektrums ab. Durch das mit hohen Energien zunehmende Energiestraggling der Sekundärlelektronen und die damit verbundene Verschmierung der Elektronenreichweiten (s. Abschnitt 1.2.3) wird der Bereich um das Maximum für höhere Photonenenergien breiter, das Maximum ist weniger ausgeprägt (Fig. 7.4).

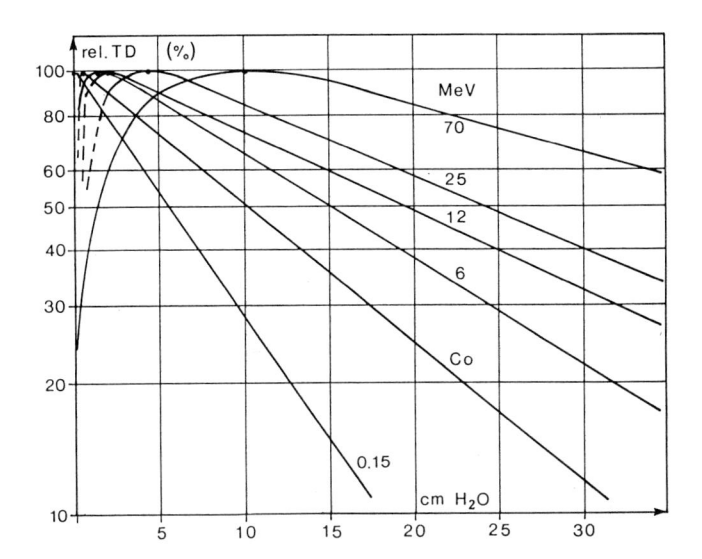

Fig. 7.4:   Relative Tiefendosiskurven in Wasser für verschiedene Photonenenergien (schematisch, normiert auf das jeweilige Dosismaximum, rel. TD: relativer Tiefendosisverlauf, Energien an den Kurven in MeV, Co: 60–Co–Strahlung, die Ordinate ist logarithmisch gestaucht).

Da die Lage des Dosismaximums von der Energieverteilung der Sekundärteilchen im Medium abhängt, führen Kontaminationen des Photonenstrahlenbündels mit bereits gestreuten niederenergetischen Photonen über die niedrigere Energie deren Sekundärelektronen zu einer Verringerung der Maximumstiefe. Niederenergetische Sekundärelektronen aus vorhergehenden Wechselwirkungen des Photonenstrahlenbündels mit Strukturmaterialien des Strahlerkopfes führen ebenfalls zu einer Erniedrigung der mittleren Sekundärteilchenenergie und damit der Tiefe des Dosismaximums. Die Maximumslage wandert auch beim Verstellen des Kollimators wegen der sich mit der Feldgröße und Feldform (Quadrat, Rechteck) ändernden Streubeiträge durch Photonen und Streuelektronen aus dem Kollimatorsystem und wegen der energetischen Veränderung des Photonenspektrums in den Randbereichen durch den Feldausgleich im Ausgleichsfilter (s. Abschnitt 2.2.6). Die Maximumsverschiebung ist bei sehr kleinen und sehr großen Quadratfeldern sowie bei asymmetrischen Öffnungen des Kollimators am größten (Fig. 7.5). Sie hängt auch von der Entfernung der Phantomoberfläche vom Strahlerkopf ab, da gestreute Photonen und Elektronen im allgemeinen eine andere Divergenz als ungestreute Photonen oder Elektronen haben. Die Vernachlässigung der feldgrößen- und konstruktionsabhängigen Wanderung des Tiefendosismaximums bei der absoluten Photonendosimetrie kann zu Dosisfehlern führen, da unter Umständen außerhalb des Dosismaximums dosimetriert wird. Für die Messung der absoluten Dosisleistungen ist daher die Anordnung der Meßsonde in der Tiefe des Phantoms vorzuziehen (vgl. Abschnitt 6.1.1).

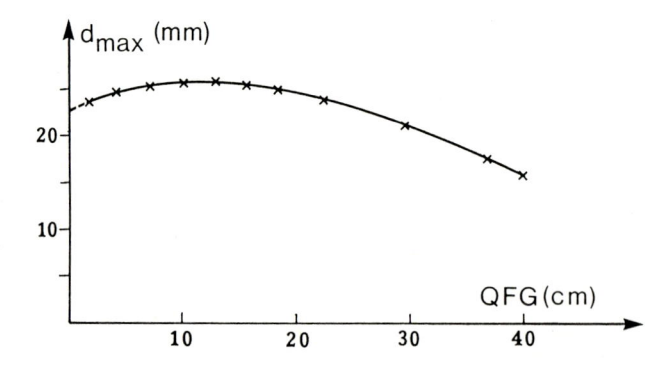

Fig. 7.5: Wanderung der Lage des Dosismaximums (d_{max}) für Photonenstrahlung in Wasser mit der Quadratfeldgröße (QFG: Seitenlänge der quadratischen Felder im Isozentrum, am Beispiel von 12–MeV–Photonenstrahlung aus einem medizinischen Elektronenlinearbeschleuniger).

7.1.1.2 Entstehung der Phantomoberflächendosis

Für weiche Röntgenstrahlung liegt das Dosismaximum an der Oberfläche des Phantoms. Die Oberflächendosis ist also zugleich Maximumsdosis. Bei hochenergetischer Photonenstrahlung ist zumindestens nach dem im vorigen Abschnitt verwendeten einfachen Dosisaufbau–Modell unmittelbar an der Phantomoberfläche kein Dosisbeitrag der Sekundärteilchen zu erwarten. Dennoch mißt man für reale therapeutische Photonenquellen relative (auf das Dosismaximum bezogene) feldgrößenabhängige Oberflächendosisleistungen zwischen 10 und 60 Prozent an Beschleunigern und je nach Konstruktion des Strahlerkopfes 15 bis 80 Prozent an Kobalt-

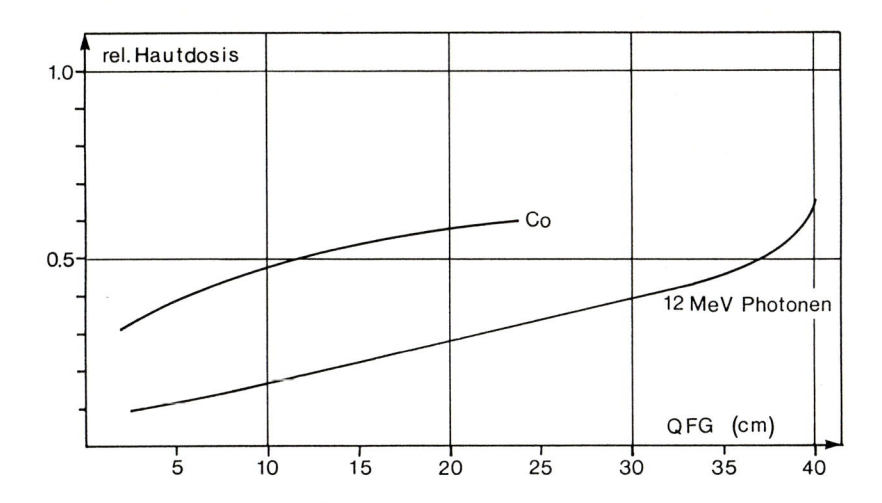

Fig. 7.6: Relative Oberflächendosis für Kobaltstrahlung und für 12–MeV–Photonen aus einem Linearbeschleuniger als Funktion der Quadratfeldgröße (QFG) im Isozentrum.

anlagen (Fig. 7.6). Dies hat mehrere Ursachen. Ein Grund ist die Vernachlässigung der Rückwärtsstreuung von Sekundärelektronen im Phantom, die natürlich auch zu einer Dosisentstehung in rückwärtigen Schichten des Mediums führt. Ist der primäre Photonenstrahl darüberhinaus bereits beim Eintritt in die Oberfläche mit Elektronen aus vorhergegangenen Wechselwirkungen des Nutzstrahlenbündels kontaminiert, so erhöht sich die Hautdosis zusätzlich, da eine Energieabgabe durch im Strahl enthaltene Sekundärteilchen auch schon an der Phantomoberfläche stattfindet. Diese "Elektronenverschmutzung" des Photonenstrahlenbündels ist die Hauptursache für die Entstehung einer Hautdosis bei der therapeutischen Anwendung hochenergetischer Photonenstrahlung. Von den Herstellern der Bestrahlungsanlagen wird deshalb beim Design der Strahlerköpfe sorgfältig darauf geachtet, das Photonennutzstrahlenbündel nicht unnötig mit Elektronen zu kontaminieren.

Die Hautdosiserhöhung durch sehr niederenergetische Elektronen (δ–Elektronen) im Photonenstrahlenbündel von Kobaltquellen kann bei älteren Strahlerköpfen oder sorglosem Umgang mit Zusatzfiltern bei der Therapie beträchtliche Werte von deutlich über 100% des Dosismaximums annehmen. Sie ist mit den für die Dosimetrie ultraharter Photonenstrahlungen verwendeten Ionisationskammern kaum nachzuweisen, da die Wandstärken dieser Kammern größer sind als die Reichweiten der δ–Elektronen. Ihr Nachweis ist aber mit Weichstrahlkammern für weiche diagnostische oder therapeutische Röntgenstrahlung möglich. δ–Elektronenkontaminationen können durch dünne Folien aus niederatomigen Materialien (Polyäthylen, Haushaltsfolien, u. ä.) an der Austrittsseite des Strahlerkopfes wieder verringert werden, die die δ–Elektronen zwar absorbieren, wegen ihrer geringen Massenbelegung und Ordnungszahl aber nicht allzu viele neue Elektronen freisetzen Auch bei der Wechselwirkung des Photonenstrahlenbündels mit der Luft zwischen Brennfleck bzw. Austrittsfolie und dem Patienten entstehen Sekundär- und δ-Elektronen. Dieser Anteil ist abhängig von der Strahlungsqualität und dem durchstrahlten Luftvolumen. Er nimmt mit der Strahldivergenz und dem Fokushautabstand zu und verringert sich mit zunehmender Photonenenergie.

Jedes in das Nutzstrahlenbündel gebrachte Material erzeugt durch seine Wechselwirkung mit dem Photonenstrahlenbündel einen Fluß von Sekundärteilchen. Dieser zeigt bereits bei der Entstehung eine typische Winkelverteilung und wird zusätzlich in den Medien, die er durchsetzt, gestreut und zum Teil wieder absorbiert (s. Abschnitt 1.1 und 1.2). Sekundärelektronen zeigen eine größere Divergenz als der sie erzeugende Photonenstrahl (Fig. 7.7); ihr Energiefluß und die durch sie erzeugte Dosisleistung nehmen daher schneller mit der Entfernung ab als diejenigen des Photonenstrahlenbündels. Zur Verringerung der Hautdosis durch Sekundärteilchen im Nutzstrahlungsfeld braucht also nur der Abstand des Streuers von der Haut vergrößert zu werden. Da durch die Streuung allerdings keine Teilchen vernichtet sondern nur in einem breiteren Strahlenkegel verteilt werden, belasten Streuelektronen auch die

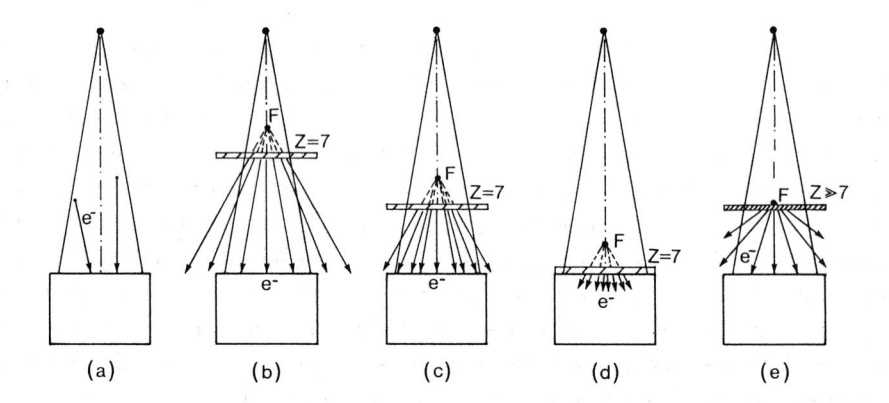

Fig. 7.7: Veränderungen der Oberflächendosis bei ultraharter Photonenstrahlung mit der Bestrahlungsgeometrie. (a): Nur Luftstreuung. (b–d): Zunahme der Hautdosis durch Elektronenkontamination des Photonenstrahlenbündels für Plexiglasträger mit kleiner werdendem Abstand. Den virtuellen Fokus (F) für die Sekundärelektronen aus den Trägern erhält man durch rückwärtige Verlängerung der stärker als die Primärstrahlung divergierenden Sekundärelektronenstrahlen. (d): Bei Auflage der Plexiglasplatte auf das Phantom verschiebt sich das Dosismaximum in Richtung Oberfläche, da der Sekundärteilchenfluß vollständig auf das Phantom auftrifft. (e): Geringere Hautdosis durch höhere Divergenz der Elektronen aus Streukörpern mit hohem Z. (b, c, e): Entstehung einer Oberflächendosis außerhalb des geometrischen Strahlenfeldes durch Streustrahlung aus den Trägern.

Haut des Patienten außerhalb des eigentlichen Bestrahlungsfeldes. Damit Sekundärelektronen zur Oberflächendosis beitragen können, muß ihre Reichweite in Luft größer sein als die Dicke der nach ihrer Entstehung durchstrahlten Luftschicht. Werden Materieschichten in den Photonenstrahlengang gebracht, die gerade so dick sind wie die mittleren Reichweiten der Sekundärelektronen in diesen Substanzen, so kommt es innerhalb dieser Materie zu einem vollständigen Aufbau des Sekundärteilchenflusses ähnlich wie in der Aufbauzone eines Gewebephantoms. Dickere Materieschichten führen zu keiner weiteren Erhöhung des Sekundärteilchenflusses. Sie bewirken statt dessen nur eine Schwächung und Aufstreuung des Photonenstrahlenbündels, da nur Elektronen aus der letzten, etwa einer Elektronenreichweite entsprechenden Schicht den Absorber auf der strahlabgewandten Seite verlassen können. Befindet sich ein Phantom oder ein Patient unmittelbar hinter einem solchen "elektronengesättigten" Absorber (Fig. 7.7d), so entsteht die Maximumsdosisleistung direkt auf dessen Oberfläche bzw. Haut. Das Dosismaximum im Patienten ist also an die Oberfläche verlagert, da der Aufbaueffekt ja bereits in den vorgelagerten Materieschichten stattgefunden hat. Diese Technik wird in der sogenannten Moulagentechnik verwendet, bei der gewebeähnliche Substanzen direkt auf den Patienten aufgelegt werden, um Gewebedefizite auszugleichen und das Tiefendosismaximum möglichst nahe an die Hautoberfläche zu verschieben. Je größer der Abstand des Patienten zum letzten streuenden Material ist, um so niedriger wird wegen der größeren Divergenz des Sekundärstrahlenbündels die Hautdosis im Strahlungsfeld und um so weiter wandert das Dosismaximum wieder in die Tiefe. Bei genügender Entfernung kommt es auch bei dicken Vorschaltschichten zu einem erneuten Aufbaueffekt im Patienten. Bestrahlungshilfen im Strahlengang wie Keilfilter, Absorberblöcke ("Satelliten), Plexiglashalterungen und Gewebekompensatoren erhöhen aber in jedem Fall die Hautdosisleistungen im Vergleich zu den "offenen" Feldern. Sie sind deshalb immer so patientenfern bzw. so fokusnah wie möglich anzubringen. Sind aus apparativen Gründen keine genügenden Abstände zwischen Absorberträgern und dem Patienten möglich, so sollten auf ihrer dem Patienten zugewandten Seite Materialien hoher Ordnungszahl wie Folien aus Blei oder Kupfer angebracht werden. Die Satellitenträger können auch direkt durch Bleiglas oder durch das weniger spröde Bleiacrylglas ersetzt werden. Schwere Materialien streuen die Sekundärteilchen nämlich stärker auf als die üblichen Träger- und Kompensatormaterialien niedriger Ordnungszahl wie Plexiglas oder Wachs (s. Fig. 7.7e). Sie führen also im Vergleich zu Niedrig-Z-Substanzen zu einer erhöhten Divergenz der Sekundärelektronen. Die Oberflächendosis im Bestrahlungsfeld kann dadurch trotz kleiner Hautabstände so verringert werden, daß auch bei großen Feldern kaum Strahlenreaktionen der Haut auftreten.

7.1.1.3 Verlauf der Photonentiefendosis in der Tiefe des Phantoms

Die Form der Tiefendosisverteilung in der Tiefe des durchstrahlten Mediums wird von der Divergenz des Strahlenbündels und der Absorption und Streuung im Phantom bestimmt. Ihr

Verlauf kann wie in der Charakterisierung von diagnostischer Röntgenstrahlung durch die Angabe von Halbwertschichtdicken beschrieben werden (vgl. aber Abschnitt 4.3). Dabei ist es wichtig, daß immer das jeweilige Medium mitgenannt wird. Eine Halbwertschicht von 10 cm Blei charakterisiert sicherlich nicht die gleiche Strahlungsqualität wie eine von 10 cm Wasser. Der Tiefendosisverlauf von Photonenstrahlung hängt sowohl von der Bestrahlungsgeometrie (Fokus–HautAbstand, Feldgröße) wie auch von der Strahlungsqualität ab. Er entsteht also aus der Überlagerung von Abstandsquadratgesetz und Schwächung des Strahlenbündels im Medium und der dabei übertragenen Energie. Bei sehr niedrigen Photonenenergien und großen Abständen zwischen Strahler und Phantom überwiegt der Einfluß der Strahlungsqualität, bei ultraharter Strahlung und kleinen Abständen derjenige der Geometrie.

Einfluß des Fokus–Haut–Abstandes: Der wichtigste geometrische Parameter für den Tiefendosisverlauf ist der Abstand zwischen Quelle und Phantom. Perkutane Strahlungsquellen können näherungsweise als Punktquellen beschrieben werden (s. Abschnitt 6.1.3). Ihre Dosisleistung in Luft vermindert sich deshalb ungefähr mit dem Quadrat des Abstandes. Vernachlässigt man zunächst die Wechselwirkung der Photonen mit dem Medium, so muß auch für die Tiefendosiskurve (TDK) im Medium die gleiche Abstandsabhängigkeit gelten. Das Abstandsquadratgesetz stellt geometrisch eine quadratische Hyperbel dar. Ihr Verlauf

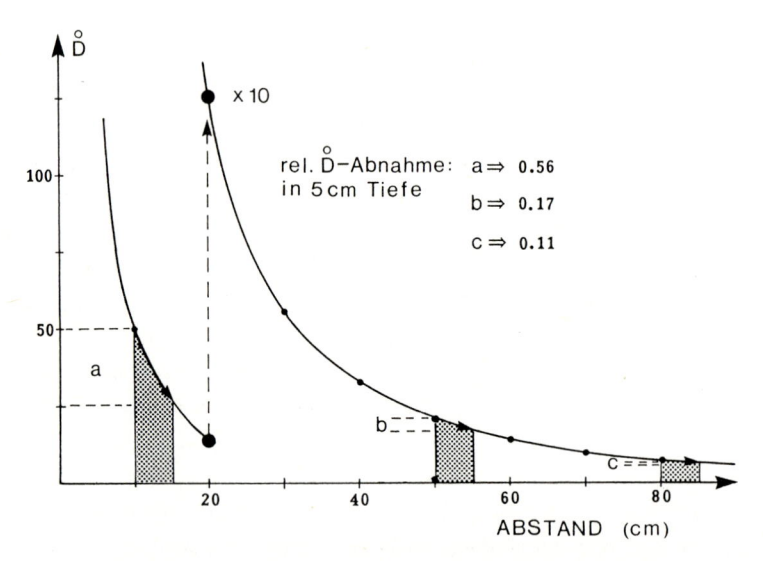

Fig. 7.8: Einfluß des Fokus–Haut–Abstandes auf den Verlauf der Tiefendosiskurven von Photonenstrahlung (ohne Schwächung). (a): Fokus–Haut–Abstand FHA = 10 cm (Bereich der Nahdistanztherapie). (b): FHA = 50 cm. (c): FHA = 80 cm (Teletherapie), schraffiert eingezeichnet ist eine Schichtdicke von je 5 cm ab der Phantomoberfläche (Dosis = 100%). Die relativen Dosisleistungen (ohne Absorption und Streuung) nach dem Abstandquadratgesetz in den Phantomtiefen von 5 cm berechnet betragen 56% für (a), 17% für (b) und 11% für Fall (c).

ist durch einen sehr steilen Abfall bei kleinen Abständen und eine langsamere Abnahme bei großen Distanzen gekennzeichnet. Zu diesen beiden Entfernungsbereichen gehören zwei klassische Behandlungsmethoden der Strahlentherapie. Die Brachytherapie bei kleinen Abständen ist durch eine sehr schnelle Abnahme der Dosisleistung der Strahlungsquelle in der Nachbarschaft der Quelle gekennzeichnet, die Teletherapie bei großen Distanzen ermöglicht wegen des langsameren Dosisleistungsabfalls (geringere Strahldivergenz) das tiefe Eindringen der Strahlung in den Körper. Je dichter die Strahlungsquelle an die Haut eines Patienten herangebracht wird, um so steiler wird nach dem Abstandsquadratgesetz der Dosisleistungsgradient (Fig. 7.8). Der Strahlentherapeut kann also durch eine Variation des Fokus–Haut–Abstandes in einem gewissen Ausmaß den Verlauf der Tiefendosiskurve beeinflussen.

Beispiel 1: An einem Weichstrahltherapiegerät mit 70–keV–Röntgenstrahlung (Filterung 1.25 mm Al) wird durch Wechsel des Tubus bei etwa gleicher Feldgröße der Fokushautabstand (FHA) von 10 auf 30 cm vergrößert. Wie verändert sich die relative Tiefendosis (TD) in 2 cm Gewebetiefe, wenn man den Einfluß von Absorption und Streuung vernachlässigt, also nur das Abstandsquadratgesetz berücksichtigt? Bei weicher Röntgenstrahlung sitzt das Dosismaximum auf der Haut (entsprechend einer relativen Dosisleistung von 100%). Die relative Dosisleistung in $d = 2$ cm Gewebetiefe (entsprechend 12 cm Entfernung von der Strahlungsquelle) beim FHA = 10 cm beträgt deshalb TD(FHA=10,d=2) = $100\% \cdot (10/12)^2$ = 69.4 %. Beim FHA = 30 cm ergibt die gleiche Überlegung für die relative Dosisleistung in 2 cm Tiefe im Phantom den Wert TD(FHA=30,d=2) = $100\% \cdot (30/32)^2$ = 87.9% .

Beispiel 2: Das Dosismaximum (entsprechend 100% der Dosis) von 12–MeV–Photonenstrahlung aus einem Linearbeschleuniger liegt für ein 10x10 cm^2 Feld im FHA 100 cm bei etwa 2.5 cm Wassertiefe. Bei der Behandlung des Patienten wird versehentlich ein FHA von 102 cm eingestellt. Wie verändert sich dadurch unter Vernachlässigung von Absorption und Streuung die relative Tiefendosis in 5 cm Gewebetiefe? Für den FHA = 100 cm gilt TD(FHA=100,d=5) = $100\% \cdot (102.5/105)^2$ = 95.3% . Für den FHA = 102 cm berechnet man TD(FHA=102,d=5) = $100\% \cdot (104.5/107)^2$ = 95.4%. Die Änderung der relativen Tiefendosis ist also zu vernachlässigen. Die absolute Maximumsdosis D ändert sich unter gleichen Verhältnissen allerdings um den Faktor D(d=104.5)/D(d=102.5) = $(102.5/104.5)^2$ = 0.962, muß also korrigiert werden, um eine Fehldosierung zu vermeiden. Die $1/r^2$–Korrektur wurde in diesem Beispiel für die Dosismaxima berechnet, da für ultraharte Photonen die Kenndosisleistungen üblicherweise als Maximumsdosisleistungen gemessen werden und für diese das Abstandsquadratgesetz in guter Näherung gilt (s. Abschnitt 6.1.3).

Beispiel 3: Wie unterscheidet sich bei gleicher Feldgröße und unter Vernachlässigung der Schwächung die relative Tiefendosis in 10 cm Gewebetiefe für eine Kobaltanlage (FHA = 60 cm) und einen Linearbeschleuniger mit 12–MeV–Photonen (FHA = 100 cm), wenn das Dosismaximum jeweils 100% beträgt? Für die Kobaltanlage gilt TD(FHA=80,d=10) = $100\% \cdot (60.5/70)^2 \approx 75\%$. Für den Linac erhält man TD(FHA=100,d=10) = $100\% \cdot (102.5/110)^2$ = 87%. Die größere Divergenz der Kobaltstrahlung macht die relative Tiefendosis in 10 cm Tiefe um etwa 12% kleiner. Um die gleiche Dosis in dieser Tiefe zu erhalten muß bei Kobaltstrahlung die Bestrahlungszeit um den gleichen Anteil erhöht werden.

Einfluß der Strahlungsqualität: Der Einfluß der Strahlungsqualität auf die Tiefendosis ist die von der Energie abhängige Absorption und Streuung der Photonen in Materie. Während die Absorption des primären Photonenstrahlenbündels unabhängig vom Wechselwirkungsort im gesamten bestrahlten Volumen zu einer Verminderung des primären Photonenflusses in der Tiefe des Phantoms führt, ist die Wirkung der Streuung der Transport von Photonenenergie in andere Bereiche des durchstrahlten Volumens (s. Abschnitt 1.1.9). Durch Streuung entsteht sogar in seitlichen Bereichen außerhalb des geometrischen Bestrahlungsvolumens eine

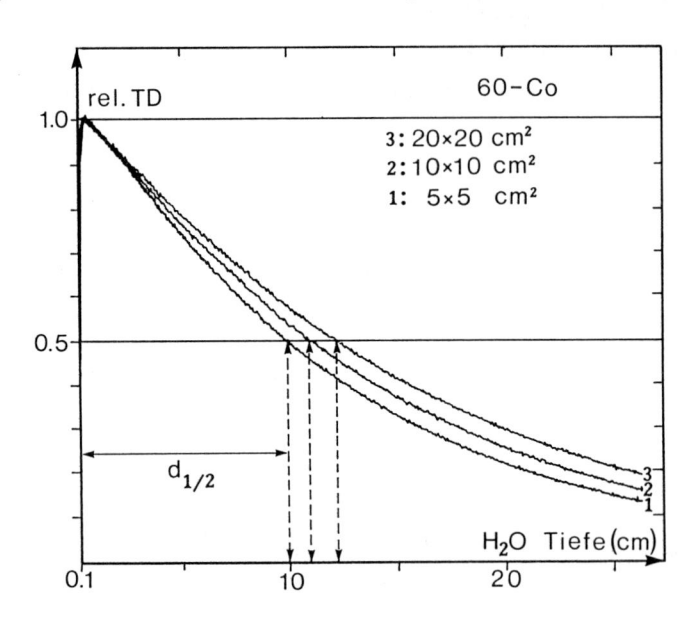

Fig. 7.9: Veränderung der relativen Photonentiefendosis (TD) von Kobaltstrahlung (mittlere Photonenenergie: 1.25 MeV) in Wasser durch die mit der Feldgröße und der Tiefe im Phantom zunehmende Streustrahlung (gemessen in einem ferngesteuerten Wasserphantom mit automatischem Detektorvorschub, FHA = 60 cm, für quadratische Felder der Feldgrößen (1): $5 \cdot 5 \, cm^2$, (2): $10 \cdot 10 \, cm^2$ und (3): $20 \cdot 20 \, cm^2$).

Dosisleistung. Beide Effekte verursachen einen mit der Tiefe zunehmenden Dosisleistungsverlust auf dem Zentralstrahl. Je größer die geometrische Feldgröße ist, um so geringer sind die Dosisverluste durch Streuung auf dem Zentralstrahl, da die Einstreuung aus den seitlichen Feldanteilen das zentrale Dosisleistungsdefizit zum Teil wieder kompensiert. Die Richtungsverteilung der Streustrahlung wird mit zunehmender Photonenenergie schmaler (s. Abschnitt 1.1.2), die seitlichen Streubeiträge nehmen daher ab. Die Zunahme der Zentralstrahl-Tiefendosiskurve (TDK) mit der Feldgröße durch Streuung im Phantom ist deshalb am deutlichsten bei niederenergetischer Strahlung zu beobachten. Die Tiefendosiskurven von Kobaltstrahlung nehmen bei konstanter Gewebetiefe beispielsweise stärker mit der Feldgröße zu

(Fig. 7.9) als bei ultraharter Photonenstrahlung aus Beschleunigern. Wie groß der Einfluß der Streuung, vor allem aber der Absorption auf die Tiefendosisverläufe selbst ultraharter Photonen in Wasser sein kann, zeigt die Tatsache, daß die experimentelle Tiefendosisleistung von Kobaltstrahlung in 10 cm Gewebetiefe (bei einem Fokus–Haut-Abstand von 60 cm und der Feldgröße 100 cm^2, Fig. 7.9) nur noch 50%, die nach dem Abstandsquadratgesetz zu erwartende Dosisleistung aber immerhin noch 75% beträgt (s. Beispiel 3 in diesem Abschnitt). Die Änderungen der relativen Zentralstrahl–Dosisleistungen von Kobaltstrahlung mit der Feldgröße liegen bei konstantem Fokus–Haut-Abstand und konstanter Meßtiefe dagegen in der Größenordnung von nur wenigen Prozenten. Ausführliche Datensammlungen zu den Abhängigkeiten der Tiefendosisverläufe aller therapeutisch verwendeten Photonenstrahlungsquellen von Fokushautabstand, Feldgröße und Strahlungsqualität finden sich in der Literatur (Wachsmann, BJR: British J. Radiology, Supplement 17).

7.1.2 Weitere Tiefendosisgrößen

Zur Beschreibung des Tiefendosisverlaufs perkutaner Photonenstrahlung gibt es neben der relativen Tiefendosiskurve noch eine Reihe weiterer relativer Dosisgrößen. Sie alle können jeweils als Verhältnisse zweier Meßgrößen definiert werden, die bei konstanter Strahldivergenz aber sonst unterschiedlichen Bedingungen in Luft oder im Phantom gewonnen wurden (Fig. 7.10). Diese Größen sind die **Streufaktoren** und die verschiedenen **Gewebeverhältnisse**, die vor allem in der computerunterstützten physikalischen Therapieplanung eine zentrale Rolle spielen. Für Photonenstrahlungen mit Energien bis 3 MeV können Messungen mit Ionisationskammern unter der Bedingung des Sekundärelektronengleichgewichts durchgeführt werden. Für Messungen der Standardionendosisleistung solcher Strahlungsquellen frei in Luft müssen allerdings für Photonenenergien oberhalb etwa 400 keV Aufbaukappen zur Herstellung dieses Elektronengleichgewichtes verwendet werden. Für Photonenstrahlungen mit Energien oberhalb 3 MeV können die Messungen mit Ionisationskammern nur unter Bragg-Gray–Bedingungen im Phantommaterial durchgeführt werden. Definitionen von Streufaktoren und Gewebeverhältnissen auf der Basis von Luftmessungen sind deshalb nur für Photonenstrahlungen bis etwa 3 MeV möglich. Wegen der Anschaulichkeit der so definierten Tiefendosisgrößen soll im folgenden vor allem dieser Spezialfall diskutiert werden.

Fig. (7.10) zeigt die möglichen dosimetrischen Bedingungen zur Untersuchung der Zentralstrahldosisleistungen. Für alle Meßaufbauten wird dabei die Strahldivergenz (definiert durch den Kollimatoröffnungswinkel α) konstant gehalten. Die beiden Luftmessungen (Fig. 7.10 a,b, Sondenabstand s bzw. s+d) werden mit Aufbaukappen durchgeführt, deren Wandstärken so bemessen sein müssen, daß am Ort der Ionisationssonde Sekundärelektronengleichgewicht herrscht. Für Kobaltstrahlung bedeutet das eine wasseräquivalente Schichtdicke von etwa 0.5 cm. Bei den drei weiteren Aufbauten handelt es sich um die Messung der Maximumsdosisleistung im Phantom (Fig. 7.10c), die Messung einer Kenndosisleistung in beliebiger Tiefe d (Fig. 7.10d) und eine Messung der Dosisleistungen mit festem Sondenort bei variabler Vorschaltschichtdicke d (Fig. 7.10e). Dazu werden entweder Phantomplatten aufgelegt oder der Wasserspiegel im Wasserphantom angehoben. Anhand der in Fig. (7.10) skizzierten Meßaufbauten können neben den Absolutwerten der Dosis oder Dosisleistung auch relative Dosisgrößen als Verhältnisse je zweier Meßwerte definiert werden. Der Einfachheit halber werden diese Meßwerte in den Gleichungen (7.1) bis (7.6) mit den entsprechenden Kennbuchstaben "a" bis "e" der Fig. (7.10) bezeichnet und nur für Dosiswerte nicht aber für

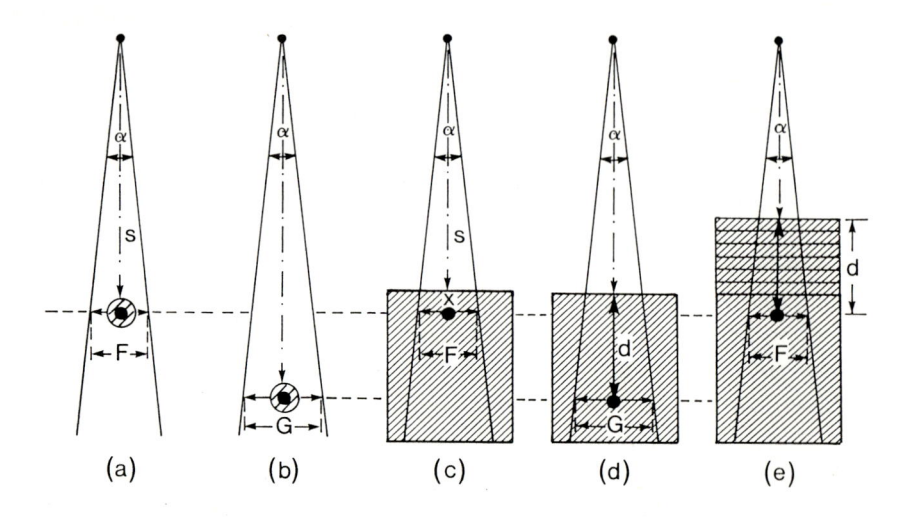

Relative Tiefendosis (d/c):	$TD(G,d) = D(G,d)/D_{max}(F,x)$	(7.1)
Rückstreufaktor (c/a):	$BSF(F) = D_{max}(F,x)/D_{luft}(F,s)$	(7.2)
Gewebeluftverhältnis (e/a):	$TAR(F,d) = D_{gew}(F,d)/D_{luft}(F,s)$	(7.3)
Gewebeluftverhältnis (d/b):	$TAR(G,d) = D_{gew}(G,d)/D_{luft}(G,s+d)$	(7.4)
Gewebemaximumverhältnis (e/c):	$TMR(F,d) = D_{gew}(F,d)/D_{max}(F,x)$	(7.5)
Abstandsquadratgesetz (b/a):	$D_{luft}(G,s+d)/D_{luft}(F,s)$	(7.6)

Fig.: 7.10: Aufbau und Geometrie zur Messung und Definition relativer und absoluter Dosisgrößen für 60-Kobaltstrahlung (F, G: Feldgrößen am Sondenort, x: Maximumstiefe, s: Abstand Quelle-Oberfläche bzw. Sonde (in a+c), d: beliebige Tiefe bzw. Gewebeschichtdicke vor der im Maximum befindlichen Sonde, α: Divergenzwinkel). Die Dosisgrößen sind, sofern sie von der Tiefe im Phantom abhängen, durch "(Feldgröße, Tiefe)" gekennzeichnet. Der Index "gew" bedeutet: mit vorgeschaltetem Gewebe, die sonstigen Abkürzungen werden im Text erläutert.

Dosisleistungen aufgeführt, was bei konstanter Meßzeit (oder Strahlmonitoranzeige des Beschleunigers) wegen der Verhältnisbildung keinen Einfluß auf die relativen Größen hat.

Rückstreufaktoren: Ein Teil der bei der Wechselwirkung von Photonenstrahlung mit Gewebe oder Phantommaterialien entstehenden Compton–Photonen wird in Rückwärtsrichtung unter Winkeln größer als 90° zur Strahlrichtung gestreut. Der mit ihnen verbundene Energiefluß läuft deshalb entgegen der Strahlrichtung. Bringt man dicht hinter eine frei in Luft aufgestellte Meßsonde ein rückstreuendes Phantommaterial, so erhöht sich deshalb deren

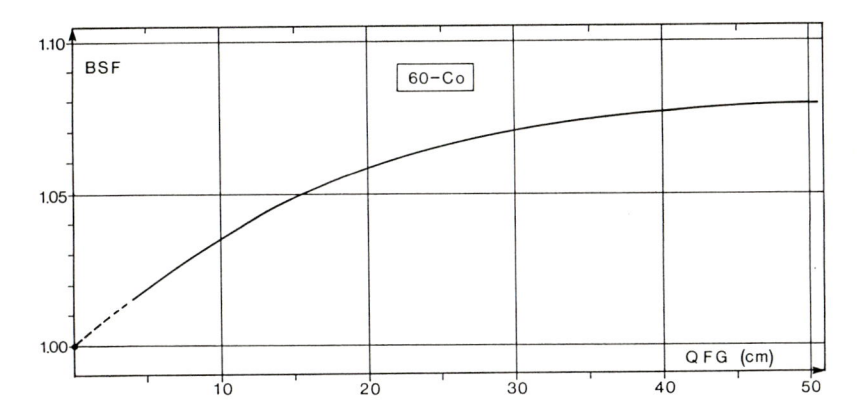

Fig. 7.11: Verlauf des Rückstreufaktors (BSF, nach Fig. 7.10) in Wasser mit der Feldgröße für 60–Co–Strahlung (QFG: Seitenlänge der quadratischen Felder, Daten nach BJR: British Journal Radiology, Suppl. 17). Der Grenzwert des BSF für die FG = 0 beträgt 1.0 .

Meßanzeige. Das Verhältnis der im Maximum der Tiefendosiskurven im rückstreugesättigten Phantom (s. u.) und frei in Luft gemessenen absoluten Dosiswerte oder Dosisleistungen bei festem Kammerabstand von der Quelle (Fig. 7.10, Gl. 7.2) bezeichnet man als **Rückstreufaktor** (engl.: Backscatterfaktor, BSF). Die Maximumsdosisleistungen werden für Röntgenstrahlungen mit einer eben in die Oberfläche des Phantoms eingebetteten Flachkammer, für höhere Energien in Dosismaximumstiefe mit beliebig geformten Kammern gemessen (vgl. auch Abschnitt 6.1.1). Die Dosisleistungen frei in Luft werden je nach Photonenenergie mit oder ohne Aufbaukappe am gleichen Sondenort gemessen. Rückstreufaktoren hängen wie auch die anderen relativen Tiefendosisgrößen vom durchstrahlten und streuenden Volumen ab. Der theoretische Grenzwert des Rückstreufaktors für verschwindende Streuvolumina ist Eins, da in diesem fiktiven Grenzfall Frei–Luft–Meßwert und Maximumsdosisleistung identisch sind. Ihr Wert erhöht sich mit dem durchstrahlten Phantomvolumen, das etwa quadratisch mit der Feldgröße und linear mit der Rückstreudicke zunimmt. Sowohl bei Erhöhung der Phantomdicke wie auch der Feldgröße (Fig. 7.11) tritt eine allmähliche Sättigung des Rückstreufaktors ein, die durch die endliche Reichweite der Streustrahlung und deren Richtungsvertei-

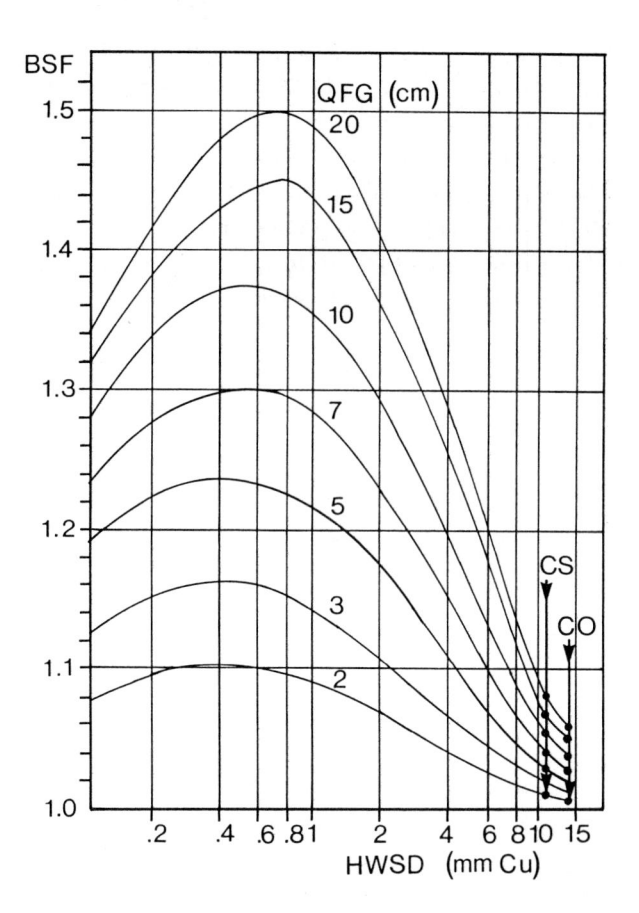

Fig. 7.12: Veränderung der Sättigungswerte der Rückstreufaktoren für Photonenstrahlungen in Wasser mit der Strahlungsqualität (durch die Halbwertschichtdicke HWSD in Kupfer gekennzeichnet, Cs: 137–Cs, Co: 60–Co–Strahlung, QFG: Quadratfeldseitenlänge, nach Johns).

lung verursacht ist (vgl. Abschnitt 1.2). Streustrahlung aus den Randzonen hinreichend großer Felder oder aus der Tiefe des Mediums können die in der Mitte des Feldes in Dosismaximumstiefe positionierte Meßsonde nicht mehr erreichen und tragen deshalb auch nicht zur Erhöhung der Meßanzeige bei. Die Sättigung wird deshalb bei niedrigen Photonenenergien schon für kleinere Feldgrößen oder Phantomstärken erreicht als bei hochenergetischer Photonenstrahlung. Für die klinische Dosimetrie müssen immer "gesättigte" Phantome verwendet werden, die je nach Energie erhebliche Abmessungen aufweisen können. Die Sättigungswerte der Rückstreufaktoren für Photonenstrahlung (Fig. 7.12) steigen wegen der Zunahme der Durchdringungsfähigkeit (Halbwertschichtdicke) der gestreuten Photonenstrahlung zunächst leicht mit der Photonenenergie an. Sie erreichen Werte bis zu 1.5, was einem Rückstreuanteil von 50 % entspricht. Bei weiterer Erhöhung der Photonenenergie fallen sie trotz größerer Reichweite der Streustrahlung schnell auf Werte dicht bei Eins ab, da oberhalb von ungefähr 1 MeV der größte Teil der Streustrahlung in Vorwärtsrichtung emittiert wird.

Gewebe–Luft–Verhältnisse und Gewebe–Maximum–Verhältnisse: Zur Messung der Gewebe-Verhältnisse werden vor die im Maximum der Tiefendosiskurve im gesättigten Phantom befindliche Meßsonde weitere Schichten an Phantommaterial gebracht (Fig. 7.10e). Im Wasserphantom geschieht dies durch Anheben des Wasserspiegels, in Festkörperphantomen durch Auflegen weiterer Phantomplatten. Diese zusätzlichen Materieschichten verändern den Meßwert der Luft- bzw. Maximumsdosisleistung durch Absorption und Streuung des Strahlenbündels. Der Kammerort (Fokus–Kammer–Abstand, FKA) und die Strahldivergenz bleiben dabei unverändert. Das Verhältnis der Dosisleistung im Phantom mit vorgeschalteter Schicht zur Dosisleistung in Luft unter sonst gleichen geometrischen Bedingungen bezeichnet man als das Gewebe–Luft–Verhältnis (engl.: tissue–air–ratio, TAR, Gl. 7.3 und 7.4). Wird als Vorschaltschicht gerade die Maximumstiefe im bestrahlten Medium gewählt, so sind Gewebe–Luft–Verhältnis und Rückstreufaktor zahlenmäßig gleich. Gewebe–Luft–Verhältnisse sind also Verallgemeinerungen der nur für eine Meßtiefe bzw. Schichtdicke definierten Rückstreufaktoren. Sie hängen wie diese von der Feldgröße, der Dicke der Vorschaltschicht und der Art des Phantommaterials ab. Wegen der konstanten Strahldivergenz und dem dadurch konstanten streuenden Volumen und der Verhältnisbildung sind die nach Fig. (7.10) definierten Gewebe–Luft–Verhältnisse unabhängig von der Entfernung der Meßsonde von der Strahlungsquelle. Sie unterliegen insbesondere nicht dem Abstandsquadratgesetz.

Bezieht man die Dosisleistungen mit vorgeschalteter Schicht nicht auf die Luftdosisleistungen sondern auf die Maximumsdosisleistungen, so erhält man in Analogie zu den Gewebe–Luft–Verhältnissen die **Gewebe–Maximum–Verhältnisse** (engl.: tissue–maximum–ratio, TMR, Gl. 7.5). Gewebe–Maximum–Verhältnisse können auch bei hochenergetischer Photonenstrahlung oberhalb von 3 MeV gemessen werden und dienen deshalb zur Beschreibung der Tiefendosis und der Streuanteile bei ultraharter Photonenstahlung aus Beschleunigern. Ihre Abhängigkeiten von der Feldgröße und der Vorschaltschichtdicke ähneln denen der Gewebe–Luft–Verhältnisse. Zur Berechnung der Streubeiträge ultraharter Photonenstrahlung im Gewebe werden zunächst die Gewebe–Maximum–Verhältnisse für alle erwünschten Meßtiefen und Feldgrößen gebildet. Für jede Tiefe werden die Meßwerte dann zum Feld Null extrapoliert. Da bei der Feldgröße Null keine Streubeiträge zur Dosisleistung vorhanden sein können, stellen diese extrapolierten Gewebe–Maximum–Verhältnisse Werte für den primären nicht gestreuten Photonenstrahl dar. Die Streubeiträge erhält man durch Subtraktion der Gewebe–Maximum–Verhältnisse für die Feldgröße Null von den Werten für endliche Felder. Diese Größen haben den anschaulichen Namen **Streu–Maximum–Verhältnisse** (engl.: Scatter–Maximum–Ratios, SMR). Sie werden bei der Dosisintegration ultraharter Photonenstrahlung in Planungsprogrammen verwendet. Der Meßaufwand für die direkte Messung von

Gewebe–Maximums–Verhältnissen und Gewebe–Streu–Verhältnissen ist wegen der Vielzahl von Feldgrößen und Phantomtiefen sehr hoch und stellt wegen der bei ultraharter Photonenstrahlung nur geringen Variation der Meßanzeigen mit der Feldgröße erhebliche Anforderungen an die Genauigkeit und Reproduzierbarkeit der Dosimetrie. Bei der Messung von Gewebe–Verhältnissen mit automatischen und ferngesteuerten Wasserphantomen muß zur definierten und präzisen Anhebung des Wasserspiegels ein zusätzlicher apparativer Aufwand betrieben werden, da bisher nur wenige kommerzielle Wasserphantome eine automatisierte und kontrollierte Anhebung des Wasserpegels ermöglichen.

Rechnerischer Zusammenhang der verschiedenen Dosis– und Tiefendosisgrößen: Anhand der Definitionen der verschiedenen relativen Dosisgrößen in Fig. (7.10) lassen sich diese leicht ineinander umrechnen. Frei–Luft–Dosisleistungen bei konstanter Strahldivergenz verhalten sich, die Gültigkeit des Abstandquadratgesetzes vorausgesetzt, umgekehrt wie das Quadrat der Abstände des Sondenortes von der Quelle. Für die Luftdosisleistungen "a" und "b" in Fig. (7.10) gilt deshalb folgender Zusammenhang:

$$D_{luft}(G,s+d)/D_{luft}(F,s+x) = (b/a) = (s+x)^2/(s+d)^2 \qquad (7.7)$$

Aus den Gleichungen (7.2), (7.3) und (7.5) und Fig. (7.10) ergibt sich für die Feldgröße F und die Vorschaltschichtdicke d für das Gewebe–Maximum–Verhältnis im Abstand (s+x) von der Quelle: $TMR(F,d) = (e/c) = (e/a)/(c/a) = TAR(F,d)/BSF(F)$, oder nach dem Gewebe–Luft–Verhältnis aufgelöst:

$$TAR(F,d) = TMR(F,d) \cdot BSF(F) \qquad (7.8)$$

Die relative Tiefendosis für ein Bestrahlungsfeld der Größe G in der Tiefe d erhält man nach Fig. (7.10) unter Verwendung des Abstandsquadratgesetzes für die Luftdosisleistungen (b/a), mit dem Gewebe–Luftverhältnis (d/b) und dem BSF (c/a) durch kurze Umformung zu $TD(G,d) = (d/c) = (b) \cdot TAR(G,d)/(a) \cdot BSF(F)$ und nach Einsetzen von Gleichung (7.7):

$$TD(G,d) = TAR(G,d)/BSF(F) \cdot (s+x)^2/(s+d)^2 \qquad (7.9)$$

Mit Gleichung (7.8) für das Gewebe–Maximum–Verhältnis $TMR(G,d) = TAR(G,d)/BSF(F)$ in der Tiefe d bei der Feldgröße G und nach Einsetzen dieses Ausdrucks in Gleichung (7.9) erhält man $TD(G,d) = TMR(G,d) \cdot (s+x)^2/(s+d)^2$ und nach weiterer Umstellung:

$$TMR(G,d) = TD(G,d) \cdot (s+d)^2/(s+x)^2 \qquad (7.10)$$

Auf ähnliche Weise lassen sich die relativen Tiefendosisgrößen auch für andere Feldgrößen und Phantomtiefen berechnen. Neben der strengen Gültigkeit des Abstandsquadratgesetzes ist bei allen diesen Rechnungen vorausgesetzt, daß Gewebeverhältnisse und die Rückstreufaktoren tatsächlich nur von der Feldgröße am Bezugsort und der vorgeschalteten Gewebeschicht abhängen, dafür aber völlig unabhängig vom Quellenabstand sind, eine Annahme, die wegen der bei verschiedener Entfernung von der Quelle unterschiedlichen Strahldivergenz und dem damit unterschiedlichen Streuvolumen auch bei gleicher Feldgröße sicherlich nur eine Näherung ist. Es sollte bei der Anwendung der Umrechnungsformeln auch nicht vergessen werden, daß die in diesem Abschnitt benutzten Dosisgrößen nur auf dem Zentralstrahl definiert wurden und deshalb auch nur hier ihre Gültigkeit haben. Da Streufaktoren von dem streuenden Gewebevolumen vor und hinter der Meßsonde abhängen, ändern sich ihre Werte auch bei schrägen (irregulären) Oberflächen, wie sie beispielsweise durch die Außenkonturen von Patienten gegeben sind. In solchen Fällen und bei inhomogen zusammengesetzten Medien unterscheiden sich die Gewebeverhältnisse und die Streuverhältnisse zum Teil erheblich von denen für einfache geometrische Anordnungen homogener Phantome.

7.1.3 Dosisquerverteilungen

Unter Dosisquerverteilungen oder Profilen versteht man die Verteilungen der Energiedosis oder Energiedosisleistung in Ebenen bzw. auf Linien senkrecht zum Zentralstrahl des Strahlenbündels. In der Praxis werden Profile meistens so gemessen, daß sie den Zentralstrahl einschließen. Sie können diagonal oder parallel zu den geometrischen Feldgrenzen verlaufen und in beliebigen Phantomtiefen oder frei in Luft gemessen werden (Fig. 7.13). Messungen der Strahlprofile frei in Luft geben Aufschluß über die primären, aus dem Strahlerkopf herrührenden Strahlenbündel, die für die Therapieplanungsprogramme von zentraler Bedeutung sind. Messungen im Phantommaterial enthalten zusätzlich den Einfluß der Streuung und Absorption durch das bestrahlte Material. Perkutane Bestrahlungsanlagen enthalten in der Regel Lichtvisiere, mit denen das Bestrahlungsfeld auf die Haut des Patienten projeziert werden kann. Wegen der im allgemeinen nahezu punktförmigen Lichtquellen zeigen die Lichtfelder einen sehr scharfen Randabfall (Randschatten). Dosimetrisch nimmt das Strahlprofil am Feldrand dagegen wegen des geometrischen Halbschattens und der Streustrahlung und Transmission (s. u.) aber wesentlich langsamer ab. Auch außerhalb des Lichtfeldes ist also noch eine Dosisleistung zu erwarten, die bei der klinischen Einstellung von Bestrahlungsfeldern am Patienten beachtet werden muß. Die Übereinstimmung von Lichtfeld und dosimetrischem Bestrahlungsfeld muß in regelmäßigen Abständen durch Feldkontrollaufnahmen mit Filmen oder durch dosimetrische Untersuchungen der Querprofile überprüft werden.

Messungen der Querprofile dienen nicht nur zur Festlegung der Feldgrößen. Ebenso wichtige Parameter für die medizinische Anwendung sind die anhand der Strahlprofile definierten Größen **Homogenität** und **Symmetrie** des Bestrahlungsfeldes, die ein Maß für die gleichmäßi-

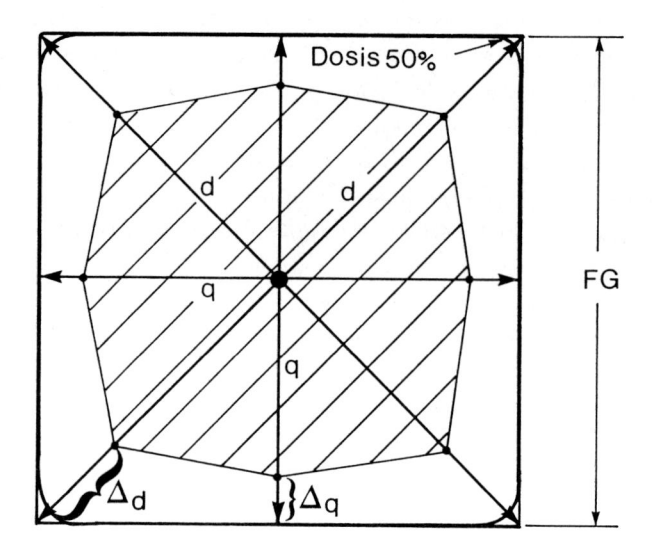

Fig. 7.13: Definition des ausgeglichenen Feldbereiches für Photonenfelder (schraffiert: ausgeglichener Feldbereich, Seitenlänge etwa 80% der geometrischen Seitenlänge, äußere Umrandung: Lichtfeld entsprechend der 50%-Isodose, d: Diagonalprofile, Δd: Abstand des ausgeglichenen Bereiches von der Feldecke, q: Querprofile auf den Hauptdiagonalen, Δq: Abstand des ausgeglichenen Bereiches von der Feldseite (vgl. Tab. 7.1), FG: nominale Feldgröße).

ge Ausleuchtung des Zielvolumens darstellen. Da Bestrahlungsfelder auch bei hohem technischen Aufwand nicht bis in den Randbereich hinein gleichmäßig auszuleuchten sind, beschränkt man sich bei der Analyse der Strahlprofile auf den zentralen Bereich, den sogenannten "ausgeglichenen Feldbereich", dessen Seitenlängen etwa 80% der geometrischen Feldgröße entsprechen (Fig. 7.13). Für kleine und extrem große Felder ist der Ausgleich am Feldrand schwieriger als für mittlere Feldgrößen. Die Unschärfeparameter Δd und Δq (nach Fig. 7.13) für die Abgrenzung des ausgeglichenen Bereiches von der geometrischen Feldgröße werden deshalb für Röntgenstrahlung nach (DIN 6847–4) an die Feldgröße angepaßt (Tab. 7.1).

Quadratfeldgröße FG (cm)	Δq (cm)	Δd (cm)
5–10	1.0	2.0
>10–30	0.1 · FG	0.2 · FG
>30	3.0	6.0

Tab. 7.1: Unschärfeparameter zur Definition des ausgleichen Feldbereiches nach (DIN 6847–4).

Einflüsse auf das Dosisquerprofil: Der Verlauf der Strahlprofile wird einerseits von den geometrischen Verhältnissen wie Strahldivergenz, Fokus–Haut–Abstand und Quellengröße bestimmt. Zum anderen hängt die Form der Profile vom Feldausgleich durch den Ausgleichskörper oder die Streufolien im Strahlerkopf und von der Streuung im bestrahlten Medium und der dadurch bedingten Aufweitung des Strahlenbündels ab.

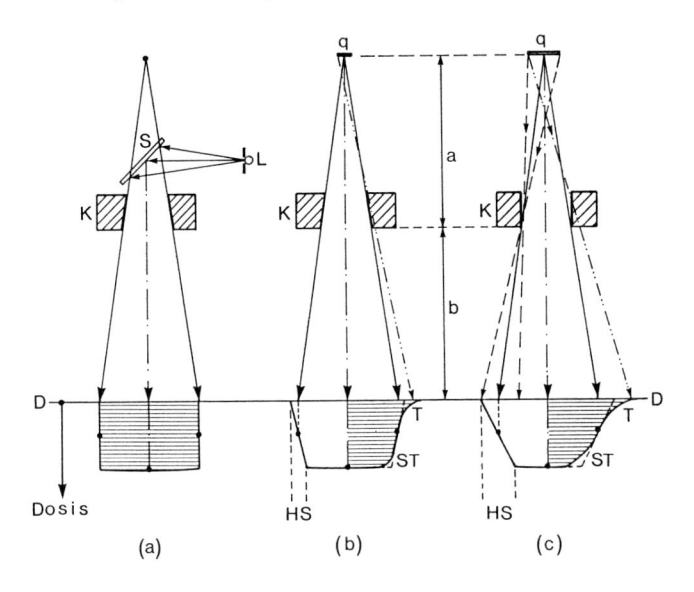

Fig. 7.14: (a): Vom Lichtvisier dargestelltes und vom Kollimator definiertes Bestrahlungsfeld einer Punktquelle. (b): Bestrahlungsfeld eines Photonenstrahlenbündels eines Linearbeschleunigers (linke Hälfte: Feld mit geometrischem Halbschatten HS, rechte Hälfte: realistische Querverteilung mit Transmissionsbereich T und Streustrahlungsverlusten am Feldrand ST. (c): Wie (b), aber mit ausgedehnter Kobaltquelle und nicht konvergierendem Blockkollimator, (Brennfleckgröße q und Halbschattenbereich HS aus Darstellungsgründen übertrieben, L: Lichtquelle des Lichtvisiers, S: Umlenkspiegel, K: Kollimator, a: Fokus–Kollimatorunterkanten–Abstand, b: Kollimator–Detektor–Abstand, D: Detektorebene). Nach unten ist das Dosisquerprofil auf getragen. Die Punkte an den Flanken der Profile stellen die 50%–Dosiswerte dar.

Primär wird das Strahlprofil durch die geometrische Feldgröße bestimmt, die durch die Kollimatoröffnung oder zusätzliche, am Strahlerkopf befestigte Blenden definiert ist. Die Feldgröße nimmt nach dem Strahlensatz mit der Entfernung von der Strahlungsquelle zu und entspricht auf der Phantomoberfläche der Öffnung des Lichtbündels aus dem Lichtvisier. Für eine idealisierte, isotrop strahlende mathematische Punktquelle ohne Feldausgleich und ohne Streuung im bestrahlten Medium zeigt das geometrische Strahlprofil folgenden typischen Verlauf: in der Mitte des Bestrahlungsfeldes ist die Strahlungsintensität maximal, zum Feldrand hin nimmt sie je nach Abstandsverhältnissen wegen der zunehmenden Entfernung des

Meßpunktes von der Quelle nach dem Abstandsquadratgesetz mehr oder weniger ab und fällt dann am Feldrand schlagartig auf Null (Fig. 7.14a). Bei endlich ausgedehnten Strahlungsquellen entsteht aus geometrischen Gründen ein Halbschattenbereich, innerhalb dessen die Dosisleistung stetig auf 0% abnimmt (Fig. 7.14b,c linke Hälfte). Der Halbschatten ragt dabei in das vom geometrischen Randstrahl begrenzte Feld hinein. Er verringert also innerhalb des Strahlungsfeldes die Dosisleistung, da nur Teile der ausgedehnten Quelle diesen Feldbereich "sehen" können. Die Mitte des geometrischen Halbschattens liegt auf den durch den Kollimator begrenzten Randstrahlen der Punktquelle, die Intensität ist dort nur noch die Hälfte (50%) des Zentralstrahlwertes. Die Halbschattenbreite HS berechnet man (nach Fig. 7.14) aus Quellengröße q, dem Abstand Quelle–Kollimatorunterkanten–Abstand a und dem Kollimator–Sondenabstand b mit dem Strahlensatz zu:

$$HS = q \cdot b/a \qquad (7.11)$$

Der geometrische Halbschattenbereich beträgt für Linearbeschleuniger nur wenige Millimeter, für Kobaltgeräte wegen der größeren Quellenausdehnung und der ungünstigeren Entfernungen bis zu einigen Zentimetern.

Zusätzlich zum geometrischen Halbschatten kommt es bei ausgedehnten Quellen und hohen Photonenenergien zur teilweisen Transmission der Photonenstrahlung im Randbereich der Kollimatoren, da ein Teil des Photonenstrahlenbündels eine größere Divergenz als der geometrische Randstrahl aufweist (Fig. 7.14 b,c, vgl. auch Fig. 6.4). Je nach Energie der Photonen können diese deshalb auch außerhalb des geometrischen Halbschattens eine merkliche Dosisleistung im Phantom oder in Luft bewirken. Diese Kollimatortransmission ist dann besonders ausgeprägt, wenn nicht konvergierende Kollimatoren (Fig. 7.14 c) oder einfache nicht konvergierende Zusatzblenden (Blöcke) verwendet werden, da in diesem Fall ein erheblicher Anteil des Strahlenbündels schräg auf die Kollimator- oder Blockinnenseiten trifft und diese teilweise durchsetzen kann. Wird das Strahlprofil in einem dichten Medium wie Wasser oder Plexiglas gemessen, so wird das Strahlenbündel und damit das Strahlprofil durch Streuung weiter aufgeweitet. Durch Streuung kommt es vor allem im Randbereich des Feldes zu einem Dosisleistungsverlust, während sich außerhalb des geometrischen Feldrandes die Dosisleistung entsprechend erhöht (Fig. 7.14c rechte Hälfte). Transmission und Streuung im Phantom und im Strahlerkopf sind die Hauptursachen für die Verbreiterung und Rundung der Photonenstrahlprofile an Beschleunigern, der geometrische Halbschatten spielt hier nur eine untergeordnete Rolle. Bei Kobaltgeräten sind geometrischer Halbschatten und die anderen Einflüsse etwa zu gleichen Teilen an der Profilformung beteiligt. Es macht deshalb auch keinen Sinn, aus rein geometrischen Überlegungen winzige Quellendurchmesser zu fordern, die sich wegen der verbleibenden Transmission und Streuung kaum noch auf die Verbesserung des Strahlprofiles auswirken, wenn dafür gleichzeitig Einbußen an Kenndosisleistung der Quelle oder besonders hohe Kosten in Kauf zu nehmen sind.

Homogenität und Symmetrie der Dosisverteilungen: Der Feldausgleich des Strahlenbündels kann am besten überprüft werden, wenn vollständige Dosisverteilungen in verschieden tiefen Ebenen senkrecht zum Zentralstrahl gemessen werden. Aus Zeitgründen beschränkt man sich in der praktischen Dosimetrie aber meistens auf die Untersuchung einiger repräsentativer Strahlprofile, beispielsweise im Dosismaximum. Man benutzt zur Untersuchung der Homogenität und Symmetrie außerdem nur den inneren ausgeglichenen Bereich des Bestrahlungsfeldes (Fig. 7.13). Der Feldausgleich im Randbereich hängt sehr stark von der Geometrie des Primär- und Sekundärkollimators und der durch diese verursachten Streustrahlung ab. Er ist für den therapeutischen Betrieb von geringerer Bedeutung als der zentrale Feldbereich.

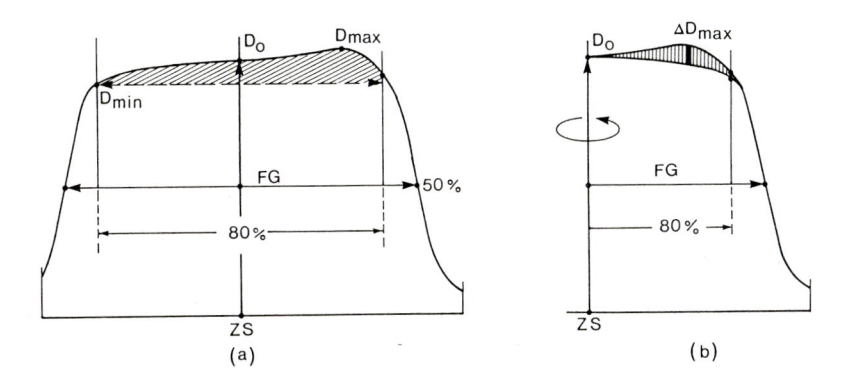

Fig. 7.15: Zur Definition von Feldhomogenität und Symmetrie an Querprofilen. (a): Dosiswerte und verwendeter Profilbereich zur Bestimmung der Homogenität (nach Gl. 7.12 und 7.13). (b): Verfahren zur Bestimmung der Symmetrie an übereinander gezeichneten Profilhälften (nach Gl. 7.14, ZS: Zentralstrahl mit Dosisleistung D_0, s. Text).

Zur Berechnung der Homogenität H des Strahlprofils sucht man sich innerhalb des auf 80%-Feldgröße eingeschränkten bzw. nach Tabelle (7.1) definierten Profils den maximalen und den minimalen Dosisleistungswert (Fig. 7.15a) und bezieht deren Differenz auf die Dosisleistung auf dem Zentralstrahl. Für die Homogenität erhält man dann:

$$H = (D_{max} - D_{min})/D_0 \qquad (7.12)$$

Hin und wieder wird auch nur das Verhältnis der beiden Extremwerte H^* als Homogenität bezeichnet. Die Gleichung für die Homogenität lautet in dieser Form:

$$H^* = D_{max}/D_{min} \qquad (7.13)$$

Zur Ermittlung der Strahlsymmetrie zeichnet man die beiden Profilhälften übereinander und bestimmt dann innerhalb des 80%–Feldgrößenbereiches die maximale lokale Abweichung der Dosisleistungen ΔD_{max}. Da experimentelle Strahlprofile immer ein bestimmtes Signalrauschen enthalten, müssen die Meßkurven zunächst mathematisch geglättet werden. Man kann diese Glättung beispielsweise dadurch erreichen, daß der Dosisleistungsvergleich nicht streng punktweise, sondern über kleine, korrespondierende Kurventeilstücke der beiden Profilhälften (Länge z. B. je 5–10 mm) durchgeführt wird (schwarzer Balken in Fig. 7.15b). Für die Symmetrieberechnung verwendet man dann die Beziehung:

$$S = \Delta D_{max}/D_o \qquad (7.14)$$

Werden die Homogenität und die Symmetrie anhand flächenhafter Dosisverteilungen (z. B. Feldkontrollaufnahmen mit Filmen) nach den Gleichungen (7.13) und (7.14) berechnet, so müssen die Meßwerte analog über bestimmte Flächen im Bestrahlungsfeld gemittelt werden, die aber nicht größer als 1 cm^2 sein sollten (DIN 6847-4). Für die beiden Größen Homogenität und Symmetrie wurden in den nationalen und internationalen Normen zulässige Grenzwerte für die Herstellung von Beschleunigeranlagen erlassen. Diese Grenzwerte beziehen sich allerdings nicht nur auf einzelne Profile, sondern gelten für den gesamten ausgeglichenen Feldbereich. Das Überprüfen dieser Spezifikationen ist ein Teil der dosimetrischen Abnahmeprüfung bei der Inbetriebnahme einer perkutanen Bestrahlungsanlage und der periodischen Wiederholungsprüfungen ("Checks") während des klinischen Betriebes (DIN 6847-4,5).

7.2 Isodosendarstellung perkutaner Photonendosisverteilungen

Eine sehr anschauliche Art, Dosisverteilungen darzustellen, ist ihre Repräsentation als Isodosenkarten mit eingezeichneten Isodosenlinien. **Unter Isodosenlinien versteht man die Verbindungslinien gleicher Dosis oder Dosisleistung in einer Ebene.** Ihre Darstellung ähnelt der von Höhenlinien auf einer Landkarte oder von Isobaren (Luftdruckverlaufslinien) auf einer Wetterkarte. Isodosen können auch als räumliche Strukturen definiert werden. Aus Isodosenlinien werden dann Isodosenflächen, die alle Punkte mit gleicher Dosisleistung im Raum verbinden. Mathematisch sind diese räumlichen Isodosen beliebig geformte Hyperflächen, die ein bestimmtes Volumen, z. B. das therapeutische Zielvolumen, umhüllen. Ihre Darstellung ist grafisch schwierig und wird leicht unübersichtlich. Therapeutisch sind allerdings ausschließlich solche räumlichen Dosisverteilungen von Interesse, da die therapeutischen Zielvolumina ja auch immer räumliche Ausdehnungen haben. Der Strahlentherapeut versucht deshalb, sich anhand zweidimensionaler Isodosenplots ein Bild von der dreidimensionalen Dosisverteilung zu machen. Isodosenkarten (Fig. 7.16) enthalten in der Regel nicht mehr Information als eindimensionale Darstellungen durch Profile und Tiefendosisverteilungen. Sie haben aber den Vorteil der Datenkonzentration und der größeren Anschaulichkeit und werden deshalb in der Therapieplanung bevorzugt. Insbesondere ist der Einfluß von profilformenden Filtern wie

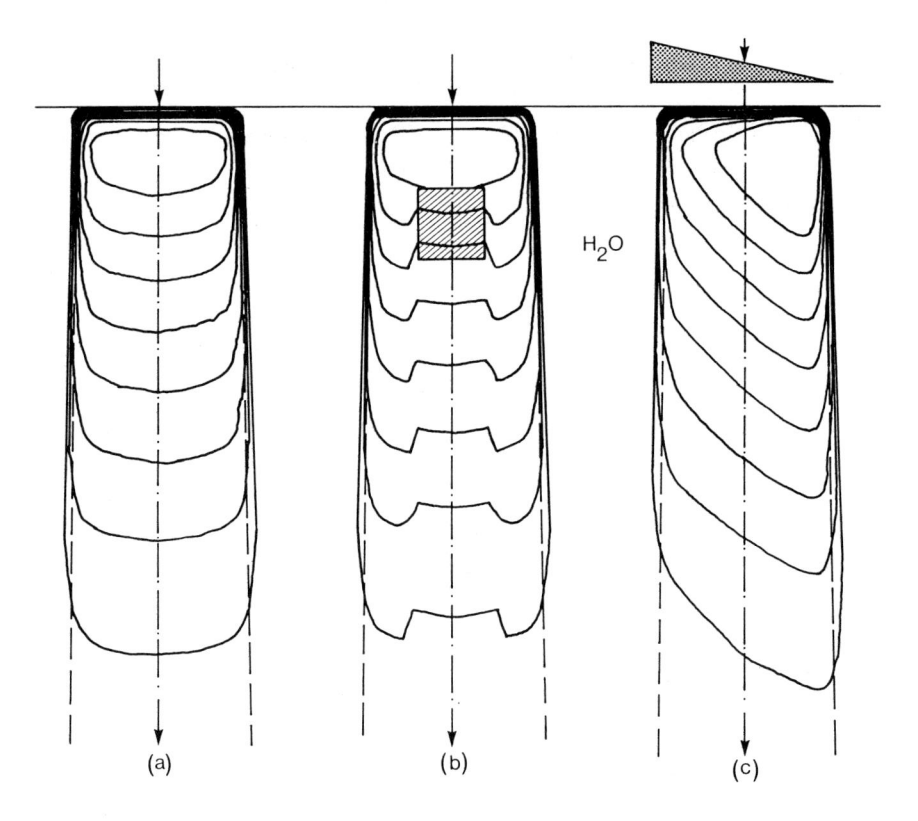

Fig. 7.16: Berechnete Isodosen von Photonenstehfeldern mit ultraharter Röntgenstrahlung in Wasser (Nominalenergie: 12 MeV, Fokus–Haut–Abstand = 1m). (a): Im homogenen Wasserphantom. (b): Mit eingelagerter Inhomogenität (Dichte 1.5 g/cm^3 entsprechend Knochengewebe). (c): Mit Keilfilter (30 Grad Isodosenwinkel in 10 cm Tiefe). Die Isodosen sind (von innen nach außen): 90%, 80%, 70%, 60%, 50%, 40%, 30%, 20% des jeweiligen Dosismaximums.

Keilen, Moulagen oder Gewebekompensatoren unmittelbar ersichtlich (Fig. 7.16b). Anders als lineare Dosisverteilungen können Isodosenkarten grafisch den anatomischen Strukturen der Patienten überlagert werden. Heute ist es Stand der Technik, Therapieplanungen auf der Basis von gezielten Computertomografien (CT–Bildern) der Patienten durchzuführen. Dabei werden sowohl die Konturen wie auch die durch das gesamte bestrahlte Volumen verursachte Streuung und der Einfluß von Inhomogenitäten im Patienten bei der Berechnung der Dosisverteilungen berücksichtigt (s. Abschnitt 7.4). Die Dosisverteilungen und die Bestrahlungstechnik werden anhand dieser CT–Querschnitte optimiert, den Bildern überlagert und vom Planungssystem ausgedruckt. Auf diese Weise können direkt im CT–Bild die radiologischen Belastungen von Risokoorganen durch die Strahlenbehandlung benachbarter Zielvolumina abgeschätzt und die Gleichförmigkeit der Dosisverteilung im therapeutischen Zielvolumen überprüft werden.

7.3 Auswirkungen von Inhomogenitäten auf die Dosisverteilungen

Die Energiedosis, die lokal an einem Punkt innerhalb eines Photonenstrahlungsfeldes in zwei verschiedenen Medien (med1, med2) erzeugt wird, verhält sich unter sonst gleichen Bedingungen wie die entsprechenden Massenabsorptionskoeffizienten für Photonenstrahlung.

$$D_{med1}/D_{med2} = (\eta'/\rho)_{med1}/(\eta'/\rho)_{med2} \tag{7.15}$$

Der bestimmende Parameter für die Energieabsorption von Photonenstrahlung und damit für die Dosisentstehung im heterogenen Medium ist der über das Photonenspektrum am Meßort gemittelte Massenenergieabsorptionskoeffizient $\overline{\eta'/\rho}$ (vgl. Abschnitt 1.1.9 und Tabelle 10.2) mit seiner Energie- und Ordnungszahlabhängigkeit. Diese ist am deutlichsten im Bereich niederenergetischer Röntgenstrahlung ausgeprägt, wo sie aus diagnostischen Gründen auch besonders nützlich ist (Beispiel: Kontrastmittel). Bei den typischen therapeutischen Strahlungsqualitäten harter und ultraharter Photonenstrahlungen spielt dagegen der Compton-

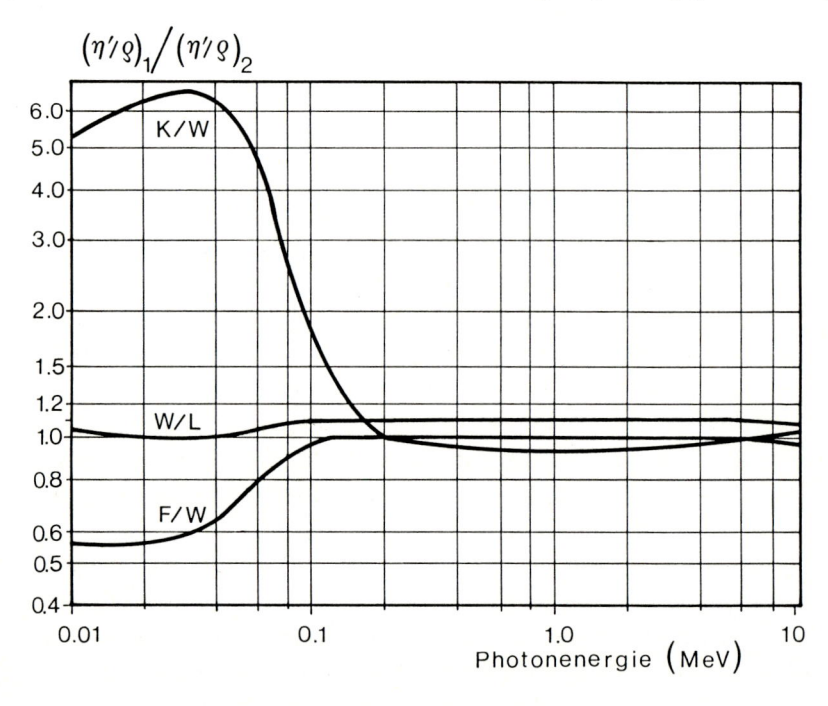

Fig. 7.17: Verhältnisse von Massenenergieabsorptionskoeffizienten für verschiedene Substanzen (K/W: Knochen zu Wasser, F/W: Fettgewebe zu Wasser. W/L: Wasser zu Luft. Luft dient als Referenzsubstanz für die Dosimetrie, da sie das Füllgas von Ionisationskammern darstellt. Nach den Daten aus Tabelle 10.3).

effekt die dominierende Rolle für die Wechselwirkungen mit menschlichem Gewebe. Damit wird auch seine Abhängigkeit von den Materialeigenschaften dominierend für die Energieabsorption im bestrahlten Medium.

Je dichter das durchstrahlte Medium ist, um so höher ist die Wechselwirkungsrate und der Energieübertrag, da sowohl Schwächungs- als auch Absorptionskoeffizienten proportional zur Dichte des Mediums sind. Knochen absorbieren deshalb mehr Energie pro durchstrahlter Weglänge als Weichteilgewebe und dieses wiederum mehr als Fett oder Luft. Da die Energiedosis aber das Verhältnis absorbierter Energie zur absorbierenden Masse ist, spielen Dichteunterschiede für die lokale Dosisentstehung in erster Näherung keine Rolle. Dies wird auch in Gl. (7.15) deutlich, in der die von der Dichte unabhängigen Massenabsorptionskoeffizienten verwendet werden. Der Massenabsorptionskoeffizient im Bereich der dominierenden Comptonwechselwirkung hängt wie der Comptonwechselwirkungskoeffizient darüberhinaus nur wenig von der Energie und der Ordnungszahl des Absorbers ab (s. Abschnitt 1.1.3). Massenabsorptionskoeffizienten für Luft und verschiedene Gewebearten wie Muskeln, Fett, Knochen und Wasser (Tabellen 10.2 und 10.3) zeigen im Bereich der dominierenden Comptonwechselwirkung fast unabhängig von der Gewebeart nahezu identische Werte (s. Fig. 7.17). Im Energiebereich der Photowechselwirkung finden sich dagegen wegen der starken Ordnungszahlabhängigkeiten signifikante Abweichungen der Massenabsorptionskoeffizienten für die unterschiedlichen Medien (vgl. Abschnitt 1.1.2). Der Massenenergieabsorptionskoeffizient von Wasser und Muskelgewebe ist für alle Photonenenergien zwischen 10 keV und 10 MeV nahezu identisch, die größte Abweichung beträgt nur etwa 4%. Wasser und Muskelgewebe sind also lokal für alle Energiebereiche dosimetrisch gut äquivalent. Dagegen unterscheiden sich die Werte der Massenenergieabsorptionskoeffizienten für Knochen und Fett erheblich bei Photonenenergien unter 100 keV, während sie im strahlentherapeutisch wichtigen Energiebereich bis auf wenige Prozent wieder übereinstimmen. Hier sind die Werte für Knochen sogar geringfügig kleiner als die für Weichteilgewebe, so daß entsprechend niedrigere Dosiswerte bei der Bestrahlung entstehen. Die Werte für Luft (Füllsubstanz des Lungengewebes) liegen generell um etwa 10% niedriger als diejenigen der Referenzsubstanz Wasser (also: "L/W" <1) außer bei niederenergetischer Röntgenstrahlung unterhalb von 40 keV.

Die Wirkung dieser gewebespezifischen Unterschiede der Massenenergieabsorption sind deutlich am Verlauf von Tiefendosisverteilungen in heterogenen Medien zu erkennen (Fig. 7.18). Wegen der höheren Massenenergieabsorption für Knochengewebe steigt die Tiefendosiskurve für weiche Röntgenstrahlung sprungartig beim Eintritt in das Knochengewebe an und fällt am Ende der Knocheninhomogenität unter die Tiefendosiskurve des homogenen Mediums (Fig. 7.18a). Für ultraharte Photonenstrahlung liegen die Absorptionskoeffizienten für Knochen dagegen unter denen für Weichteilgewebe, die Tiefendosiskurve im Bereich der Knocheneinlagerung ist deshalb trotz höherer Dichte geringer als im Weichteilgewebe (Fig. 7.18b). Die Übergänge an den Mediengrenzen erfolgen bei ultraharter Photonenstrahlung nicht so sprunghaft wie im Energiebereich der weichen Röntgenstrahlung. An den Grenzflächen treten statt dessen Übergangsbereiche auf, die durch die Änderung des Sekundärteilchenflusses (Aufbau, Rückstreuung) verursacht werden.

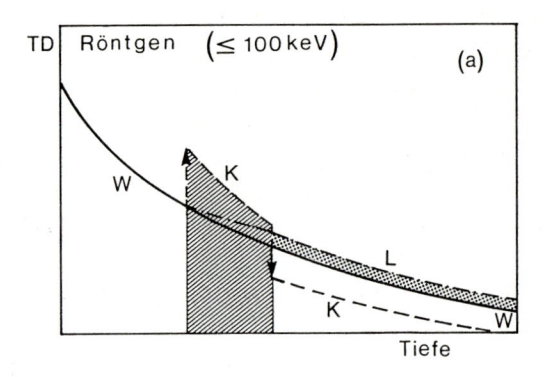

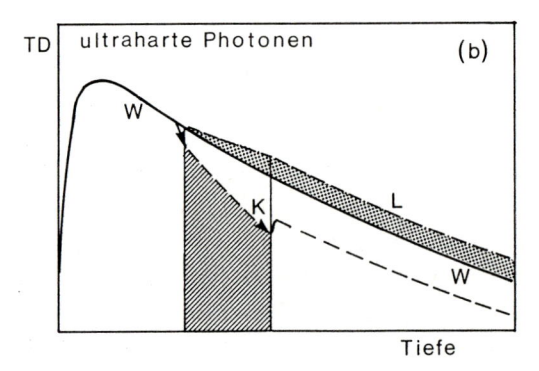

Fig. 7.18: Einfluß von Gewebeinhomogenitäten auf die Tiefendosisverteilung von Photonenstrahlung (schematisch). (a): Tiefendosisverlauf für Röntgenstrahlung unter 100 keV. (b): Tiefendosisverlauf bei ultraharter Photonenstrahlung. Durchgezogene Kurven: Wasser, schraffiert: Inhomogenität (Einlagerung von Luft oder Knochengewebe), punktiert: Verlauf der TDK hinter Lufteinschluß, unterbrochene Kurve: Verlauf der TDK bei Knocheneinschluß.

Bei der Interpretation von Photonentiefendosisverläufen in heterogenen Medien ist zu berücksichtigen, daß die auf die durchstrahlte Absorberschichtdicke bezogene Schwächung eines Photonenstrahlenbündels und damit der dosisbestimmende Sekundärteilchenfluß anders als die lokale Energieabsorption sehr wohl von der Dichte des Mediums abhängig ist. Die im Medium in einer bestimmten Tiefe entstehende Tiefendosis hängt also nicht nur vom dichteunabhängigen Massenenergieabsorptionskoeffizienten sondern natürlich auch vom energieübertragenden Photonenfluß ab. Der Energie- und Sekundärteilchenfluß eines Photonenstrahlenbündels nimmt in dichteren Medien schneller ab als in weniger dichten. Da bei Tiefendosisverläufen üblicherweise die Dosis als Funktion der durchstrahlten Absorberdicke, nicht aber als Funktion der durchstrahlten Massenbelegung aufgetragen wird, werden die Tiefendosiskurven wegen der höheren Schwächung in dichteren Medien steiler. Ein Zentimeter dichter Knochensubstanz (Compacta) entspricht beispielsweise etwa der doppelten Massenbelegung wie die gleiche Strecke Muskelgewebe und bewirkt deshalb auch eine etwa doppelt so große Schwächung des Strahlenbündels und die entsprechende Abnahme des Energieflusses und der Intensität der Photonen. Beim Durchsetzen weniger dichter Gewebe wie beispielsweise der Luft im Lungenbereich, wird der Energiefluß nur wenig verändert, die Tiefendosis wird daher deutlich flacher als in dichterem Gewebe (Fig. 7.18 a,b). Ihr Verlauf wird vor allem von der Strahldivergenz bestimmt. Tiefendosiskurven verlaufen deshalb unabhängig von der Strahlungsqualität hinter einer weniger dichten Inhomogenität immer oberhalb, hinter einer Inhomogenität mit höherer Dichte immer unterhalb der Tiefendosis des homogenen Phantoms. Dosisverteilungen in heterogen zusammengesetzten Materialien weichen also je nach Zusammensetzung und der verwendeten Strahlungsqualität deutlich von den Verteilungen im homogenen Medium ab. Bei der Therapieplanung müssen wegen möglicher Über- oder Unterdosierungen durch Inhomogenitäten diese Abweichungen beachtet werden.

7.4 Methoden zur Berechnung der Dosisverteilungen perkutaner Photonenstrahlung

Die Aufgabe der physikalischen Therapieplanung ist es, nach Vorgabe des therapeutischen Zielvolumens und der Risikoregionen im Patienten durch den Arzt eine rechnerische Simulation möglicher Bestrahlungsmethoden vor der Bestrahlung durchzuführen und zu optimieren. Es versteht sich von selbst, daß dazu quantitativ korrekte Dosisverteilungen im Patienten berechnet werden müssen. Ein für den therapeutischen Zweck optimaler Therapieplan soll das Zielvolumen möglichst gleichmäßig ausleuchten, er soll die Risikoorgane schonen und muß selbstverständlich in der Routine auch praktikabel sein. Die im Plan vorgegebenen Bestrahlungsparameter (Feldgrößen, Drehwinkel der Gantry, Kollimatorwinkel, strahlformende Elemente wie Keilfilter, Blöcke, Kompensatoren) müssen mit vertretbarem Aufwand und größtmöglicher Sicherheit und Genauigkeit bei der Behandlung eingestellt bzw. appliziert werden können. Aus den physikalischen Plänen sollen außerdem Bestrahlungszeiten oder Monitoreinheiten berechnet werden. Die Planungsergebnisse werden auch als Vorlage für die Einstellung des Patienten im Therapiesimulator verwendet.

Die Grundlage jeder Therapieplanung ist die Berechnung von Einzelfeldern unter besonders einfachen Referenzbedingungen für die Feldgeometrie (Feldgröße, Abstand vom Strahler), die Phantombeschaffenheit (Form, Homogenität) und den Einfallswinkel der Strahlung auf die Oberfläche des Phantoms. In Anlehnung an die Geometrie während der Messung der Dosisverteilungen perkutaner Photonenstrahlungen muß ein Planungssystem zunächst einfache rechteckige oder quadratische Felder bei senkrechter Strahlinzidenz im homogenen Wasserphantom korrekt berechnen können, die leicht dosimetrisch verifiziert werden können. In einem zweiten Schritt der Planung werden die Modifikationen dieser einfachen Stehfelder durch strahlformende Elemente wie Keilfilter u. ä. berechnet. Im dritten Schritt werden die Geometrie des Patienten (Konturen, Inhomogenitäten) berücksichtigt und die Kombination mehrerer Felder zu einem physikalischen Gesamtplan durch das Planungssystem berechnet. Das Planungsprogramm muß letztlich auch die notwendige Dokumentation in Form von Plots der Isodosenverteilungen mit unterlegten anatomischen Details des Patienten und alphanumerischer Tabellen, den sogenannten Planungsprotokollen, erstellen.

Zur Berechnung der Dosisverteilungen für Photonenstrahlung und für die praktische Planung existieren eine Reihe prinzipiell verschiedener Ansätze. Sie unterscheiden sich vor allem durch die zugrunde liegenden Basisalgorithmen zur Berechnung der Referenzdosisverteilungen. Je "physikalischer" der verwendete Algorithmus ist, d. h. je mehr die fundamentalen Wechselwirkungen der Photonenstrahlung mit Materie in den Programmen berücksichtigt werden, um so flexibler ist die Anwendung des Programms auch für Fälle, die von der Referenzgeometrie abweichen. Allerdings steigt damit auch der erforderliche Aufwand an Rechenzeit und Hardware. Wegen der Verschiedenheit der Strahlungsquellen für perkutane Photonenstrahlung müssen in jeder Art von Planungsprogramm anlagenspezifische und strahlungsqualitätsbezogene Daten in den Planungscomputer eingegeben werden. Diese Daten sind beispielsweise der Verlauf der Tiefendosis und der Strahlquerprofile oder sonstige mit diesen verwandte dosimetrische Größen (vgl. dazu Abschnitt 7.1.2). Die in kommerziellen Systemen verwendeten Planungsprogramme unterscheiden sich in der Verarbeitung bzw. Erzeugung dieser Basisdaten. Man unterscheidet die vier folgenden Verfahren:

    die Monte-Carlo Methoden,
    die Matrixverfahren,
    die Näherungsverfahren mit speziellen Funktionen und
    die Seperationsverfahren.

Sie unterscheiden sich durch den Umfang der in den Rechner einzuspeichernden experimentellen Basisdaten der Bestrahlungsanlagen, ihre Rechengeschwindigkeit, den Speicherplatzbedarf, die Flexibilität bei Planänderungen oder variierender Patientengeometrie, durch ihre "physikalische Nähe" sowie die Genauigkeit der Dosisberechnung.

7.4.1 Die Monte-Carlo-Methoden

Bei der Monte-Carlo-Methode wird der Weg einzelner Photonen durch das absorbierende Medium mikroskopisch verfolgt. Dabei werden sowohl der erste Wechselwirkungsort des primären Photons, die Art der Wechselwirkung und der Streuwinkel bzw. die Wege der gestreuten Photonen bis zur nächsten Wechselwirkung durch Zufallszahlen bestimmt ("gewürfelt"). Diese Zufallszahlen können mit Hilfe von Zufallszahlengeneratoren in Rechnern erzeugt werden. Sie werden in die physikalischen Formeln für die Wechselwirkungsorte und die Absorption oder Streuung der Photonen im Medium eingesetzt. Die Verwendung dieser Zufallszahlen hat dieser Methode den Namen gegeben. Um vollständige makroskopische Dosisverteilungen mit vertretbar kleinen Fehlern zu berechnen, müssen aus statistischen Gründen eine große Zahl von Photonen (in der Größenordnung 10^6) "individuell" durch das Medium verfolgt werden. Der erhebliche Aufwand an Rechenzeit und die für solche Berechnungen erforderliche Rechnerausstattung (Prozessoren, Speicher) beschränken die Verwendung der Monte-Carlo-Verfahren bisher im wesentlichen auf Grundlagenuntersuchungen. Monte-Carlo-Methoden haben also in der klinischen Routine noch kaum Eingang gefunden.

In der Therapie mit ultraharter Photonenstrahlung spielen nur die Wechselwirkungen über Photoeffekt, Comptoneffekt und die Paarbildung eine wichtige Rolle. Die Art der Wechselwirkung wird mit Hilfe einer Zufallszahl z aus dem Intervall <0,1> bestimmt. Die Wahrscheinlichkeiten für den Photoeffekt, den Comptoneffekt und die Paarbildung bei der gegebenen Photonenenergie E seien p_{photo}, $p_{compton}$ und p_{paar}. Dann gilt:

$$p_{photo} + p_{compton} + p_{paar} = 1 \qquad (7.16)$$

- Für $z \le p_{photo}$ wird als Wechselwirkung der Photoeffekt,
- für $p_{photo} \le z \le (p_{compton} + p_{photo})$ der Comptoneffekt
- und für größere z die Paarbildung gewählt.

Zunächst wird der Ort der ersten Wechselwirkung erwürfelt. Mit der Zufallszahl z erhält man diesen Ort x aus der logarithmierten Form des Schwächungsgesetzes (Gl. 1.12) zu

$$x = \ln(z)/\mu(E) \qquad (7.17)$$

Diese Gleichung wird auch zur Ermittlung des nächsten Wechselwirkungsortes verwendet. Je nach Wechselwirkungsart unterscheiden sich die physikalischen Ansätze der Monte–Carlo-Methode. Beim Photoeffekt wird die gesamte Energie des Photons auf das Photoelektron übertragen. Dessen Richtung wird mit Hilfe zweier weiterer Zufallszahlen bestimmt. Beim Comptoneffekt wird als erstes die Energie des gestreuten Comptonphotons berechnet. Daraus ergeben sich nach den Comptonformeln (z. B. Gl. 1.7, 1.8) die weiteren Parameter des Comptoneffektes für das Elektron und das Photon. Die Streuebene wird durch weiteres zweimaliges Würfeln festgelegt. Für die Paarbildung werden die Winkel der beiden Teilchen (Elektron und Positron) per Zufallszahl berechnet. Anschließend wird erneut wie oben der Ort einer eventuellen zweiten Wechselwirkung berechnet. Das Monte–Carlo-Verfahren schließt also automatisch multiple Wechselwirkungen von Photonen mit Materie ein, wie Zweifach- oder Mehrfachstreuung. Monte–Carlo-Verfahren sind übrigens hervorragend zur Berechnung der Photonenspektren in Materie geeignet, wie sie beispielsweise für die Festlegung der dosimetrisch wichtigen Stoßbremsvermögen oder Massenenergieabsorptionskoeffizienten benötigt werden (s. z. B. Roos/Großwendt).

7.4.2 Die Matrixverfahren

Bei den Matrixverfahren werden die experimentellen Daten der Bestrahlungsanlagen in Form von mehrdimensionalen Datentabellen (Datenmatrizen) dargestellt und in das Planungsprogramm eingegeben. Dies entspricht der Darstellung von Dosisverteilungen durch Isodosenkarten. Die Meßdaten werden entweder in mehrdimensionalen kartesischen Koordinaten oder in angepaßten Koordinaten (z. B. Polarkoordinaten) dargestellt. Da bei reinen Matrixverfahren keine analytischen Ausdrücke für den Verlauf der Dosis in der Tiefe oder der Breite des Strahlungsfeldes verwendet werden, müssen für alle möglichen Bestrahlungsfelder explizite experimentelle Daten zur Verfügung stehen. Der Umfang der zu speichernden Daten hängt darüberhinaus von der angestrebten Genauigkeit des Rechenprogrammes ab. Pro Bestrahlungsanlage und Strahlungsqualität sind bei zweidimensionaler Darstellung zwischen 10^4 und 10^5 Einzeldaten zu speichern, bei dreidimensionaler Datenmatrix (Volumendarstellung) die entsprechenden Vielfachen dieser Datenmenge. Der Aufwand für die Eingabe der Meßdaten ist daher sehr umfangreich und kann bei höheren Ansprüchen an die Genauigkeit nur noch durch direkte Kopplung der Planungsrechner an die Meßeinrichtung (z. B. das Wasserphantom) bewerkstelligt werden. Eine gewisse Datenreduktion ist möglich, wenn statt der expliziten Eingabe sämtlicher Felddaten Interpolationsalgorithmen für die Berechnung der Profile und Tiefendosisverläufe von Feldern verwendet werden, die zwischen den eingegebenen Feldgrößen liegen. Abweichungen der Geometrie von den einfachen Referenzbedingungen bei der Messung wie strahlformende Filter oder schräger Strahleinfall werden durch empirische Korrekturfaktoren berücksichtigt (Filterfaktoren, Abstandsquadratgesetz, Isodosentranslation).

Da Matrixverfahren Dosisberechnungen ausschließlich auf der Grundlage experimenteller Dosisverteilungen in homogenen Medien durchführen, sind sie im allgemeinen relativ unflexibel und insbesondere wegen der nicht berücksichtigten individuellen Streuung nicht für Volumendosisberechnungen bei realistisch geformten, heterogen zusammengesetzten Medien geeignet. Weichen die Bestrahlungsbedingungen dagegen nur wenig von den Referenzbedingungen ab, sind Matrixverfahren wegen der Verwendung individueller und durch Näherungsverfahren nicht verfälschter Datensätze der Bestrahlungsanlagen ausreichend genau. Sie benötigen wegen der Datenfülle an experimentellen Daten zwar erhebliche Speicherkapazitäten, haben dadurch aber den Vorteil kurzer Rechenzeiten. Reine Matrixverfahren sollten heute wegen der oft nicht ausreichenden Genauigkeit nicht mehr für die physikalische Therapieplanung verwendet werden.

7.4.3 Die Näherungsverfahren mit speziellen Funktionen

Die speicherplatzsparende Alternative zu den Matrixverfahren ist die Verwendung empirischer analytischer Ausdrücke zur Beschreibung der Dosisverteilungen. Zweidimensionale Dosisverteilungen in homogenen Medien können mit ausreichender Genauigkeit durch Absolutdosisleistung, Tiefendosisverteilungen und Querprofile beschrieben werden. Die verschiedenen empirischen Dosisformeln unterscheiden sich durch die zu ihrer Darstellung verwendeten Näherungsalgorithmen. Wegen der eher untergeordneten Bedeutung der Streuung für ultraharte (hochenergetische) Photonenstrahlung beruhen viele Ansätze auf der im wesentlichen geradlinigen Ausbreitung der Photonenstrahlenbündel in Materie. Das wichtigste Verfahren ist das sogenannte **Dekrementlinienverfahren**. Unter Dekrementlinien versteht man Linien gleicher relativer, auf die Dosisleistung auf dem Zentralstrahl in gleicher Phantomtiefe bezogener Dosisleistung. Ein Beispiel sind die sogenannten 50%–Dekremente, die man dadurch erhält, daß man diejenigen Orte auf den Querprofilen in verschiedenen Tiefen im Phantom miteinander verbindet, deren Dosisleistung gerade 50% der jeweiligen Zentralstrahldosisleistung in der gleichen Tiefe entspricht. Experimentell stellt man fest, daß Dekrementlinien für ultraharte Photonenstrahlung in homogenen Medien näherungsweise Geraden sind, die ihren Ursprung im Strahlfokus haben. Die Dosisverteilung in einem homogenen

Phantom läßt sich dann durch ein Geradenbüschel von Dekrementlinien und eine experimentelle Tiefendosisverteilung beschreiben. Die mathematische Form des Dekrementlinienverfahrens ist eine Faktorisierung der Dosisverteilung in eine absolute Referenzdosisleistung (einschließlich deren Feldgrößenabhängigkeit), in die von der Tiefe und der Feldgröße abhängige relative Zentralstrahl-Tiefendosisverteilung (TD) und in die Dosisdekremente (QP), also die relativen Querprofile.

$$D(x,y,z) = D_o \cdot TD(z) \cdot QP_z(x,y) \qquad (7.18)$$

Planungsprogramme, die diese Faktorisierung benutzen, benötigen die Eingabe experimenteller Daten zur Erstellung der Parametersätze, mit deren Hilfe die verschiedenen Teilfunktion der (Gl. 7.18) beschrieben werden sollen. Für die Tiefendosisverteilungen können einfache Polynomanpassungen oder Anpassungen von komplexeren Exponential- oder Potenzfunktionen verwendet werden. Manchmal werden nicht unmittelbar die Tiefendosiskurven sondern Ersatzgrößen wie das Gewebe-Luft-Verhältnis oder das Gewebe-Maximum-Verhältnis dargestellt (vgl. dazu Abschnitt 7.1.2). Für die Querprofile werden entweder geschlossene analytische Ausdrücke verwendet oder nur für Teile der Querprofile gültige Teilfunktionen. Ein Beispiel ist die Darstellung des flachen zentralen Teils des Querprofils durch lineare Funktionen und des abfallenden seitlichen Anteils (Feldrand) durch Gauß-Kurvenstücke. Werden die Anpassungen der analytischen Ausdrücke für die Tiefendosis- und Querverteilungen für nur wenige der experimentellen Daten durchgeführt, so ist der Zeitaufwand für die Erstellung der Parametersätze zwar nur gering, allerdings geht dies auf Kosten der Genauigkeit des Verfahrens. Ist eine höhere Genauigkeit der Basisdaten erwünscht, so kann dies unter Umständen zu einem erheblichen Aufwand für die Anpassungsrechnungen führen. Je nach gewählter analytischer Funktion ist es auch sehr wohl möglich, überhaupt keine befriedigende Wiedergabe der experimentellen Daten zu erreichen, was angesichts der hohen Genauigkeitanforderungen an moderne Planungsprogramme (vgl. Abschnitt 3.3) die klinische Anwendung solcher Algorithmen in Frage stellt.

Empirische analytische Verfahren zeichnen sich durch einen geringen Platzbedarf für die Speicherung der experimentellen Daten aus, da in der Regel nur die wenigen, in die analytischen Funktionen einzusetzenden Parameter gespeichert werden müssen. Sie sind dagegen sehr rechenzeitintensiv, benötigen also besonders schnelle Computer. Die Genauigkeit der Dosisberechnungen unter Referenzbedingungen hängt unmittelbar vom verwendeten Anpassungsalgorithmus der analytischen Funktionen an die experimentellen Daten und der geschickten Wahl dieser Funktionen ab. Abweichungen der individuellen Bestrahlungsgeometrie von den Referenzbedingungen durch Einsatz von Keilfiltern, Kompensatoren, Blöcken, sowie die Inhomogenitäten im Patienten und der schräge Strahleinfall auf die Oberflächen des Patienten werden durch Korrekturen der einfachen Stehfeldisodosen berücksichtigt.

7.4.4 Die Separationsverfahren

Dosiverteilungen eines Photonenstrahlenbündels werden zum einen von der Geometrie des Strahlers und den strahlformenden Elementen im Strahlerkopf der Bestrahlungsanlage beeinflußt. Zum anderen werden sie durch die Wechselwirkung mit dem durchstrahlten Medium, nämlich durch Streuung und Absorption verändert. Es ist daher naheliegend, das therapeutische Strahlenbündel in ein vom Phantom bzw. Patienten unabhängiges Primärstrahlenbündel und in die erst im Phantom oder Patienten entstehenden, feldgrößen- und tiefenabhängigen Streustrahlungsbeiträge aufzuteilen. Dieses Verfahren wird **Seperationsmethode** genannt. Primärstrahlungsanteile enthalten alle Einflüsse des Strahlers, des Strahlerkopfes (Kollimatorsystem u. ä.), von Keilfiltern oder Blöcken im Strahlengang und die geometrischen Einflüsse der Feldgröße auf die Dosisverteilungen, allerdings ohne die im Phantom entstehende Streustrahlung. Für die Dosis an einem beliebigen Punkt im Phantom gilt:

$$D(x,y,z) = D_{primär}(x,y,z) + D_{streu}(x,y,z) \qquad (7.19)$$

Zur experimentellen Bestimmung der primären Strahlprofile können die Ergebnisse von Frei–Luft–Messungen verwendet werden, sofern diese aus prinzipiellen dosimetrischen Gründen für die untersuchte Strahlungsqualität noch zulässig sind (vgl. dazu Abschnitt 4. 1). Für höhere Photonenenergien, also unter BRAGG–GRAY–Bedingungen, müssen primäre Dosisverteilungen aus Messungen der Dosisprofile in Phantomen berechnet werden. Die Streustrahlungsanteile zur Dosisleistung im Phantom berechnet man aus den zur Feldgröße Null extrapolierten experimentellen Gewebe–Luft–Verhältnissen bzw. den Gewebe–Maximum–Verhältnissen in der jeweiligen Phantomtiefe (s. Abschnitt 7.1.2). Die Differenz von Gewebe–Luft–Verhältnis bei endlicher Feldgröße (FG) und demjenigen bei verschwindender Feldgröße (FG=0) mit einer Gewebevorschaltschicht der Dicke z bezeichnet man als Streu–Luft–Verhältnis (Scatter–Air–Ratio: SAR, Gl. 7.20), die entsprechende Größe für Messungen unter Hohlraumbedingungen als Streu–Maximum–Verhältnis (Scatter–Maximum–Ratio: SMR, s. Gl. 7.21).

$$SAR(z,FG) = TAR(z,FG) - TAR(z,FG=0) \qquad (7.20)$$

$$SMR(z,FG) = TMR(z,FG) - TMR(z,FG=0) \qquad (7.21)$$

Streu–Luft– oder Streu–Maximum–Verhältnisse werden in Planungsprogrammen meistens in Form von Tabellen für kreisförmige Bestrahlungsfelder gespeichert, aus denen die für die Berechnung der Dosisverteilungen benötigten Daten entnommen werden können. Sie werden mit Hilfsroutinen für die Aufbereitung der experimentellen Daten aus gemessenen Tiefendosiskurven oder Gewebe–Verhältnissen in die für die Planung benötigte Form umgerechnet. Je höher die Ansprüche an die Genauigkeit der damit durchzuführenden Therapieplanung sind, um so größer ist der Aufwand zur Ermittlung der experimentellen Daten und die dabei einzuhaltende Präzision (vgl. dazu Abschnitt 7.1.2). Die primären Dosisverteilungen werden entweder ähnlich wie bei der analytischen Methode durch Näherungsfunktionen dargestellt, die an die experimentellen Dosisverteilungen nach dem Herausrechnen der Streuanteile angepaßt wurden, oder sie werden wie beim Matrixverfahren in Form von numerischen Datenfeldern im Rechner gespeichert.

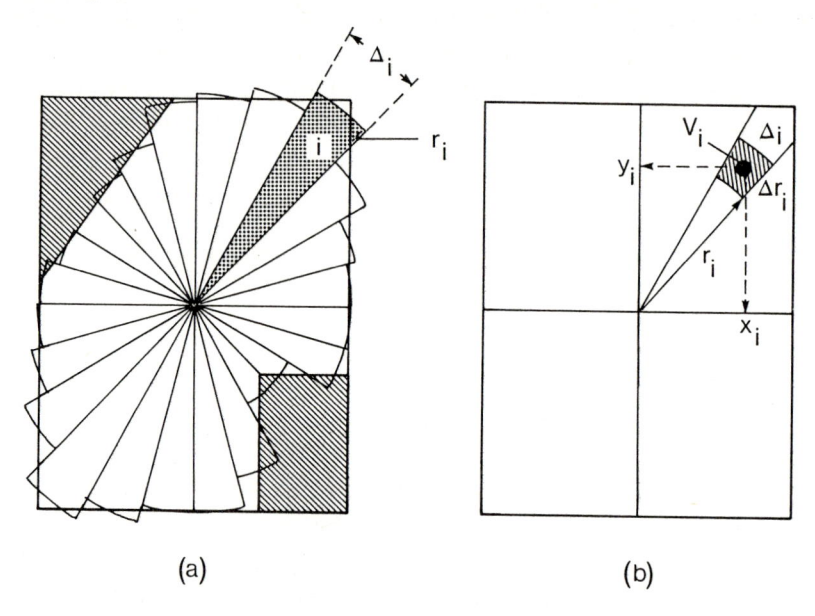

(a) (b)

Fig. 7.19: (a): Zerlegung nicht kreisförmiger Felder nach der Sektormethode in Kreissektoren (Radius r_i, Winkel Δ_i) zur Berechnung der Streubeiträge auf dem Zentralstrahl. (b): Definition eines streuenden Volumenelementes durch kartesische Koordinaten $(x,y)_i$ oder durch Polarkoordinaten $(r,\Delta)_i$. Zur Berechnung des differentiellen Streubeitrages zur Dosis im Zentralstrahl oder beliebigen Punkten der Kalkulationsebene muß über alle Volumenelemente im Zielvolumen summiert werden.

Die Dosis auf dem Zentralstrahl eines kreisförmigen Bestrahlungsfeldes mit dem Felddurchmesser FG in der Tiefe z im Phantom läßt sich unter Sekundärelektronengleichgewichtsbedingungen und unter Referenzgeometrie, d. h. bei senkrechtem Strahleinfall und homogenem Phantom, mit den Streu–Luft–Verhältnissen für kreisrunde Felder aus den Gleichungen (7.20, 7.21), der Frei–Luft–Dosis D_a(FG) am gleichen Ort ohne Anwesenheit des Phantoms und dem zur Feldgröße Null extrapolierten Gewebe–Luft–Verhältnis zu

$$D(z,FG) = D_a(FG) \cdot (TAR(z,FG=0) + SAR(z,FG)) \qquad (7.22)$$

berechnen. Sollen Streubeiträge von nicht kreisrunden Feldern der Feldgröße FG (FG steht dann für eine verallgemeinerte Feldgröße, ist also nicht auf quadratische Felder beschränkt) mit Hilfe der Kreisfeld-Streu-Verhältnisse in der Tiefe z berechnet werden, so müssen die (beliebig geformten) Bestrahlungsfelder in Kreissektoren zerlegt werden, deren Mittelpunkt der jeweilige Aufpunkt für die Dosisberechnung ist (s. Fig. 7.19a). Als Streubeiträge werden die Teilbeiträge der einzelnen Sektoren verwendet. Deren Beitrag erhält man aus den anteiligen Streubeiträgen der Kreisfelder mit den entsprechenden Radien durch Wichtung der vollen Streubeiträge mit dem Verhältnis von Sektorwinkel (Δ) zum Vollwinkel (2π) (Gl. 7.23). Die Streudosisbeiträge eines Rechteck-, Quadrat- oder irregulären Feldes in der Tiefe d erhält man mit der Sektormethode nach der Zerlegung des Feldes in n Kreissektoren (mit den Radien r_i, dem jeweiligen Abstand des Aufpunktes von dem zum Kreissektor i gehörenden Feldrand) mit dem Sektorwinkel Δ_i zu:

$$D_{streu}(z,FG) = D_a(z, FG) \cdot \sum_{i=1}^{n} SAR(z,r_i,\Delta_i) \cdot \Delta_i / 2\pi \qquad (7.23)$$

Soll die Dosis an einem Punkt außerhalb des Zentralstrahls berechnet werden, so kann Gleichung (7.22) durch eine Querprofilsfunktion f modifiziert werden, die die Veränderungen des Strahlprofils in Abhängigkeit von der Entfernung vom Zentralstrahl beschreibt. Für die Dosis an einem Punkt (x,y) in der Tiefe z gilt dann näherungsweise

$$D(x,y,z,FG) = D_a(z,FG) \cdot (f(x,y) \cdot TAR(z,FG=0) + SAR(z,FG)) \qquad (7.24)$$

Diese Beziehung gilt nicht exakt, da Gewebe-Luft-Verhältnisse und Streu-Luft-Verhältnisse nur auf dem Zentralstrahl definiert sind und sich beim Verlassen des Zentralstrahls wegen des dort veränderten Primärstrahlungsanteils verändern. Vor allem im Randbereich der Felder werden die Streubeiträge durch die auf dem Zentralstrahl gemessenen Gewebe-Luft- und Streu-Luft-Verhältnisse überschätzt. Diesem Problem kann man durch die Einführung von differentiellen Streu-Luft-Verhältnissen begegnen, die bei Beschränkung auf die Kalkulationsebene (einfach differentielle Streu-Luft-Verhältnisse) nicht mehr für ganze Kreisfelder, sondern nur noch für kreisringförmige Ausschnitte der Felder definiert werden (s. Fig. 7.19b). Die Streubeiträge an einem Punkt im Strahlungsfeld müssen mit Hilfe dieser differentiellen Streu-Verhältnisse durch Summation über alle zu den Kreissektoren gehörigen Streubeiträge berechnet werden.

In realen Dosisverteilungen sind auch Streubeiträge von außerhalb der Kalkulationsebene zu erwarten. Verallgemeinert man den Formalismus für Kreissektorelemente aus einer Ebene auf beliebige Volumenelemente im bestrahlten Volumen, so ergibt sich unmittelbar die Möglichkeit zur rechnerischen Berücksichtigung von Volumenstreubeiträgen irregulärer Zielvolumina. In diesem Fall müssen mehrfach differentielle Streu-Luft-Verhältnisse aller Volumenelemente aus dem Zielvolumen berücksichtigt werden. Solche Berechnungen sind daher geeignet, auch Gewebedefizite wie beispielsweise in der Halsregion von Patienten, schräge Oberflächen von Patienten, schrägen Strahleinfall und veränderte Streubeiträge durch Gewebeinhomogenitäten zu berücksichtigen. Mit Hilfe der so verfeinerten Separationsverfahren sind Planungsprogramme wegen der korrekten Beachtung der Streubeiträge aus jedem einzelnen Volumenelement der gesamten bestrahlten Region in der Lage, realistische Volumendosisverteilungen zu berechnen, indem die individuellen Streubeiträge zu jedem Punkt aufsummiert und der jeweiligen Primärdosisverteilung überlagert werden.

Die Separation in Primär- und Streustrahlungsanteile bietet also große Vorteile für die Berechnung realistischer Dosisverteilungen in individuellen Geometrien, ist allerdings bei komplizierten Anordnungen und großen Bestrahlungsfeldern wegen der individuellen Berechnung der Streubeiträge äußerst rechenzeitintensiv. Zur Anwendung der Seperationsverfahren werden deshalb moderne Rechner benötigt, die neben schnellen Prozessoren auch über früher unvorstellbar hohe Speicherkapazitäten verfügen müssen. In diesen Arbeitsspeichern müssen die für die Inhomogenitäts- und Streukorrekturen benötigten Dichte- und Volumeninformationen der Patientenanatomie (z. B. in Form von CT-Daten-Matrizen) gehalten werden. Moderne kommerzielle Planungsrechner haben Arbeitsspeicher bis zu mehreren Megabyte und zusätzliche Festplattenspeicher bis zu mehr als 1 Gigabyte. Während die Einflüsse von strahlformenden Filtern auf die Dosisverteilungen auch bei den empirischen Verfahren und bei der Matrixmethode mit ausreichender Genauigkeit über Korrekturfaktoren berücksichtigt werden können, sind die Separationsverfahren, die die Dosis in Primär- und Streubeiträge aufteilen, als einzige imstande, die durch Gewebedefizite, schräge Oberflächen des Patienten, tangentiellen Strahleinfall oder heterogene Zusammensetzung des durchstrahlten Volumens veränderten Streubeiträge in jedem Raumpunkt im Zielvolumen korrekt zu berechnen. Moderne kommerzielle Planungssysteme arbeiten deshalb entweder unmittelbar nach dem Separationsverfahren oder sie verwenden den anderen Berechnungsverfahren überlagerte Korrekturen nach der Separationsmethode. Ausführliche Darstellungen der heute für die Photonendosisplanung verwendeten Algorithmen und wissenschaftliche Literaturstellen finden sich unter anderem in (Richter, Gremmel et al., Sonntag, Bleehen/Glatstein und ICRU 40).

7.5 Energiedosisverteilungen um ruhende Afterloadingquellen

Klinische Dosisverteilungen um Afterloadingquellen werden durch periodische oder nicht periodische Bewegungen eines einzelnen Strahlers oder durch Hintereinanderanordnung mehrerer kleinvolumiger Strahler erzeugt (vgl. Abschnitt 2.6.3). Die Kenntnis der Dosisverteilungen um die ruhenden Afterloadingquellen ist daher die Voraussetzung zur Konstruktion komplexerer Verteilungen für die klinische Anwendung. Die therapeutischen Zielvolumina für die Afterloadingtechniken befinden sich im unmittelbaren Nahbereich um die Quellen; typische therapeutische Abstände von den Strahlern betragen nur 1 bis 5 Zentimeter. Die Photonenenergien der Afterloadingquellen umfassen den Bereich von etwa 300 keV (bei 192-Ir) bis 1.33 MeV (bei 60-Co, vgl. Tab. 2.1). Wegen dieser im Vergleich zur Röntgenstrahlung harten Gammastrahlung und wegen der kleinen Distanzen ist die Strahlgeometrie dominierend für die Entstehung der Dosisverteilungen. Die Dosisleistungen punktförmiger oder kleiner linienförmiger Strahler im Nahbereich folgen deshalb in erster Näherung dem Abstandsquadratgesetz für Punkt- oder Linienquellen (s. Abschnitt 6.1.3). Absorption und Streuung im umgebenden Gewebe sowie die Selbstabsorption und die spektralen Veränderungen der Photonenstrahlung in den Quellen, ihrer Halterung und den Applikatoren sind für den generellen Dosisverlauf dagegen nur von nachgeordneter Bedeutung.

Messungen der Dosisverteilungen um ruhende Afterloadingquelllen sind wegen der hohen Dosisleistungsgradienten im Nahbereich um die Quellen so schwierig und aufwendig, daß oft die rechnerische Bestimmung der Dosisverteilung vorgezogen wird. Dies gilt insbesondere für die Dosismessungen im Patienten während der strahlentherapeutischen Applikation von Afterloadingquellen. Berechnungen von Dosisverteilungen nach dem Abstandsquadratgesetz sind mathematisch recht einfach, bei höheren Ansprüchen an die Genauigkeit jedoch keineswegs ausreichend. Die individuellen Einflüsse der Umgebung und der Quelle auf die Dosisverteilungen, insbesondere die Streuung und Absorption in der Quelle selbst, können kaum mit geschlossenen analytischen Formeln beschrieben werden. Es werden deshalb zur Berechnung von Afterloadingdosisverteilungen üblicherweise halbempirische Korrekturen zum Abstandsquadratgesetz verwendet, mit deren Hilfe eine für klinische Zwecke ausreichende Genauigkeit der Berechnungen möglich ist (vgl. dazu Abschnitt 3.3).

7.5.1 Messung der Dosisverteilungen

Zur experimentellen Bestimmung der Dosisleistungsverteilungen um ruhende Afterloadingquellen verwendet man entweder die Matrixmethode (Fig. 7.20a) oder man zerlegt die Dosisverteilungen ähnlich wie in der Dosimetrie von Teletherapieanlagen in repräsentative Teildatensätze (Fig. 7.20b), aus denen die Gesamtverteilung rekonstruiert werden kann. Wegen der zylindrischen Bauform der Strahler sind Dosisverteilungen um ruhende Afterloadingquellen im allgemeinen rotationssymmetrisch zur Quellenlängsachse. Es ist daher ausreichend, die Dosisverteilungen nur in einer zentralen Halbebene durch die Quellenmitte zu messen, was den Meßaufwand erheblich verringert.

7.5.1.1 Die Matrixmethode

Bei der **Matrixmethode** wird die Dosis oder die Dosisleistung an jedem interessierenden Raumpunkt dosimetrisch bestimmt (Fig. 7.20 a). Meistens verwendet man dazu ein engmaschiges kartesisches Meßraster ("Gitter"). Isodosenlinien werden durch Interpolation der Meßwerte ermittelt. Wegen der steilen Dosisgradienten in der Nähe der Strahlungsquellen, muß mit kleinvolumigen Detektoren und hoher räumlicher Auflösung gemessen werden. Als

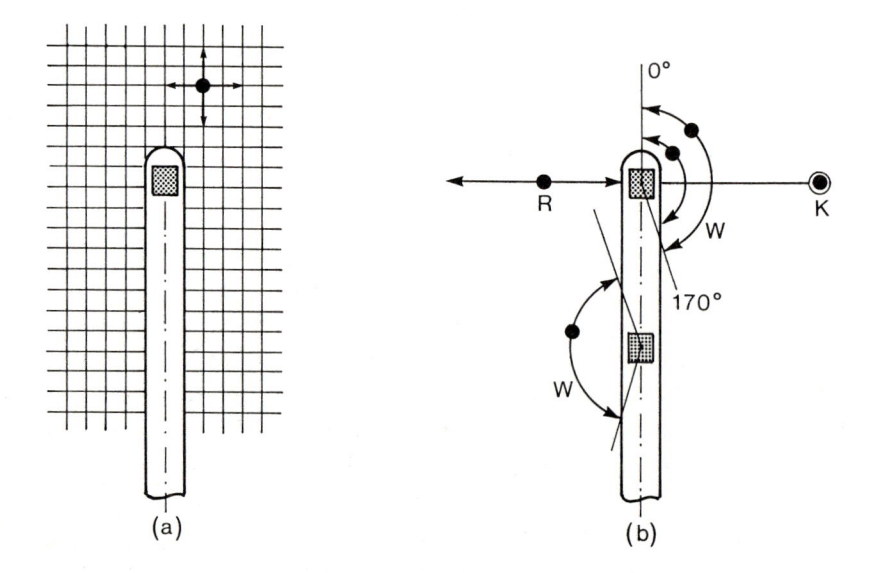

Fig. 7.20: Zur Meßmethode der Dosisverteilungen von Afterloadingquellen. (a): Matrixverfahren. (b): Zerlegungsmethode (K: Kenndosisleistung im Referenzpunkt, R: radiale Dosisverteilung in Luft oder Wasser unter $90°$ zur Applikatorachse, W: Winkelverteilungen auf Kreisen um die Quelle in Luft oder dichten Medien, punktierte Flächen: Strahler).

Detektoren eignen sich deshalb entweder kleinvolumige Ionisationskammern, Thermolumineszenzdetektoren oder Filme. Ionisationskammern sind wegen ihrer endlichen Volumina (einige Zehntel Kubikzentimeter, vgl. Abschnitt 4.6) bei der Verwendung im Nahbereich der Quellen aus geometrischen Gründen nicht ganz unproblematisch. Wegen der kleinen Distanzen zwischen Quelle und Ionisationssonde besteht innerhalb des Meßvolumens ein großer Gradient für den Sekundärteilchen- und Energiefluß. Das Meßsignal entsteht aus der über das Meßvolumen integrierten auf das Luftvolumen übertragenen Energie. Dadurch kommt es zu einer räumlichen Mittelung des Meßwertes, so daß eine eindeutige Zuordnung von Meßwert und Meßort nicht ohne weiteres möglich ist.

Das höchste räumliche Auflösungsvermögen bietet die Filmdosimetrie, d. h. die densitometrische Auswertung belichteter Dosimetriefilme. Filme sind aber zum einen als absolute Dosimeter nicht geeignet, zum anderen bereitet die exakte und reproduzierbare Anordnung der Filme um die Quellen besonders in der zentralen Ebene durch den Strahler große Schwierigkeiten. Darüberhinaus zeigen Filme wegen der hohen Ordnungszahl des Silbers eine starke Energieabhängigkeit ihrer Schwärzung (vgl. Abschnitt 3.2). Bei den Strahlungsqualitäten für Afterloadingquellen verändert sich das Photonenspektrum erheblich mit der Tiefe im Absorber und damit auch die Empfindlichkeit des Films. Filme sind deshalb für die quantitative Dosimetrie an Afterloadingquellen nicht geeignet.

Thermolumineszenzdetektoren (TLD) bieten wegen ihrer sehr kleinen Abmessungen (Rods oder Chips) ein hervorragendes räumliches Auflösungvermögen. Alle im Strahlungsfeld einer Quelle untergebrachten Detektoren können zeitsparend simultan bestrahlt werden. Absolute Thermolumineszenz–Dosimetrie ist jedoch wegen des hohen Kalibrieraufwandes und der komplizierten Auswerteprozedur äußerst zeitaufwendig. Für eine Dosisverteilung in einer 25 Quadratzentimeter großen Fläche mit einem Meßraster von 2.5 Millimetern werden beispielsweise über 400 Meßwerte benötigt. Matrixverfahren mit TLD sind deshalb bei der in der Nähe der Quellen erforderlichen engen Rasterung als klinische Routinemethode in der Regel zu aufwendig. Sie eignen sich jedoch als Dosimeter für die Basisdosimetrie an Afterloadingquellen. Insbesondere können sie, da Thermolumineszenzdetektoren integrierende Dosimeter sind, zur Messung von Dosisverteilungen um bewegte Quellen verwendet werden. Mit Ionisationskammern ist dies mit Ausnahme der heute kaum noch üblichen und wenig verbreiteten Kondensatorkammern nur mit äußerst großem Meßaufwand möglich, da bei der Verwendung von Ionisationskammern in der Matrixmethode an bewegten Quellen die über alle Meßpunkte summierte Bestrahlungszeit unerträglich lang würde.

7.5.1.2 Die Zerlegungsmethode

Eine datenreduzierende Alternative der aufwendigen Matrixverfahren ist die Zerlegung der Afterloadingdosisverteilungen in eine **Absolutdosisleistung** an Referenzpunkten (Messung der Kenndosisleistung, s. Abschnitt 6.1.1), in **radiale Dosisprofile** und in **Winkelverteilungen** relativ zur Applikatorachse durch die Messung dieser einzelnen Größen in Luft oder in gewebeähnlichen Phantomen (Fig. 7.20b). Dieses Verfahren entspricht formal der Faktorisierungsmethode zur Berechnung perkutaner Photonendosisverteilungen mit speziellen Funktionen (Referenzdosisleistung, Tiefendosiskurven, Querverteilungen, vgl. Abschnitt 7.4.3).

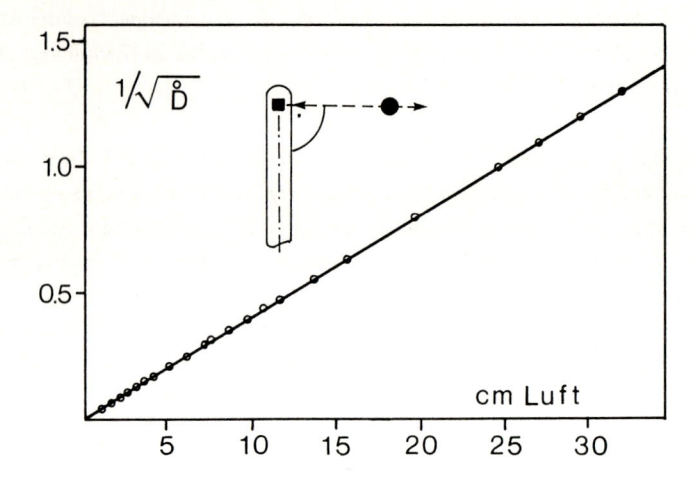

Fig. 7.21: Radiale Dosisleistung einer gynäkologischen 192–Ir–Afterloadingquelle in Luft (zur Linearisierung als reziproke Wurzel der Dosisleistung über dem Abstand dargestellt, seitlich unter 90° zur Applikatorlängsachse in der Höhe der Quellenmitte gemessen).

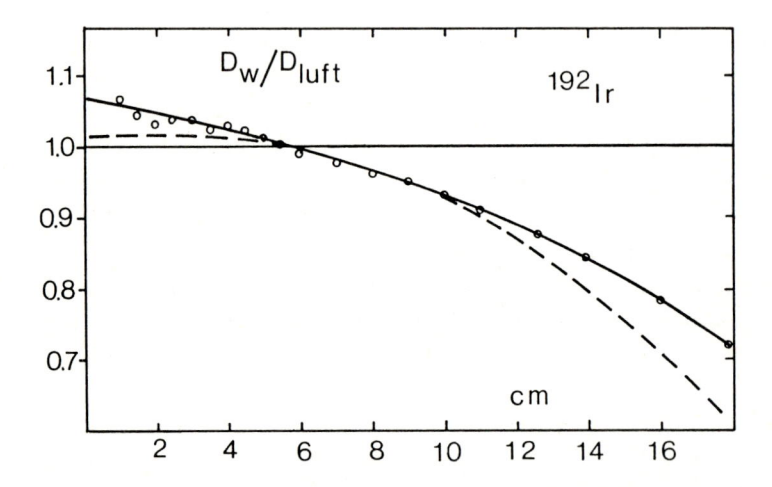

Fig. 7.22: Experimentelle "Schwächung" von 192–Ir–Strahlung in Wasser und Vergleich mit Rechnungen (nach Gl. 7.32). Offene Kreise: Meßwertverhältnisse Wasser/Luft. Kurven: Anpassungen von Polynomen dritten Grades an die Meßwerte. Durchgezogene Linie: Messungen und Anpassung (nach Krieger 3). Unterbrochene Linie: gemittelter Kurvenverlauf (nach Meisberger) für Abstände zwischen 2 und 10 cm. Die verwendeten Koeffizientensätze für die Polynome befinden sich in Tab. (7.2).

Messung und Beschreibung der radialen Dosisverteilung: Bei nicht zu kleinen Abständen (größer als etwa 1 bis 2 cm) zwischen der Meßsonde und ruhenden, kleinvolumigen Strahlern folgen die seitlichen radialen Dosisverteilungen in Luft trotz Kapselung und Befestigung der Quellen mit hoher Genauigkeit dem Abstandsquadratgesetz (Fig. 7.21). Dieser einfache Zusammenhang für die Dosisleistung gilt nicht mehr im Gewebe oder in gewebeähnlichen Phantomen. Zur Bestimmung der Veränderung der radialen Dosisverteilung durch das den Applikator umgebende Phantommaterial mißt man die Dosisleistungen mit und ohne Phantom (Wasser oder Festkörper) für verschiedene seitliche Abstände von der Strahlungsquelle. Das Verhältnis der Meßwerte beider Meßreihen (Fig. 7.22) enthält nur noch die Änderungen der radialen Dosisleistung durch Streuung und Absorption im Phantom als Funktion der Phantomtiefe. Im Entferungsbereich zwischen 5 und 10 Zentimetern kompensieren sich Absorptions– und Streubeiträge für 192–Ir–Strahlung weitgehend, das Verhältnis der Dosisleistungen liegt deshalb dicht bei 1. Bei Abständen unter 5 und über 10 Zentimeter zwischen Quelle und Meßort treten jedoch deutliche Abweichungen von den Luftwerten auf.

Messung der Winkelverteilungen um Afterloadingquellen: Radiale Dosisverteilungen unter anderen Winkeln zur Quellenachse zeigen deutliche Abweichungen von der radialen Dosisverteilung unter 90°. Zur Messung dieser Abweichung, der sogenannten Winkelanisotropie der Dosisleistungsverteilungen relativ zu 90°, mißt man die Dosisleistungen auf repräsentativen Kreisbögen um die Quelle (Fig. 7.20c). Die Meßergebnisse normiert man am besten auf den 90° Meßwert, der also zu 100% gesetzt wird, da in dessen Nachbarschaft bei punktquellenähnlichen oder kurzen linearen Strahlern die geringsten Abweichungen von der Kugelsymmetrie der Verteilungen auftreten. Man erhält so (Fig. 7.23) die relativen Winkelabhängigkeiten der Dosisleistung in Luft oder in Phantommaterialien wie Wasser oder Plexiglas, die von den Einflüssen von Quelle, Kapselung, Halterung und Applikatoren herrühren. Winkelverteilungen um Afterloadingquellen zeigen oft bereits ohne Applikatoren ausgeprägte Anisotropien, die ausschließlich vom Strahler selbst und seiner Halterung herrühren. Winkelverteilungen in dünnwandigen Edelstahlspicknadeln mit massiver Spitze zeigen zusätzliche Dosisleistungseinbrüche im Winkelbereich um die Nadelspitze, die durch erhöhte Absorption in der Nadelspitze verursacht sind. Bei größeren Winkeln bleiben die Meßwerte vergleichbar mit denen ohne Applikator. Bei dickwandigen, gynäkologischen Edelstahlapplikatoren verändert sich die Schwächung und Anisotropie wegen der mit dem Winkel zunehmenden Transmissionswege in den Applikatorwänden. Je kleiner der Winkel relativ zur Applikatorlängsachse ist, um so stärker ist auch die durch den Applikator verursachte Schwächung. Winkelanisotropien sind nicht nur vom Winkel zur Applikatorlängsachse abhängig, sondern auch von der relativen Position des Strahlers im Applikator (Fig. 7.23a). Je weiter die Strahlungsquelle in den Applikator zurückgezogen wird, um so ausgeprägter wird die Kleinwinkelstreuung von Photonen an den inneren Applikatorwänden. Dieser "Kollimatoreffekt" erhöht die Dosisleistung in Richtung der Applikatorlängsachse. Der durch Streuung aus dem Strahlenbündel entfernte Strahlungsanteil steht für die Transmission der seitlichen Applikatorwand natürlich nicht mehr zur Verfügung, so daß die Dosisleistung seitlich vom Applikator dadurch etwas geringer wird.

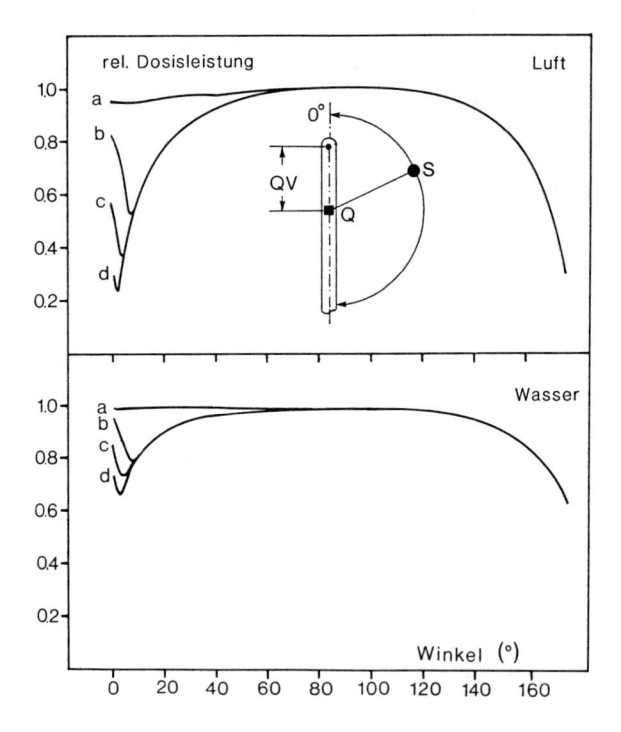

Fig. 7.23: Typische experimentelle Winkelverteilungen einer 192–Ir–Quelle in einem Edelstahlapplikator für gynäkologische Anwendungen (Wandstärke 1.5 mm) gemessen in Luft und in Wasser für verschiedene Quellenpositionen im Applikator (Q: Quelle, S: Sonde, QV: Quellenverschiebung gemessen von der Applikatorspitze aus), a: QV = 0 cm, b: QV = 1.5 cm, c: QV = 3 cm, d: QV = 6 cm (nach Krieger 3).

Befinden sich der Applikator und die Sonde während der Messungen in einem gewebeähnlichen Medium (z. B. Wasser oder Plexiglas), so werden die Winkelverteilungen für große und kleine Winkel relativ zur Applikatorlängsachse durch die in diesen Medien entstehende Streustrahlung wieder geglättet, die Winkelverteilungen werden also isotroper (Fig. 7.23b). Je größer der Abstand zwischen Strahler und Meßsonde ist, um so ausgeprägter wird dieser Glättungseffekt wegen des mit der Tiefe im Phantom zunehmenden Streuanteils im Strahlungsfeld. Winkelverteilungen der Dosisleistungen sind daher von der Quellenart (Radionuklid, Photonenenergie, Bauform), dem Applikatortyp (Material, Form), der relativen Position des Strahlers im Applikator (Vorwärtsstreuung, Kollimationseffekte), dem Medium zwischen Quelle und Meßort und dem Quellen–Sonden–Abstand abhängig. Sie müssen für jede individuelle Konfiguration von Quellen und Applikatoren experimentell bestimmt werden.

7.5.2 Berechnung der Dosisverteilungen

Bei mathematischen Punkt- oder Linienquellen kann man die Verteilungen der Luftkermaleistung um die Strahler im Vakuum exakt mit dem Abstandsquadratgesetz, der Punkt- bzw. Linien-Aktivität A bzw. A(z) und der Dosisleistungskonstanten Γ_δ berechnen. Befinden sich zwischen der Strahlungsquelle und dem Aufpunkt für die Berechnung der Kermaleistung im Abstand r keinerlei absorbierende oder streuende Materialien, so gilt für Punktquellen bei isotroper Abstrahlung das Abstandsquadratgesetz in der Form:

$$\overset{\circ}{K}(r) = \Gamma_\delta \cdot A / r^2 \qquad (7.25)$$

Die Luftkermaleistung um eine mathematische, nicht gekapselte Linienquelle mit der linearen Aktivitätsverteilung A(z) entlang der z-Achse eines Koordinatensystems wird analog zu Gl. (7.25) durch

$$\overset{\circ}{K}(x,y,z) = \Gamma_\delta \cdot \int_\ell dA(z) / r^2 \qquad (7.26)$$

berechnet, wobei ℓ die aktive Länge des Strahlers bedeutet, (x,y,z) die räumlichen Koordinaten des rechnerischen Aufpunktes (Punkt für die Dosisleistungsberechnung) und r der Abstand zwischen diesem Aufpunkt und der Koordinate z auf der Linienquelle, über die das Integral ausgeführt werden muß. Bei einer konstanten Linienbelegung des Strahlers mit Aktivität auf der Länge ℓ kann man A(z) durch den von der Koordinate z unabhängigen Wert A/ℓ ersetzen. Man erhält dann

$$dA(z) = A/\ell \cdot dz \qquad (7.27)$$

und für das Integral in Gleichung (7.26) die etwas einfachere Form

$$\overset{\circ}{K}(x,y,z) = \Gamma_\delta \cdot A/\ell \cdot \int_\ell dz/r^2 \qquad (7.28)$$

Punkt- oder Linienquellen sind mathematische Idealisierungen der realen Strahler, die endliche aktive Volumina (vgl. Fig. 2.36) haben. Sie sind darüberhinaus in der Regel gekapselt und an Halterungen befestigt. Für die Berechnung von gekapselten Linienquellen existieren in der Literatur vorkalkulierte Tabellen, die lediglich die Schwächung des Strahlungsfeldes durch die Kapselung und die lineare Verteilung der Aktivität berücksichtigen (Sievert-Integral-Tabellen). Diese Tabellen dienten in der Vergangenheit vor allem zur näherungsweisen Berechnung von Verteilungen um lineare, platingekapselte Radiumapplikatoren, sind aber wegen der Vernachlässigung der Selbstabsorption in den Quellen bei höheren Ansprüchen an die Genauigkeit nicht zur Berechnung von Dosisleistungsverteilungen um Strahler anderer Bauart, anderer Kapselung und mit anderen Radionuklidfüllungen geeignet.

7.5.2.1 Die Quantisierungsmethode

Eine für Computerberechnungen besonders geeignete Methode zur Berechnung von Dosisverteilungen um Afterloadingquellen ist die Zerlegung der Strahler in kleinvolumige Teilquellen, die sogenannte **Quantisierungsmethode**, die Berechnung der Dosisleistungen um diese Teilquellen und die Zusammensetzung der Gesamtdosisverteilung aus den Einzeldosisverteilungen der Teilquellenvolumina (s. Fig. 7.24a) mit den Teilaktivitäten A_j im Abstand r_j vom rechnerischen Aufpunkt. Die Luftkermaleistung im Aufpunkt (x,y,z) erhält man aus der Summe der Teildosisleistungsbeiträge der Volumenelemente. Aus der Gleichung (7.25) für eine einzelne Punktquelle wird dann:

$$\overset{\circ}{K}(x,y,z) = \Gamma_\delta \cdot \sum_j (A_j / r_j^2) \tag{7.29}$$

Wenn die Strahlung eines der infinitesimalen Volumenelemente auf dem Weg zum Aufpunkt (x,y,z) andere Aktivitätselemente der Quelle durchsetzt, kommt es durch Absorption und Streuung zur Änderung des Dosisleistungsbeitrages in dieser Richtung. Ähnliches gilt für

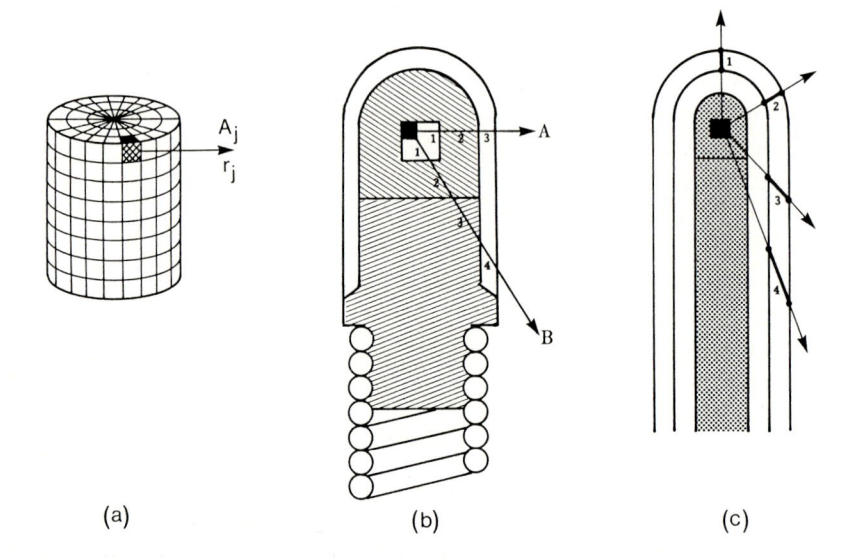

Fig. 7.24: Quellenzerlegung und absorbierende Materialien im Strahlengang bei der Quantisierungsmethode. (a): Quellenzerlegung in Teilaktivitäten und zugehörige Abstände. (b): Materialien im Strahlengang in Quelle und Kapsel (1: Strahler aus 192–Ir und 192–Pt, 2: Aluminium, 3+4: Wege durch Edelstahl, A: kurzer Weg unter 90°, B: langer Weg mit großer Schwächung unter Rückwärtswinkeln). (c): Abhängigkeit der Länge der Schwächungswege (1–4) in der Applikatorwand aus Edelstahl von der Strahlrichtung.

sonstige Materialien um die Strahlungsquelle wie Kapselung, Befestigung am Transportsystem sowie die Applikatoren aus Edelstahl oder Kunststoff, die die Dosisleistungen ebenfalls beeinflussen. Räumliche Kermaleistungsverteilungen weichen daher besonders im therapeutisch wichtigen Nahbereich um die Strahlungsquellen vom einfachen Abstandsquadratgesetz (Gl. 7.29) ab. Eine realistische Beschreibung der Formel für die Dosisleistungen um Afterloadingquellen muß folgende Einflüsse berücksichtigen:

- Abstandsquadratgesetz (Punktquelle oder Linienintegral),
- endliches Volumen der Quelle (Abweichungen von der Punktgeometrie),
- Selbstabsorption und Streuung in der Quelle,
- Absorption und Streuung in Quellenkapsel und Halterung,
- Absorption und Streuung in den Applikatoren,
- Absorption und Streuung im Gewebe oder Phantom.

Die Verringerung der Dosisleistung durch Absorption durch verschiedene im Strahlengang befindliche Materialien kann bei bekannter Geometrie von Quelle und Umgebung prinzipiell für alle Photonenenergien nach dem exponentiellen Schwächungsgesetz berechnet werden. Soll die Kerma bzw. die Kermaleistung berechnet werden, so müssen die entsprechenden Energieumwandlungskoeffizienten (η), für die Energiedosisleistung die Energieabsorptionskoeffizienten (η') bzw. die entsprechenden massenbezogenen Größen verwendet werden. Diese Koeffizienten (η bzw. η') müssen für jedes Material und jede vom Strahler emittierte Photonenenergie bekannt sein. Für jeden einzelnen Aufpunkt im Raum müssen die winkelabhängigen Weglängen Δr_{ij} der Strahlung vom Quellpunkt "j" durch alle schwächenden Materialien "i" bestimmt werden. Die Schwächung S_j für eine bestimmte Gammastrahlung der Energie E_k wird dann mit Hilfe der energie- und materialabhängigen Koeffizienten ($\eta_{i,k}$) bzw. ($\eta'_{i,k}$) als Produkt der Einzelschwächungen in jedem der Teilwege Δr_{ij} berechnet. Eine solche Schwächungskorrektur für die Luftkermaleistung für die Strahlung ausgehend von einem Quellpunkt j für eine bestimmte Energie (E_k) hätte dann die Form:

$$S_j(E_k) = \prod_i e^{-\eta_{i,k} \cdot \Delta r_{ij}} = e^{-(\sum_i \eta_{i,k} \cdot \Delta r_{ij})} \quad (7.30)$$

Für heterogene Photonenstrahlung muß diese Rechnung für jede einzelne Photonenenergie wiederholt werden. Die Gesamtschwächung ergibt sich aus einer Faltung der relativen Intensitäten p_k für jede der Photonenenergien E_k mit diesem Einzelausdruck $S_j(E_k)$ zu:

$$S_{tot,j} = \sum_k p_k \cdot S_j(E_k) \quad (7.31).$$

Verwendet man beispielsweise einen 192-Iridium-Strahler, wie er in Fig. (2.36a) oder Fig. (7.24b) dargestellt ist, so erkennt man, daß die Gammastrahlung des Iridiums in der Quelle selbst (bestehend aus etwa 30% 192–Ir und 70% natürlichem Pt), durch das Aluminium, in das die Quelle eingebettet ist, durch die Quellenkapsel aus Edelstahl und die Befestigung der Quelle am Transportsystem (ebenfalls aus Edelstahl) geschwächt wird. Die dabei durchstrahlten Weglängen sind abhängig von der Richtung des jeweiligen Verbindungsvektors zwischen Quellpunkt und Dosisleistungspunkt im Raum und müssen in jedem Einzelfall gesondert aus der Quellengeometrie berechnet werden. 192–Ir emittiert Photonen mit 7 dominierenden Gammaenergien zwischen 296 keV und 612 keV (s. Tab. 2.1). Die Rechnung muß für jede dieser Energien durchgeführt werden. Wird der Strahler medizinisch angewendet und befindet er sich deshalb in Edelstahl- oder Kunststoffapplikatoren, so muß deren Absorption gleichfalls als Funktion der durchstrahlten Weglängen berechnet werden. Für alle durchsetzten Materialien muß der Absorptionskoeffizient η' bzw. der Übertragungskoeffizient η und seine Energieabhängigkeit bekannt sein. Da einige Materialien technische Legierungen oder Stoffmischungen sind, müssen vor der Berechnung der Schwächung die effektiven, über das Material gemittelten Koeffizienten berechnet oder experimentell bestimmt werden.

Nuklid	Material	a_o	a_1	a_2	a_3	Autoren
192–Ir	H_2O	1.0128	5.019E–3	–1.178E–3	–2.008E–5	Meisberger
	H_2O	1.0380	1.862E–4	–1.300E–3	1.865E–5	Krieger 3
	Polystyrol*	0.9970	0.840E–2	1.136E–1	–2.140E–4	Kneschaurek
137–Cs	H_2O	1.0091	–9.015E–3	–3.459E–4	–2.817E–5	Meisberger
60–Co	H_2O	0.9942	–5.318E–3	–2.610E–3	1.327E–4	Meisberger

Tab. 7.2: Polynomkoeffizienten für die radialen Tiefendosiskurven von Afterloadingstrahlern im Phantom (nach Gl. 7.32, *: zusätzliches Exponentialglied $e^{-\mu \cdot r}$ mit $\mu = 0.113$ cm^{-1}).

Der Einfluß des die Quelle umgebenden Phantommaterials oder menschlichen Gewebes auf die Dosisleistung kann wegen der Volumenstreuung durch analytische Formeln nicht berechnet werden. Er wird deshalb, wie in (Abschnitt 7.5.1) beschrieben, für jedes Radionuklid experimentell bestimmt. Zur mathematischen Beschreibung der Gewebeeinflüsse sind in der Literatur verschiedene Ansätze verwendet worden, die alle auf einer Anpassung von einfachen Formeln an die experimentellen Daten beruhen. Eine mathematisch bevorzugte Methode ist die Anpassung eines Polynoms dritten Grades an die experimentellen Ergebnisse, das dann den obigen Dosisleistungsformeln überlagert wird (vgl. Fig. 7.22). Hierbei bedeutet r_j der Abstand (in cm) des rechnerischen Aufpunktes im Gewebe vom Aktivitätselement "j" in der Quelle.

$$P(r_j) = a_o + a_1 r_j + a_2 r_j^2 + a_3 r_j^3 \qquad (7.32).$$

Tabelle (7.2) zeigt einige der Literatur entnommene Koeffizienten solcher empirischer Polynome dritten Grades für die gängigen Afterloading-Radionuklide in Wasser und dem für diese Photonenenergien gut gewebeäquivalenten Polystyrol.

Faßt man die Gleichungen (7.25) und (7.29) bis (7.32) zusammen und berücksichtigt die empirische Gewebefunktion P für jedes einzelne Teilvolumen der Quelle, so erhält man für die Luftkermaleistung um eine reale ruhende Afterloadingquelle im Gewebe den Ausdruck:

$$\overset{\circ}{K}(x,y,z) = \sum_{j} \{ P(r_j) \cdot A_j / r_j^2 \cdot \sum_{k} \Gamma_{\delta,k}(E_k) \cdot p_k \cdot e^{-(\sum_{i} \eta_{i,k} \cdot \Delta r_{ij})} \} \quad (7.33)$$

Die Summationen werden über j Teilvolumina (Quellpunkte) der Quelle, über k Photonenenergien des Strahlers und i umhüllende Materialien durchgeführt. Die Dosisleistungskonstante $\Gamma_{\delta,k}$ hängt von der Photonenenergie E_k ab und muß deshalb als Faktor unter der Summe über die Energien stehen. Für jeden Quellenpunkt müssen außerdem die Weglängen Δr_{ij} in allen Materialien bestimmt werden. Über diese Materialienwege ist ebenfalls zu summieren (Summe im Exponenten). Um die Dosisverteilung in einer ganzen Ebene zu berechnen, muß diese Formel außerdem für jeden einzelnen Gitterpunkt der Ebene angewendet werden. Die Energiedosisleistung im Gewebe erhält man, indem man die Luftkermaleistung (nach Gl. 7.33) mit den entsprechenden in der Dosimetrie üblichen Umrechnungsfaktoren korrigiert (vgl. dazu Abschnitt 4.2, Gln. 4.8 und 4.9).

Dosisleistungsberechnungen bei heterogener Gammastrahlung und komplexer Quellengeometrie können nach dieser sehr fundamentalen Methode dermaßen aufwendig werden, daß sie in vernünftigen Zeiten nur noch mit Hilfe schneller Computerprogramme auf Großrechnern bewältigt werden können. Insbesondere können die Kleinwinkelstreuung in Applikatoren und die Glättung der Winkelabhängigkeiten der Dosisleistungsverteilungen durch Streuung in Phantommaterialien experimentell zwar untersucht werden, sie entziehen sich aber wegen der Komplexität der Wechselwirkungen in komplizierten Geometrien einer einfachen formelmäßigen Beschreibung. Sie können daher anders als die Schwächung durch die Quellenkapselung und die Applikatoren auch mit hohem rechnerischen Aufwand analytisch nicht berechnet werden. Dieser Sachverhalt wird anschaulich als "Versagen der Nadelstrahlgeometrie" bezeichnet. Bei Nadelstrahlalgorithmen werden die Wege einzelner Elementarstrahlen durch die Materie verfolgt und ihre Wechselwirkungen und Schwächungen individuell berechnet. Für die Therapieplanungs-Routine benötigt man wesentlich schnellere Algorithmen, die auch auf den in Therapieabteilungen üblicherweise verfügbaren kleinen Rechnern in kurzer Zeit brauchbare Ergebnisse liefern. Man verwendet deshalb weniger rechenzeitintensive Näherungsverfahren, deren Ergebnisse für die Dosisverteilungen um Afterloadingquellen zwar etwas weniger präzise sind, deren Genauigkeit aber für die therapeutischen Zwecke ausreichend ist.

7.5.2.2 Eine empirische Näherungsformel zur Dosisleistungsberechnung

Mit Hilfe der im Abschnitt (7.5.1.2) dargestellten Parametrisierung der Dosisleistungsverteilungen um ruhende Afterloadingquellen (Kenndosisleistung im Referenzabstand oder Produkt aus Aktivität, Dosisleistungskonstante und Abstandsquadratfaktor für die Referenzentfernung, Abstandsquadratgesetz, Gewebefunktion, Winkelverteilung) ist es beispielsweise möglich, eine einfache halbempirische Formel zur Berechnung von räumlichen Dosisverteilungen für kleinvolumige ruhende Strahler anzugeben, die sich insbesondere für schnelle Computerberechnungen eignet. Dazu multipliziert man das Abstandsquadratgesetz für die Dosisleistung mit der experimentellen Korrekturfunktion für Absorption und Streuung im Phantom (Gl. 7.32) und einer mehrdimensionalen empirischen Winkelverteilungsfunktion (vgl. Fig. 7.23). Man erhält für "Punktquellen" (mit Gl. 7.25) folgenden einfachen Ausdruck:

$$\overset{\circ}{D}(\vec{r}_0) = C \cdot P(|\vec{r}_0 - \vec{r}_q|) \cdot W(\alpha, |\vec{r}_0 - \vec{r}_q|, Q, a, z) / |\vec{r}_0 - \vec{r}_q|^2 \qquad (7.34)$$

In dieser Gleichung bedeuten:

C: das Produkt aus der effektiven Aktivität der Quelle A* (bestimmt unter 90° zur Quellen–Längsachse einschließlich Kapselung und Applikator), der Dosisleistungskonstanten Γ_δ für das jeweilige Nuklid und dem Umrechnungsfaktor von Luftkerma in die Energiedosis im Gewebe, oder, bei Verwendung der Kenndosisleistung im Abstand R_0 von der Quelle, das Produkt aus Kenndosisleistung $\overset{\circ}{K}(R_0)$, dem Abstandsfaktor R_0^2 und dem Luftkerma–Energiedosis–Umrechnungsfaktor wie oben,

P: empirische Korrekturfunktion für Absorption und Streuung im Phantom (P ≡ 1 für Luft, vgl. Gl. 7.32 und Tab. 7.2)

W: experimentelle Winkelverteilung (abhängig von Winkel α, Quellenart Q, Applikatortyp a und relativer Position z des Strahlers im Applikator, vgl. dazu z. B. Fig. 7.23),

$\vec{r}_0$: rechnerischer Aufpunkt, an dem die Dosisleistung berechnet werden soll,

$\vec{r}_q$: Ortsvektor des Mittelpunktes der Strahlungsquelle.

Werden Dosisverteilungen um Punktquellen dagegen nur mit dem Abstandsquadratgesetz berechnet, also ohne Berücksichtigung von Absorptionen und Winkelanisotropien, sind die Orte gleicher Dosisleistung Kugelschalen um die Quelle, die auf eine Ebene projezierten Isodosen sind konzentrische Kreislinien (Fig. 7.25a). Die mit Gleichung (7.34) berechneten realistischen Dosisleistungsverteilungen um ruhende Afterloadingquellen (Fig. 7.25b-d) zeigen jedoch typische Abweichungen der Isodosen von der Kugelsymmetrie, vor allem in Vorwärts- und Rückwärtsrichtung zum Applikator, die durch die Selbstabsorption in der Quelle und in den Applikatoren bedingt sind.

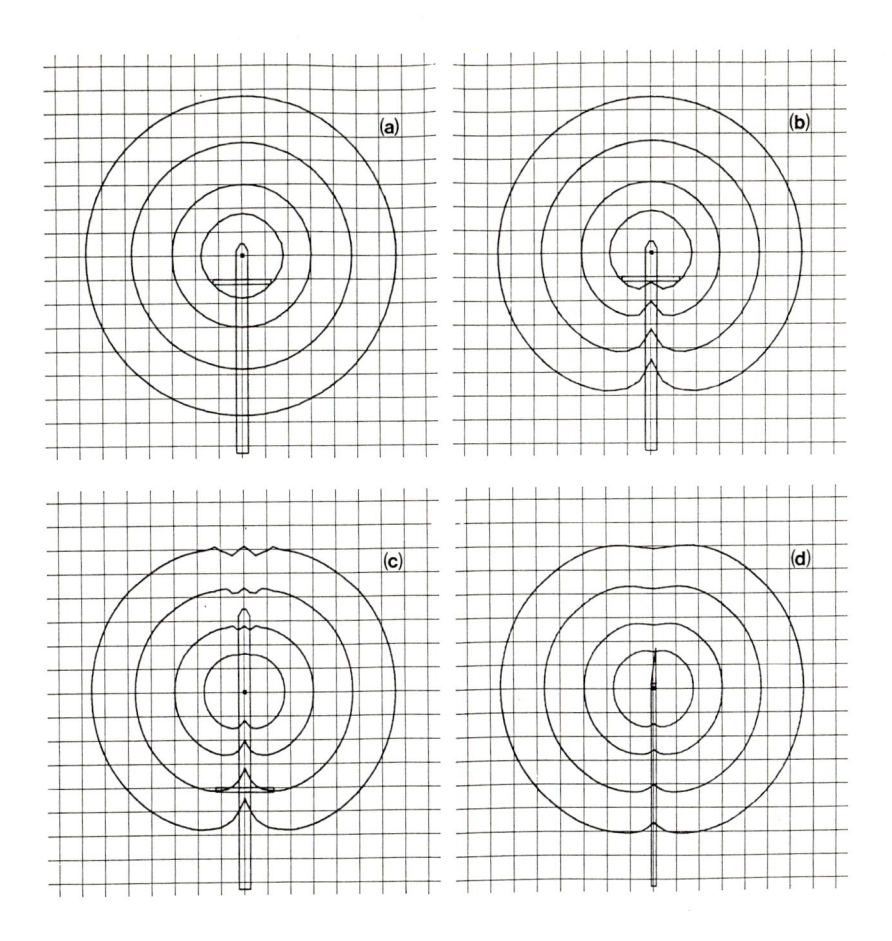

Fig. 7.25: Berechnete Dosisleistungsverteilungen um eine ruhende 192–Ir Al–Quelle (nach Fig. 2.39d). Das unterlegte Raster hat einen Rasterabstand von 1 cm. Die dargestellten Isodosen sind auf 3 cm Entfernung vom Strahler normiert, ihre Werte betragen von innen nach außen: 300%, 100%, 25%, 15% . (a): Kugelsymmetrische Isodosen nach dem Abstandsquadratgesetz für Punktquellen. (b–d): Berechnungen nach Gl. (7.34); (b): gynäkologischer Edelstahlapplikator in Wasser (Wandstärke 1.5 mm Edelstahl, Quelle in der Applikatorspitze). (c): Wie (b), aber Quelle um 6 cm in den Applikator zurückgezogen. (d): Edelstahlspicknadel in Wasser (Quelle unmittelbar hinter der massiven Stahlspitze), (nach Krieger 4).

Um räumliche Dosisverteilungen zu erhalten, muß die empirische Gleichung (7.34) für jeden einzelnen Punkt im Raum oder im Phantom angewendet werden. Sollen die Verteilungen bewegter Quellen berechnet werden, muß die Dosisverteilung der ruhenden Quellen mit dem Bewegungsprofil gefaltet werden. Für schrittweise fahrende oder multiple Quellenanordnungen (vgl. Fig. 2.39 a+b) wird Gleichung (7.34) für alle Haltepunkte bzw. Quellenorte berechnet und summiert. Kontinuierliche Quellenbewegungen (vgl. Fig. 2.39c) kann man durch rechnerische Zerlegung der Bewegungsamplitude in kleine virtuelle Punktquellen oder Linienquellenstücke annähern. Für diese virtuellen Quellen wird wieder Gleichung (7.34) angewendet, die dann aber zusätzlich über die virtuellen Quellenorte summiert werden muß. Die Dosisleistungsverteilungen in Fig. (2.40) wurden auf diese Weise für die kontinuierlich bewegten Quellen berechnet.

Neben der in diesem Abschnitt vorgestellten halbempirischen Methode zur Berechnung von Dosisleistungen um Afterloadingstrahler in Planungsprogrammen gibt es noch eine Vielzahl weiterer Näherungsverfahren, die ebenfalls auf Personal-Computern programmiert werden können. Sie unterscheiden sich vor allem in den Dosisleistungsformeln, den verwendeten Korrekturen zum Abstandsquadratgesetz und dem dadurch erforderlichen Zeitbedarf. Die Programme sind an die anlagenspezifischen Steuerungen der Quellenbewegung bzw. die Methode der Quellenanordnung im Applikator angepaßt. Einige von diesen Programmen erlauben auch die automatische Optimierung von Anordnungen ruhender Strahler, mit denen bestimmte Dosisverteilungen nach Vorgabe von Solldosiswerten an bestimmten anatomischen Punkten berechnet werden können.

8 Dosisverteilungen perkutaner Elektronenstrahlung

Dosisverteilungen von Elektronenstrahlung unterscheiden sich wegen der typischen Wechselwirkungen von Elektronen mit Materie grundsätzlich von denen der Photonenstrahlung. Der augenfälligste Unterschied ist die endliche Reichweite der Elektronen und der damit verbundene scharfe Abfall der Tiefendosiskurven jenseits des Dosismaximums (s. Fig. 8.3). Die Reichweite der Elektronen in Materie und damit die therapeutische Tiefe lassen sich besser als bei Photonenstrahlung durch geeignete Wahl der Anfangsenergie steuern, was die besondere Eignung der Elektronenstrahlung für die Strahlentherapie ausmacht. Elektronen unterliegen beim Durchgang durch Materie vielfachen Streuprozessen, die neben der Elektronenenergie den wichtigsten Einfluß auf die Dosisverteilungen darstellen. Dosisverteilungen von Elektronenstrahlung beschreibt man in Analogie zu den Photonenverteilungen eindimensional durch Tiefendosisverteilungen und Querprofile sowie zweidimensional durch Isodosenlinien in ausgesuchten Ebenen.

8.1 Tiefendosisverteilungen

8.1.1 Messung der Tiefendosisverteilungen

Meßsonden für die Elektronendosismessung: Die wichtigste Methode zur Messung von Dosisverteilungen von Elektronenstrahlung in Materie ist die Ionisationsdosimetrie mit Ionisationskammern. Teilweise werden auch Halbleitersonden verwendet, die allerdings wegen mangelnder Langzeitstabilität zur absoluten Dosimetrie weniger geeignet sind. Als Phantommaterial für Tiefendosismessungen von Elektronen werden wie bei der Photonendosimetrie entweder Wasser oder, wegen der exakteren Geometrie, Plexiglas oder sonstige gewebeäquivalente Festkörper-Substanzen herangezogen. Als Detektoren werden am besten Flachkammern mit dünnen luftäquivalenten oder wasseräquivalenten Strahleintrittsfenstern verwendet, die wegen der geringen Strahlfeldstörungseffekte ("perturbation", s. Abschnitt. 4.4) gut für Elektronenmessungen geeignet sind. Ihr Meßvolumen muß genügend klein sein, um im Bereich der steilen Dosisgradienten eine ausreichende örtliche Auflösung zu garantieren. Kompakte Zylinderkammern sind erst bei höheren Elektronenenergien (etwa ab 20 MeV) und dann nur nach Korrektur auf Meßortverschiebung und Strahlfeldstörung zu verwenden.

Umrechnung von Ionentiefendosis in Energietiefendosis: Ähnlich wie bei der Messung der Kenndosisleistungen von Elektronenstrahlung mit Ionisationskammern muß auch bei der Messung der Tiefendosisverläufe beachtet werden, daß sich relative Ionentiefendosen und Energietiefendosen auch bei Normierung auf den Meßwert in der gleichen Referenztiefe prinzipiell voneinander unterscheiden. Wie früher bereits ausführlich begründet (vgl. Abschnitt 4.4), muß die Anzeige des Dosimeters in einem Elektronenstrahlungsfeld zur Berechnung der

Energiedosis im Medium am gleichen Ort mit dem über das Energiespektrum am Meßort gemittelten Verhältnis der Massenstoßbremsvermögen für Luft und Phantommedium $s_{w,a}$ multipliziert werden (s. Gln. 4.20 bis 4.24, Abschnitt. 4.4). Dieses Verhältnis der Stoßbremsvermögen für Luft (Kammervolumen) und Phantommaterial (Wasser, Plexiglas) zeigt wegen des Dichteeffektes eine erhebliche Energieabhängigkeit (s. Fig. 8.1). Bei einer Veränderung der Meßorttiefe ändert sich wegen der kontinuierlichen Energieabgabe der Elektronen

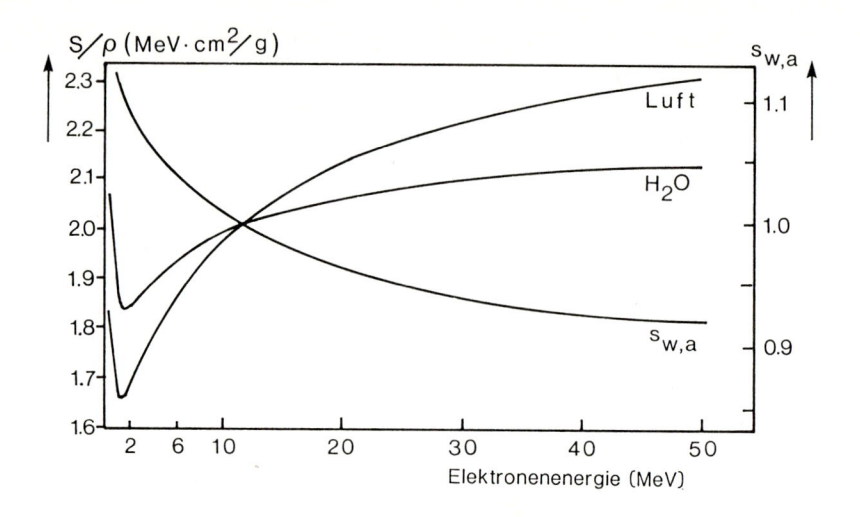

Fig. 8.1: Energieabhängigkeit der Massenstoßbremsvermögen S/ρ für Elektronen in Wasser und Luft (linke Skala) und des Verhältnisses $s_{w,a}$ der Massenstoßbremsvermögen von Wasser und Luft (rechte Skala), numerische Daten s. Tabellen (10.8),(10.12) und (10.14).

an ihre Umgebung die mittlere und die wahrscheinlichste Energie der Elektronen im Strahlenbündel und damit auch der Dosisumrechnungsfaktor. Die mittlere Elektronenenergie am Meßort kann aus der praktischen Reichweite und der Eintrittsenergie (vgl. Gl. 4.18) berechnet werden. Der Umrechnungsfaktor von Ionendosis in Energiedosis ist am größten für kleine Elektronenenergien, also am Ende der Elektronenbahnen in der Tiefe des Phantoms. Tiefenenergiedosiskurven werden dort im Vergleich zu den Ionendosiskurven zu höheren Werten hin verschoben. Sind die Dosisgradienten auf der abfallenden Flanke der Tiefendosiskurve sehr groß, wie das bei nicht zu hohen Elektronenenergien und bei modernen Beschleunigern mit gutem Feldausgleich in der Regel der Fall ist (s. Fig. 8.3), so erhöht sich dadurch zwar die relative Dosis in der Tiefe, die räumliche Verschiebung der Isodosen bleibt aber gering (Fig. 8.2a). Kurz nach dem Eintritt des Elektronenstrahlenbündels in das Phantom sind die Elektronenenergieverluste noch gering, die mittlere Energie der Elektronen ist deshalb hoch und das Verhältnis der Massenstoßbremsvermögen im Medium und in Luft ist kleiner als 1. Der Verlauf der Energiedosiskurve verläuft deshalb in der Nähe der Phantomoberfläche deutlich unterhalb der Ionisationskurve (Fig. 8.2a und b). Isodosen vor dem Dosismaximum werden wegen des flachen Tiefendosisverlaufes in Richtung größerer Phantomtiefen verschoben. Der Einfluß der $s_{w,a}$-Korrektur und damit die Tiefenverschiebung der Energiedosis-

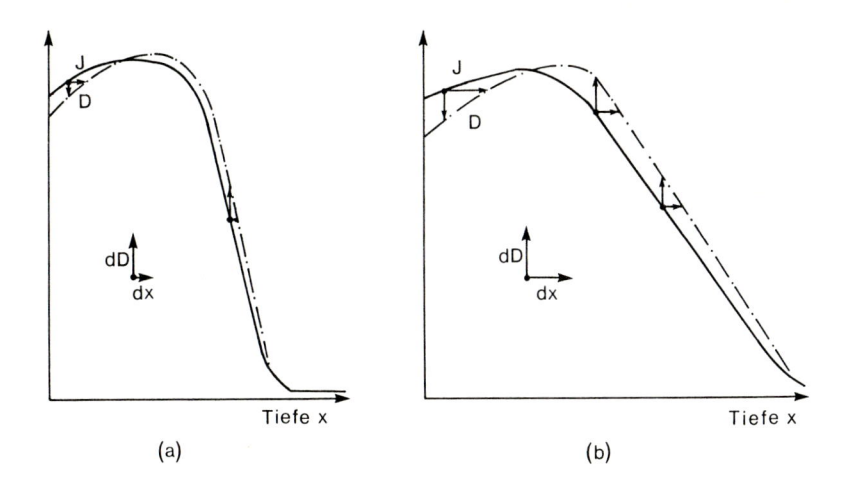

Fig. 8.2: Schematischer Vergleich von Ionentiefendosiskurve (J) und Energietiefendosiskurve (D) für Elektronenstrahlung für große Bestrahlungsfelder (dx: Verschiebung der Isodosen, dD: Unterschied zwischen Ionendosiskurve und und Energiedosiskurve. (a): Niedrige, (b): höhere Elektroneneintrittsenergien. Die Umrechnung der Ionendosis in die Energiedosis wirkt sich vor allem im Bereich flacher Dosisgradienten vor dem Dosismaximum und jenseits des Maximums bei hohen Elektronenenergien auf die Isodosenlage aus.

kurve relativ zur Ionendosiskurve ist um so größer, je höher die mittlere Energie des Elektronenstrahlenbündels beim Eintritt in das Phantom ist (Fig. 8.2b), da die Elektronen beim Abbremsvorgang im Absorber alle Energien von der Eintrittsenergie bis zum völligen Verlust der Bewegungsenergie durchlaufen. Für 50-MeV-Elektronen beträgt der Korrekturfaktor Ionendosis-Energiedosis beispielsweise ungefähr 0.9 beim Eintritt in das Medium und 1.1 am Ende der Elektronenbahnen (vgl. Fig. 8.1). Dies bedeutet eine Variation des Korrekturfaktors von −10% an der Phantomoberfläche bis +10% in der Tiefe. Im linearen, flach abfallenden Teil der Elektronentiefendosiskurve für hohe Elektronenenergien bewirkt das eine Isodosenverschiebung in die Tiefe von etwa der gleichen Größenordnung. Die Umrechnung der gemessenen Ionisationskurven in Energiedosiskurven darf deshalb insbesondere für höhere Elektronenenergien nicht vernachlässigt werden, während bei Energien unter 10 MeV die Korrekturen der Ionendosiskurven wegen des sehr steil abfallenden Kurvenverlaufes hinter dem Dosismaximum und der deshalb nur geringfügigen Isodosenverschiebung nur von untergeordneter Bedeutung sind.

8.1.2 Einflüsse auf die Elektronentiefendosiskurven

Elektronenstrahlung aus Elektronenbeschleunigern mit Energien von etwa 2 bis 50 MeV, wie sie in der Strahlentherapie üblich sind, zeigen in Phantommaterialien oder menschlichem Gewebe sehr typische Zentralstrahltiefendosisverläufe (Fig. 8.3). Sie unterliegen allerdings wegen der vielfältigen konstruktiven Einflüsse der verwendeten Beschleuniger einer gewissen Variationsbreite und müssen deshalb für jeden Beschleuniger individuell untersucht werden. Beim Auftreffen breiter Elektronenstrahlenbündel auf Materie steigt die relative Energiedosis von etwa 75% bis 90% an der Oberfläche stetig bis zum Erreichen eines maximalen Wertes an und fällt hinter dem Maximum je nach Energie wieder mehr oder weniger steil ab. Die Tiefendosiskurven gehen dann je nach Beschleunigertyp und durchstrahltem Medium in flache Dosisausläufer über, die durch Bremsstrahlungsentstehung im Medium und im Strahlerkopf verursacht sind ("Bremsstrahlungsschwanz").

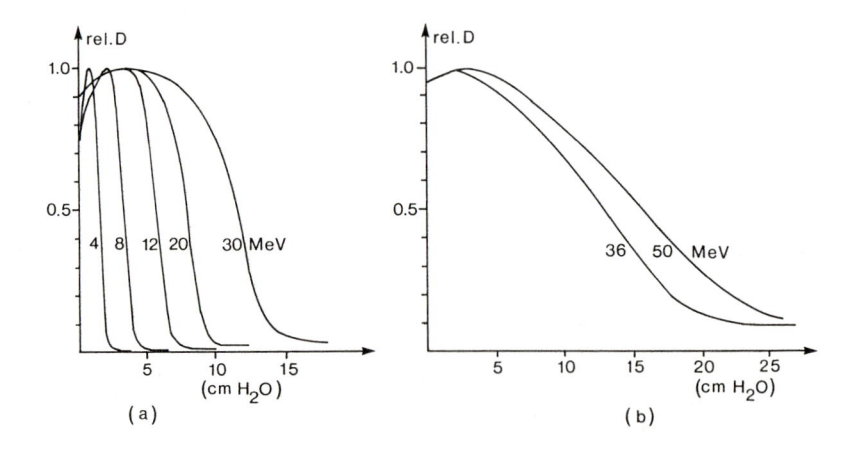

Fig. 8.3: Relative Elektronentiefendosiskurven für verschiedene Elektroneneintrittsenergien in Wasser (normiert auf das jeweilige Dosismaximum). (a): Elektronen aus Elektronenlinearbeschleunigern (Eintrittsenergien zwischen 4 und 30 MeV); (b): Elektronen aus einem Betatron mit sehr breitem Energiespektrum (verursacht durch Feldausgleich mit nur einer Streufolie und zusätzlicher Tubusaufsättigung sowie höherer Photonenkontamination durch Bremsstrahlung. Die mittlere Reichweite für 30 MeV Elektronen aus Linac und 36 MeV Elektronen aus Betatron sind etwa gleich groß. Der Bremsstrahlungsanteil beim Betatron liegt über 10%, die Hautdosis ist erhöht.

Entstehung des Dosismaximums: Der Bereich von der Phantomoberfläche bis zum Dosismaximum ähnelt formal der Aufbauzone hochenergetischer Photonenstrahlung in dichten Medien, hat jedoch bei Elektronenstrahlung eine völlig andere Ursache. Beim Eindringen in

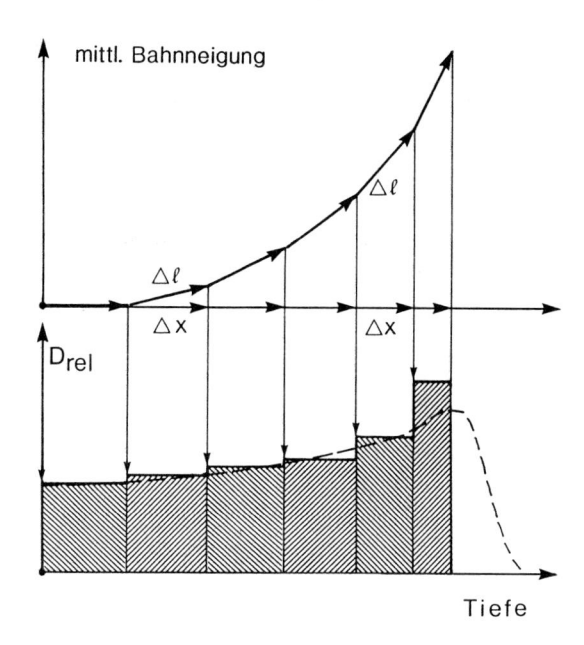

Fig. 8.4: Entstehung der Elektronentiefendosiskurve aus der Projektion der Energieabgaben gestreuter Elektronen entlang der Bahnelemente $\Delta \ell$ auf die Zentralstrahlachse (Δx: Projektion von $\Delta \ell$ auf die Zentralstrahlachse, schraffierte Flächen: Energieabgaben D_{rel} entlang $\Delta \ell$ bzw. Δx).

Materie werden die Elektronen eines parallelen Strahlenbündels durch Vielfachstreuung allmählich aus ihrer ursprünglichen Richtung abgelenkt. Das Strahlenbündel wird aufgestreut und erreicht bei leichten Absorbern bereits nach etwa der Hälfte der mittleren Reichweite den Zustand der vollständigen Diffusion, also ein konstantes mittleres Streuwinkelquadrat (vgl. Ausführungen in Abschnitt 1.2.3, Fig. 1.15). Die Elektronenbahnen verlaufen deshalb in der Regel schräg zur Zentralstrahlachse. Die mittlere Bahnneigung nimmt mit der Zahl der Wechselwirkungen zu. Die Bahnen der Elektronen sind im Mittel um so mehr zur Ursprungsrichtung geneigt, je tiefer die Elektronen in den Absorber eingedrungen sind. Die Projektionen Δx der Bahnlängenelemente $\Delta \ell$ eines Elektrons auf die Zentralstrahlachse verkürzen sich deshalb mit der Tiefe im Phantom (s. Fig. 8.4 oben). Bei jeder Wechselwirkung geben die Elektronen einen Teil ihrer Energie an das umgebende Medium ab. Diese Energieüberträge sind wegen der Vielzahl von Wechselwirkungen näherungsweise kontinuierlich, in erster Näherung proportional zur Weglänge $\Delta \ell$ (vgl. Fig. 1.10), bei konstantem $\Delta \ell$ also ebenfalls konstant. Da Tiefendosiskurven die Dosisverteilungen entlang des Zentralstrahls darstellen, müssen die in Richtung der Elektronenbewegung pro Weglängenelement $\Delta \ell$ auf das Medium übertragenen Energiebeträge auf die Zentralstrahlrichtung projiziert werden. Mit zunehmender Tiefe im Phantom und zunehmender Bahnneigung der Elektronen erhöht sich deshalb die

"Energieübertragungsdichte" auf der Zentralstrahlachse. Die Tiefendosis auf dem Zentralstrahl wächst solange an, bis die vollständige Diffusion der Elektronen erreicht ist, also keine weitere Aufstreuung des Elektronenstrahlenbündels mehr möglich ist. Je tiefer die Elektronen in das Medium eingedrungen sind, um so niedriger ist ihre Restenergie. Der damit verbundene Anstieg des Bremsvermögens erhöht zusätzlich die Dosis in der Tiefe des Phantoms. Sind die Elektronen am Ende ihrer Bahnen angelangt, so haben sie alle Bewegungsenergie verloren, können also keine Energie mehr an das Medium abgeben. Die durch Stoßbremsung der Elektronen bewirkte Tiefendosis fällt auf Null.

Der Bereich der vollständigen Elektronenbremsung ist wegen der Verschmierung des Energiespektrums (Energiestraggling, s. Abschnitt. 1.2.2), des statistischen Charakters der Wechselwirkungsakte und der räumlichen Aufstreuung der Elektronen über einen gewissen Tiefenbereich verteilt, dessen Breite von der mittleren Elektroneneintrittsenergie und dem Energiespektrum des Elektronenstrahlenbündels sowie der Ordnungszahl und Dichte des Mediums abhängt. Die Tiefendosisverteilungen von Elektronen fallen innerhalb dieser Zone steil ab und münden dann in den Bremstrahlungsausläufer (s. Fig. 8.3). Bei Elektronenbeschleunigern mit sehr homogenem Energiespektrum, deren Primärstrahlenbündel also nur wenig durch Wechselwirkungen mit dem Kollimatorsystem oder den Streufolien zum Feldausgleich beeinflußt worden ist, ist bei sehr sauberer Geometrie hin und wieder direkt hinter der Phantomoberfläche ein zusätzlicher schwach ausgeprägter Dosisleistungsanstieg zu beobachten (s. Fig. 8.5), der wie bei Photonenstrahlung auf den Dosisaufbau durch Sekundärelektronen zurückzuführen ist. Die Höhe der Oberflächendosis hängt von der Form des Elektronenspektrums und der Winkelverteilung der Elektronen beim Eintritt in das Medium ab. Je mehr niederenergetische und gestreute Elektronen das Strahlenbündel kontaminieren, um so höher wird die Dosis an der Oberfläche.

Charakteristische Größen zur Beschreibung der Elektronen–Tiefendosiskurven: In Anlehnung an die Definitionen der physikalischen Reichweiten anhand der Transmissionskurven werden in der praktischen klinischen Dosimetrie für Tiefenenergiedosiskurven von Elektronenstrahlenbündeln ebenfalls verschiedene Reichweiten definiert (Fig. 8.5). Es sind dies die mittlere Reichweite, die praktische Reichweite, die maximale Reichweite und die therapeutische Reichweite.

Die **mittlere Reichweite** ist ähnlich wie bei der 50%–Abnahme der Teilchenzahl bei Transmissionskurven für Tiefendosiskurven als Tiefe des 50%–Dosisabfalls festgelegt. Die **praktische Reichweite** von Elektronenstrahlung wird anhand der Tiefendosiskurven als die Projektion des Schnittpunkts der Wendetangente an die Tiefendosiskurve mit dem Bremsstrahlungsausläufer auf die Tiefenachse definiert. Bei nicht zu hohen Elektronenenergien sind mittlere und praktische Reichweite der Eintrittsenergie der Elektronen näherungsweise proportional (vgl. Fig. 1.21). Für höhere Energien weichen die Reichweiten wegen der Zunahme der Bremsstrahlungsverluste der Elektronen besonders für höhere Ordnungszahlen des Mediums immer mehr vom linearen Verlauf ab. Für therapeutische Elektronenenergien existieren in der wissenschaftlichen Literatur (ICRU 35, Jaeger/Hübner und dort zitierte weiterführende Arbeiten) eine Reihe empirischer Energie–Reichweite–Beziehungen, die für dosimetrische Zwecke sehr nützlich sind.

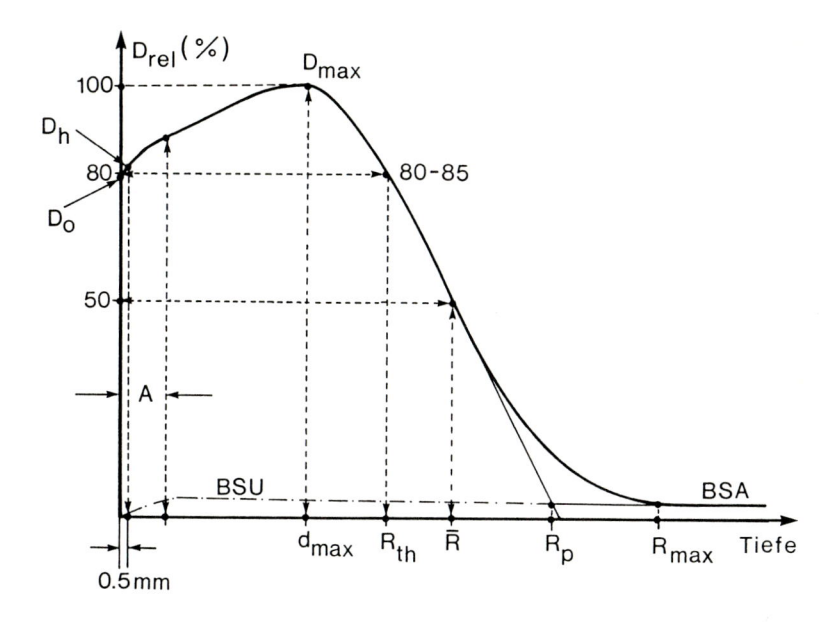

Fig. 8.5: Größen zur Beschreibung von Elektronentiefendosiskurven: $\bar{R}$: mittlere, R_p: praktische, R_{max}: maximale, R_{th}: therapeutische Reichweite, d_{max}: Dosismaximumstiefe, D_o: Oberflächendosis, D_h: Hautdosis (Dosis in 0.5 mm Tiefe), A: Aufbauzone, BSU: Bremsstrahlungsuntergrund (Anteil der durch Bremsstrahlungsphotonen verursachten Energiedosis im Bereich des Dosismaximums), BSA: Bremsstrahlungsausläufer (definiert als Anteil der Bremsstrahlung bei der praktischen Reichweite).

Eine häufig verwendete Beziehung ist die halbempirische Formel von Markus für Elektronen von 5 bis 35 MeV für menschliches Gewebe und andere Stoffe mit Z < 8 (DIN 6809-1, Markus), die die Bestimmung der dosimetrisch bedeutsamen mittleren Eintrittsenergie der Elektronen in das Medium aus Messungen der praktischen Reichweite erlaubt. Sie lautet:

$$(Z/A)_{eff} \cdot \rho \cdot R_p = 0.285 \cdot \bar{E}_o - 0.137 \qquad (8.1)$$

Diese Zahlenwertgleichung gilt mit einer Unsicherheit von ungefähr 2% . Die praktische

Reichweite ist in cm, die Energie in MeV und die Dichte in Gramm durch Kubikzentimeter in diese Gleichung einzusetzen. Die für die praktische Anwendung benötigten numerischen Werte der Größen $(Z/A)_{eff}$ und der Dichte ρ sind auszugsweise in der folgenden Tabelle (8.1) zusammengestellt (s. auch DIN 6809–1 und dort zitierte Literaturstellen).

Material	$(Z/A)_{eff}$	Dichte ρ (g/cm^3)
Wasser	0.555	1.00
Plexiglas	0.540	1.18
Polystyrol	0.538	1.06
Polyäthylen	0.571	0.92
Graphit	0.500	1.70–2.25
Muskel	0.541–0.604	0.92–1.07
Fett	0.540–0.583	0.88–0.95
Knochen	0.530	1.5

Tab. 8.1: Größen zur Energie–Reichweitenbeziehung (Gl. 8.1, nach DIN 6809–1)

Beispiel 1: Die aus einer Tiefendosismessung im Wasserphantom bestimmte praktische Reichweite R_p von Elektronenstrahlung in Wasser betrage 7.4 cm. Die Eintrittsenergie E_0 (in MeV) berechnet man mit der nach E_0 aufgelösten Gl. (8.15) zu $E_0 = (R_p \cdot \rho \,(Z/A)_{eff} + 0.137)/0.285$ und den Daten für Wasser aus Tabelle (8.1) zu: $E_0 = (7.4 \cdot 0.555 + 0.137)/0.285 = 14.89$ MeV. Es handelt sich also um "15–MeV"-Elektronen.

Die zur Zeit bei weitem genaueste Formel zur Berechnung der mittleren Elektroneneintrittsenergie (ICRU 35) ist eine quadratische Anpassung experimenteller Wasser–Reichweiten an die Elektronenenergie an der Oberfläche. Sie berücksichtigt auch das bei hohen Elektronenenergien merkliche Strahlungsbremsvermögen. Man erhält die Elektronenenergie in MeV, wenn die Reichweite in cm angegeben wird. Die Beziehung lautet:

$$\overline{E}_0 = 0.22 \,(\text{MeV}) + 1.98 \,(\text{MeV/cm}) \cdot R_p + 0.0025 \,(\text{MeV/cm}^2) \cdot R_p^2 \quad (8.2)$$

Sie gilt in Wasser mit einem Fehler von nur ±1% für Elektronenenergien von 1–50 MeV und hat als grobe Faustregel für die praktische Arbeit die Form:

$$R_p \,(\text{cm}) \approx \text{Elektroneneintrittsenergie (MeV)}/2 \quad (8.3)$$

Weitere Möglichkeiten zur experimentellen Bestimmung der für die Dosimetrie wichtigen mittleren Eintrittsenergie der Elektronen an der Phantomoberfläche sind die Verwendung von Magnetspektrometern, die Untersuchung der Ausbeute von elektroneninduzierten Kernreaktionen des Typs (e,e'x) mit bekannter Schwellenenergie, wobei x für Neutronen- und Protonenreaktionen steht, sowie die Spektrometrie mit Szintillationsdetektoren und die Untersuchung von Schwellenenergien für Cerenkovstrahlung. Alle diese Methoden sind mit der klinischen Dosimetrieausrüstung nicht durchführbar und sollen deshalb hier nicht weiter erläutert werden. Ausführliche Hinweise auf diese Methoden sind in der Literatur enthalten (z. B. ICRU 35, Jaeger/Hübner).

Für schmale Elektronenspektren beim Eintritt in das bestrahlte Medium ist der Tiefendosisverlauf hinter dem Maximum einigermaßen steil (vgl. Fig. 8.3a). Praktische und mittlere Reichweite unterscheiden sich daher nur wenig. Für die mittlere Reichweite von Elektronen in Wasser oder Weichteilgeweben gilt deshalb ein ähnlicher linearer Zusammenhang mit der Elektroneneintrittsenergie wie in Gleichung (8.3), was auch unmittelbar bei einem Studium der numerischen Daten in Tabelle (10.8) oder der Kurven für das Massenstoßbremsvermögen von Elektronen in Materie (z. B. in Fig. 1.10) einleuchtet. Für Elektronenenergien von etwa 1 bis 50 MeV läßt sich (nach ICRU 35) die mittlere Reichweite von Elektronen in Wasser oder Weichteilgewebe grob abschätzen durch:

$$\bar{R} \,(\text{cm}) \approx \text{Elektroneneintrittsenergie (MeV)}/2.33 \tag{8.4}$$

Die **maximale Reichweite** R_{max} entspricht der Einmündungstiefe der Tiefendosiskurve in den Bremsstrahlungsausläufer (s. Fig. 8.5). Ihre eindeutige Bestimmung aus experimentellen Tiefendosiskurven ist wegen des am Ende der Tiefendosiskurve nahezu exponentiellen Verlaufs ziemlich schwierig. Bei Linearisierung des Strahlungsausläufers durch halblogarithmische Darstellungen der Tiefendosiskurven ist sie dagegen leichter zu entnehmen. Die maximale Reichweite von Elektronenstrahlung ist bei wenig kontaminierten Elektronenspektren und nicht zu hohen Elektronenenergien wie die anderen physikalischen Reichweiten ebenfalls proportional zur Elektroneneintrittsenergie. Wegen der Unsicherheiten in der praktischen Bestimmung der maximalen Reichweite und der Abhängigkeit von der spektralen Verteilung der Elektronen ist sie allerdings weniger als die praktische Reichweite zur Charakterisierung eines Elektronenstrahlenbündels und des gesamten Tiefendosisverlaufes geeignet. Die maximale Reichweite wird vor allem von hochenergetischen Einzelelektronen bestimmt.

Für medizinische Zwecke existiert eine weitere Reichweitendefinition, die sogenannte **therapeutische Reichweite** R_{th}. Ihre Definition ist in der Literatur nicht ganz eindeutig. Manchmal wird die Zentralstrahltiefe der 80%- oder 85%-Isodose, manchmal die Tiefe derjenigen Isodose, die den gleichen Wert wie die Hautdosis hat, als therapeutische Reichweite bezeichnet. Da die Tiefendosisverteilungen der Elektronenstrahlung aus modernen Beschleunigern jenseits des Dosismaximums bei nicht zu hohen Elektronenenergien sehr steil verlaufen, unterscheiden sich die verschieden definierten therapeutischen Reichweiten bei Energien unter 20 MeV zahlenmäßig kaum. Für die therapeutische 80%-Reichweite in Wasser oder menschlichem Weichteilgewebe findet man bei Elektronenenergien unter 20 MeV eine weitere nützliche Abschätzung, die dem Radioonkologen die Auswahl der geeigneten Elektronenenergie sehr erleichtert. Es gilt die grobe empirische Regel:

$$R_{th} \text{ (cm)} \approx \text{Eintrittsenergie (MeV)}/3 \qquad (8.5).$$

Neben der physikalisch interessierenden Oberflächendosis einer Elektronenstrahlung wird (nach ICRU 35) auch die therapeutisch wichtigere **Hautdosis** verwendet (s. Fig. 8.5). Sie ist definiert als die Energiedosis in 0.5 mm Gewebetiefe, was etwa dem Tiefenbereich der vitalen Schichten der Haut entspricht.

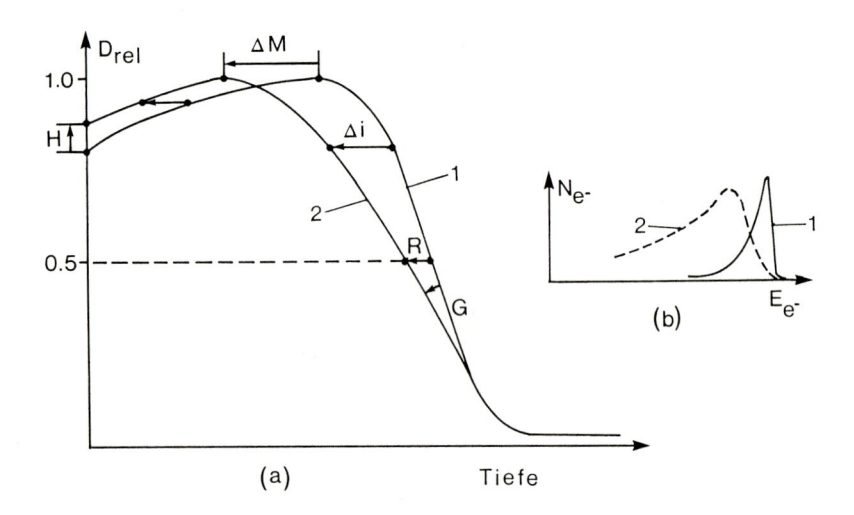

Fig. 8.6: (a): Veränderungen der Elektronentiefendosis mit der Form des Elektronenspektrums. (1): Geringe, (2): große Energieverbreiterung des Primärspektrums bei gleicher Nennenergie der Elektronen (H: Erhöhung der Hautdosis, ΔM: Verringerung der Maximumstiefe, Δi: Verschiebung der Isosodosen zur Oberfläche, R: Verminderung der mittleren Reichweite, G: Abnahme des Dosisgradienten auf der abfallenden Flanke der Tiefendosiskurve). (b): Zu den Tiefendosiskurven in (a) gehörige Elektronenspektren an der Phantomoberfläche. (1): Schmales Spektrum aus modernen Linearbeschleunigern. (2): Durch vorherige Wechselwirkungen des Elektronenstrahlenbündels verbreitertes und energieverschobenes Spektrum.

Einfluß des Elektronenspektrums auf die Tiefendosiskurve: Bereits beim Eintritt in das Phantommedium verschmierte und energetisch verschobene breite Energieverteilungen der Elektronen erhöhen nicht nur die Oberflächendosis (s. o.), sie führen auch zur Verschiebung der Reichweiten in Richtung zur Phantomoberfläche, wenn durch Kontamination des Elektronenstrahlenbündels die mittlere und die wahrscheinlichste Energie des Spektrums erniedrigt werden. Darüberhinaus führt die Energieverbreiterung des primären Elektronenspektrums zu einer Verflachung der Tiefendosiskurve hinter dem Dosismaximum (Fig. 8.6). Kleinere Dosisgradienten im abfallenden Teil der Tiefendosiskurve verschlechtern die therapeutische Eignung der Elektronenstrahlung.

Bei der Konstruktion von Strahlerköpfen moderner Elektronenbeschleuniger wird deshalb der Aufbau der strahlfeldformenden Elemente (Streufolien, Kollimatoren und Elektronenapplikatoren) besonders sorgfältig durchgeführt (vgl. dazu die Ausführungen in den Abschnitten 2.2.5.1 bis 2.2.5.4). Je höher die Eintrittsenergie ist, um so größer ist auch das Energiestraggling am Ende der Elektronenbahnen. Die Tiefendosiskurven werden deshalb auch bei sorgfältiger Konstruktion des Strahlerkopfes mit zunehmender Energie immer flacher (vgl. Fig. 8.3a). Die Elektronentiefendosiskurven ähneln bei sehr hohen Energien in der Tiefe schon annähernd dem Verlauf von Photonentiefendosiskurven (Fig. 8.3b). Die therapeutische Anwendung von Elektronenstrahlung mit mehr als etwa 30 MeV ist deshalb nicht mehr sehr sinnvoll, da zum einen entsprechend tiefliegende Zielvolumina auch mit Photonenstrahlungen verschiedener Strahlungsqualität bei besserer Hautschonung erreicht werden können, zum anderen auch die Kontamination des Elektronenstrahlenbündels mit Bremsstrahlung und damit die Volumendosis intolerabel zunimmt (s. u.).

Kontamination des Elektronenstrahlenbündels mit Bremsstrahlung: Kontaminationen des Elektronenstrahlenbündels mit Bremsstrahlung führen zu unerwünschten Bestrahlungen des Volumens hinter dem eigentlichen Zielvolumen. Sie können wegen der Durchdringungsfähigkeit der ultraharten Photonen zu unerwartet hohen Volumendosen führen und sind deshalb soweit wie möglich zu vermeiden. Bei der therapeutischen oder dosimetrischen Anwendung von hochenergetischer Elektronenstrahlung gibt es zwei mögliche Ursachen für die Entstehung von Bremsstrahlung: Erstens die Kontamination mit ultraharten Photonen aus Wechselwirkungen des Elektronenstrahlenbündels mit den **Strukturmaterialien** des Beschleunigers und zweitens die Bremsstrahlungsentstehung im bestrahlten **Medium** (Gewebe, Phantom). Der erste Anteil kann durch geschickte Auslegung des Strahlerkopfes der Beschleuniger und geeignete Auswahl der im Strahlengang befindlichen Materialien klein gehalten werden. Erkennbar ist eine Kontamination des Elektronenstrahlenbündels am sogenannten **Bremsstrahlungsausläufer** (s. Fig. 8.5), der eine Dosisleistung im Phantom auch in größeren Tiefen als der maximalen Reichweite bewirkt. Zur Kennzeichnung und zum Vergleich der Bremsstrahlungskontamination verwendet man den aus Tiefendosiskurven bei der praktischen Reichweite abgelesenen relativen Photonendosisbeitrag, der natürlich nicht die gesamte Bremsstrahlungsausbeute der Elektronen im Medium darstellt. Die gesamte Bremsstrahlungsausbeute eines Elektronenstrahlenbündels in Materie ist wesentlich höher und kann nach den Angaben in Tabelle (10.10) abgeschätzt werden. Der im Phantom oder

Gewebe entstehende Anteil kann durch den Anwender selbstverständlich nicht beeinflußt werden. Sein Beitrag zur Tiefendosis bei der praktischen Reichweite in der Tiefe R_p beträgt in gewebeähnlichen Substanzen je nach Energie wenige Zehntel Prozent bis maximal 5% bei 50 MeV Elektronen. Er ist die an modernen Linearbeschleunigern dominierende Quelle für Bremsstrahlung (vgl. dazu die experimentellen Tiefendosiskurven in Fig. 8.3). Bei der therapeutischen Anwendung von Elektronenstrahlung auf inhomogene Zielvolumina, die Materialien höherer Ordnungszahl wie Prothesen, Zahnplomben, chirurgische Nägel u. ä. enthalten, kann der Bremsstrahlungsanteil der Tiefendosisverteilung wegen der quadratischen Abhängigkeit der Photonenerzeugungsrate von der Ordnungszahl lokal allerdings erheblich anwachsen (s. Gl. 1.21).

Der gerätebedingte Anteil schwankt in Abhängigkeit von der Elektronenenergie und dem Beschleunigertyp zwischen mehr als 10% bei Betatrons und bis zu weniger als 1% bei modernen Linearbeschleunigern. Er erhöht sich bei sorgloser Anwendung hochatomiger Materialien im Strahlengang wie beispielsweise von Zusatzkollimatoren aus Schwermetall oder selbstgefertigten Abschirmungen aus Blei.

Abhängigkeit der Tiefendosiskurven von der Feldgröße: Die Streuung der Elektronen ist die Hauptursache für die Entstehung der typischen Elektrontiefendosiskurven. Wird ein Medium mit schmalen Elektronenstrahlenbündeln bestrahlt, so kommt es wegen der seitlichen Streuung der Elektronen bereits in geringen Phantomtiefen zu einer besonders schnellen Abnahme der Tiefendosis auf dem Zentralstrahl. Werden die Feldabmessungen vergrößert, so nehmen auf der Zentralstrahlachse die Dosisverluste durch Streuung allmählich ab, da die aus der Feldmitte nach außen weggestreuten Elektronen durch seitliche Einstreuung bei großen Feldern teilweise wieder kompensiert werden. Streubeiträge aus der Peripherie des Zentralstrahls sind nicht mehr möglich, wenn der Ort der Streuung weiter vom Zentralstrahl entfernt ist, als die maximale Reichweite der Elektronen in dem betreffenden Medium. Bei einer Vergrößerung des Bestrahlungsfeldes wird sich die Tiefendosiskurve auf dem Zentralstrahl deshalb solange in die Tiefe verschieben, wie die seitlichen Feldabmessungen (halbe nominale Feldgröße) kleiner bleiben als die Reichweite der Elektronen (Fig. 8.7a). Werden die Felder weiter vergrößert, so ändern sich die Tiefendosiskurven in der Tiefe nicht mehr, die Tiefendosiskurven und vor allem die aus ihr ermittelten Reichweiten sind weitgehend unabhängig von der Feldgröße. Als praktikable Mindestfeldgröße für die Dosimetrie wurde (in ICRU 21) die praktische Reichweite R_p vorgeschlagen, oberhalb derer die Einflüsse der Feldgröße auf die Tiefendosiskurven weitgehend vernachlässigbar sein sollten (Fig. 8.7b). Bei Messungen der Reichweiten zur Bestimmung der mittleren Elektronenenergie an der Phantomoberfläche sollte der Durchmesser des Bestrahlungsfeldes also mindestens der praktischen Reichweite entsprechen.

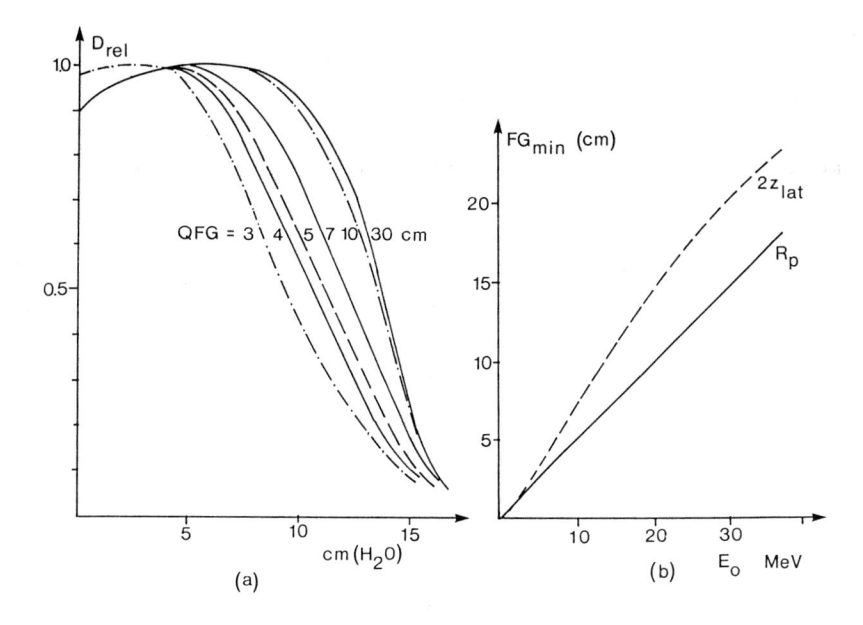

Fig. 8.7: (a): Abhängigkeit der Tiefendosiskurve für 32–MeV–Elektronen in Wasser für Quadratfelder (mit der Seitenlänge QFG) (nach Briot). Die Reichweiten erhöhen sich mit zunehmender Feldgröße durch seitliche Einstreuung auf den Zentralstrahl. Die Erhöhung der Oberflächendosis für das kleinste Feld ist durch Kollimatorstreuung bei fast geschlossener Blende verursacht. (b): Von ICRU 21 empfohlene Mindestfeldgrößen R_p bzw. $2z_{lat}$ zur Reichweiten- und Energiebestimmung aus Elektronen–Tiefendosiskurven (R_p: praktische Reichweite, z_{lat}: größte seitliche Auslenkung von Elektronen durch Streuung, Daten nach ICRU 35).

Einfluß des Fokus–Haut–Abstandes auf die Tiefendosiskurven: Bei einer Veränderung des Fokushautabstandes ändert sich wegen der unterschiedlichen Divergenz auch der Dosisleistungsverlauf des Strahlenbündels mit zunehmendem Abstand von der Strahlungsquelle und damit auch prinzipiell der Verlauf der Tiefendosis im Medium. Realistische, in endlichen Entfernungen vom Fokus gemessene Tiefendosiskurven von Photonen– oder Elektronenstrahlung sind deshalb immer Faltungen der Schwächungsfunktion der Strahlung (Absorption, Streuung) im durchstrahlten Medium mit der Abnahme der Dosisleistung durch die Strahldivergenz (Abstandsquadratgesetz). Welche Rolle die Bestrahlungsgeometrie für die Form der Tiefendosis von Elektronen im konkreten Fall tatsächlich spielt, hängt von dem Verhältnis der beiden Einflüsse "Reichweite im bestrahlten Medium" und "Entfernung der Phantomoberfläche vom Strahlfokus" ab. Dies ist leicht am Beispiel (2) für hoch– und niederenergetische Elektronen in Wasser einzusehen.

Beispiel 2: Die mittlere Reichweite von 9–MeV–Elektronen in Wasser, also der Tiefenbereich der Dosisabnahme von der Oberflächendosis bis auf 50% beträgt nach der Faustformel (8.4) etwa 3.9 cm. Der Fokushautabstand soll 100 cm betragen. Der Abstandsquadratgesetzfaktor zwischen Oberfläche und Tiefe der mittleren Reichweite beträgt $(1/1.039)^2 = 0.93$. Dies bedeutet, daß die Divergenz nur zu etwa 7% an der Dosisleistungsabnahme auf 50% (mittlere Reichweite) beteiligt ist. Der Einfluß der Divergenz ist also im Vergleich zur Strahlschwächung durch Wechselwirkungen für diese Elektronenenergie weitgehend zu vernachlässigen, dominierend für die Dosisleistungsabnahme ist die Absorption und Streuung. Für 30–MeV–Elektronen ergibt die gleiche Überlegung für die mittlere Reichweite ($\approx$ 13 cm) einen Divergenzfaktor von 0.78, also eine erheblich höhere rechnerische Verminderung der Tiefendosiskurve durch das Abstandsquadratgesetz um etwa 22%. Für 9–MeV–Elektronen ist die Divergenz des Strahlenbündels also sicher eine Einflußgröße zweiter Ordnung, für hochenergetische Elektronen ist der Divergenzeinfluß auf die Elektronentiefendosiskurve dagegen nicht mehr zu vernachlässigen.

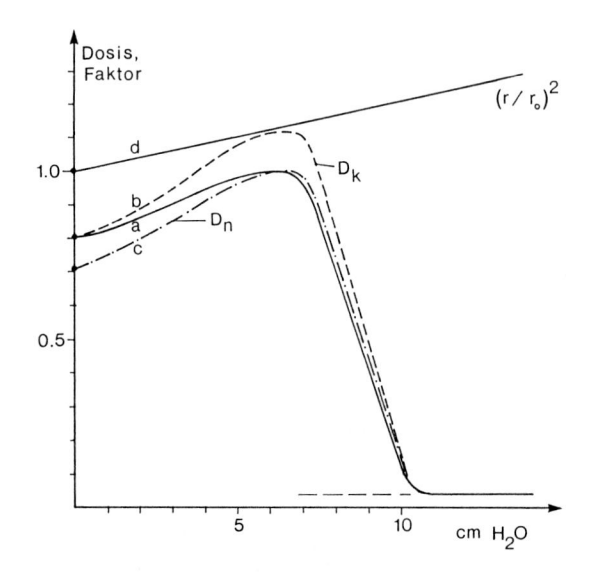

Fig. 8.8: Rechnerischer Einfluß der Divergenzkorrektur nach dem Abstandsquadratgesetz auf die Energietiefendosis von 18–MeV–Elektronen in Wasser für endliche Fokus–Haut–Abstände. (a): Experimentelle Tiefendosiskurve für den Fokus–Haut–Abstand = 100 cm. (b): Auf unendlichen Fokus–Haut–Abstand korrigierte Tiefendosiskurve D_k. Zur Divergenzkorrektur wurde das Quadrat des Verhältnisses der Entfernung der Meßpunkte r (= FHA + Tiefe im Phantom) zum Fokus–Haut–Abstand r_o verwendet (Faktoren siehe (d)). (c): Korrigierte, auf das neue Dosismaximum umnormierte Tiefendosiskurve D_n. Das Dosismaximum wandert etwas in die Tiefe. (d): Verlauf des Divergenzkorrekturfaktors nach (b) mit der Phantomtiefe.

Wie Beispiel (2) zeigt, nehmen die Einflüsse der Divergenz wegen der größeren Eindringtiefen hochenergetischer Elektronen ins Medium für höhere Elektronenenergien zu. Rechnerische Korrekturen der Strahldivergenz nach dem Abstandsquadratgesetz müssen für jeden einzelnen Meßwert auf der Tiefendosiskurve durchgeführt werden. Dabei ist der virtuelle Quellenort und nicht etwa der physikalische Fokusabstand zu verwenden (vgl. dazu Abschnitt. 6.1.3 und Fig. 6.12). Zur Korrektur muß der Meßwert mit dem Kehrwert des Abstandsfaktors multipliziert werden. Da Abstandsfaktoren immer < 1, ihre Kehrwerte also immer > 1 sind (Fig. 8.8d), liegen die korrigierten Tiefendosiswerte immer oberhalb der gemessenen (Fig. 8.8b). Werden die korrigierten Tiefendosiswerte allerdings wieder auf das neue Dosismaximum umnormiert (Max = 100%), so rutschen die korrigierten Dosiswerte vor dem Maximum unter die Meßwerte der ursprünglichen Kurve (Fig. 8.8c). Diese Umnormierung mindert also die Wirkung der Divergenzkorrektur auf die Tiefendosiskurve, führt allerdings zu einer deutlichen <u>rechnerischen</u> Herabsetzung der Oberflächendosis.

Solange die Meßwerte der Tiefendosiskurve selbst sehr klein sind (d. h. am Ende der Tiefendosiskurven), spielen rechnerische Korrekturen auch für große Korrekturfaktoren für die Isodosenverschiebung keine große Rolle. Die praktische Reichweitenbestimmung anhand der Tiefendosiskurven ist deshalb relativ unempfindlich gegenüber Abstandskorrekturen. Die Korrekturfaktoren sind um so höher, je tiefer der Meßpunkt im Phantommedium liegt, und wirken sich deshalb und wegen der höheren Eindringtiefe bei hochenergetischen Elektronen stärker auf die Tiefendosis aus (flacherer Dosisabfall hinter dem Maximum bei hochenergetischen Elektronen, vgl. Fig. 8.2b) als bei Elektronen niedrigerer Energie. Die für die praktische klinische Anwendung von Elektronenstrahlung bedeutsamen therapeutischen und mittleren Reichweiten sind bei höheren Elektronenenergien deutlich vom Fokus–Haut–Abstand abhängig und sollten bei größeren Abstandsänderungen entweder rechnerisch korrigiert oder experimentell neu bestimmt werden. Bei Elektronenenergien unter etwa 15 MeV kann in den meisten Fällen wegen der geringfügigen Veränderungen der Isodosenlage der Einfluß der Divergenz auf die Tiefendosiskurve vernachlässigt werden. Bei hohen Elektronenenergien oder höheren Ansprüchen an die dosimetrische Genauigkeit sollten dagegen Korrekturen der Meßwerte nach dem Abstandsquadratgesetz durchgeführt werden. Sollen aus Tiefendosiskurven über die Reichweiten die Eintrittsenergien an der Oberfläche des Phantoms bestimmt werden, so empfiehlt sich auf alle Fälle die Reduktion der experimentellen Tiefendosiskurven auf unendlich großen Fokus–Haut–Abstand, also das Herauskorrigieren der Strahldivergenz und die rechnerische Erzeugung einer vom Quellenabstand unabhängigen Tiefendosiskurve.

Bei Elektronenstrahlenbündeln, die mit niederenergetischen Sekundärelektronen aus Wechselwirkungen vor dem Eintritt in das Phantommedium kontaminiert sind, können Veränderungen des Fokushautabstandes ähnlich wie bei kontaminierter hochenergetischer Photonenstrahlung (Fig. 7.7) zu einer Veränderung der Hautdosis (Fig. 8.9a) und einer Verlagerung des Dosismaximums oder der gesamten Tiefendosiskurve (Fig. 8.6) führen. Auch hier gilt wie bei den Photonen die einfache Regel, daß wegen der höheren Divergenz der Streustrahlung der durch Streustrahlung verursachte Dosisbeitrag schneller mit dem Abstand des Phantoms von der Streustrahlungsquelle abnimmt als die Dosisleistung des Primärstrahlenbündels. Bei niedrigen Elektronenenergien und großen Fokus–Haut–Abständen muß allerdings auf die mit der Entfernung von der Strahlungsquelle und dem durchstrahlten Luftvolumen zunehmende Kontamination des Strahlenbündels mit luftgestreuten Elektronen geachtet werden. Die zunehmende Entfernung kann bei niedrigen Elektronenenergien zu merklichen Veränderungen

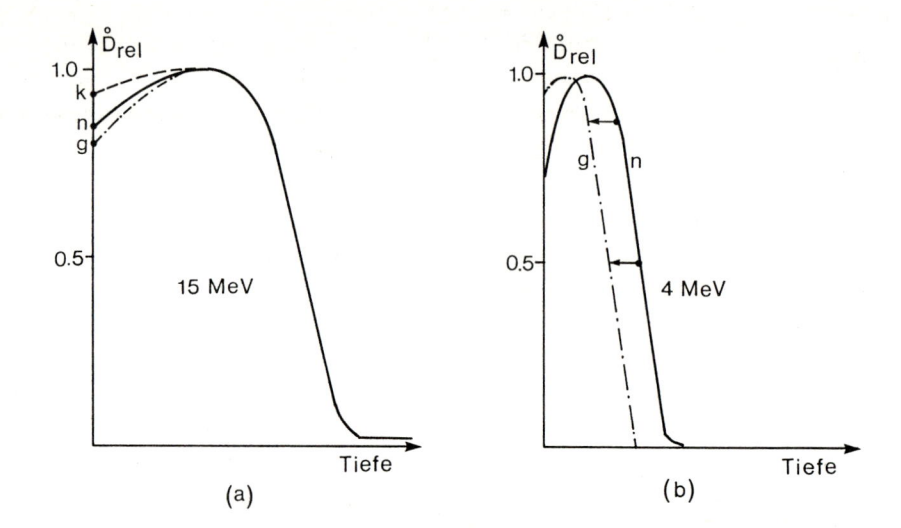

Fig. 8.9: (a): Variation der relativen Oberflächendosisleistung bei geringfügigen Veränderungen des Fokus–Haut–Abstandes (±20cm) für 15–MeV–Elektronenstrahlung. Der Grund ist die höhere Divergenz der an den Elektronenkollimatoren entstehenden Streustrahlung (k: kleinerer, n: n: normaler FHA = 100 cm, g: größerer FHA). (b): Verschiebung der Tiefendosis und der mittleren und therapeutischen Reichweite (Pfeile) durch Streuung und Energieverluste der Elektronen in Luft bei niedrigen Elektronenenergien (4 MeV) durch eine Änderung des normalen therapeutischen Fokus–Haut–Abstandes (FHA = 100 cm: n) auf den Fokus–Haut–Abstand für die Großfeldertechnik (FHA = 400 cm: g).

der spektralen Verteilung der Elektronen und damit zu einer Verschiebung der Tiefendosiskurve in Richtung Oberfläche und zu einer Verkürzung der Reichweiten führen (Fig. 8.9b). Bei therapeutischen Elektronen–Großfeldbestrahlungen mit Fokus–Haut–Abständen von einigen Metern sollten deshalb bei kleinen und mittleren Elektronenenergien unbedingt die absolute Maximumsdosisleistung, die Tiefendosiskurve (insbesondere die Hautdosis) und die Querprofile der verwendeten Elektronenstrahlung individuell dosimetrisch überprüft werden.

8.2 Isodosenverteilungen

Isodosen perkutaner Elektronenfelder dienen wie bei der Photonenstrahlung zur Veranschaulichung der Dosisverläufe in Ebenen parallel oder senkrecht zum Zentralstrahl. Sie werden für die Therapieplanung und zur Homogenitätskontrolle der Bestrahlungsfelder benötigt. Wegen der hohen Dosisgradienten auf der abfallenden Flanke der Tiefendosiskurven und an den Feldrändern empfehlen sich Meßsysteme mit hoher Ortsauflösung, z. B. Filme oder kleinvolumige automatisch gesteuerte Halbleitersonden oder Ionisationskammern. Bei diesen Detektorarten muß natürlich wie bei der absoluten Ionisationsdosimetrie genauestens die Energieabhängigkeit (da sich das Elektronenspektrum mit der Tiefe ändert) und die Ortsauflösung der Dosimeter für die gegebenen Verhältnisse überprüft werden. Bei den Messungen mit bewegten Meßsonden ist darauf zu achten, daß nicht versehentlich kleinvolumige Inhomogenitäten in den Dosisverteilungen wie heiße oder kalte Stellen an den Rändern des Bestrahlungsfeldes übersehen werden, die leicht durch unsaubere geometrische Verhältnisse (Tubusse, Zusatzblenden) entstehen können. Trotz der Kalibrierprobleme bei der filmdensitometrischen Methode, sind Filmaufnahmen von Elektronenfeldern geeignet, zumindest näherungsweise einen Überblick über die Dosisverteilungen in einem Elektronenfeld zu vermitteln.

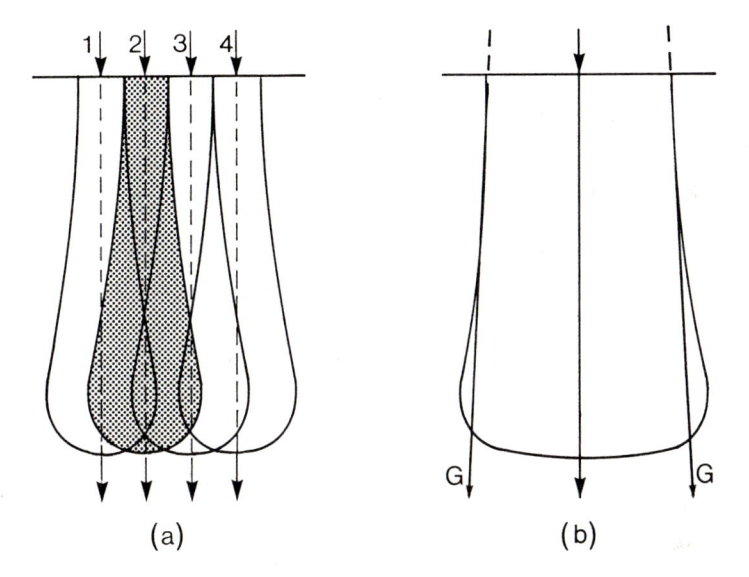

Fig. 8.10: (a): Schematische Darstellung der Entstehung eines großen Elektronenfeldes aus der Überlagerung elementarer Elektronennadelstrahlen (1-4: Elementarstrahlen). (b): Breites Elektronenfeld (G: geometrischer Strahlverlauf, der durch den Elektronenkollimator vorgegeben ist). Gezeichnet sind die 50% Isodosen, die wegen der dominierenden Streuung der Elektronen (Diffusion) über die geometrischen Feldgrenzen hinausragen).

Große Elektronenfelder kann man sich aus der Überlagerung vieler kleiner Elementarstrahlen ("Nadelstrahlen") zusammengesetzt denken (Fig. 8.10). Diese Methode wird als **Nadelstrahltechnik** (englisch: "pencil beam method") bezeichnet und ist besonders für die theoretische Behandlung von Elektronendosisverteilungen geeignet, da mit der Nadelstrahltechnik auch leicht Einflüsse von Inhomogenitäten berechnet werden können.

Wie die Elementarstrahlen zeigen auch die Isodosen größerer Elektronenfelder an den Feldrändern die typischen, durch die starke Streuung der Elektronen (vollständige Diffusion) entstehenden Ausläufer der Elektronen (vgl. auch Fig. 1.16b). Die seitlichen Ausbuchtungen der Isodosen bei therapeutischer Elektronenstrahlung sind abhängig von der Elektronenenergie und dem Medium (s. Gl. 8.8) und verlaufen außerhalb der geometrischen Feldgrenzen. Dem geometrischen Strahlenverlauf folgen die Isodosen also nur in geringen Tiefen. Grenzen Elektronenfelder bei der therapeutischen Anwendung seitlich an andere Bestrahlungsfelder, so müssen diese Ausbuchtungen der Isodosen bei der geometrischen Festlegung der Bestrahlungsbedingungen unbedingt beachtet werden. Die durch Überlagerung eventuell entstehen-

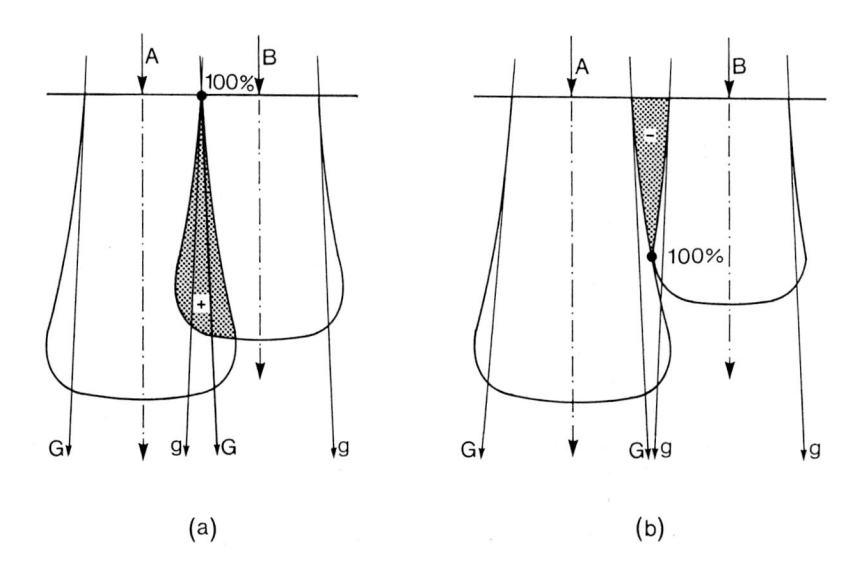

(a) (b)

Fig. 8.11: Schematische Darstellung der Entstehung von Überdosierungen (+) und Unterdosierungen (−) bei der Überlagerung von Elektronenfeldern (beide Flächen punktiert). Gezeichnet sind die 50% Isodosen der Einzelfelder. (a): Feldrand auf der Phantomoberfläche bündig. Die Überlagerung der beiden 50% Isodosen ergibt eine homogene Dosis auf der Haut (100%), aber einen überdosierten Bereich ("hot spot") in der Tiefe. (G: geometrischer Feldverlauf Feld A, g: von Feld B). (b): 50%–Isodosenschluß in der Tiefe ergibt eine homogene Dosisverteilung in der Tiefe, aber eine Unterdosierung auf der Haut ("cold spot").

den heißen oder kalten Stellen ("hot spots, cold spots") im Bereich der Feldüberschneidung können unter Umständen zu radiogenen Schäden durch Überdosierung oder zu Tumorrezidiven durch Unterdosierung führen (Fig. 8.11).

8.3 Auswirkungen von Inhomogenitäten auf Elektronendosisverteilungen

Für die Schwächung des Energieflusses und des Teilchenflusses von Elektronenstrahlung in heterogen zusammengesetzten Absorbern gelten prinzipiell ähnliche Überlegungen wie bei den Photonenfeldern (vgl. Abschnitt. 7.3). Die Tiefendosis von Elektronen ist also wie bei den Photonentiefendosisverläufen nicht nur von der lokalen Energieabsorption sondern auch von dem lokal zur Verfügung stehenden Teilchenfluß bestimmt, der neben der Strahldivergenz auch von der Schwächung des Strahlenbündels in den vorgeschalteten Absorberschichten abhängt. Die physikalischen Größen bzw. Parameter zur Beschreibung der Wechselwirkung und Energieabsorption von Elektronen in Materie sind das Stoßbremsvermögen und der mittlere quadratische Streuwinkel (vgl. dazu Abschnitte 1.2.1 und 1.2.3) und deren Abhängigkeiten von der Ordnungszahl, der Energie und der Dichte des durchstrahlten Mediums. Für nicht zu große Massenzahlen entspricht die Ordnungszahl etwa der halben Massenzahl, so daß sich die Beziehungen für das Stoßbremsvermögen und das mittlere Streuwinkelquadrat (Gln. 1.17 und 1.24) für nicht relativistische Elektronen am Ende der Tiefendosis zu

$$S_{col} \sim \rho/E \quad (\text{für } E < 500 \text{ keV}) \tag{8.6},$$

für relativistische Elektronenenergien zu Beginn der Tiefendosiskurven zu

$$S_{col} \sim \rho \quad (\text{für } E > 500 \text{ keV}) \tag{8.7}$$

und für den mittleren quadratischen Streuwinkel zu

$$\bar{\Theta}^2 \sim \rho \cdot (Z+1)/E^2 \tag{8.8}$$

vereinfachen. Diese drei Näherungsformeln erlauben Vorhersagen der Wirkungen von Inhomogenitäten auf die Elektronendosisverteilungen. Niederenergetische Elektronen finden sich vor allem gegen Ende der Elektronenbahnen, also in den letzten Millimetern der Elektronentiefendosiskurven. Das Stoßbremsvermögen ist dort sehr energieabhängig (Gl. 8.6), hat aber wegen der niedrigen Tiefendosiswerte nur wenig Einfluß auf die Dosisverteilung. In den Schichten davor ist das Stoßbremsvermögen dagegen weitgehend unabhängig von der Elektronenenergie. Da die Energieverluste umgekehrt proportional zu den Reichweiten der Elektronen sind, verhalten sich die Reichweiten von Elektronen in zwei Medien (med1 und med2) unter der Voraussetzung der Gültigkeit von Gleichung (8.7) umgekehrt wie die jeweiligen Dichten.

$$R_{med1}/R_{med2} \sim \rho_2/\rho_1 \qquad (8.9)$$

Aus dieser Beziehung folgt, daß Absorptionsunterschiede im Medium näherungsweise durch zentralstrahlparallele Stauchung oder Streckung der Weglängen der Elektronen und der Isodosen im umgekehrten Verhältnis zu den jeweiligen Dichten korrigiert werden können. Wegen der Verschiebung der Isodosen wird dieses Verfahren als **Translationsmethode** bezeichnet. Treffen Elektronenstrahlenbündel in Weichteilgewebe auf weniger dichte Gewebeschichten (z. B. Lungengewebe), so kommt es wegen der geringeren Wechselwirkungswahrscheinlichkeit in Luft und der daraus resultierenden Verlängerung der Elektronenreichweite

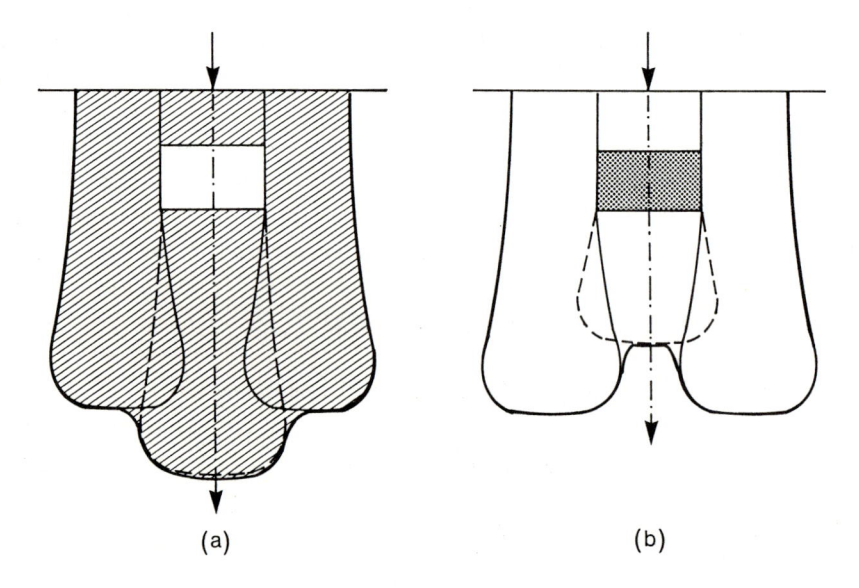

Fig. 8.12: Globale Wirkungen großvolumiger Inhomogenitäten auf die Dosisverteilungen von Elektronen. (a): Einlagerung mit geringerer, (b) mit höherer Dichte als die Umgebung. Neben der Reichweitenveränderung (Isodosenverschiebung) ist die unterschiedliche Streuwirkung durch die Einlagerungen angedeutet, die zu seitlichen Dosisveränderungen durch erhöhte oder verminderte Streuung verursacht ist. (bei a: geringere Divergenz des Teilstrahlenbündels hinter der Einlagerung, bei b: erhöhte Divergenz). Vgl. dazu auch (Fig. 8.13).

zu einer erheblichen Ausweitung des Strahlenbündels in die Tiefe, was etwas salopp aber anschaulich mit dem Begriff "electron blow up" gekennzeichnet wird (Fig. 8.12a). Befinden sich großvolumige Einlagerungen dichterer Materialien im Weichteilgewebe (z. B. große,

8.3 Auswirkungen von Inhomogenitäten auf Elektronendosisverteilungen

kompakte Knochensubstanz), so werden die Isodosen durch die Verringerung der Reichweite der Elektronen entsprechend gestaucht (Fig. 8.12b).

Die allein auf der Dichteabhängigkeit des Stoßbremsvermögens beruhende Translationsmethode ist zwar zur globalen rechnerischen Korrektur der Isodosenverschiebung hinter großen Einlagerungen gut geeignet, sie ist aber nicht imstande, kleinere Inhomogenitäten korrekt zu berücksichtigen. Der Grund hierfür ist die vor allem im Nahbereich der Einlagerung dominierende Streuung der Elektronen, die an den Grenzflächen von Inhomogenitäten zu erheblichen Verzerrungen der Dosisverteilungen führen kann. Diese sind um so größer, je höher die Dichteunterschiede von Einlagerung und Umgebung sind. Die Wirkung einer Inhomogenität auf die Dosisverteilung wird außerdem von der Lage im Medium und dem dort vorherrschenden Energiespektrum beeinflußt. Die inverse quadratische Energieabhängigkeit des Streuvermögens (Gl. 8.8) führt nämlich zu einer nur geringen Aufstreuung des Strahlenbündels nahe der Oberfläche des homogenen Mediums, so daß oberflächennahe Einlagerungen dichterer Materie das noch stark nach vorne ausgerichtete Strahlenbündel durch Streuung wesentlich mehr stören als Inhomogenitäten im Bereich der vollständigen Elektronendiffusion am Ende der Tiefendosiskurve. Die dichteabhängige Streuung wirkt sich am stärksten an den Grenzflächen geometrisch geformter Inhomogenitäten aus.

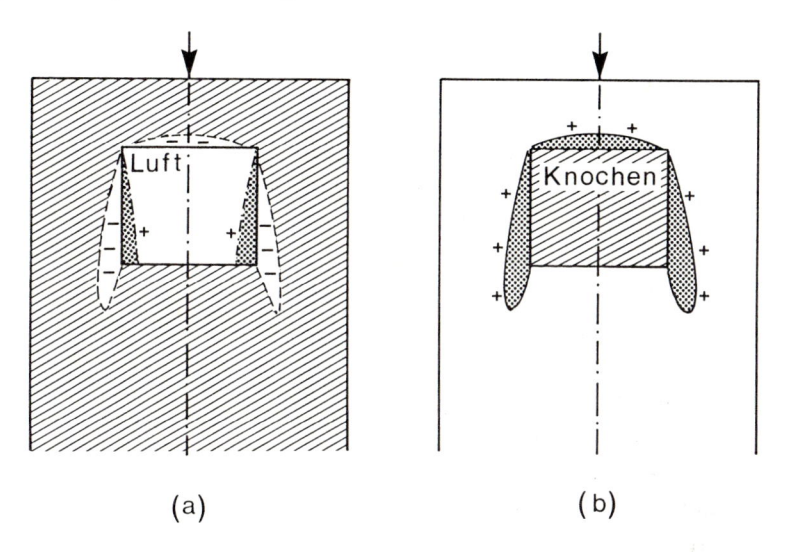

(a) (b)

Fig. 8.13: Schematische Darstellung der Entstehung lokaler Inhomogenitäten durch dichte- und ordnungszahlabhängige Elektronenstreuung. (a): Dosisdefizite (−) seitlich und vor der Inhomogenität durch verminderte Vorwärts- und Rückstreuung im weniger dichten Medium. Einstreuung von Elektronen (+) in das Luftvolumen aus dem dichteren Medium ("perturbation"-Effekt, vgl. Abschnitt 4.4). (b): Lokale Dosiserhöhung (+) durch vermehrte Streuung an der dichteren Inhomogenität.

Im Bereich höherer Dichte bilden sich durch fehlende Rückstreuung aus der weniger dichten Nachbarschaft Verarmungszonen, während die Einstreuung aus dem dichteren Medium eine Erhöhung der Dosiswerte im Bereich der geringeren Dichte bewirkt. In Isodosenverteilungen äußern sich diese Verarmungen oder Einstreuungen als kompakte Dosiseinbrüche ("cold spots") oder Dosisüberhöhungen ("hot spots") neben den Einlagerungen (Fig. 8.13).

Die Isodosenverzerrungen durch Streuung erhöhen sich noch, wenn nicht nur Materialien verschiedener Dichte, sondern auch verschiedener Ordnungszahl im Medium eingebettet sind, da das Streuvermögen mit der Ordnungszahl zunimmt. Solche therapeutisch problematischen, kleinvolumigen Inhomogenitäten sehr unterschiedlicher Dichte und Ordnungszahl finden sich vor allem in den knöchernen Lufteinschlüssen im Gesichtsschädel und im Kieferbereich, was in der Regel zu erheblichen Schwierigkeiten und Unsicherheiten in der Dosierung von Elektronenstrahlungsfeldern für diese Zielvolumina führt.

8.4 Berechnung der Elektronendosisverteilungen

Die Methoden zur Berechnung der Dosisverteilungen perkutaner Elektronenstrahlung in Materie unterscheiden sich im Prinzip nicht von denjenigen für Photonenfelder (vgl. Abschnitt 7.4). Es werden also auch hier physikalisch fundierte (analytische) Verfahren, Matrixverfahren, Monte–Carlo–Methoden und Näherungsverfahren, die mit empirischen Funktionen arbeiten, verwendet. Elektronenverteilungen sind deutlicher als Photonenstrahlungsfelder von den individuellen strahlformenden Eigenschaften der Strahlerköpfe der Bestrahlungsanlagen und der Art der Aufbereitung der therapeutischen Strahlenbündels abhängig (s. Abschnitte 2.2.5.3 und 2.2.5.4). Elektronenfelder zeigen auch erhebliche Variationen ihrer Eigenschaften bei einer Veränderung ihrer Feldgröße (vgl. dazu Abschnitt 8.1.2). Die Darstellung der Elektronenfelder in Planungsprogrammen ist deshalb noch weniger standardisierbar als bei Photonenfeldern.

Solange die Berechnungen auf homogene Zielvolumina beschränkt bleiben, ist die Matrixmethode mit ihren individuellen Felddatensätzen sehr gut für Dosisberechnungen geeignet. Schwieriger wird die Anpassung empirischer Funktionen an die gemessenen Daten, also die Berechnung geeigneter Modellparameter für die empirischen Dosisformeln. Bei hohen Ansprüchen an die Genauigkeit der Dosisberechnung muß nicht nur ein sehr großer Aufwand bezüglich des Meßumfangs und der Präzision für die Elektronendosimetrie betrieben werden, es ist auch je nach verwendeter Näherungsformel für die Dosisverteilungen oft nicht einmal möglich, alle Feldgrößen einer Elektronenenergie mit einem einheitlichen Parametersatz zu beschreiben. Der Zeitaufwand für die Anpassungsrechnungen kann in solchen Fällen erheblich werden. Wegen dieser Probleme werden in der Elektronendosisberechnung die Basisdaten auch bei den Näherungsverfahren nicht ausschließlich über analytische Funktionen beschrieben sondern auch mit numerischen Datensätzen, die den empirischen Funktionen überlagert werden.

Globale Verschiebungen der Isodosen durch großvolumige Einlagerungen höherer oder niedrigerer Dichte im sonst homogenen Medium können gut durch die Translationsmethode (s. Abschnitt 8.2) oder verwandte, etwas verfeinerte Verfahren berechnet werden. Oft ist dies die einzige Korrekturmethode, die in kommerziellen Planungsprogrammen verwendet wird. Die Berechnung der durch Streuung auch an kleinen Inhomogenitäten verursachten lokalen Dosiserhöhungen oder Dosiseinbrüche ist nicht mit den globalen Methoden der Isodosentranslation möglich, da bei dieser Methode nur die Vorwärts- oder Rückwärtsverschiebungen der Isodosen durch die Dichten, nicht aber die Streuungen berücksichtigt werden. Zur Berechnung der Streuverhältnisse in heterogenen Medien wird das Elektronenstrahlenbündel am besten in sehr schmale Elementarstrahlen (Nadelstrahlen) zerlegt, deren Schicksale beim Durchqueren der inhomogenen Absorber dann rechnerisch individuell verfolgt werden können. Diese Methode der Inhomogenitätskorrektur wird als **Nadelstrahlmethode** bezeichnet. Die Streuung und Absorption der einzelnen Elementarstrahlen wird am günstigsten mit Monte–Carlo–Algorithmen in Computern berechnet, die aber wie bei der Photonendosisberechnung wieder den Nachteil haben, sehr rechenzeitintensiv zu sein. Die für diese Berechnungen notwendigen detaillierten Angaben über die Dichten und Strukturen im Patienten erfordern unbedingt die Verwendung von CT–Daten. Zusammenfassende Ausführungen zur Berechnung von Elektronenverteilungen befinden sich u. a. in (ICRU 35, Rassow, Nüsslin).

9 Hinweise und Beispiele zur praktischen klinischen Dosimetrie

9.1 Gesetzliche Vorschriften

Radioonkologische Behandlungen stellen rechtlich eine schädigende Maßnahme im Sinne einer Körperverletzung dar. Sie bedürfen deshalb der Einwilligung der Patienten und müssen sorgfältig, d. h. unter Vermeidung unnötiger Nebenwirkungen und nach dem Stand von Wissenschaft und Technik durchgeführt werden. Die diesbezüglichen Verantwortlichkeiten unterscheiden sich je nach Aufgabe der beteiligten Mitarbeiter. Während der Arzt für den medizinischen Bereich der Strahlentherapie verantwortlich ist, haben die Medizinphysiker eine eigene, unabhängige Verantwortung für den physikalisch-technischen Bereich wahrzunehmen. Diese Aufteilung der Verantwortlichkeiten ist in der Richtlinie für den Strahlenschutz in der Medizin geregelt und Bestandteil der Genehmigung des therapeutischen Betriebes von medizinischen Bestrahlungsanlagen durch die Aufsichtsbehörden. Für den Medizinphysiker wichtige nationale gesetzliche Regelungen sind die **Strahlenschutzverordnung** (StrSchV), die **Röntgenverordnung** (RöV) und die zugehörigen Richtlinien, vor allem die bereits erwähnte **Richtlinie Strahlenschutz in der Medizin**. Die Einhaltung des Standes von Wissenschaft und Technik wird ausdrücklich in § 31 StrSchV gefordert und in der Regel durch nationale Normen (in der Bundesrepublik also die Normen des DIN) vorgeschrieben. Für medizinisch verwendete Dosimeter besteht eine gesetzliche Eichpflicht, die im Eichgesetz (Eich) und den zugehörigen Verordnungen (EichV) geregelt ist.

Die seit vielen Jahren weltweit betriebene Vereinheitlichung der physikalischen Qualitätssicherungsmaßnahmen in der Radioonkologie hat außerdem eine Reihe internationaler Empfehlungen und Normen hervorgebracht, die ebenfalls Eingang in die medizinphysikalische Arbeit finden sollten. Die wichtigsten internationalen Arbeiten sind die einschlägigen Reports der **International Commission on Radiation Units and Measurements** (ICRU 10b bis 43) sowie die Berichte der **International Commission on Radiation Protection** (ICRP), der **International Atomic Energy Agency** (IAEA) und der **Weltgesundheitsorganisation** (WHO). Beispiele für solche internationale Berichte zur Qualitätssicherung und Dosimetrie sind im Literaturverzeichnis zitiert. Daneben wurden in den vergangenen Jahren eine Vielzahl von praktischen Empfehlungen (Codes of practice) der verschiedenen nationalen Fachgesellschaften zur Dosimetrie veröffentlicht. Sie enthalten detaillierte Anleitungen zu den wichtigsten dosimetrischen Aufgaben und Vorschläge für sonstige qualitätssichernde physikalische Maßnahmen im Rahmen der radioonkologischen Verantwortung der Medizinphysiker. Dazu zählen vor allem die im Literaturverzeichnis aufgeführten Berichte der Deutschen Gesellschaft für Medizinische Physik (DGMP), der Amercican Association of Physicists in Medicine (AAPM), die Reports der britischen Hospital Physicists Association (HPA), des British Institute of Radiology (BIR) und der Nordic Association of Clinical Physicists (NACP).

9.2 Geräteaustattung für die Dosimetrie von therapeutischen Bestrahlungsanlagen

Die für die klinische Dosimetrie und die regelmäßigen physikalischen Überprüfungen (Checks) erforderliche Dosimetrieausstattung richtet sich nach den zu betreuenden therapeutischen Bestrahlungsanlagen. Eine typische Gerätekonfiguration eines mittleren radioonkologischen Instituts besteht aus :

- einem Hochenergie–Elektronenlinearbeschleuniger (12–25 MeV),
- einem Niederenergie–Elektronenlinearbeschleuniger als 60–Co–Ersatz mit Photonengrenzenergien um 4–6 MeV,
- oder einer Kobaltbestrahlungsanlage,
- einer Afterloadinganlage,
- einem Therapiesimulator,
- einem Therapieplanungssystem,
- einer Filmentwicklungsmaschine und eventuell
- einer Weichstrahltherapieanlage.

Daneben besteht in vielen radioonkologischen Instituten ein Nutzungsrecht für den diagnostischen Röntgen–Computer–Tomographen (CT) zur Erstellung von gezielten Patientenquerschnitten als Vorlage für die physikalische Bestrahlungsplanung. Hin und wieder stehen bereits erfreulicherweise sogar eigene CT–Anlagen für die Strahlentherapie zur Verfügung.

Der Mindestumfang der medizin–physikalischen Ausrüstung ist in Abhängigkeit von der Großgeräteausstattung in der "Richtlinie Strahlenschutz in der Medizin" festgelegt. Diese dient den Aufsichtsbehörden als Vorlage für die atomrechtliche Genehmigung des physikalischen und medizinischen Bestrahlungsbetriebes. Die Hinweise der Richtlinie zur Geräteausstattung sind in **Meßmittel für den Strahlenschutz, Meßmittel für die Dosimetrie, Einrichtungen für die Bestrahlungsplanung** und sonstige **technische Hilfsmittel** beispielsweise für Wartungsarbeiten gegliedert. Strahlenschutz– und Dosimetrie–Meßeinrichtungen müssen aus Sicherheitsgründen doppelt vorhanden sein, um bei Ausfall oder Störungen eines Gerätes die dosimetrische und meßtechnische Überwachung der Bestrahlungsanlagen zu gewährleisten. Die Vorschriften zur physikalischen Geräteausstattung (vgl. Tabelle 9.1) stellen nur eine Mindestausrüstung dar, ihr Umfang ist darüberhinaus nach den Vorschriften der Richtlinie den örtlichen Gegebenheiten und Anforderungen anzupassen. Wegen des erheblichen finanziellen Bedarfs für die Dosimetrieausrüstung sollte schon bei der Beschaffung der Bestrahlungsanlagen auf die Bereitstellung ausreichender finanzieller Mittel geachtet werden. Daneben muß auch die notwendige räumliche Ausstattung, am besten bereits während der Planungsphase der Strahlentherapieabteilung, bedacht werden, da nachträgliche bauliche Änderungen oder Raumbeschaffungen erfahrungsgemäß wesentlich teurer werden und deshalb schwieriger durchzusetzen sind.

Zweck	Meßmittel, Gerät oder Ausrüstung	Mindestzahl
Strahlenschutz	Dosisleistungsmeßgeräte für alle vorkommenden Strahlungsarten und -qualitäten (tragbar, netzunabhängig)	2
Dosimetrie	Ionisationsdosimeter (nach DIN 6817)	2
	Ionisationskammern (verschiedene Typen)*	je 2
	Wasserphantom für Eisensulfat-Kalibrierdienst durch Standardlaboratorien (z. B. PTB)	1
	Dreidimensionales ferngesteuertes Wasserphantom	1
	Wasserdichte Meßsonden dazu	2
	x–y–Schreiber zu Wasserphantom	1
	Dosimeter zur punktweisen Messung von Dosisverteilungen (vorzugsweise TLD, auch Kondensatorkammern möglich)	~100
	Auswertegerät dazu	1
	Gewebeäquivalente Phantome (Menschenphantom, Festkörperphantome: Blockphantome, Plattenphantome)	ausreichend
	Densitometer zur Messung der optischen Dichte für die Filmdosimetrie	1
Planung	Lokalisationseinrichtung zur Ermittlung von Körperkonturen und zur Erstellung von Körperquerschnittsbildern	1
	Therapiesimulator	1
	Therapieplanungssystem	1
Techn. Hilfsmittel	Mehrstrahloszillograph (schnelle Ausführung)	1
	Meßeinrichtung zur Prüfung elektronischer Bauteile (z. B. Logiktester)	1
	Digitales Vielfachmeßgerät	1
	x–t– oder x–y–Schreiber	1
	Analoges Vielfachmeßgerät	1
	Netzgeräte (Hoch- und Niederspannung)	ausreichend
	Impulsgenerator	1
Sonstiges	Physiklabor (Elektronik, TLD-Arbeitsplatz, Densitometer)	1
	Mechanische Werkstatt (Feinmechanik)	1
	Moulagenwerkstatt (Herstellung von Moulagen, Blöcken)	1
	Therapieplanungsraum (+ Rechnerraum, klimatisiert)	1
	Moulagen, Einstellhilfen, Abschirmungen, Tresore für Prüfstrahler und Afterloadingquellen	ausreichend

Tab. 9.1: Mindestausstattung an physikalischen Geräten und Räumlichkeiten für den Betrieb einer radioonkologischen Abteilung (nach Richtlinie Strahlenschutz in der Medizin (1979), *: Typen von Ionisationskammern s. Tab. 9.2)

Neben der Zahl der Geräte ist auch der jeweilige Verwendungszweck des Meßmittels zu beachten. Die **Strahlenschutzmeßgeräte** müssen für alle in der klinischen und physikalischen Routine vorkommenden Meßaufgaben geeignet sein. Mit ihnen soll die Ortsdosisleistung um alle Bestrahlungsanlagen oder Strahlungsquellen meßbar sein. Sie müssen dehalb für gepulste (Beschleuniger) und nicht gepulste Strahlung (Kobaltanlage, Afterloading, Therapiesimulator) verwendet werden können. Ihr Dosisleistungsmeßbereich muß sich von 0.1 μSv (Bereich der natürlichen Umgebungsgammadosisleistung) bis zu etwa 1 kSv (Dosisleistungen von Bestrahlungsanlagen) erstrecken. Sie müssen darüberhinaus die Messung aller vorkommenden Strahlungsarten und -qualitäten ermöglichen (Gammastrahlung, weiche bis ultraharte Röntgenstrahlung, hochenergetische Elektronenstrahlung, Betastrahlung). Ein meistens zunächst vernachlässigter Anwendungsbereich von Dosisleistungsmeßgeräten ist die Messung von Ortsdosisleistungen um nuklearmedizinisch therapierte Patienten (Beispiel Verlaufskontrolle und Strahlenschutzmessungen bei der Radiojodtherapie). Einfache Zählrohre erfüllen in der Regel nicht alle Anforderungen dieser Strahlenschutzmeßtechnik. Sofern Beschleuniger mit Grenzenergien oberhalb der Kernphotoschwellen eingesetzt sind (vgl. Abschnitt 1.1.5, Tab. 1.1) müssen außerdem Meßgeräte für Neutronenstrahlung vorhanden sein.

Die von der Richtlinie vorgeschriebenen **Ionisationsdosimeter** werden am besten permanent an den Bestrahlungsanlagen installiert. Aus Gründen der Betriebssicherheit und der Zuverlässigkeit ist eine feste Verkabelung der Dosimeterkabel für Ionisationsdosimeter und Wasserphantom "fliegenden Aufbauten", wie z. B. unter den Strahlenschutztüren durchgezogenen Dosimeterkabeln, vorzuziehen. Günstig ist die Einrichtung von Kabelschächten bereits beim Bau der Bestrahlungsräume, da bei späteren Installationen unter Umständen Schwierigkeiten mit der Kabelführung und dem Strahlenschutz auftreten können. Da die Kabellängen je nach baulichen Gegebenheiten Längen bis zu 50 m erreichen können, sollten die Dosimeterkabel wegen der kleinen Ströme (pA bis nA) der Ionisationssonden von wirksamen Abschirmungen und stabilen Stahlarmierungen umgeben sein. Es ist günstig, eines der beiden Dosimetergeräte (Anzeigegeräte) als **Dosisleistungsmeßgerät** zu beschaffen, mit dem unmittelbar Dosisleistungen gemessen werden können. Dies ist z. B. dann von Vorteil, wenn über Dosisleistungsüberprüfungen effektive Meßorte von Meßsonden oder die Positionen beweglicher Strahler vor Beginn der eigentlichen Dosimetriemessung festgestellt werden müssen (Beispiel: Afterloadingmessungen).

Ionisationskammern müssen für alle zu dosimetrierenden Strahlungsarten, Strahlungsqualitäten und Geometrien geeignet sein. Dies betrifft sowohl ihre Bauform als auch ihr Meßvolumen (Empfindlichkeit). Sollen Messungen in Wasserphantomen oder im Patienten durchgeführt werden, müssen die entsprechenden Meßsonden auch in wasserdichten Ausführungen zur Verfügung stehen. Grundsätzlich muß jede Meßsonde mindestens zweifach vorhanden sein, um bei Ausfällen sofort Ersatzsonden einsetzen zu können. Für die oben erwähnte Ausstattung an Bestrahlungsanlagen und die in der Radioonkolgie üblichen Strahlungsarten,

Kammertyp	Volumen (cm^3)	Verwendungszweck	Bemerkungen
Zylinder-, Fingerhut- (Kompaktkammern)	0.1 – 1.0	ultraharte Photonenstrahlung, harte Röntgenstrahlung, hochenergetische Elektronenstrahlung	wasserdicht, starr und flexibel
Flachkammern	0.05 –0.2	Elektronen, TDK-Messungen	wasserdicht
Weichstrahlkammern	0.02–0.2	weiche Röntgenstrl. bis 100 kV	
Zylinderkammer	bis 30	Luftkerma (z.B. Afterloading)	
Blasen-, Rectumsonden	0.1 – 0.6	in-vivo-Messungen am Patienten (z. B. Afterloading)	geschlossene Ionisationssonden wegen Temperatureinfluß, Halbleitersonden

Tab. 9.2: Typische Ausstattung an Ionisationsdosimetersonden für die klinische Dosimetrie. Jede Sonde sollte mindestens zweifach vorhanden sein (s. Text).

Strahlungsqualitäten und Meßaufgaben hat sich die in Tabelle (9.2) aufgeführte Ionisationskammerausrüstung als zweckmäßig erwiesen. Die dosimetrische Routine wird sehr erleichtert, wenn für alle Meßzwecke geeignet kalibrierte Ionisationsdosimeter zur Verfügung stehen. Neben in Wasserenergiedosis kalibrierten Dosimetern für Messungen nach dem Wasserenergiedosiskonzept an Strahlungsquellen für ultraharte Röntgenstrahlung und schnelle Elektronen (vgl. Abschnitt 4.3) ist deshalb auch eine Kalibrierung der Dosimeter in Luftkerma (in Luft oder in Wasser) oder in Standardionendosis für die Dosimetrie an Afterloadingquellen und Röntgenanlagen von Nutzen. Sollen radioaktive Kontrollvorrichtungen zur Konstanzprüfung und Kalibrierung der Ionisationsdosimeter verwendet weden, so ist es empfehlenswert, gleichartige Ionisationskammern an verschiedenen Kontrollvorrichtungen anzuschließen. Sollte ein Dosimeter defekt sein oder samt Kontrollvorrichtung zu Kalibrier- oder Eichzwecken versandt werden, kann mit dem verbleibenden vollständigen Dosimetersatz die Routine aufrecht erhalten werden.

Moderne ferngesteuerte **Wasserphantome** sollten Detektorbewegungen in drei zueinander senkrechten Richtungen ermöglichen, da andernfalls zeitraubende und fehlerträchtige Umbauarbeiten während der Messungen vorgenommen werden müssen. Das Volumen der Wasserphantome muß so groß sein, daß für alle klinisch verwendeten Strahlungsarten und Strahlungsqualitäten Messungen ohne Streustrahlungsverluste durchgeführt werden können (das Wasserphantom muß "gesättigt" sein, vgl. Abschnitt 7.1.2). Die meisten modernen Elektronenlinearbeschleuniger haben Feldgrößen von etwa $40 \cdot 40$ cm^2 im Isozentrum. Zur Gewährleistung der Rückstreusättigung sollten die Wasserphantome deshalb Abmessungen von mindestens 50·50·50 cm³ aufweisen. Die in modernen Wasserphantomen verwendeten Steuerrechner können neben der Steuerung der Detektorbewegung und der Meßdatenerfassung auch die Weiterverarbeitung der Meßwerte übernehmen. So können aus Messungen nach der Matrixmethode beispielsweise Isodosenlinien, Tiefendosiskurven oder Querprofile berechnet werden. Auch bei der Berechnung der Energietiefendosiskurve aus der Ionentiefendosis für Elektronenstrahlung können die Rechner hilfreich sein (vgl. Abschnitt 8.1.1). Die Langzeitspeicherung der Meßwerte im Rechner auf Festplatte oder Floppy ermöglicht die Überprüfung und Dokumentation der Konstanz der charakteristischen dosimetrischen Merkmale der Feldhomogenisierung (Homogenität und Symmetrie, vgl. Abschnitt 7.1.3). Vorrichtungen zur kontrollierten Anhebung und Messung des Wasserpegels erleichtern die Messung von Gewebe–Luft- und Gewebe–Maximum-Verhältnissen. Für die Erfassung der Strahlfelddaten in Planungsrechnern ist eine direkte Kopplung des Wasserphantomrechners an das Therapieplanungssystem von Vorteil, vor allem wenn das Planungsprogramm die experimentellen Dosisverteilungsdaten nach der Matrixmethode verarbeitet (vgl. Abschnitt 7.4.2).

Neben dem ferngesteuerten Wasserphantom zur Strahlfeldanalyse und Absolutdosimetrie werden verschiedene, geometrisch präzis gefertigte **Festkörperphantome** benötigt. Diese sollen aus gewebeäquivalenten Materialien wie Polystyrol (mit TiO_2–Zusatz), Plexiglas oder ähnlichen Substanzen hergestellt sein und in Form großvolumiger Platten oder als Blockphantome zur Verfügung stehen. Die Dosimeterhersteller führen solche Plattenphantome mit Aufnahmeplatten für alle gängigen Ionisationskammern in ihren Sortimenten. Plattenphantome dienen vor allem der geometrisch exakten Messung von Tiefendosisverläufen mit Flachkammern oder Extrapolationskammern für alle therapeutisch verwendeten Strahlungsarten, wenn bis unmittelbar an die Phantomoberfläche gemessen werden soll, und zur Messung der Kenndosisleistungen der perkutanen Bestrahlungsanlagen. Für die Weichstrahldosimetrie reichen kleinvolumige Festkörperphantome aus (Röntgenphantome), da die Streustrahlung weicher Röntgenstrahlung nur eine geringe Massenreichweite hat.

Für Messungen realistischer klinischer Dosisverteilungen werden **menschenähnliche Phantome** benötigt, die allerdings wegen Mangels an echten menschlichen Skeletten oder brauchbaren Ersatzsubstanzen zur Zeit auf dem Markt nicht verfügbar sind. Sofern solche Phantome in Zukunft wieder erworben werden können, sollten sie mit zahlreichen Bohrungen für Thermolumineszenzdetektoren versehen sein. Da die Materialien der Menschphantome (gewebeäquivalenter Kunststoff) die Thermolumineszenzdetektoren unter Umständen chemisch kontaminieren können, muß jede der Detektorbohrungen mit einer Aufnahmehülse aus chemisch inaktivem und abriebfestem Material, z. B. aus Plexiglas, versehen sein. Ein Ganzkörperphantom benötigt leicht bis zu 9000 solcher Bohrungen und Hülsen. Für die Kalibrierung der Thermolumineszenzdosimeter an den Bestrahlungsanlagen in der später zu verwendenden Strahlungsart und –qualität sind geometrische Festkörperphantomplatten besonders günstig, die markierte Positionen (Fräsungen, Bohrungen) enthalten, mit deren Hilfe die individuell kalibrierten Detektoren identifiziert werden können (vgl. Abschnitt 5.3). Für die periodischen dosimetrischen und physikalischen Überprüfungen an den Bestrahlungsanlagen (nach Abschnitt 9.4) werden weitere, leicht hantierbare Phantome benötigt. Die täglichen Dosimetriechecks werden am besten mit kleinvolumigen Festkörper–Blockphantomen, sogenannten **Miniphantomen** durchgeführt, die direkt in die Halterungen für Keilfilter und Satellitenträger an den Strahlerköpfen befestigt werden können. Dies hat den Vorteil, das auch in der üblichen Hektik vor Beginn des Patientenbetriebes kaum Geometriefehler gemacht werden können. Miniphantome müssen vorher durch Anschlußmessungen auf die richtige Anzeige kalibriert werden, da sie wegen ihres kleinen Volumens erhebliche Streustrahlungsdefizite aufweisen. Für die geometrischen Qualitätskontrollen an den Bestrahlungsanlagen und am Therapiesimulator (Isozentrumslage, Laser, Entfernungsmesser, Lichtvisier) werden **justierbare Phantome** benötigt (z. B. der sogenannte "Essener Kubus"), die mit Präzisionswasserwaagen an den Bestrahlungsanlagen eingerichtet werden müssen. Sie enthalten Schlitze für Filme zur Durchführung von Feldkontrollaufnahmen sowie Bohrungen und Fadenkreuze als Justierhilfen. Für die Qualitätskontrolle der Therapiesimulatoren nach der Röntgenverordnung müssen die geeigneten Meßmittel wie Testplatten und Auflösungsphantome beschafft werden.

Das für die Filmdosimetrie unbedingt erforderliche **Densitometer** kann in der Regel direkt an die Steuerelektronik des Wasserphantoms und den Steuerrechner angeschlossen werden. Auf diese Weise können die optischen Dichten bestrahlter Filme ähnlich wie die "normalen" dosimetrischen Daten aus dem Wasserphantom direkt mit der Wasserphantomsoftware verarbeitet werden. In jüngster Zeit werden Densitometer auch durch **digitale Videokameras** (CCD–Kameras) ersetzt, die ihre Daten unmittelbar an geeignete Personal Computer weitergeben. Mit dieser Methode können Dosisverteilungen in einer Ebene schnell und präzise erfaßt und mit Hilfe der Programme geeignet dargestellt und analysiert werden, was besonders hilfreich bei der Dosimetrie irregulärer Photonenfelder sein kann.

Die Ausstattung mit sonstigen Meßmitteln für Elektrotechnik und Elektronik richtet sich nach Art und Anzahl der Bestrahlungsanlagen und der personellen Möglichkeit, kleinere Wartungsarbeiten an den Bestrahlungsanlagen direkt durch Mitarbeiter der Medizin–Physik–Abteilung zu erledigen. Die wichtigsten Meßgeräte sind ein schneller 50–MHz–Mehrkanaloszillograph, der insbesondere für Wartungsarbeiten und physikalische Untersuchungen an den Elektronenlinearbeschleunigern benötigt wird, ein digitales Vielfachmeßgerät mit hohem Eingangswiderstand und eine Reihe von Spannungs– und Stromquellen für die Versorgung und Untersuchung elektronischer Bauteile und den gelegentlichen Einsatz als Ersatzspannungsquellen bei Defekten an den Bestrahlungsanlagen. Eine ausreichende Ausstattung an Meßeinrichtungen und ein gut mit Ersatzteilen versehenes, ständig verfügbares Elektroniklabor verhindert unnötige Ausfallzeiten der Bestrahlungsanlagen, Kosten und eventuelle, strahlenbiologisch problematische Behandlungspausen.

9.3 Erstdosimetrie an einem Elektronenlinearbeschleuniger

Dosimetrieaufgaben vor der medizinischen Inbetriebnahme eines Linearbeschleunigers umfassen die Messung der Kenndosisleistung einschließlich ihrer Abhängigkeiten, die Messung und Festlegung der dosimetrischen Feldäquivalenz, die Erstellung von Bestrahlungszeittabellen (Monitortabellen), die Messung von Dosisverteilungen (Tiefendosiskurven, Querprofile, Isodosen) und die Aufbereitung dieser Daten für das Therapieplanungssystem, die Messung der Strahlungsqualität bei Photonenstrahlung bzw. der Energie bei Elektronenstrahlung und die Bestimmung der Reichweiten, sowie Messungen der Keilfilterfaktoren, der Einflüsse von Satellitenträgern, von Transmissionsfaktoren für Absorbermaterialien und ähnliches mehr. Diese Messungen sind teilweise in den dosimetrischen Abnahmemessungen durch den Hersteller enthalten, müssen aber auf alle Fälle vom verantwortlichen Medizinphysiker überprüft und vervollständigt werden.

Die Vielzahl der Meßaufgaben und die vielfältigen Abhängigkeiten der dosimetrischen Meßgrößen von Strahlungsqualität, Strahlungsart, Meßtiefe, Abstand vom Fokus, Feldgröße, Form der Tiefendosisverteilung und nicht zuletzt von den konstruktiven Eigenheiten des Strahlerkopfes erschwert erfahrungsgemäß vor allem zu Beginn des physikalischen Betriebes der Elektronenlinearbeschleuniger das systematische Vorgehen bei der Erstdosimetrie von Linacs. In Anlehnung an die Ausführungen in den Kapiteln (6) bis (8) hat sich folgende Vorgehensweise als besonders zeit- und aufwandsparend erwiesen.

a) **Messung der Tiefendosisverläufe:** Zunächst werden im Wasser- und in Festkörperphantomen die Tiefendosisverläufe für alle Strahlungsarten und -qualitäten sowohl für Quadratfelder wie für Rechteckfelder gemessen und dokumentiert. Aus diesen Tiefendosismessungen werden die Lagen der Tiefendosismaxima und die Strahlungsqualität für Photonenstrahlung bestimmt. Aus den Elektronentiefendosiskurven werden die Reichweiten errechnet. Die Bestimmung der Strahlungsqualität der Photonenstrahlung und der Energie der Elektronenstrahlung wird für die Berechnung der Korrekturfaktoren für die Absolutdosimetrie (Monitorkalibrierung) benötigt (vgl. Abschnitt 4.2). Anhand der Tiefendosiskurven werden auch die Referenztiefen für die Monitorkalibrierung festgelegt.

b) **Monitorkalibrierung:** Anschließend an die Bestimmung der Strahlungsqualität und der Festlegung der Referenztiefen für die Messung der Kenndosisleistungen und der Feldgrößenabhängigkeiten (Outputfaktoren) wird die Monitorkalibrierung für alle Strahlungsarten für Quadrat- und Rechteckfelder für den häufigsten therapeutischen Fokus-Haut-Abstand oder die Entfernung des Isozentrums durchgeführt. In Abhängigkeit von der dosimetrischen Genauigkeit und Reproduzierbarkeit werden anschließend die Äquivalentquadratfelder zum Beispiel durch Zoneneinteilung ermittelt (vgl. Abschnitt 6.1.2). Die Rotationsabhängigkeit der Kenndosisleistungen bei Vertauschen der Kollimatorachsen werden ermittelt.

c) Messung der Dosisquerverteilungen: Es werden Querprofile in verschiedenen Tiefen gemessen. Der Umfang dieser Messungen wird von den Anforderungen des Bestrahlungsplanungssystems bestimmt. Auf alle Fälle sollten die Maximumsquerprofile und Querverteilungen in 10 cm Wassertiefe ermittelt und dokumentiert werden. Bei Elektronenstrahlung wird man sich wegen der steilen Dosisgradienten im abfallenden Teil der Tiefendosiskurve in der Regel auf die Querprofile im Dosismaximum beschränken müssen. Querverteilungen sollten mindestens in zwei zueinander senkrechten Richtungen (x und y-Richtung) gemessen werden. Empfehlenswert ist auch die Untersuchung der Diagonalverteilungen. Anhand der Profildaten im Dosismaximum und in 10 cm Tiefe werden die Homogenität und die Symmetrie der Bestrahlungsfelder berechnet (vgl. dazu Abschnitt 7.1.3).

d) Untersuchung der Abstandsabhängigkeit der Kenndosisleistungen: Für ausgesuchte Quadratfeldgrößen wird die Abhängigkeit der Dosisleistungen vom Fokus-Haut-Abstand oder Fokus-Kammer-Abstand für alle Strahlungsarten untersucht. Diese Messungen dienen zur Überprüfung der Gültigkeit des Abstandsquadratgesetzes. Durch geeignete Auswertung der Meßergebnisse (z. B. Linearisierung der Meßergebnisse als Funktion des Abstandes, vgl. Abschnitt 6.1.3) werden die virtuellen Fokus-Orte für alle Strahlungsarten und Strahlungsqualitäten berechnet und Bereiche angegeben, innerhalb derer Dosisleistungskorrekturen im klinischen Betrieb nach dem Abstandsquadratgesetz durchgeführt werden dürfen. Diese Messungen müssen zunächst nicht für alle Feldgrößen durchgeführt werden, da sich die Fokuslage außer bei niederenergetischen Elektronen (4–6 MeV) nicht zu sehr mit der Feldgröße ändert (vgl. dazu Fig. 6.12 und Abschnitt 6.1.3). Messungen für Quadratfelder von 5, 10, 15, 20 und 30 cm Seitenlänge sind für die Erstdosimetrie ausreichend.

e) Messung von Gewebe-Maximum- und Gewebe-Phantom-Verhältnissen: Werden im Therapieplanungsrechner diese Verhältnisse als Eingabedaten benötigt, so können sie entweder direkt dosimetrisch bestimmt oder aus den Tiefendosisdaten berechnet werden. Viele kommerzielle Planungssysteme unterstützen diese Berechnung durch entsprechende Hilfsroutinen. Da direkte Messungen der Gewebe-Verhältnisse äußerste Präzision verlangen und zudem sehr zeitaufwendig sind, ist es bei der Erstinbetriebnahme von Linearbeschleunigern aus Zeitgründen günstiger, die für die Planung erforderlichen Größen zunächst aus Tiefendosisdaten zu berechnen (vgl. dazu Abschnitt 7.1.2).

f) Messung von Keilfilterfaktoren: Messungen der Keilfilterfaktoren (Schwächungsfaktoren) und der Isodosenverschiebungen durch die Keilfilter sollten so bald wie möglich durchgeführt werden, da Keilfilter die einfachste und gebräuchlichste Maßnahme darstellen, die Form der Isodosen zu beeinflussen. Sofern die Steuerung des Wasserphantoms die unmittelbare Messung von Isodosen ermöglicht, sind diese Untersuchungen besonders einfach. Andernfalls müssen Dosisverteilungen in Ebenen parallel zum Zentralstrahl nach der Matrixmethode gemessen und die Isodosenlinien durch Interpolation berechnet werden.

g) Messungen der Dosisverteilungen für Standardfelder: Nach der Eingabe der Standarddaten in das Therapieplanungssystem muß durch Vergleich gemessener und berechneter repräsentativer Datensätze die Richtigkeit des Planungssystems überprüft werden. Für die Erstinbetriebnahme des Linearbeschleunigers ist es ausreichend, zunächst einen eingeschränkten Satz an Isodosenverteilungen, Tiefendosiskurven und Querprofilen für alle Strahlungsarten zu berechnen und mit den gemessenen Daten zu vergleichen (vgl. aber Abschnitt 9.4).

9.4 Physikalische Qualitätsicherung in der Strahlentherapie

Neben den umfangreichen Messungen bei der Erstdosimetrie von Bestrahlungsanlagen und den in der Regel zusammen mit den Geräteherstellern durchgeführten Abnahmeprüfungen sind eine Reihe von qualitätssichernden und qualitätskontrollierenden Untersuchungen während des laufenden Betriebes von Bestrahlungsanlagen durchzuführen. Diese stellen den Hauptaufgabenbereich des Medizinphysikers in der klinischen Dosimetrie dar und sollten wegen der medizinischen Anwendung der Strahlungen auf den Patienten mit größter Sorgfalt und Verantwortung durchgeführt werden. Qualitätssicherungsmaßnahmen müssen sämtliche **Bestrahlungs–** und **Lokalisationseinrichtungen** umfassen sowie regelmäßige Überprüfungen des **Therapieplanungssystems** beinhalten. An den Bestrahlungsanlagen sind sowohl dosimetrische Kontrollen als auch geometrische Überprüfungen und Tests der Sicherheitsschaltkreise (Interlock–Systeme) vorzunehmen. Der Mindestumfang der dosimetrischen und geometrischen Überprüfungen wird national durch die Richtlinie Strahlenschutz in der Medizin und die an IEC angelehnte Deutsche Norm (DIN 6847-4/5) vorgeschrieben. International wird zur Zeit ein ICRU–Report vorbereitet, der sich mit allen Aspekten der Qualitätssicherung in der Strahlentherapie befaßt (ICRU 42).

Hinweise auf qualitätssichernde Maßnahmen in der physikalischen Therapieplanung finden sich ebenfalls in der Strahlenschutzrichtlinie und in einem ausführlichen Bericht der Deutschen Gesellschaft für Medizinische Physik (DGMP 1). Die in der zitierten Literatur vorgeschlagenen Hinweise stellen lediglich eine Grundlage für die Qualitätskontrolle dar; sie müssen an die lokalen Gegebenheiten, Bestrahlungsanlagen und medizinischen Anforderungen angepaßt werden. Wie bei den Maßnahmen im allgemeinen Strahlenschutz gilt auch bei den physikalischen Qualitätskontrollen in der Strahlentherapie die Regel, die durchzuführenden Arbeiten und Pflichten nicht rein formalistisch und nur aus forensischen Gründen zu erfüllen, sondern diese mit Vorstellungsvermögen für mögliche Fehlerquellen und im Hinblick auf die sichere Behandlung der Patienten vorzunehmen.

9.4.1 Dosimetrische Qualitätskontrollen und Sicherheitsüberprüfungen

Der Umfang der periodischen dosimetrischen Überprüfungen hängt von der Art der Bestrahlungsanlage ab. An medizinischen **Elektronenbeschleunigern** müssen tägliche Dosimetrie- und Sicherheitsuntersuchungen durchgeführt werden, die sogenannten "Tageschecks". Dazu zählen neben den vom Anlagenhersteller vorgeschriebenen technischen Überprüfungen und Kontrollen (Kühlwasserdruck und -temperatur, SF_6-Druck im Hohlleitersystem für die Hochfrequenz, u. ä.) vor allem die Überprüfung des Doppel-Dosismonitors, an dessen Funktionsfähigkeit wegen seiner zentralen Bedeutung für die Steuerung und Regelung des Beschleunigers sowie für die Dosierung am Patienten besonders hohe Anforderungen zu stellen sind. Am besten wird diese Monitorüberprüfung mit kleinen, direkt am Strahlerkopf befestigten Festkörperphantomen durchgeführt (vgl. Abschnitt 9.2). Bei vielen Beschleunigern gehören solche Miniphantome zum Lieferumfang. Besonders günstig sind Phantome, bei denen die Meßsonde auf der abfallenden Flanke der Tiefendosiskurven für Elektronenstrahlung angebracht ist, da sich dann Änderungen der Elektronenenergie und damit der Reichweiten wegen der hohen Dosisgradienten sofort durch drastische Änderungen der Meßanzeigen bemerkbar machen. Messungen mit Miniphantomem werden in der Regel ohne Kontrollvorrichtung aber für alle therapeutisch verwendeten Strahlungsarten und -qualitäten durchgeführt. Sie sollen auch den Bewegungsbestrahlungsmodus überprüfen (Abschaltdosis, Abschaltwinkel). Die von den Strahlenschutzvorschriften vorgeschriebene Überprüfung der Funktionsfähigkeit und der Abschaltfunktion des Dosismonitors ergibt sich damit von selbst. Werden die täglichen Dosimetriechecks mit Hilfe des Verifikationssystems gesteuert, erhält man automatisch auch dessen Überprüfung. Für die Meßwerte im Miniphantom gibt man Sollwerte und zugehörige Fehlergrenzen vor, bei deren Einhaltung der medizinische Betrieb begonnen werden kann. Die Toleranzwerte dürfen nicht zu eng gefaßt werden. Sie müssen zum einen der üblicherweise in der klinischen Dosimetrie erreichten dosimetrischen Genauigkeit angepaßt sein, und zum anderen auch täglich schwankende, externe Einflüsse auf den Meßwert wie die klimatischen Einflüsse auf den Dosismonitor berücksichtigen (vgl. dazu Abschnitt 4.7). In diesem Zusammenhang ist es empfehlenswert, Raumtemperatur und Luftdruck täglich zu dokumentieren, da mit ihrer Hilfe Langzeit-Konstanzprüfungen des Monitors durchgeführt werden können. Sofern genügend Zeit zur Verfügung steht, spricht selbstverständlich nichts gegen eine "ordentliche" tägliche Dosimetrie. Täglich müssen auch die Sicherheitsschaltfunktionen der Beschleunigeranlagen getestet werden. Dazu zählen außer den internen Sicherheitsfunktionen des Beschleunigers, die im wesentlichen dem Maschinenschutz dienen, auch die Überprüfungen der Türkontakte, der Not-Aus-Schalter zur Unterbrechung der Bestrahlung, der Gantrybewegung und der Bewegungen des Patiententisches.

"Große" Dosimetrie an Beschleunigern, d. h. umfassende dosimetrische Untersuchungen, betreffen die Monitorkalibrierung und die Messungen zur Überprüfung der Strahlungsqualität, der Energie der Elektronenstrahlung und der Dosisverteilungen im Bestrahlungsfeld unter

Referenzbedingungen (Homogenität, Symmetrie). Sie sind wöchentlich bis monatlich für jede Photonenenergie und zwei therapeutisch genutzte Elektronenenergien für repräsentative Felder durchzuführen. Nach jeder Wartung des Beschleunigers oder sonstigen gravierenden Eingriffen in die Hardware sind vollständige Monitorkalibrierungen, Messungen der Reichweiten von Elektronenstrahlung bzw. der Strahlungsqualitäten bei Photonen und Untersuchungen der Strahlfeld-Symmetrie und -Homogenität z. B. mit filmdosimetrischen Verfahren (Feldkontrollaufnahmen) oder mit dem Wasserphantom vorzunehmen.

An perkutanen **Gammabestrahlungsanlagen** wie den Kobaltanlagen ist wegen der Unabhängigkeit der Dosisleistung von elektrischen Betriebsbedingungen (Änderung der Kenndosisleistung nur mit der Halbwertzeit des radioaktiven Zerfalls der Strahlungsquelle) der Umfang der periodischen dosimetrischen Überprüfungen erheblich eingeschränkt. Tägliche Checks müssen nur die sicherheitsrelevanten Schaltfunktionen der Anlage wie Schaltuhr für die Bestrahlungszeiten, Not-Aus-Schalter für Bestrahlung und Gantryrotation und die Türkontakte umfassen. Sie sollten auch die Überprüfung des gesetzlich vorgeschriebenen, netzunabhängigen, stationären Strahlungsmeßgerätes beinhalten. Ausführliche Messungen der Kenndosisleistung, ihrer Feldgrößenabhängigkeit, der Tiefendosiskurven und Querprofile sowie Vergleiche von Nutzstrahlenfeld und Lichtvisier sollen an Gammabestrahlungsanlagen mindestens halbjährlich durchgeführt werden.

An **Röntgentherapieanlagen**, z. B. Weichstrahltherapiegeräten, müssen die Kenndosisleistungen halbjährlich überprüft werden. Die Kontrolle der Abschaltfunktionen (Türsicherheitskontakte, Bestrahlungszeituhren) sollte täglich vorgenommen werden. Die Richtlinie Strahlenschutz in der Medizin schreibt bisher keine arbeitstäglichen Sicherheitsüberprüfungen an **Afterloadinganlagen** vor. Die Vorschriften für die anderen Bestrahlungsanlagen sind aber sinngemäß anzuwenden. Neben der (selbstverständlichen) Überprüfung der Kenndosisleistung der Strahler nach einem Quellenwechsel und der täglichen Kalibrierung der in-vivo-Dosimeter sollten also vor jedem Applikationstermin alle Sicherheitsfunktionen der Anlage überprüft werden. Dazu zählen insbesondere wieder die Bestrahlungszeituhren, die Türkontakte, die Not-Aus-Funktionen, und die "Gängigkeit" von Quelle und Applikatoren.

An perkutanen Gammabestrahlungsanlagen und Elektronenbeschleunigern ist neben den periodischen internen Überprüfungen und Kontrollen eine jährliche Sachverständigenprüfung (nach § 76 StrSchV) vorgeschrieben. Sie ist von einem anerkannten Sachverständigen durchzuführen und dient vor allem der Sicherheit der Bestrahlungsanlagen. Zusätzlich muß an diesen Anlagen eine umfassende Jahreswartung durch den Anlagenhersteller, die sogenannte "Jahresrevision" durchgeführt werden. An Röntgentherapiegeräten besteht keine Pflicht zur periodischen Prüfung oder Wartung. An Afterloadinganlagen muß eine unabhängige Sachverständigenprüfung jährlich, sofern ein fachkundiger "hauseigener" Medizinphysiker diese Überprüfung regelmäßig vornimmt, spätestens alle drei Jahre durchgeführt werden.

9.4.2 Geometrische Kontrollen an Lokalisationseinrichtungen

Zu den Lokalisationseinrichtungen zählen alle Geräte oder Hilfsmittel, die mittelbar oder unmittelbar geometrische Größen bei der Behandlung des Patienten beeinflussen, sich also auf die Genauigkeit bei der Bestimmung der Topographie des Patienten und die Dosierung auswirken. Es sind dies die Entfernungsmesser, das Lichtvisier, die Feldgrößenanzeigen, die Isozentrumslage bei Gantrydrehungen und die Isozentrumsentfernung bei verstellbaren Strahlerköpfen (z. B. am Simulator), die Winkelanzeigen für die Gantryrotation und die Kollimatordrehung, die Tischhöhe und die Tischdrehwinkel. Für alle geometrischen Anzeigen und Meßgrößen sind ähnlich wie in der Dosimetrie Toleranzen festgelegt (s. DIN 6847-4,5 und die Herstellerangaben), deren Einhaltung regelmäßig (mindestens halbjährlich, besser wöchentlich) überprüft werden muß. Diese Kontrollen müssen neben den Bestrahlungsanlagen vor allem den Therapiesimulator und sonstige Einrichtungen zur Lokalisation (z. B. Konturzeichner) sowie die zur Einstellung (Lagerung des Patienten) benutzten Seitenlichtzeiger oder Positionierungslaser an allen Anlagen einschließen. An Bestrahlungsanlagen muß darüberhinaus regelmäßig die Übereinstimmung von Lichtvisierfeld und Bestrahlungsfeld mit Feldkontrollaufnahmen überprüft werden. Geometrische Checks und Einstellarbeiten werden am besten mit präzisen, justierbaren Festkörperphantomen, z.B. dem "Essener Kubus", vorgenommen (vgl. Abschnitt 9.2).

9.4.3 Qualitätssicherung am Bestrahlungsplanungssystem

Da Ergebnisse der physikalischen Therapieplanung unmittelbar die Dosierung und die Dosisverteilung im Patienten beeinflussen, sind auch hier qualitätssichernde und -kontrollierende Maßnahmen durchzuführen. Bei der **Erstinbetriebnahme** eines Therapieplanungssystems besteht diese Überprüfung zunächst in einer Kontrolle der korrekten Wiedergabe eingegebener Daten für alle Strahlungsarten und -qualitäten durch das Therapieplanungssystem, insbesondere der Tiefendosisdaten, Gewebeverhältnisse, Streuverhältnisse, Outputfaktoren, Querprofile und Keilfilterisodosen (vgl. dazu Abschnitte 7.1, 7.4 und 8.1, 8.4). Daran schließt sich die dosimetrische Überprüfung typischer Bestrahlungspläne an, die in der klinischen Routine verwendet werden. In diese meßtechnischen Überprüfungen sollten auch Rechnungen mit Inhomogenitätskorrekturen und bei schrägem Einfall der Strahlenbündel sowie die Berechnungen einer Bewegungsbestrahlung und irregulärer Felder eingeschlossen sein (s. u.). Nach jeder Änderung der Planungssoftware oder nach Wiedereinspielen der Programme nach Defekten am Rechner oder sonstigen "Rechnerabstürzen" müssen diese Rechnungen wiederholt werden, wobei besonders auf die Reproduktion der Eingabedaten zu achten ist. Diese sehr umfassende Überprüfung von Therapieplanungssystemen kann je nach Auslegung der Software und der in der klinischen Routine verwendeten Bestrahlungstechniken sehr zeitraubend werden. Ihr Umfang muß deshalb für periodische Kontrollen eingeschränkt werden.

Periodische Systemkontrollen führt man am besten durch Berechnung eines Satzes ausgesuchter klinischer Beispiele durch. Ein für die meisten Strahlentherapieinstitute repräsentativer Satz von Therapieplänen besteht aus einem einfachen **Vierfelderplan** (Beispiel: Beckenbox), einem **Mehrfelderplan mit Inhomogenitätskorrektur** (Beispiel: Thorax, Bronchialkarzinom), einer **Tangentialbestrahlung** (Beispiel: Mammazange) und einer **Bewegungsbestrahlung** (Beispiel: Rotationsbestrahlung der paraaortalen Lymphknoten oder eines Bronchialkarzinoms mit Inhomogenitäten). Diese Fälle sind in monatlichem Abstand unverändert, d. h. mit denselben Patientendaten, durchzuführen. Dazu sichert man anonymisierte Patientenquerschnitte (CT-Bilder) mehrerer Patienten auf dem üblichen externen Datenträger (Floppy, Magnetband), spielt sie in den Planungsrechner ein und berechnet die Dosisverteilungen. Als Dokumentation werden die Dosisverteilungen in allen Patientenquerschnitten ausgedruckt. Die Lage und der Wert der Isodosen und des Dosismaximums, die Dosis im Referenzpunkt, der Isozentrumsabstand zur Außenkontur und die Feldgrößen werden an Hand der physikalischen Ausgabeprotokolle und Plotterausgaben überprüft. Sofern mit dem Bestrahlungsplanungsprogramm auch Bestrahlungszeiten für Gammabestrahlungsanlagen oder Monitoreinheiten für Beschleunigerpläne berechnet werden, ist zusätzlich die Richtigkeit dieser Berechnungen zu überprüfen. In den regelmäßigen Überprüfungen sollte auch die Berechnung mindestens eines irregulären Feldes vorgesehen sein (Beispiel: Äquivalentfeldreduktion durch partielle Abdeckung eines gynäkologischen Beckenfeldes). Da sich Rechner-, Daten- oder Programmdefekte nicht immer sofort durch Abstürze der Programme oder des Rechnersystems zeigen, sind bei allen klinisch verwendeten Therapieplänen laufende Plausibilitätskontrollen durchzuführen. Diese sollten sowohl die Dosisverteilungen als auch die aus den Plänen berechneten Bestrahlungszeiten oder Monitoreinheiten umfassen.

9.5 Messung der Luft-Kermaleistung von Afterloadingquellen im Festkörperphantom

Die Quellstärke von Afterloadingquellen wird heute international üblicherweise als Luftkermaleistung in 1 m seitlichem Abstand vom Strahler frei im Raum, d. h. korrigiert auf Streuung und Absorption im Umgebungsmedium Luft, und gemittelt über mindestens vier Richtungen angegeben. Wenn Frei-Luft-Messungen in 1 m Abstand nicht möglich sind, empfiehlt sich die Messung der Kenndosisleistung in Ersatzanordnungen, z. B. in kompakten Festkörperphantomen (vgl. Abschnitt 6.2, Fig. 6.15a,b) bei geringer Entfernung von Strahler und Meßsonde. Dort sind die Dosisleistungen groß genug, um statistische Meßfehler zu vermeiden und die Verwendung üblicher klinischer Dosimeter zu ermöglichen. Die Anzeigen in solchen Phantomen müssen im Strahlungsfeld einer Quelle gleicher Zusammensetzung und bekannter Kenndosisleistung kalibriert werden. Der so erhaltene Phantom-Kalibrierfaktor enthält zwei Anteile. Der erste Faktor k_{zp} berücksichtigt die Änderung des Strahlungsfeldes durch die Anwesenheit des Phantoms und trägt der Absorption und Streuung im Phantommaterial bei der vorgegebenen Entfernung von Quelle und Sonde Rechnung. Der zweite Faktor ist eine einfache Abstandskorrektur der Dosisleistung in Luft vom Meßabstand r im Phantom auf die Sollentfernung (1 m) nach dem Abstandsquadratgesetz, das in Luft und für kompakte Afterloadingquellen gut erfüllt ist, sofern die Dosisleistungen senkrecht zur Quellenlängsachse in der Quellenmitte gemessen werden (vgl. Abschnitt 7.5.1.1).

$$KF = k_{zp} \cdot (r/1m)^2 \qquad (9.3)$$

Für das in Fig. (6.15b,c) dargestellte auf einem Photostativ befestigte Plexiglas–Zylinderphantom und 192–Iridium Strahlung hat k_{zp} den Wert 1.187 ± 0.012 (Krieger 2). Der Meßabstand r im Phantom beträgt 8 cm. Die Abstandskorrektur auf 1 m Entfernung ist damit:

$$(8cm/1m)^2 = 0.0064 \qquad (9.5)$$

Neben diesen geometrischen Korrekturfaktoren muß jedoch auch die Art der Kalibrierung der verwendeten Ionisationskammer und die dosimetrisch wirksamen Änderungen des Meßaufbaus bei der Kenndosisleistungsmessung gegenüber der Kalibriersituation berücksichtigt werden. Ionisationsdosimeter werden heute üblicherweise auf drei Arten kalibriert: Entweder zur Anzeige der Standardionendosis frei in Luft, der Luftkerma in Luft oder zur Anzeige der Wasserenergiedosis im Wasserphantom. Die Dosimeteranzeigen der verwendeten Ionisationskammern im Festkörperphantom müssen deshalb auch auf verschiedene Weisen zur Anzeige der für die Angabe der Kenndosisleistung benötigten Luftkerma in Luft umgerechnet werden. In Anlehnung an die Gleichungen und Ableitungen in Abschnitt (4.2) und unter Verwendung der obigen Korrekturfaktoren erhält man für die drei Kalibriermöglichkeiten der Ionisationskammer die folgenden Umrechnungen:

Standardionendosiskalibrierung (in R): Die Luftkermaleistung in Luft einer 192–Ir–Quelle in 1 m Abstand erhält man aus der Anzeige M_{zp} im Plexiglaszylinderphantom (in Skalenteilen pro Zeiteinheit: Skt/h), dem Kalibrierfaktor N_s für die Standardionendosis bei 60–Co–Strahlung N_c, dem Strahlungsqualitätskorrekturfaktor k_λ, der Bremsstrahlungskorrektur $(1-G_a)$ für Iridiumstrahlung und der Ionisierungskonstanten in Luft W/e zu:

$$(\overset{\circ}{K}_a)_a(1m) = k_{zp} \cdot (8cm/1m)^2 \cdot 1/(1-G_a) \cdot W/e \cdot k_{a \to p} \cdot k_\lambda \cdot N_c \cdot M_{zp} \qquad (9.6)$$

$k_{a \to p}$ ist der Umgebungskorrekturfaktor für den Übergang vom Umgebungsmedium Luft während der Kalibrierung des Dosimeters in das Umgebungsmedium Plexiglas bei der Messung im Phantom, der für Iridiumstrahlung und zylindrische Kompaktkammern einen Wert dicht bei 1.0 hat und hier deshalb der Einfachheit halber auf 1.0 gesetzt wird. Genauere Werte sind dem neuen DIN–Entwurf (DIN 6809-2, 1989) zu entnehmen. Die Bremsstrahlungskorrektur bei 400 keV Photonenenergie beträgt etwa 0.1% (s. Tab. 1.3), W/e hat den Wert 33.97 V. Mit 1 R = 2.58E–04 C/kg und nach Einsetzen der numerischen Werte für die einzelnen Faktoren erhält man für die Luftkermaleistung in Luft (in mGy/h):

$$(\overset{\circ}{K}_a)_a(1m, mGy/h) = 0.0666(mGy/R) \cdot k_\lambda \cdot N_s(R/Skt) \cdot R_{zp}(Skt/h) \qquad (9.7)$$

Luftkermakalibrierung (in mGy): Hier ist die Umrechnung der Dosimeteranzeige in die Luftkermaleistung besonders einfach, da lediglich die beiden Phantomfaktoren und eine Umgebungskorrektur angebracht werden müssen. Mit dem Kalibrierfaktor für die Luftkerma $N_{K,a}$ und dem Umgebungskorrekturfaktor $k_{a \to p}$ erhält man:

$$(\overset{\circ}{K}_a)_a(1m) = k_{zp} \cdot (8cm/1m)^2 \cdot k_{a \to p} \cdot k_\lambda \cdot N_{K,a} \cdot M_{zp} \qquad (9.8)$$

Mit den gleichen numerischen Werten wie oben erhält man die Luftkermaleistung in Luft in 1 m Abstand in der Einheit (mGy/h) aus der Anzeige M_{zp} im Plexiglasphantom zu:

$$(\overset{\circ}{K}_a)_a(1m, mGy/h) = 0.00760 \cdot k_\lambda \cdot N_k(mGy/Skt) \cdot R_{zp}(Skt/h) \qquad (9.10)$$

Wasserenergiedosiskalibrierung (in mGy): Bei dieser Art der Kalibrierung müssen neben den üblichen Geometriekorrekturen k_{zp}, dem Abstandskorrekturfaktor (0.0064, s. o.) und der Korrektur für die Umgebungsänderung (Plexiglas statt Wasser) $k_{w \to p}$ auch der Bremsstrahlungsverlust, dieses Mal aber in Wasser, also (1–G_w) und die Änderung des Massenenergieabsorptionskoeffizienten mit dem Wechsel des Bezugsmediums berücksichtigt werden. Man erhält deshalb zusammen mit dem Wasserenergiedosiskalibrierfaktor N_w bei Kobaltstrahlung und den numerischen Werten für die Phantomkorrekturen folgende Beziehung:

$$(\overset{\circ}{K}_a)_a(1m) = k_{zp} \cdot (8cm/1m)^2 \cdot (\eta'/\rho)_a/(\eta'/\rho)_w \cdot 1/(1-G_w) \cdot k_{w \to p} \cdot k_\lambda \cdot N_w \cdot M_{zp} \qquad (9.11)$$

Nimmt man als Bremsstrahlungsverlust wieder den Wert von 0.1% an (vgl. Tabelle 10.4), für die Umgebungskorrektur $k_{w \to p}$ den Wert 1.0 und verwendet für das Verhältnis der Massenenergieabsorptionskoeffizienten bei 400 keV Photonenenergie in Luft und Wasser den Wert $(\eta'/\rho)_a/(\eta'/\rho)_w = 0.899$ (aus Tabelle 10.3), so erhält man mit den obigen numerischen Werten für die Luftkermaleistung in 1m Abstand:

$$(\overset{\circ}{K}_a)_a(1m, mGy/h) = 0.00684 \cdot k_\lambda \cdot N_w(mGy/Skt) \cdot M_{zp}(Skt/h) \qquad (9.12)$$

Die für alle drei Kalibriermethoden benötigten k_λ-Faktoren für Iridiumstrahlung entnimmt man am besten den Kalibrierprotokollen der Dosimeterhersteller oder ermittelt sie durch Interpolation der Kalibrierfaktoren für 60–Co–Strahlung und harte Röntgenstrahlung bei der höchsten im Kalibrierprotokoll enthaltenen Röhrenspannung (z. B. 300 kV).

10 Tabellenanhang

10.1 Massenschwächungskoeffizienten μ/ρ für monoenergetische Photonen

Erläuterungen: Die Tabelle enthält theoretisch berechnete Massenschwächungskoeffizienten für monoenergetische Photonenstrahlung zur Verwendung in den Gleichungen (1.12) und (1.15) für dosimetrisch wichtige Elemente, Substanzen und Stoffgemische ohne den Kernphotokoeffizienten. Dessen Anteil beträgt je nach Nuklid bis maximal 5% für Energien zwischen 10 und 30 MeV (Bereich der Riesenresonanz). Die Tabellenwerte sind in Exponentialschreibweise dargestellt (2.3456–1 bedeutet $2.3456 \cdot 10^{-1} = 0.23456$).

Photonen-energie (keV)	μ/ρ (cm^2/g) Element: C	Al	Cu	W	Pb
10	2.298+0	2.682+1	2.140+2	9.692+1	1.306+2
15	7.869–1	7.836+0	7.343+1	1.389+2	1.116+2
20	4.340–1	3.392+0	3.352+1	6.573+1	8.636+1
30	2.541–1	1.115+0	1.083+1	2.273+1	3.032+1
40	2.069–1	5.630–1	4.828+0	1.067+1	1.436+1
50	1.867–1	3.655–1	2.595+0	5.949+0	8.041+0
60	1.751–1	2.763–1	1.583+0	3.712+0	5.020+0
80	1.609–1	2.012–1	7.587–1	7.809+0	2.419+0
100	1.513–1	1.701–1	4.563–1	4.438+0	5.550+0
150	1.347–1	1.378–1	2.210–1	1.581+0	2.014+0
200	1.229–1	1.223–1	1.557–1	7.844–1	9.985–1
300	1.066–1	1.042–1	1.118–1	3.238–1	4.026–1
400	9.545–2	9.276–2	9.409–2	1.925–1	2.323–1
500	8.712–2	8.446–2	8.360–2	8.378–1	8.613–1
600	8.058–2	7.801–2	7.624–2	1.093–1	1.248–1
137–Cs	7.764–2	7.513–2	7.318–2	1.007–1	1.140–1
800	7.077–2	6.842–2	6.605–2	8.065–2	8.869–2
1'000	6.362–2	6.146–2	5.900–2	6.616–2	7.103–2
60–Co	5.770–2	5.577–2	5.352–2	5.808–2	6.163–2
1'500	5.177–2	5.007–2	4.803–2	5.000–2	5.222–2
2'000	4.443–2	4.324–2	4.204–2	4.432–2	4.607–2
3'000	3.562–2	3.541–2	3.599–2	4.075–2	4.234–2
4'000	3.047–2	3.107–2	3.318–2	4.037–2	4.197–2
5'000	2.708–2	2.836–2	3.176–2	4.103–2	4.272–2
6'000	2.469–2	2.655–2	3.108–2	4.211–2	4.391–2
8'000	2.154–2	2.437–2	3.074–2	4.472–2	4.675–2
10'000	1.960–2	2.318–2	3.103–2	4.747–2	4.972–2
15'000	1.698–2	2.195–2	3.217–2	5.384–2	5.658–2
20'000	1.575–2	2.168–2	3.408–2	5.893–2	6.205–2

(Tabelle 10.1/1)

Photonen-energie (keV)	μ/ρ (cm^2/g)					
	Luft	Wasser	Substanz: Weichteil	PMMA	Polystyrol	LiF
10	5.016+0	5.223+0	4.835+0	3.273+0	2.150+0	5.970+0
15	1.581+0	1.639+0	1.527+0	1.007+0	7.661–1	1.847+0
20	7.643–1	7.458–1	7.485–1	5.616–1	4.290–1	8.646–1
30	3.501–1	3.718–1	3.568–1	3.006–1	2.621–1	3.687–1
40	2.471–1	2.668–1	2.595–1	2.340–1	2.177–1	2.471–1
50	2.073–1	2.262–1	2.216–1	2.069–1	1.982–1	2.012–1
60	1.871–1	2.055–1	2.021–1	1.921–1	1.868–1	1.787–1
80	1.661–1	1.835–1	1.811–1	1.750–1	1.724–1	1.562–1
100	1.541–1	1.707–1	1.687–1	1.640–1	1.624–1	1.440–1
150	1.356–1	1.504–1	1.489–1	1.456–1	1.448–1	1.260–1
200	1.234–1	1.370–1	1.357–1	1.328–1	1.322–1	1.145–1
300	1.068–1	1.187–1	1.175–1	1.152–1	1.147–1	9.898–2
400	9.548–2	1.061–1	1.051–1	1.031–1	1.027–1	8.852–2
500	8.712–2	9.687–2	9.593–2	9.408–2	9.376–2	8.076–2
600	8.056–2	8.957–2	8.871–2	8.701–2	8.672–2	7.468–2
137–Cs	7.762–2	8.630–2	8.547–2	8.383–2	8.356–2	7.195–2
800	7.075–2	7.866–2	7.790–2	7.642–2	7.617–2	6.557–2
1'000	6.359–2	7.070–2	7.002–2	6.869–2	6.847–2	5.893–2
60–Co	5.768–2	6.413–2	6.351–2	6.230–2	6.209–2	5.345–2
1'500	5.176–2	5.755–2	5.699–2	5.590–2	5.571–2	4.797–2
2'000	4.447–2	4.940–2	4.892–2	4.796–2	4.779–2	4.122–2
3'000	3.581–2	3.969–2	3.929–2	3.844–2	3.822–2	3.320–2
4'000	3.079–2	3.403–2	3.367–2	3.286–2	3.261–2	2.856–2
5'000	2.751–2	3.031–2	2.998–2	2.919–2	2.889–2	2.554–2
6'000	2.523–2	2.771–2	2.739–2	2.659–2	2.626–2	2.343–2
8'000	2.225–2	2.429–2	2.400–2	2.317–2	2.277–2	2.069–2
10'000	2.045–2	2.219–2	2.191–2	2.105–2	2.060–2	1.903–2
15'000	1.810–2	1.941–2	1.913–2	1.819–2	1.763–2	1.687–2
20'000	1.705–2	1.813–2	1.785–2	1.684–2	1.620–2	1.592–2

(Tabelle 10.1/2)

Hinweise: Weichteil: Weichteilgewebeersatz (4 Komponenten nach ICRP 23),
PMMA: Polymetylmethacrylat (Plexiglas), LiF: natürliches Lithiumfluorid.
Atomare Zusammensetzung der Substanzen: s. Tabelle (10.16).
Quelle: J. H. Hubbell, J. Radiat. Isot. Vol. 33, S. 1269–1290 (1982).

10.2 Massenenergieabsorptionskoeffizienten η'/ρ für monoenergetische Photonen

Erläuterungen: Die Tabelle enthält theoretisch berechnete Massenenergieabsorptionskoeffizienten η'/ρ für monoenergetische Photonenstrahlung für dosimetrisch wichtige Substanzen und Stoffgemische zur Verwendung in den Gleichungen (4.9) und (4.12). Für Weichteilgewebe ($Z_{eff} \approx 7$) und für Energien bis etwa 1 MeV können diese Koeffizienten wegen der geringen Bremsstrahlungsverluste auch als Massenenergieübertragungskoeffizienten η/ρ verwendet werden (s. Gl. 1.18, Abschnitt 1.1.8). Der Fehler beträgt maximal etwa –0.5% (vgl. dazu Tab. 1.3).

Photonen-energie (keV)	η'/ρ (cm²/g)		Element:		
	C	Al	Cu	W	Pb
10	2.003+0	2.495+1	1.514+2	9.242+1	1.256+2
15	5.425–1	7.377+0	5.953+1	1.177+2	8.939+1
20	2.159–1	3.056+0	2.810+1	5.732+1	6.923+1
30	6.411–2	8.646–1	9.382+0	1.998+1	2.550+1
40	3.265–2	3.556–1	4.173+0	9.289+0	1.221+1
50	2.360–2	1.816–1	2.196+0	5.100+0	6.796+0
60	2.078–2	1.087–1	1.209+0	3.095+0	4.177+0
80	2.029–2	5.464–2	5.593–1	3.164+0	1.936+0
100	2.144–2	3.773–2	2.952–1	2.254+0	2.229+0
150	2.448–2	2.823–2	1.030–1	9.833–1	1.135+0
200	2.655–2	2.745–2	5.811–2	5.133–1	6.229–1
300	2.869–2	2.817–2	3.636–2	2.056–1	2.581–1
400	2.949–2	2.863–2	3.135–2	1.146–1	1.439–1
500	2.967–2	2.870–2	2.943–2	7.722–2	9.564–2
600	2.955–2	2.851–2	2.835–2	5.882–2	7.132–2
137–Cs	2.934–2	2.829–2	2.803–2	5.363–2	6.444–2
800	2.885–2	2.778–2	2.686–2	4.151–2	4.838–2
1'000	2.791–2	2.684–2	2.563–2	3.360–2	3.787–2
60–Co	2.670–2	2.566–2	2.438–2	2.944–2	3.251–2
1'500	2.548–2	2.447–2	2.313–2	2.528–2	2.714–2
2'000	2.343–2	2.361–2	2.156–2	2.286–2	2.407–2
3'000	2.045–2	2.018–2	2.016–2	2.253–2	2.351–2
4'000	1.847–2	1.877–2	1.981–2	2.368–2	2.463–2
5'000	1.707–2	1.790–2	1.991–2	2.503–2	2.600–2
6'000	1.605–2	1.735–2	2.019–2	2.631–2	2.730–2
8'000	1.467–2	1.674–2	2.092–2	2.853–2	2.948–2
10'000	1.379–2	1.645–2	2.165–2	3.021–2	3.114–2
15'000	1.259–2	1.626–2	2.286–2	3.272–2	3.353–2
20'000	1.203–2	1.637–2	2.384–2	3.379–2	3.440–2

(Tabelle 10.2/1)

Photonen-energie (keV)	η'/ρ (cm^2/g)					
	Luft	Wasser	Substanz: Weichteil	PMMA	Polystyrol	LiF
10	4.640+0	4.840+0	5.413+0	2.944+0	1.849+0	5.607+0
15	1.300+0	1.340+0	1.517+0	8.083–1	5.014–1	1.576+0
20	5.255–1	5.367–1	6.114–1	3.232–1	2.002–1	6.352–1
30	1.501–1	1.520–1	1.738–1	9.391–2	6.059–2	1.788–1
40	6.694–2	6.803–2	7.693–2	4.500–2	3.191–2	7.744–2
50	4.031–2	4.155–2	4.594–2	3.020–2	2.387–2	4.470–2
60	3.004–2	3.152–2	3.398–2	3.504–2	2.153–2	3.184–2
80	2.393–2	2.583–2	2.677–2	2.292–2	2.152–2	2.370–2
100	2.318–2	2.539–2	2.581–2	2.363–2	2.293–2	2.222–2
150	2.494–2	2.762–2	2.767–2	2.656–2	2.631–2	2.330–2
200	2.672–2	2.966–2	2.962–2	2.872–2	2.856–2	2.483–2
300	2.872–2	3.192–2	3.184–2	3.099–2	3.088–2	2.663–2
400	2.949–2	3.279–2	3.269–2	3.185–2	3.174–2	2.734–2
500	2.966–2	3.299–2	3.288–2	3.204–2	3.194–2	2.749–2
600	2.953–2	3.284–2	3.273–2	3.191–2	3.181–2	2.736–2
137-Cs	2.932–2	3.260–2	3.182–2	3.169–2	3.159–2	2.716–2
800	2.882–2	3.205–2	3.195–2	3.116–2	3.106–2	2.670–2
1'000	2.787–2	3.100–2	3.090–2	3.014–2	3.005–2	2.583–2
60-Co	2.666–2	2.966–2	2.956–2	2.883–2	2.875–2	2.471–2
1'500	2.545–2	2.831–2	2.821–2	2.751–2	2.744–2	2.358–2
2'000	2.342–2	2.604–2	2.595–2	2.530–2	2.522–2	2.170–2
3'000	2.054–2	2.278–2	2.272–2	2.207–2	2.196–2	1.904–2
4'000	1.866–2	2.063–2	2.058–2	1.992–2	1.977–2	1.731–2
5'000	1.737–2	1.913–2	1.910–2	1.840–2	1.820–2	1.612–2
6'000	1.644–2	1.804–2	1.802–2	1.729–2	1.706–2	1.527–2
8'000	1.521–2	1.657–2	1.657–2	1.578–2	1.548–2	1.414–2
10'000	1.446–2	1.566–2	1.568–2	1.481–2	1.446–2	1.345–2
15'000	1.349–2	1.442–2	1.446–2	1.348–2	1.304–2	1.254–2
20'000	1.308–2	1.386–2	1.392–2	1.285–2	1.234–2	1.217–2

(Tabelle 10.2/2)

Hinweise: Weichteil: Weichteilgewebeersatz (4 Komponenten nach ICRP 23), PMMA: Polymetylmethacrylat (Plexiglas), LiF: natürliches Lithiumfluorid. Atomare Zusammensetzung der Substanzen: s. Tabelle (10.16).

Photonen-energie (keV)	η'/ρ (cm^2/g)					
	Wasser	Lunge	Substanz: Weichteil	Muskel (gestr.)	Knochen (kort.)	Fett
10	4.840+0	4.958+0	4.464+0	4.895+0	2.524+1	2.716+0
15	1.340+0	1.391+0	1.235+0	1.371+0	7.897+0	7.499–1
20	5.367–1	5.614–1	4.942–1	5.531–1	3.389+0	3.014–1
30	1.520–1	1.604–1	1.404–1	1.579–1	1.009+0	8.881–2
40	6.803–2	7.618–2	6.339–2	7.067–2	4.250–1	4.344–2
50	4.155–2	4.338–2	3.922–2	4.288–2	2.207–1	2.980–2
60	3.152–2	3.251–2	3.016–2	3.224–2	1.327–1	2.514–2
80	2.583–2	2.612–2	2.517–2	2.601–2	6.621–2	2.344–2
100	2.539–2	2.542–2	2.495–2	2.538–2	4.468–2	2.434–2
150	2.762–2	2.743–2	2.731–2	2.743–2	3.175–2	2.747–2
200	2.966–2	2.941–2	2.936–2	2.942–2	3.023–2	2.972–2
300	3.192–2	3.162–2	3.161–2	3.164–2	3.066–2	3.209–2
400	3.279–2	3.247–2	3.247–2	3.250–2	3.107–2	3.298–2
500	3.299–2	3.266–2	3.267–2	3.269–2	3.111–2	3.318–2
600	3.284–2	3.252–2	3.252–2	3.254–2	3.090–2	3.304–2
137–Cs	3.260–2	3.229–2	3.229–2	3.231–2	3.066–2	3.281–2
800	3.205–2	3.174–2	3.175–2	3.176–2	3.010–2	3.226–2
1'000	3.100–2	3.070–2	3.071–2	3.072–2	2.909–2	3.121–2
60–Co	2.966–2	2.937–2	2.938–2	2.939–2	2.782–2	2.986–2
1'500	2.831–2	2.803–2	2.804–2	2.805–2	2.654–2	2.850–2
2'000	2.604–2	2.578–2	2.579–2	2.580–2	2.447–2	2.619–2
3'000	2.278–2	2.255–2	2.255–2	2.257–2	2.165–2	2.282–2
4'000	2.063–2	2.042–2	2.041–2	2.043–2	1.990–2	2.055–2
5'000	1.913–2	1.893–2	1.892–2	1.894–2	1.875–2	1.894–2
6'000	1.804–2	1.785–2	1.783–2	1.785–2	1.796–2	1.775–2
8'000	1.657–2	1.640–2	1.637–2	1.639–2	1.696–2	1.613–2
10'000	1.566–2	1.549–2	1.545–2	1.548–2	1.641–2	1.508–2
15'000	1.442–2	1.426–2	1.421–2	1.424–2	1.573–2	1.361–2
20'000	1.386–2	1.370–2	1.364–2	1.367–2	1.553–2	1.290–2

(Tabelle 10.2/3)

Hinweise: Zusammensetzung der Gewebe nach ICRU (10b) und ICRU (26),
Weichteil: Weichteilgewebeersatz (4 Komponenten nach ICRP 23),
Atomare Zusammensetzung der Substanzen: s. Tabelle (10.16).
Quelle: J. H. Hubbell, J. Radiat. Isot. Vol. 33, S. 1269–1290 (1982).

10.3 Verhältnisse von Massenenergieabsorptionskoeffizienten für monoenergetische Photonen

Erläuterungen: Verhältnisse der Massenenergieabsorptionskoeffizienten dienen zur Umrechnung der Energiedosis in verschiedenen Medien nach den Gleichungen (4.9) und (4.12) und zur Berechnung der Wirkung von Inhomogenitäten bei Photonenstrahlung (Gl. 7.14). Dabei ist zu beachten, daß diese Verhältnisse für monoenergetische Photonen berechnet wurden. Für heterogene Photonenspektren ist daher die mittlere Photonenenergie des Spektrums einzusetzen bzw. die Verhältnisse sind über das Spektrum zu mitteln.

Für Luft, Wasser und Weichteilgewebe können die Verhältnisse der Massenabsorptionskoeffizienten auch zur Umrechnung der Kerma verwendet werden, obwohl hier eigentlich nach Gleichung (4.8) das Verhältnis der Massenübertragungskoeffizienten in beiden Medien $(\eta/\rho)_{med1}/(\eta/\rho)_{med2}$ verwendet werden müßte. Der Unterschied zwischen Energieübertragung und Energieabsorption, also den Größen Kerma und Energiedosis, besteht in den Verlusten von Bewegungsenergie der Sekundärelektronen durch Bremsstrahlung. Die Verhältnisse der Koeffizienten für die Massenenergieübertragung bzw. die Massenenergieabsorption für beide Medien unterscheiden sich deshalb nur um den Faktor $(1-G_{med1})/(1-G_{med2})$. Dieses Verhältnis der Bremsstrahlungsverlustfaktoren ist für die Medien mit niedriger Ordnungszahl wie Weichteilgewebe, Luft und Wasser für Energien bis 10 MeV aber in sehr guter Näherung 1 (vgl. dazu beispielsweise die Werte für die Bremsstrahlungsverluste in Wasser und Luft in Tabelle 1.3). Wird der Faktor zur Korrektur der Bremsstrahlungsverluste im jeweiligen Medium vernachlässigt, so liegt der Fehler für obige Substanzen unter 0.5 Promille für Photonenenergien bis 1 MeV und in der Größenordnung von einem Promille bei 10 MeV Photonen. Für die oben genannten Bedingungen gilt also in guter Näherung:

$$(\eta/\rho)_{med}/(\eta/\rho)_{w} = (\eta'/\rho)_{med}/(\eta'/\rho)_{w} \;.$$

Die Faktoren zur Umrechnung von Kerma und Energiedosis in andere Medien sind für leichte Materialien also gleich.

Photonen-energie (keV)	$(\eta'/\rho)_1/(\eta'/\rho)_2$					
	Wasser/ Luft	Lunge/ Wasser	Weichteil/ Wasser	Muskel/ Wasser	Knochen/ Wasser	Fett/ Wasser
10	1.043	1.024	0.922	1.011	5.215	0.561
15	1.031	1.038	0.922	1.023	5.893	0.560
20	1.021	1.046	0.921	1.031	6.315	0.562
30	1.013	1.055	0.924	1.039	6.638	0.584
40	1.016	1.120	0.932	1.039	6.247	0.639
50	1.031	1.044	0.994	1.032	5.312	0.717
60	1.049	1.031	0.957	1.023	4.210	0.798
80	1.079	1.011	0.974	1.007	2.563	0.907
100	1.095	1.001	0.983	1.000	1.760	0.959
150	1.107	0.993	0.989	0.993	1.150	0.995
200	1.110	0.992	0.990	0.992	1.019	1.002
300	1.111	0.991	0.990	0.991	0.961	1.005
400	1.112	0.990	0.990	0.991	0.948	1.006
500	1.112	0.990	0.990	0.991	0.943	1.006
600	1.112	0.990	0.990	0.991	0.941	1.006
137–Cs	1.112	0.990	0.990	0.991	0.940	1.006
800	1.112	0.990	0.991	0.991	0.939	1.007
1'000	1.112	0.990	0.991	0.991	0.938	1.007
60–Co	1.112	0.990	0.991	0.991	0.938	1.007
1'500	1.112	0.990	0.990	0.991	0.937	1.007
2'000	1.112	0.990	0.990	0.991	0.940	1.006
3'000	1.109	0.990	0.990	0.991	0.950	1.002
4'000	1.106	0.990	0.989	0.990	0.965	0.996
5'000	1.101	0.990	0.989	0.990	0.980	0.990
6'000	1.097	0.989	0.988	0.989	0.996	0.984
8'000	1.089	0.990	0.988	0.989	1.024	0.973
10'000	1.083	0.989	0.987	0.989	1.048	0.963
15'000	1.069	0.989	0.985	0.988	1.091	0.944
20'000	1.060	0.988	0.984	0.986	1.120	0.931

(Tabelle 10.3)

Hinweise: Zusammensetzung der Gewebe nach ICRU (10b), ICRU (26) und ICRP (23), vgl. Tabelle (10.16).
Quelle: J. H. Hubbell, J. Radiat. Isot. Vol. 33, S. 1269–1290 (1982).

10.4 Faktoren zur Umrechnung der Standardionendosis in Luft- und Wasser-Kerma

Erläuterungen: Die Tabelle dient zur Berechnung der Luft- oder Wasserkerma im Umgebungsmedium Luft aus der unter Sekundärelektronengleichgewicht gemessenen Standardionendosis nach den Gleichungen (4.5) und (4.8). Die Korrekturfaktoren für die Bremsstrahlungsverluste in Luft ($1-G_a$) bzw. in Wasser ($1-G_w$) sind aus Daten von Roos/Grosswendt für Kobaltstrahlung berechnet. Sie sind für 60-Co-Photonen und Energien um 1 MeV um etwa 1 Promille kleiner als die bisher (in DIN 6814-3) verwendeten Daten. Für die Ionisierungskonstante in trockener Luft ist der heute gültige Wert $W/e = 33.97$ (V), zur Berechnung der Wasserkerma sind die in Abschnitt (10.3) berechneten Verhältnisse der Massenenergieabsorptionskoeffizienten in Wasser und Luft verwendet worden. Die Umrechnungsfaktoren K/J_s unterscheiden sich wegen des hier verwendeten Zahlenwertes für W/e geringfügig von denen in DIN (6814-3).

Photonen-energie (keV)	$1-G_a$ und $1-G_w$	$(K_a)_a/J_s$ (mGy/R)	(Gy·kg/C)	$(K_w)_a/J_s$ (mGy/R)	(Gy·kg/C)
10	1.000	8.76	33.97	9.14	35.43
15	1.000	8.77	33.99	9.04	35.04
20	1.000	8.77	33.99	8.96	34.73
30	1.000	8.77	33.99	8.89	34.46
40	1.000	8.77	33.99	8.91	34.53
50	1.000	8.77	33.99	9.04	35.04
60	1.000	8.77	33.99	9.20	35.66
80	1.000	8.77	33.99	9.47	36.71
100	1.000	8.77	33.99	9.61	37.25
150	1.000	8.77	33.99	9.71	37.64
200	1.000	8.77	33.99	9.74	37.75
300	0.999	8.77	34.00	9.75	37.79
400	0.999	8.77	34.00	9.76	37.83
500	0.999	8.77	34.00	9.76	37.83
600	0.998	8.78	34.04	9.77	37.87
137-Cs	0.998	8.78	34.04	9.77	37.87
800	0.998	8.78	34.04	9.77	37.87
1'000	0.998	8.78	34.04	9.77	37.87
60-Co	0.997	8.79	34.07	9.78	37.91
1'500	0.997	8.80	34.07	9.78	37.91
2'000	0.995	8.81	34.14	9.79	37.95
3'000	0.992	8.83	34.24	9.80	37.98

(Tabelle 10.4)

10.5 Umgebungskorrekturfaktoren für handelsübliche Ionisationskammern

Röhrenspannung (kV)	Strahlungsqualität		Korrekturfaktor $k_{a \to w}$	
	Filterung (mm Al)	HWSD (mm Al)	Kammervolumen	
			0.2 ccm	0.02 ccm
15	0.05	0.07	1.00	1.00
20	0.15	0.11	1.01	1.01
30	0.50	0.36	1.04	1.03
40	0.80	0.71	1.065	1.05
50	1.0	0.94	1.075	1.06
70	4.0	2.8	1.10	1.075
100	4.5	4.4	1.105	1.08

(Tabelle 10.5/1): $k_{a \to w}$ **Faktoren für die Weichstrahldosimetrie**

Die Korrekturfaktoren in Tabelle (10.5/1) dienen zur Berechnung der Wasserenergiedosis und der Wasserkerma aus Meßwerten im Plexiglasphantom mit in Luftkerma in Luft kalibrierten Flachkammern (nach Gl. 4.7 und 4.10). Sie gelten für die folgenden Kammertypen: 0.2 ccm (PTW M23344, NE2536), 0.02 ccm (PTW M23342, NE2532). Quellen: DIN 6809-4, Reich (in Kohlrausch Band II, 1985).

Röhrenspannung (kV)	Strahlungsqualität		Korrekturfaktor $k_{a \to w}$	
	Filterung (mm Al+Cu)	HWSD (mm Cu)	Kammervolumen	
			1.0 ccm	0.3 ccm
70	4.0	0.09	1.07	1.085
100	4.5	0.17	1.065	1.08
140	9.0	0.50	1.04	1.07
150	4.0+0.5	0.85	1.02	1.055
200	4.0+1.0	1.65	1.00	1.025
250	4.0+1.6	2.5	0.98	1.00
300	4.0+3.0	3.4	0.965	1.00
137-Cs				0.97*
60-Co				0.98*

(Tabelle 10.5/2): $k_{a \to w}$ **Faktoren für die Hartstrahldosimetrie**

Die Korrekturfaktoren in Tab. (10.5/2) gelten für Röntgenstrahlungen mit Röhrenspannungen zwischen 70 und 300 kV für zwei handelsübliche Zylinderkammern (1.0 ccm: PTW M23331, 0.3 ccm: PTW M23332), Quelle: Reich (in Kohlrausch Bd II, 1985), sowie für Kompaktkammern für 137-Cs- und 60-Co-Strahlung (nach DIN 6802-2, 1980).

Hinweise: *: für Frei-Luft-Kalibrierung mit Aufbaukappe, Angaben pauschal nach DIN, d. h. nicht für spezielle kommerzielle Kammern. PTW: Physikalisch-Technische Werkstätten Dr. Pychlau, NE: Nuclear Enterprises.

10.6 Faktoren zur Photonendosimetrie nach der C_λ-Methode

Energie (MeV)(*)	J100/J200 (1)	M20/M10 (2)	k_λ (3)	$s_{w,a}$ (4)	C_λ (5)	p_λ (6)	$g \cdot k_c$ (7)
60Co(2.5)	1.97	0.56	1.000	1.150	9.56	0.952	
4	1.84	0.65	1.000	1.148	9.56	0.954	0.980
6	1.71	0.70	0.999	1.140	9.55	0.959	0.980
8	1.64	0.72	0.996	1.133	9.52	0.962	
10	1.59	0.74	0.992	1.127	9.48	0.964	0.960
12	1.56	0.74	0.988	1.121	9.45	0.965	
14	1.54	0.75	0.985	1.116	9.42	0.966	
16	1.52	0.76	0.982	1.112	9.39	0.967	
18	1.505	0.77	0.980	1.108	9.37	0.968	
20	1.49	0.78	0.977	1.104	9.34	0.969	0.941
22	1.48	0.79	0.975	1.100	9.32	0.970	
25	1.465	0.80	0.971	1.096	9.28	0.970	
30	1.45	0.82	0.964	1.089	9.22	0.969	0.931
35	1.44	0.83	0.959	1.082	9.17	0.970	
40	1.43	0.83	0.954	1.076	9.12	0.971	0.921
45	1.425	0.84	0.950	1.070	9.08	0.972	
50	1.42	0.84	0.945	1.065	9.03	0.971	

(Tabelle 10.6)

Anmerkungen:

(*) Die Angabe der Photonenenergie (Nominal–Beschleuniger–Energie, Grenzenergie) dient nur zur groben Orientierung über die Strahlungsqualität.

(1) Kennzeichnung der Strahlungsqualität durch das Ionendosis–Verhältnis im Wasserphantom in den Tiefen 100 und 200 mm bei einer Haut–Feldgröße von 10x10 cm^2 im Fokus-Haut–Abstand 100 cm.

(2) Kennzeichnung der Strahlungsqualität durch das Verhältnis der Meßanzeigen im Wasserphantom bei konstantem Fokus–Kammerabstand in den Phantomtiefen 20 und 10 cm bei einer Feldgröße am Kammerort von 10x10 cm^2 (nach AAPM 21), Zahlenwerte nach Cunningham (1984), vgl. Abschnitt (4.3).

(3) k_λ–Werte berechnet aus dem Verhältnis $C_\lambda/C_{\lambda,c} = C_\lambda/C_\lambda(60\text{–Co})$ entsprechend Gleichung (4.14) für zylindrische Graphitwändekammern mit einem Innenradius 2.5 mm.

(4) $s_{w,a}$: Verhältnisse der mittleren Massenstoßbremsvermögen von Wasser und Luft für die jeweilige Strahlungsqualität, Zahlenwerte nach ICRU 14.

(5) Empfohlene Werte für Graphitzylinderkammern (nach Reich in: Kohlrausch Bd. II, 1985). Sie gelten mit einem Fehler von etwa 0.7% auch für Zylinderkammern mit Plexiglas– oder Tufnolwänden (Kuszpet 1982).

(6) Werte nach Gleichung (4.16) aus k_λ–Werten berechnet mit $p_c = p_\lambda(60\text{–Co}) = 0.952$

(7) Produkte nach Werten aus DIN 6800–2 (1980, Tabelle 6) berechnet mit $k_c = 0.98$ für Graphitkammern (aus DIN 6800–2, Tabelle 2).

10.7 Verhältnisse von Massenstoßbremsvermögen für verschiedene Phantommaterialien

Energie (MeV)	J100/J200	M20/M10[2]	ICRU 14 (1969)[3] $s_{w,a}$	$s_{p,w}$	AAPM 21 (1983[4], $\Delta = 10$ keV[6]) $s_{w,a}$[5]	$s_{p,w}$	$s_{pol,w}$[1]
60Co(2.5)	1.97	0.56	1.150	1.004	1.134	0.973	0.981
4	1.84	0.65	1.148	1.001	1.131	0.972	0.980
6	1.71	0.70	1.140	0.995	1.127	0.970	0.979
8	1.64	0.72	1.133	0.993	1.121	0.971	0.979
10	1.59	0.74	1.127	0.992	1.117	0.971	0.979
12	1.56	0.74	1.121	0.990	1.113	0.971	0.979
14	1.54	0.75	1.116	0.990	1.109	0.971	0.979
16	1.52	0.76	1.112	0.990	1.104	0.971	0.979
18	1.505	0.77	1.108	0.990	1.100	0.971	0.980
20	1.49	0.78	1.104	0.990	1.096	0.972	0.980
22	1.48	0.79	1.100	0.990	1.095	0.972	0.980
25	1.465	0.80	1.096	0.990	1.093	0.972	0.980
30	1.45	0.82	1.089	0.990	1.089	0.972	0.980
35	1.44	0.83	1.082	0.990	1.084	0.971	0.980
40	1.43	0.83	1.076	0.990	1.078	0.972	0.980
45	1.425	0.84	1.070	0.990	1.071	0.972	0.979
50	1.42	0.84	1.065	0.990	1.064	0.972	0.979

(Tabelle 10.7)

Anmerkungen:

(1) Indizes: "w" = Wasser, "a" = Luft, "p" = Plexiglas, "pol" = Polystyrol.
(2) Kennzeichnung der Strahlungsqualität wie in Abschnitt (10.6).
(3) ICRU 14: Radiation Dosimetry: X rays and gamma rays with maximum photon energies between 0.6 and 50 MeV (1969), Daten nach Reich (in Kohlrausch Bd. II,1985)
(4) AAPM 21: American Association of Physicists in Medicine, Task Group 21: A protocol for the determination of absorbed dose from high–energy photon and electron beams, Medical Physics, 10, p. 741–771 (1983).
(5) Zur Umrechnung der Wasserenergiedosis in die Energiedosis in anderen Phantommaterialien (z. B. nach Gl. 4.17) empfiehlt sich statt der ICRU–Daten in Tab. (10.7) die die Verwendung der neueren Verhältnisse für das Massenstoßbremsvermögen nach AAPM 21 aus der obigen Tabelle. Wird nur die Wasserenergiedosis benötigt, so sollten bei Messungen nach der C_λ–Methode die experimentell gesicherten C_λ–Faktoren aus Tabelle (10.6) verwendet werden.
(6) $\Delta = 10$ keV: Energiegrenze für das eingeschränkte Massenstoßbremsvermögen (Einschränkung auf Energieverluste unter 10 keV), das (nach AAPM 21) der lokalen Energieabsorption und damit der Entstehung der Energiedosis besser Rechnung tragen soll als das uneingeschränkte Massenstoßbremsvermögen.

10.8 Massenstoßbremsvermögen für monoenergetische Elektronen

Elektronen-energie (MeV)	S_{col}/ρ (MeV·cm²/g) Element:				
	C	Al	Cu	W	Pb
0.010	20.140	16.490	13.180	8.974	8.428
0.015	14.710	12.200	9.904	6.945	6.561
0.020	11.770	9.844	8.066	5.753	5.453
0.03	8.626	7.287	6.040	4.394	4.182
0.04	6.950	5.909	4.931	3.631	3.463
0.05	5.901	5.039	4.226	3.137	2.997
0.06	5.179	4.439	3.736	2.791	2.670
0.08	4.249	3.661	3.098	2.335	2.237
0.10	3.674	3.177	2.698	2.047	1.964
0.15	2.886	2.513	2.146	1.646	1.583
0.20	2.485	2.174	1.861	1.439	1.387
0.30	2.087	1.839	1.579	1.234	1.193
0.40	1.896	1.680	1.444	1.138	1.102
0.50	1.788	1.592	1.370	1.085	1.053
0.60	1.722	1.540	1.326	1.055	1.026
0.80	1.650	1.486	1.281	1.025	1.000
1.0	1.617	1.465	1.263	1.016	0.994
1.5	1.593	1.460	1.259	1.021	1.004
2.0	1.597	1.475	1.273	1.037	1.024
3.0	1.621	1.510	1.305	1.072	1.063
4.0	1.647	1.540	1.334	1.101	1.095
5.0	1.669	1.564	1.358	1.126	1.120
6.0	1.689	1.583	1.378	1.146	1.142
8.0	1.720	1.613	1.411	1.178	1.175
10.0	1.745	1.636	1.436	1.203	1.201
15.0	1.787	1.676	1.482	1.247	1.246
20.0	1.816	1.704	1.513	1.277	1.277
30.0	1.852	1.743	1.555	1.316	1.318
40.0	1.877	1.769	1.582	1.343	1.345
50.0	1.895	1.789	1.603	1.362	1.365

(Tabelle 10.8/1)

Hinweise: Tabelliert sind die Massenstoßbremsvermögen aus ICRU 35 (1984) und ICRU 37 (1984).

Elektronen-energie (MeV)	S_{col}/ρ (MeV·cm²/g)					
	Wasser	Luft	Substanz: Frickelös.	PMMA	Polystyrol	LiF
0.010	22.560	19.750	22.410	21.980	22.230	17.960
0.015	16.470	14.450	16.360	16.040	16.210	13.150
0.020	13.170	11.570	13.090	12.830	12.960	10.550
0.03	9.653	8.492	9.594	9.400	9.485	7.748
0.04	7.777	6.848	7.730	7.573	7.637	6.252
0.05	6.603	5.819	6.464	6.429	6.481	5.315
0.06	5.797	5.111	5.763	5.644	5.688	4.670
0.08	4.757	4.198	4.730	4.631	4.666	3.838
0.10	4.115	3.633	4.092	4.006	4.034	3.323
0.15	3.238	2.861	3.220	3.152	3.172	2.619
0.20	2.793	2.470	2.778	2.719	2.735	2.261
0.30	2.355	2.084	2.342	2.292	2.305	1.907
0.40	2.148	1.902	2.136	2.090	2.101	1.737
0.50	2.034	1.802	2.023	1.975	1.984	1.642
0.60	1.963	1.743	1.953	1.903	1.911	1.583
0.80	1.886	1.693	1.876	1.825	1.832	1.521
1.0	1.849	1.661	1.839	1.788	1.794	1.591
1.5	1.823	1.661	1.812	1.760	1.766	1.471
2.0	1.824	1.684	1.815	1.762	1.768	1.474
3.0	1.846	1.740	1.837	1.784	1.791	1.493
4.0	1.870	1.790	1.861	1.809	1.816	1.513
5.0	1.892	1.833	1.883	1.832	1.839	1.531
6.0	1.911	1.870	1.903	1.851	1.859	1.547
8.0	1.943	1.931	1.934	1.883	1.892	1.572
10.0	1.968	1.979	1.959	1.908	1.916	1.592
15.0	2.014	2.069	2.005	1.952	1.960	1.629
20.0	2.046	2.134	2.037	1.982	1.989	1.654
30.0	2.089	2.226	2.080	2.022	2.027	1.688
40.0	2.118	2.282	2.109	2.049	2.053	1.711
50.0	2.139	2.319	2.130	2.069	2.073	1.728

(Tabelle 10.8/2)

Hinweise: Frickelösung: $FeSO_4$-Dosimeterlösung, PMMA: Polymethylmethacrylat (Plexiglas), LiF: natürliches Lithiumfluorid.
Atomare Zusammensetzung der Substanzen: s. Tabelle (10.16).

Elektronen energie (MeV)	S_{col}/ρ		MeV·cm²/g		
	Wasser	Muskel (gestr.)	Substanz: Knochen (kort.)	Fett	Filmemulsion
0.010	22.560	22.370	19.710	23.470	13.020
0.015	16.470	16.330	14.470	17.090	9.798
0.020	13.170	13.060	11.610	13.650	7.984
0.03	9.653	9.571	8.546	9.984	5.983
0.04	7.777	7.711	6.903	8.034	4.887
0.05	6.603	6.547	5.872	6.816	4.190
0.06	5.797	5.747	5.163	5.979	3.706
0.08	4.757	4.717	4.246	4.903	3.075
0.10	4.115	4.080	3.678	4.238	2.680
0.15	3.238	3.210	2.901	3.330	2.136
0.20	2.793	2.769	2.507	2.871	1.858
0.30	2.355	2.335	2.119	2.418	1.585
0.40	2.148	2.129	1.931	2.204	1.453
0.50	2.034	2.016	1.825	2.081	1.381
0.60	1.963	1.945	1.760	2.005	1.338
0.80	1.886	1.866	1.690	1.921	1.295
1.0	1.849	1.830	1.658	1.880	1.278
1.5	1.823	1.802	1.637	1.849	1.278
2.0	1.824	1.804	1.643	1.850	1.294
3.0	1.846	1.826	1.670	1.872	1.331
4.0	1.870	1.851	1.697	1.897	1.363
5.0	1.892	1.873	1.720	1.920	1.390
6.0	1.911	1.892	1.740	1.939	1.412
8.0	1.943	1.924	1.773	1.972	1.448
10.0	1.968	1.949	1.799	1.997	1.475
15.0	2.014	1.995	1.844	2.042	1.523
20.0	2.046	2.026	1.874	2.073	1.555
30.0	2.089	2.068	1.915	2.113	1.598
40.0	2.118	2.097	1.942	2.141	1.626
50.0	2.139	2.118	1.962	2.161	1.648

(Tabelle 10.8/3)

Hinweise: Zusammensetzung der Gewebe nach ICRU (10b), ICRU (26) und ICRP (23), Knochen (kort.): Knochenrinde, Muskel (gestr.): gestreifte Muskulatur. Atomare Zusammensetzung der Substanzen: s. Tabelle (10.16).

10.9 Massenstrahlungsbremsvermögen für monoenergetische Elektronen

Elektronen-energie (MeV)	S_{rad}/ρ (MeV·cm²/g)					
	Wasser	Luft	Substanz, Element: Knochen (kort.)	Cu	W	Pb
0.010	3.898–3	3.897–3	5.461–3	1.213–2	1.997–2	2.045–2
0.015	3.944–3	3.937–3	5.664–3	1.307–2	2.320–2	2.421–2
0.020	3.963–3	3.954–3	5.778–3	1.399–2	2.563–2	2.693–2
0.03	3.984–3	3.976–3	5.907–3	1.488–2	2.908–2	3.086–2
0.04	4.005–3	3.998–3	5.989–3	1.543–2	3.160–2	3.376–2
0.05	4.031–3	4.025–3	6.054–3	1.583–2	3.364–2	3.613–2
0.06	4.062–3	4.057–3	6.113–3	1.615–2	3.539–2	3.817–2
0.08	4.138–3	4.133–3	6.230–3	1.665–2	3.834–2	4.162–2
0.10	4.228–3	4.222–3	6.356–3	1.710–2	4.084–2	4.454–2
0.15	4.494–3	4.485–3	6.719–3	1.816–2	4.595–2	5.054–2
0.20	4.801–3	4.789–3	7.140–3	1.926–2	5.021–2	5.555–2
0.30	5.514–3	5.495–3	8.129–3	2.172–2	5.797–2	6.460–2
0.40	6.339–3	6.311–3	9.276–3	2.450–2	6.565–2	7.340–2
0.50	7.257–3	7.223–3	1.055–2	2.757–2	7.353–2	8.228–2
0.60	8.254–3	8.210–3	1.194–2	3.087–2	8.162–2	9.132–2
0.80	1.043–2	1.036–2	1.495–2	3.803–2	9.841–2	1.098–1
1.0	1.280–2	1.271–2	1.824–2	4.580–2	1.159–1	1.290–1
1.5	1.942–2	1.927–2	2.740–2	6.733–2	1.624–1	1.792–1
2.0	2.678–2	2.656–2	3.755–2	9.102–2	2.117–1	2.319–1
3.0	4.299–2	4.260–2	5.981–2	1.256–1	3.158–1	3.427–1
4.0	6.058–2	5.999–2	8.386–2	1.976–1	4.248–1	4.582–1
5.0	7.917–2	7.838–2	1.092–1	2.552–1	5.372–1	5.773–1
6.0	9.854–2	9.754–2	1.355–1	3.146–1	6.523–1	6.991–1
8.0	1.391–1	1.376–1	1.904–1	4.378–1	8.890–1	9.495–1
10.0	1.814–1	1.795–1	2.476–1	5.650–1	1.132+0	1.206+0
15.0	2.926–1	2.895–1	3.971–1	8.949–1	1.759+0	1.870+0
20.0	4.086–1	4.042–1	5.525–1	1.236+0	2.406+0	2.554+0
30.0	6.489–1	6.417–1	8.735–1	1.936+0	3.735+0	3.961+0
40.0	8.955–1	8.855–1	1.202+0	2.650+0	5.096+0	5.402+0
50.0	1.146+0	1.133+0	1.537+0	3.375+0	6.477+0	6.865+0

(Tabelle 10.9)

Hinweise: Darstellung in Exponentialschreibweise (2.3456–1 bedeutet $2.3456 \cdot 10^{-1}$ = 0.23456), Quelle: ICRU 35 (1984) und ICRU 37 (1984).
Atomare Zusammensetzung der Substanzen: s. Tabelle (10.16).

10.10 Bremsstrahlungsausbeuten für monoenergetische Elektronen

Erläuterung: Unter Bremsstrahlungsausbeute Y_{rad} versteht man den relativen Anteil der Anfangsenergie von Elektronen, der auf dem Weg durch die entsprechende Substanz bis zur völligen Abbremsung der Elektronen in Bremsstrahlung umgewandelt wird. Beispiel für Wolfram: Anfangsenergie der Elektronen 0.04 MeV: $Y_{rad} = 4.381{-}3 = 4.381$ Promille = 0.4831%, Anfangsenergie der Elektronen 15 MeV: $Y_{rad} = 3.800{-}1 = 38.00\%$.

Elektronen-energie (MeV)	Y_{rad}					
	Wasser	Luft	Substanz Knochen (kort.)	Cu	W	Pb
0.010	9.408–5	1.082–4	1.468–4	4.701–4	1.076–3	1.191–3
0.015	1.316–4	1.506–4	2.095–4	6.904–4	1.639–3	1.810–3
0.020	1.663–4	1.898–4	2.683–4	9.019–4	2.200–3	2.432–3
0.03	2.301–4	2.618–4	3.775–4	1.301–3	3.304–3	3.664–3
0.04	2.886–4	3.280–4	4.781–4	1.674–3	4.381–3	4.872–3
0.05	3.435–4	3.900–4	5.723–4	2.025–3	5.430–3	6.055–3
0.06	3.955–4	4.488–4	6.614–4	2.358–3	6.453–3	7.214–3
0.08	4.931–4	5.590–4	8.276–4	2.977–3	8.430–3	9.461–3
0.10	5.841–4	6.618–4	9.814–4	3.547–3	1.032–2	1.162–2
0.15	7.926–4	8.968–4	1.329–3	4.822–3	1.470–2	1.664–2
0.20	9.826–4	1.111–3	1.641–3	5.950–3	1.865–2	2.118–2
0.30	1.331–3	1.502–3	2.206–3	7.945–3	2.558–2	2.917–2
0.40	1.658–3	1.869–3	2.730–3	9.741–3	3.164–2	3.614–2
0.50	1.976–3	2.225–3	3.236–3	1.143–2	3.712–2	4.241–2
0.60	2.292–3	2.577–3	3.737–3	1.307–2	4.221–2	4.820–2
0.80	2.928–3	3.283–3	4.740–3	1.625–2	5.161–2	5.877–2
1.0	3.579–3	3.997–3	5.755–3	1.938–2	6.030–2	6.842–2
1.5	5.281–3	5.836–3	8.382–3	2.720–2	8.022–2	9.009–2
2.0	7.085–3	7.748–3	1.113–2	3.509–2	9.856–2	1.096–1
3.0	1.092–2	1.173–2	1.689–2	5.095–2	1.321–1	1.447–1
4.0	1.495–2	1.583–2	2.288–2	6.668–2	1.625–1	1.761–1
5.0	1.911–2	2.001–2	2.898–2	8.209–2	1.902–1	2.045–1
6.0	2.336–2	2.422–2	3.514–2	9.710–2	2.157–1	2.304–1
8.0	3.200–2	3.269–2	4.752–2	1.258–1	2.612–1	2.765–1
10.0	4.072–2	4.113–2	5.983–2	1.526–1	3.006–1	3.162–1
15.0	6.243–2	6.181–2	8.974–2	2.122–1	3.800–1	3.955–1
20.0	8.355–2	8.167–2	1.180–1	2.628–1	4.403–1	4.555–1
30.0	1.233–1	1.186–1	1.694–1	3.437–1	5.270–1	5.412–1
40.0	1.594–1	1.520–1	2.143–1	4.059–1	5.871–1	6.002–1
50.0	1.923–1	1.825–1	2.538–1	4.554–1	6.316–1	6.439–1

(Tabelle 10.10)

Hinweis: Daten nach ICRU 37 (1984).

10.11 Bestimmung der mittleren Elektronen-Eintrittsenergie aus der Reichweite in Wasser

Erläuterungen: Tabellen der Stoßbremsvermögen oder sonstige wichtige Faktoren zur Elektronendosimetrie sind meistens nach der Elektronenenergie geordnet, die in der Regel nur ungefähr (als Nennenergie des Beschleunigers) bekannt ist. Für die Dosimetrie wird dagegen die mittlere Energie der Elektronen beim Eintritt in das Phantommedium benötigt. Diese muß im Rahmen der klinischen Dosimetrie aus der praktischen oder mittleren Reichweite berechnet werden (vgl. dazu Abschnitt 8.1.2), da diese besser als die Nennenergie die Strahlungsqualität der Elektronen kennzeichnen. Die Energien und Reichweiten (für schmale, monoenergetische Elektronenspektren beim Eintritt in das Medium) wurden sowohl mit den Parametersätzen der ICRU 35 (Gl. 8.2 und 8.4) wie auch mit der Beziehung von Markus (Gl. 8.1) berechnet. Bezüglich der Genauigkeiten dieser Gleichungen s. Abschnitt (8.1.2).

R_p (cm)	$\overline{E}_0$ (MeV) (ICRU 35)	$\overline{E}_0$ (MeV) (Markus)	$\overline{R}$ (cm) (ICRU 35)
0.5	1.21	1.45	0.52
1.0	2.20	2.43	0.94
1.5	3.20	3.40	1.37
2.0	4.19	4.38	1.80
2.5	5.19	5.35	2.23
3.0	6.18	6.32	2.65
3.5	7.18	7.30	3.08
4.0	8.18	8.27	3.51
4.5	9.18	9.24	3.94
5.0	10.18	10.22	4.37
5.5	11.19	11.19	4.80
6.0	12.19	12.16	5.23
6.5	13.20	13.14	5.66
7.0	14.20	14.11	6.10
8.0	16.22	16.06	6.96
9.0	18.24	18.01	7.83
10.0	20.27	19.95	8.70
12.0	24.34	23.85	10.45
15.0	30.48	29.69	13.08
18.0	36.67	35.53	15.74
20.0	40.82	39.43	17.52
25.0	51.28	49.16	22.01
30.0	61.87	58.90	26.55

(Tabelle 10.11)

Hinweise: $\overline{R}$: mittlere Reichweite, $\overline{E}_0$: mittlere Elektronenenergie beim Eintritt in das Medium, R_p: praktische Reichweite.

10.12 Verhältnisse von Massenstoßbremsvermögen für Elektronen in Wasser und Luft

Erläuterungen: Die Verhältnisse $s_{w,a} = (S_{col}/\rho)_{\Delta,w}/(S_{col}/\rho)_{\Delta,a}$ wurden aus den (auf $\Delta = 10$ keV Energieübertrag) beschränkten Massenstoßbremsvermögen $(S_{col}/\rho)_\Delta$ für Wasser (Index w) und Luft (Index a) berechnet (Quelle: ICRU 35, 1984), das zur Beschreibung der lokalen Energieübertragung geeigneter ist als das (unbeschränkte) Massenstoßbremsvermögen (in Tabelle 10.8). Diese Faktoren können zur Umrechnung von Tiefenionendosiskurven in relative Energiedosiskurven verwendet werden. Sie sind außerdem zur Berechnung der Elektronenenergiedosis nach den Gleichungen (4.19 und 4.20 sowie 4.23 und 4.24) geeignet.

E_o(MeV)	1	2	3	4	5	6	7	8	9	10
R_p(cm)	0.39	0.90	1.40	1.90	2.41	2.91	3.41	3.91	4.41	4.91
$\bar{R}$ (cm)	0.43	0.86	1.29	1.72	2.15	2.58	3.00	3.43	3.86	4.29
Tiefe (mm H$_2$O)					$s_{w,a}$					
0	1.122	1.101	1.083	1.066	1.053	1.042	1.032	1.023	1.015	1.008
1	1.128	1.107	1.088	1.068	1.054	1.042	1.032	1.024	1.016	1.009
2	1.133	1.112	1.090	1.071	1.056	1.044	1.034	1.025	1.017	1.010
3	1.136	1.116	1.094	1.074	1.058	1.046	1.035	1.026	1.019	1.012
4	1.137	1.119	1.099	1.079	1.062	1.048	1.037	1.028	1.020	1.013
5		1.123	1.103	1.083	1.065	1.051	1.040	1.030	1.022	1.014
6		1.127	1.107	1.087	1.069	1.054	1.042	1.032	1.024	1.016
8		1.137	1.115	1.096	1.078	1.062	1.048	1.037	1.028	1.020
10		1.153	1.124	1.105	1.086	1.070	1.055	1.043	1.033	1.024
12			1.127	1.114	1.095	1.078	1.062	1.049	1.038	1.029
14			1.130	1.122	1.103	1.086	1.070	1.055	1.044	1.033
16			1.147	1.127	1.111	1.094	1.077	1.062	1.049	1.038
18				1.130	1.119	1.101	1.084	1.069	1.056	1.044
20				1.134	1.125	1.109	1.092	1.076	1.062	1.049
25					1.133	1.125	1.109	1.093	1.078	1.064
30						1.133	1.124	1.109	1.094	1.080
35							1.132	1.124	1.109	1.095
40							1.130	1.130	1.127	1.109
45								1.129	1.129	1.121
50									1.129	1.127
55										1.128

(Tabelle 10.12/1)

E_o(MeV)	12	14	16	18	20	25	30	40	50	60
R_p (cm)	5.91	6.90	7.89	8.88	9.87	12.32	14.77	19.61	24.39	29.12
$\bar{R}$ (cm)	5.15	6.01	6.87	7.73	8.58	10.73	12.88	17.17	21.46	25.75
Tiefe (mm H_2O)					$s_{w,a}$					
0	0.996	0.986	0.976	0.968	0.961	0.945	0.933	0.916	0.907	0.903
2	0.998	0.988	0.979	0.971	0.963	0.948	0.935	0.918	0.908	0.904
4	1.001	0.990	0.981	0.973	0.966	0.950	0.937	0.920	0.910	0.906
6	1.003	0.993	0.984	0.976	0.968	0.952	0.940	0.922	0.012	0.907
8	1.007	0.996	0.985	0.978	0.970	0.955	0.942	0.924	0.914	0.909
10	1.010	0.998	0.989	0.980	0.973	0.957	0.944	0.926	0.915	0.910
12	1.013	1.001	0.991	0.983	0.975	0.959	0.946	0.927	0.917	0.911
14	1.017	1.004	0.994	0.985	0.977	0.961	0.948	0.929	0.918	0.913
16	1.021	1.008	0.997	0.988	0.980	0.963	0.950	0.931	0.920	0.914
18	1.025	1.011	1.000	0.990	0.982	0.965	0.952	0.933	0.921	0.915
20	1.030	1.014	1.002	0.993	0.984	0.967	0.953	0.934	0.923	0.916
25	1.041	1.024	1.010	0.999	0.990	0.972	0.958	0.938	0.926	0.919
30	1.054	1.034	1.019	1.006	0.996	0.977	0.962	0.942	0.929	0.922
35	1.068	1.045	1.028	1.014	1.003	0.982	0.967	0.946	0.933	0.925
40	1.082	1.058	1.038	1.023	1.010	0.987	0.971	0.949	0.936	0.928
45	1.096	1.071	1.049	1.032	1.018	0.993	0.976	0.953	0.939	0.930
50	1.109	1.084	1.061	1.042	1.026	0.999	0.980	0.956	0.942	0.933
55	1.119	1.097	1.073	1.053	1.036	1.005	0.986	0.960	0.945	0.935
60	1.124	1.108	1.085	1.064	1.045	1.012	0.991	0.964	0.947	0.938
70	1.126	1.122	1.106	1.086	1.066	1.028	1.002	0.971	0.953	0.942
80		1.125	1.119	1.105	1.087	1.044	1.015	0.980	0.959	0.947
90			1.124	1.117	1.104	1.062	1.029	0.989	0.966	0.952
100				1.121	1.115	1.080	1.043	0.998	0.973	0.957
120						1.107	1.074	1.019	0.987	0.968
140						1.112	1.101	1.041	1.004	0.980
160							1.108	1.066	1.022	0.994
180								1.090	1.041	1.009
200								1.101	1.061	1.025
220								1.096	1.079	1.042
240									1.090	1.058
260									1.092	1.071
280									1.085	1.080
300										1.083
350										1.078

(Tabelle 10.12/2)

10.13 Kammerfaktoren zur Elektronendosimetrie

Erläuterungen: Dieser Abschnitt enthält die Größen zur Berechnung der k_e-Faktoren für die Berechnung der mit zylindrischen Kompaktkammern (Tabelle 10.13/1) oder Flachkammern (Tabelle 10.13/2) gemessenen Elektronenenergiedosis in Wasser nach dem Wasserenergiedosiskonzept (Gl. 4.19 bis 4.21) und dem C_E-Konzept (Gl. 4.23 und 4.24).

Für **zylindrische Kompaktkammern** gilt nach Gl. (4.20):

$$k_e = p_e/p_c \cdot (s_{w,a})_e/(s_{w,a})_c$$

mit $p_c = 0.952$ für Graphitkammern (nach Reich/Trier in Kohlrausch, Bd. II, 1985), $(s_{w,a})_c = 1.150$ (s. Tab. 10.7, Wert für 60–Co), und den Werten p_e aus der Tabelle (10.13/1), (ebenfalls entnommen aus Reich/Trier in Kohlrausch Bd. II, 1985), die für zylindrische Kompaktkammern mit Innendurchmessern von 4 bis 6 mm und Elektronenenergien oberhalb 10 MeV gültig sind. $(s_{w,a})_c$ ist das Verhältnis der Massenstoßbremsvermögen für 60–Co-Strahlung (Tab. 10.7), $(s_{w,a})_e$ diejenigen für Elektronenstrahlung (Tab. 10.12).

$\bar{E}_o$(MeV)	10	12	14	16	18	20	22
p_e	0.974	0.978	0.982	0.986	0.989	0.992	0.994

$\bar{E}_o$(MeV)	25	30	35	40	45	50
p_e	0.995	0.996	0.997	0.997	0.998	0.998

(Tabelle 10.13)

Für **Flachkammern**, deren Meßvolumen die Tiefe von 2 mm nicht überschreitet und deren Kammerwände hinreichend wasseräquivalent sind, sind beide Perturbationfaktoren in guter Näherung 1, es gilt also:

$$p_e = p_c = 1 \quad \text{und} \quad k_e = (s_{w,a})_e / (s_{w,a})_c$$

Die Größen $(s_{w,a})_c$ und $(s_{w,a})_e$ sind wie oben die Verhältnisse der Massenstoßbremsvermögen für 60–Co–Strahlung (Tab. 10.7) bzw. Elektronenstrahlung (Tab. 10.12). Nach Reich/Trier (in Kohlrausch Bd. II 1985) können die $(s_{w,a})_e$ genauer durch folgende empirische Beziehung von Markus (1983) berechnet und ersetzt werden:

$$(s_{w,a})_{exp} = 0.867 + 3.56/(E_r + 1.33),$$

wobei die Restenergie E_r am Meßort der Kammer in der Tiefe z im Medium ist. Sie kann aus der wahrscheinlichsten Energie an der Phantomoberfläche $E_{p,o}$ berechnet werden.

$$E_r = E_{p,o} - 3.51 \cdot (Z/A)_{eff} \cdot \rho \cdot z$$

$E_{p,o}$ berechnet man mit Gl. (8.1) aus der experimentell aus der Elektronentiefendosiskurve bestimmten praktischen Reichweite R_p.

$$(Z/A)_{eff} \cdot \rho \cdot R_p = 0.285 \cdot \bar{E}_o - 0.137$$

(vgl. dazu auch Abschnitt 8.1.2).

10.14 Verhältnisse von Massenstoßbremsvermögen für monoenergetische Elektronen

Erläuterungen: Diese Verhältnisse $s_{w,a}$ und $s_{m,w}$ dienen zur Umrechnung der Energiedosis von Elektronenstrahlung in Wasser oder in Luft in diejenige für andere Phantomsubstanzen oder Gewebe (nach Gl. 4.21 und 4.22).

Elektronen-energie (MeV)	$(S_{col}/\rho)_1/(S_{col}/\rho)_2$					
	Wasser/ Luft	Muskel/ Wasser	Knochen/ Wasser	Fett/ Wasser	PMMA/ Wasser	Polystyr./ Wasser
0.010	1.142	0.992	0.874	1.040	0.974	0.985
0.015	1.140	0.991	0.879	1.038	0.974	0.984
0.020	1.138	0.992	0.882	1.036	0.974	0.984
0.03	1.137	0.992	0.885	1.034	0.974	0.983
0.04	1.152	0.992	0.888	1.033	0.974	0.982
0.05	1.135	0.992	0.889	1.033	0.974	0.982
0.06	1.135	0.991	0.891	1.031	0.974	0.981
0.08	1.133	0.992	0.893	1.031	0.974	0.981
0.10	1.133	0.991	0.894	1.030	0.974	0.980
0.15	1.132	0.991	0.896	1.028	0.973	0.980
0.20	1.131	0.991	0.898	1.028	0.973	0.979
0.30	1.130	0.992	0.900	1.027	0.973	0.979
0.40	1.129	0.991	0.899	1.026	0.973	0.978
0.50	1.129	0.991	0.897	1.023	0.971	0.975
0.60	1.126	0.991	0.897	1.021	0.969	0.974
0.80	1.114	0.989	0.896	1.019	0.968	0.971
1.0	1.113	0.990	0.897	1.107	0.967	0.970
1.5	1.098	0.988	0.898	1.014	0.965	0.969
2.0	1.083	0.989	0.901	1.014	0.966	0.969
3.0	1.061	0.989	0.905	1.014	0.966	0.970
4.0	1.045	0.990	0.907	1.014	0.967	0.971
5.0	1.032	0.990	0.909	1.015	0.968	0.972
6.0	1.022	0.990	0.911	1.015	0.969	0.973
8.0	1.006	0.990	0.913	1.015	0.969	0.974
10.0	0.994	0.990	0.914	1.015	0.970	0.974
15.0	0.973	0.991	0.916	1.014	0.969	0.973
20.0	0.959	0.990	0.916	1.013	0.969	0.972
30.0	0.938	0.990	0.917	1.011	0.968	0.970
40.0	0.928	0.990	0.917	1.011	0.967	0.960
50.0	0.922	0.990	0.917	1.010	0.967	0.969

(Tabelle 10.14)

Hinweise: Zusammensetzung der Gewebe nach ICRU (10b), ICRU (26) und ICRP (23), Atomare Zusammensetzung der Substanzen: s. Tabelle (10.16), Verhältnisse mit den Daten aus Tabelle (10.8) berechnet.

10.15 Massenphotonenwechselwirkungskoeffizienten für Stickstoff (Z = 7)

Erläuterungen: Die Werte für die Wechselwirkungskoeffizienten (τ: Photo–, σ_c: Compton–, κ: Paarbildungskoeffizient im Kernfeld) wurden aus den in der unten angeführten Arbeit aufgelisteten atomaren Photonenwechselwirkungsquerschnitten berechnet. Während die Photoabsorption und die Paarbildung stark von der Ordnungszahl des Absorbers abhängen, sind die Werte für die Comptonwechselwirkung auch für Substanzen oder Elemente mit vergleichbarer effektiver Ordnungszahl (z. B. Wasser, Sauerstoff, Weichteilgewebe) gültig, da die Wahrscheinlichkeit für den Comptoneffekt für nicht zu leichte oder schwere Elemente nicht von der Ordnungszahl abhängt (vgl. dazu Gl. 1.6 und die Ausführungen in Abschnitt 1.2).

Photonenenergie (MeV)	τ/ρ (cm^2/g)	σ_c/ρ (cm^2/g)	κ/ρ (cm^2/g)
0.010	3.388+0	1.328–1	
0.015	9.288–1	1.483–1	
0.020	3.659–1	1.569–1	
0.03	9.760–2	1.634–1	
0.04	3.796–2	1.638–1	
0.05	1.810–2	1.616–1	
0.06	1.001–2	1.591–1	
0.08	3.844–3	1.526–1	
0.10	1.814–3	1.462–1	
0.15	4.730–4	1.324–1	
0.20	1.892–4	1.216–1	
0.30	5.676–5	1.062–1	
0.40		9.503–2	
0.50		8.686–2	
0.60		8.041–2	
0.80		7.052–2	
1.0		6.364–2	
1.5		5.160–2	9.417–5
2.0		4.386–2	3.745–3
3.0		3.461–2	1.075–3
4.0		2.893–2	1.746–3
5.0		2.502–2	2.339–3
6.0		2.210–2	2.868–3
8.0		1.806–2	3.754–3
10.0		1.539–2	4.472–3
15.0		1.139–2	5.848–3
20.0		9.159–3	6.837–3
30.0		6.665–3	3.406–2
40.0		5.289–3	9.202–2
50.0		4.429–3	2.136–2
60.0		3.805–3	1.054–2
80.0		3.001–3	1.144–2
100.0		2.494–3	1.208–2

(Tabelle 10.15)

Hinweis: Quelle: E. Storm, H. I. Israel: in Nuclear Data Tables A7, 565–681 (1970).

10.16 Atomare Zusammensetzung verschiedener Gewebe, Phantommaterialien und Dosimetersubstanzen

Bezeichnung	ρ (g/cm^3)	$(Z/A)_{eff}$	Element:Gewichtsprozent			Quelle
Wasser, flüssig	1.0	0.555	H:11.19	O:88.81		–
Luft, trocken	0.001293	0.499	C:0.0124 Ar:1.28	N:75.53	O:23.18	–
PMMA	1.19	0.539	H:8.054	C:59.98	O:31.96	ICRU 37
Polystyrol	1.06	0.538	H:7.742	C:92.258		–
LiF, nat.	2.635	0.463	Li:26.76	F:73.24		–
Frickelösung	1.024	0.553	H:10.84 Na:0.0022 Cl:0.0035	N:0.0027 S:1.26 Fe:0.0055	O:87.89	ICRU 37
Filmemulsion	3.815	0.455	H:1.41 O:6.61 Ag:47.41	C:7.23 S:0.19 I:0.31	N:1.93, Br:34.91,	ICRU 37
Fettgewebe	0.92	0.558	H:11.95 O:23.23 P:0.016 K:0.032 Zn:0.002	C:63.72 Na:0.05 S:0.073 Ca:0.002	N:0.797 Mg:0.002 Cl:0.119 Fe:0.002	ICRP 33
Muskulatur, gestreift	1.04	0.549	H:10.2 O:7.29 P:0.2	C:12.3 Na:0.08 S:0.5	N:3.5 Mg:0.02 K:0.3	ICRU10b
Weichteil (4 Komp.)*	1.0	≈0.55	H:10.1 O:76.2	C:11.1	N:2.6	ICRU 33
Lunge	0.3	0.557	H:10.44 O:74.36 P:0.11 K:0.15	C:11.87 Na:0.24 S:0.12 Ca:0.01	N:2.41 Mg:0.04 Cl:0.23 Fe:0.02	Schreiber
Knochen, kortikal	1.85	0.521	H:4.72 O:44.61 S:0.32	C:14.43 Mg:0.22 Ca:20.99	N:4.2 P:10.5 Zn:0.01	ICRP 33
Knochen, kompakt	1.85	0.530	H:6.4 O:41.0 S:0.2	C:27.8 Mg:0.2 Ca:14.7	N:2.7 P:7.0	ICRU10b

(Tabelle 10.16)

Hinweise: *: Von Hubbell (1982) zur Berechnung der Absorptionskoeffizienten verwendete Zusammensetzung für Weichteilgewebe (vgl. Tabellen 10.1 und 10.2), PMMA: Polymethylmethacrylat (Plexiglas), LiF: natürliches Lithiumfluorid.

11 Literatur

11.1 Lehrbücher und Monografien

Attix/Roesch/Tochilin: F. H. Attix, W. C. Roesch, E. Tochilin, Radiation Dosimetry Vol. I–III, Academic Press New York (1968)

Bleehen/Glatstein: N. M. Bleehen, E. Glatstein, J. L. Haybittle, Radiation Therapy Planning, Dekker New York (1983)

Clausnitzer: G. Clausnitzer, G. Dupp, W. Hanle, P. Kleinheins, H. Löb, K. H. Reich, A. Scharmann, N. Schneider, W. Schwertführer, K. Wölcken, Partikelbeschleuniger, Thiemig München (1967)

Daniel: H. Daniel, Beschleuniger, B. G. Teubner Stuttgart (1974)

Ewen: K. Ewen, Strahlenschutz an Beschleunigern, B. G. Teubner Stuttgart (1985)

Greening 1981: J. R. Greening, Fundamentals of Radiation Dosimetry, in Medical Physics Handbook 6, Adam Hilger Bristol (1981)

Gremmel: H. Gremmel, H. Wendhausen, Computerunterstützte Bestrahlungsplanung, Urban & Schwarzenberg München (1985)

Jaeger/Hübner: R. G. Jaeger, H. Hübner, Dosimetrie und Strahlenschutz, Georg Thieme Stuttgart (1974)

Kohlrausch: F. Kohlrausch, Praktische Physik, Bd. I–III, B. G. Teubner Stuttgart (1985).

Lederer: C. M. Lederer, V. S. Shirley, Tables of Isotopes, 7.th Edition, New York (1986)

Livingstone: M. S. Livingstone, The Development of High–energy Accelerators, Dover Publ. New York (1966)

Nachtigall: D. Nachtigall, Physikalische Grundlagen für Dosimetrie und Strahlenschutz, Thiemig München (1971)

Oberhofer/Scharmann: M. Oberhofer, A. Scharmann, Applied Thermoluminescence Dosimetry, Adam Hilger Bristol (1981)

Petzold/Krieger Bd 1: W. Petzold, H. Krieger, Strahlenphysik, Dosimetrie und Strahlenschutz, Bd. I, B. G. Teubner Stuttgart (1988)

Schreiber: H. Schreiber, Unterlagen zur Neutronenbiologie des menschlichen Körpers, Schattauer Stuttgart (1965)

Wachsmann: F. Wachsmann, G. Drexler, Graphs and Tables for Use in Radiology, Springer Berlin (1976)

Whyte: G. N. Whyte, Principles of Radiation Dosimetry, Wiley New York (1959)

11.2 Deutsche Normen und Vorschriften zu Dosimetrie und Strahlenschutz

Hier werden nur die wichtigsten im Text zitierten Normen zur Dosimetrie aufgeführt. Ein vollständiger Überblick über die DIN-Normen zu Dosimetrie und Strahlenschutz befindet sich u. a. in Petzold/Krieger (Bd. 1) und in den DIN-Taschenbüchern 159 und 234 (Beuth Berlin 1988)

DIN 6800: Dosismeßverfahren in der radiologischen Technik (Juni 1980)
  Teil 1: Allgemeines zur Dosimetrie von Photonen- und Elektronenstrahlung nach der Sondenmethode
  Teil 2: Ionisationsdosimetrie
  Teil 3: Eisensulfatdosimetrie
  Teil 4: Filmdosimetrie
  Teil 5: Thermolumineszenz-Dosimetrie
  Teil 6: Photolumineszenz-Dosimetrie

DIN 6802-2: Neutronendosimetrie, Berechnungsgrundlagen (Vornorm Juni 1978)

DIN 6809: Klinische Dosimetrie
  Teil 1: Therapeutische Anwendung gebündelter Röntgen-, Gamma- und Elektronenstrahlung (Sept. 1976, zur Zeit in Überarbeitung)
  Teil 2: Interstitielle und Kontaktbestrahlung mit umschlossenen gamma- und betastrahlenden radioaktiven Stoffen (Juni 1978, zur Zeit in Überarbeitung)
  Teil 2: Interstitielle und Kontaktbestrahlung mit umschlossenen gammastrahlenden radioaktiven Stoffen (Entwurf in Vorb. 1989, Ersatz für Version 1978)
  Teil 4: Anwendung von Röntgenstrahlen mit Röhrenspannungen von 10 bis 100 kV in der Strahlentherapie (1988)

DIN 6814: Begriffe und Benennungen in der radiologischen Technik
  Teil 1: Anwendungsgebiete (Sept. 1980)
  Teil 2: Strahlenphysik (Jan. 1980)
  Teil 3: Dosisgrößen und Dosiseinheiten (Dez. 1985)
  Teil 4: Radioaktivität (März 1980)

DIN 6817: Dosimeter mit Ionisationskammern für Photonen- und Elektronenstrahlung zur Verwendung in der Strahlentherapie, Regeln für die Herstellung (Okt. 1984)

DIN 6847: Medizinische Elektronenbeschleunigeranlagen
  Teil 4: Apparative Qualitätsmerkmale, Entwurf Sept. (1986)
  Teil 5: Konstanzprüfungen apparativer Qualitätsmerkmale, Entwurf Sept. (1986)

Eich: Gesetz über das Meß- und Eichwesen (Eichgesetz) in der Fassung vom 22. 02. 1985, BGBl. I, S. 410

EichV: 2. Verordnung über die Eichpflicht von Meßgeräten vom 06. 08. 1975, BGBl. I, S. 2161, zuletzt geändert durch die Verordnung vom 08.05. 1985, BGBl. I, S. 422

Richtlinie Strahlenschutz in der Medizin: Richtlinie für den den Strahlenschutz bei Verwendung radioaktiver Stoffe und beim Betrieb von Anlagen zur Erzeugung ionisierender Strahlen und Bestrahlungseinrichtungen mit radioaktiven Quellen in der Medizin vom 18. 10. 1979, GMBl. S. 638

RöV: Verordnung über den Schutz vor Schäden durch Röntgenstrahlen (RöV Röntgenverordnung) vom Jan. 1987, BGBl. I S. 114

StrSchV: Verordnung über den Schutz vor Schäden durch ionisierende Strahlen (Strahlenschutzverordnung) vom 13. 10. 1976, BGBl. I, S. 2905

11.3 Nationale und internationale Protokolle und Reports zu Dosimetrie und Strahlenschutz

AAPM 1975: American Association of Physicists in Medicine (AAPM), Code of Practice for X-ray Linear Accelerators, Med. Physics 2, 110 (1975)

AAPM 12: American Association of Physicists in Medicine (AAPM), Physical Aspects of Quality Assurancein Radiation Therapy, Monograph No. 12, New York (1984)

AAPM 21: American Association of Physicists in Medicine (AAPM), Task Group 21, Radiation Therapy Committee: A Protocol for the Determination of Absorbed Dose from High Energy Photon and Electron Beams, Medical Physics 10, p. 741–771 (1983)

AAPM 32: American Association of Physicists in Medicine (AAPM), Task Group 32, Radiation Therapy Committee: Specification of Brachytherapy Source Strength, American Institute of Physics, New York (1986)

BCRU: British Commission on Radiological Units (BCRU), Specification of Brachytherapy Sources, British Journal of Radiology, 57, p. 941–942 (1984)

BIR 16: British Institute of Radiology, Report No. 16, Treatment Simulators, London (1981)

BJR 21: British Journal of radiology, Supplement 21: Radionuclides in Brachytherapy: Radium and After, London (1987)

BJR: British Journal of Radiology, Supplement No. 17: Central Axis Depth Dose Data for Use in Radiotherapy, British Institue of Radiology, London (1983)

CCEMRI: Bureau International des Poids et Mesures, Report 85–8: Effect of a Change of Stopping Power Values on the W Value recommended by the ICRU for Electrons in Dry Air, Sevres (1985)

CFMRI: Committe Francais Mesure des Rayonnements Ionisants (CFMRI), Rapport No. 1, Bureau national de Metrologie, Monograph 9, Vol. 1 (1983)

DGMP 1: Deutsche Gesellschaft für Medizinische Physik, Bericht Nr. 1, Grundsätze zur Bestrahlungsplanung mit Computern, Göttingen (1981)

DGMP 2: Deutsche Gesellschaft für Medizinische Physik, Bericht Nr. 2, Tabellen zur radialen Fluenzverteilung in aufgestreuten Elektronenstrahlenbündeln mit kreisförmigem Querschnitt, Göttingen (1982)

DGMP 3: Physikalisch-Technische Bundesanstalt, Deutsche Gesellschaft für Medizinische Physik, Bericht Nr. 3, Vorschlag für die Zustandsprüfung an Röntgenaufnahmeeinrichtungen im Rahmen der Qualitätssicherung in der Röntgendiagnostik, Berlin (1985)

DGMP 4: Physikalisch-Technische Bundesanstalt, Deutsche Gesellschaft für Medizinische Physik, Bericht Nr. 4, Vorschlag für die Zustandsprüfung an Röntgendurchleuchtungseinrichtungen im Rahmen der Qualitätssicherung in der Röntgendiagnostik, Berlin (1987)

DGMP 5: Deutsche Gesellschaft für Medizinische Physik, Bericht Nr. 5, Praxis der Weichstrahldosimetrie, (1986)

HPA 1969: Hospital Physicists Association (HPA), A Code of Practice for the Dosimetry of 2 to 35 MV X-rays and Cesium-137 and Cobalt-60 Gamma Ray Beams, Phys. Med. Biol. 13, 1 (1969)

HPA 4:	Hospital Physicists Association (HPA), A Practical Guide to Electron Dosimetry (5 – 35 MeV), HPA Series Report No. 4, London (1971)
IAEA 110:	International Atomic Energy Agency, Technical Report Series No. 110, Manual of Dosimetry in Radiotherapy, Vienna (1970)
ICRP 23:	International Commission on Radiation Protection, Report of the Task Group on Reference Man, New York (1975)
ICRP 38:	International Commission on Radiation Protection, Report No. 38 (1983)
ICRU 10b:	International Commission on Radiation Units and Measurements Report No. 10b, Physical Aspects of Irradiation (1964)
ICRU 14:	International Commission on Radiation Units and Measurements Report No. 14, Radiation Dosimetry: X–rays and Gamma–rays with maximum Photon Energies between 0.6 and 50 MeV (1969)
ICRU 26:	International Commission on Radiation Units and Measurements Report No. 26, Neutron Dosimetry for Biology and Medicine (1977)
ICRU 30:	International Commission on Radiation Units and Measurements Report No. 30, Quantitative Concepts and Dosimetry in Radiobiology (1979)
ICRU 33:	International Commission on Radiation Units and Measurements Report No. 33, Radiation Quantaties and Units (1980)
ICRU 34:	International Commission on Radiation Units and Measurements Report No. 34, The Dosimetry of Pulsed Radiation (1982)
ICRU 35:	International Commission on Radiation Units and Measurements Report No. 35, Radiation Dosimetry: Electron Beams with Energies Between 1 and 50 MeV (1984)
ICRU 37:	International Commission on Radiation Units and Measurements Report No. 37, Stopping Powers for Electrons and Positrons (1984)
ICRU 38:	International Commission on Radiation Units and Measurements Report No. 38, Dose Specification for Intracavitary Therapy in Gynaecology (1985)
ICRU 43:	International Commission on Radiation Units and Measurements Report No. 43, Use of Computers in External Beam Radiotherapy Procedures with High Energy Photons and Electrons (1988)
NACP 1979:	Nordic Association of Clinical Physicists (NACP), Procedures in External Radiation Therapy Dosimetry with Electron and Photon Beams with Maximum Energies between 1 and 50 MeV, Stockholm (1979) und Acta Radiol. Oncol. 19, 55 (1980)
WHO 644:	World Health Organization, Technical Report No. 644, Optimization of Radiotherapy, Genf (1980)

11.4 Wissenschaftliche Einzelarbeiten

Berger/Seltzer 1964: M. J. Berger, S. M. Seltzer, Tables of energy losses and ranges of electrons and positrons, in NAS–NRC Publication 1133 und in Nasa Publication SP–3012 (1964)

Berger/Seltzer 1966: M. J. Berger, S. M. Seltzer, Additional stopping power and range tables for protons, mesons and electrons, in Nasa SP 3036 (1966)

Berger/Seltzer 1982: M. J. Berger, S. M. Seltzer, Stopping power and ranges of electrons and positrons, NBSIR 82–2520 National Bureau of Standards Washington D. C. (1982)

Brahme 1984: A. Brahme, Dosimetric precision requirements in radiation therapy, Acta Radiol. Oncol. 23, 379 ff (1984)

Brahme 1988: A. Brahme, Optimal Setting of miltileaf collimators in stationary beam radiation therapy, Strahlentherapie und Onkologie 164, p. 343–350 (1988)

Briot: E. Briot, Etude dosimetrique et comparaison des faisceaux d'electrons de 4 a 32 MeV issus de deux types d'accelerateurs lineaires avec balayage et diffuseurs multiples, Thesis, Paris (1982)

Busuoli: G. Busuoli, General characteristics of TL materials, in M. Oberhofer, A. Scharmann, Applied Thermoluminescence Dosimetry, Bristol (1981)

Cunningham 1984: J. R. Cunningham, R. J. Schulz, On the selection of stopping–power and mass energy–absorption coefficients ratios for high–energy x–ray dosimetry, Med. Physics. 11, p. 618–623 (1984)

Evans: R. D. Evans, X–ray and γ–ray interactions, in S. Flügge, Handbuch der Physik Bd. XXXIV Berlin (1958)

Evans 1968: R. D. Evans, X–ray and γ–ray interactions, in Attix, Roesch, Tochilin, Radiation Dosimetry Vol. I, (1968)

Fowler/Attix: J. F. Fowler, F. H. Attix, Solid state integrating dosemeters, in: Attix, Roesch, Tochilin, Radiation Dosimetry Vol. II, (1968)

Harder 1965: D. Harder, Energiespektren schneller Elektronen in verschiedenen Tiefen, Symposium in High Energy Electrons, Herausgeber Zuppinger und Poretti, Berlin (1965)

Harder 1966: Harder, D., Spectra of primary and secondary electrons in material irradiated by fast electrons, in Biophysical Aspects of Radiation Quality, IAEA Technical Report Ser. No. 58, Vienna (1966)

Harder 1966b: Harder, D., Physikalische Grundlagen der Dosimetrie in: Sonderband Strahlentherapie 62, S. 254–279 (1966)

Hassenstein/Nüsslin: E. Hassenstein, F. Nüsslin, Medizinische und physikalische Aspekte der Qualitätssicherung in der Radioonkologie, Strahlentherapie 161, 685–693 (1985)

Hinken: J. Hinken, in: F. Kohlrausch, Praktische Physik, Bd. II, Teubner Stuttgart (1985)

Hohlfeld 1985:	K. Hohlfeld, in: F. Kohlrausch, Praktische Physik, Bd. II, Stuttgart (1985)
Hubbell 1982:	J. H. Hubbell, Photon Mass Attenuation and Energy–absorption–Coefficients from 1 keV to 20 MeV, Int. J. Appl. Radiat. Isot. 33: 1269–1290 (1982)
Johns:	H. E. Johns, x–Rays and Teleisotope x–Rays in Attix, Roesch, Tochilin, Radiation Dosimetry Vol. III, 1968
Kneschaurek:	P. Kneschaurek, H. Lindner: Dosis und Dosisverteilung im Nahfeld von Ir–192–Quellen, Strahlentherapie 161 (1985), 706–710
Krieger 1:	H. Krieger., H. Damoune, Physikalische Aspekte der Therapieplanung bei der intrakavitären und interstitiellen High–Dose–Rate Afterloading Therapie, Annual Meeting of Radiooncology, Radiobiology and Medical Radiophysics, Linz Austria, 1986, in "Fortschritte in der interstitiellen und intrakavitären Strahlentherapie", Zuckschwerdt München–Wien 1988, S. 42–48
Krieger 2:	H. Krieger, A new universal solid state phantom for the measurement of the specific dose rate of HDR afterloading sources, Proceedings of the International Meeting on Remote Controlled Afterloading in Cancer Treatment, Sept. 6–9, (1988) Wuhan, Peoples Republic of China
Krieger 3:	H. Krieger, Fundamental investigations on the dosimetry with high–dose–rate sources for afterloading devices, Proceedings of the International Meeting on Remote Controlled Afterloading in Cancer Treatment, Sept. 6–9, 1988, Wuhan, Peoples Republic of China
Krieger 4:	H. Krieger, Ein schnelles Planungsprogramm zur interstitiellen und intrakavitären 192–Ir–Afterloading–Therapie, Strahlentherapie 162 (1986)
	H. Krieger, A fast planning program for interstitial and gynaecological use, International Symposium on high dose rate afterloading treatment of the cancer of the uterus, Giessen, July 10–12, 1986, in "High dose rate afterloading in the treatment of cancer of the uterus, breast and rectum", Supplement No. 82 to Strahlentherapie and Onkologie, München 1988, p. 72–77
Kuszpet 1982:	M. E. Kuszpet, H. Feist, W. Collin, H. Reich, Determination of C_λ and C_E conversion factors and stopping power ratios using calibrated ferrous sulphate dosemeters, Phys. Med. Biol. 27, p. 1419–1433 (1982)
Markus:	B. Markus, Energiebestimmung schneller Elektronen aus Tiefendosiskurven, Strahlentherapie 116, S. 280–286 (1961)
Markus 1983:	B. Markus, G. Kasten, Zum Konzept des mittleren Bremsvermögens und der mittleren Elektronenenergie in der Elektronendosimetrie, Strahlentherapie 159, 567–571 (1983)
Meisberger:	L. L. Meisberger, R. J. Keller, R. J. Shalek, The effective attenuation in Water of the Gamma Rays of Gold 198, Iridium 192, Cesium 137, Radium 226, and Cobalt 60, Radiology 90, p. 953–957 (1968)

Nüsslin:	F. Nüsslin, Ein Rechenverfahren für die EDV-gestützte Bestrahlungsplanung in der Therapie mit schnellen Elektronen, Habilitationsschrift, Hannover (1979)
Portal:	G. Portal, Preparation and properties of principal TL products, in M. Oberhofer, A. Scharmann, Applied Thermoluminescence Dosimetry, Adam Hilger Bristol (1981)
Rassow:	J. Rassow, Grundlagen und Planung der Elektronentiefentherapie mittels Pendelbestrahlung, Habilitationsschrift Essen (1970)
Rassow 1987:	J. Rassow, Physikalisch-methodische Grundlagen der Strahlentherapie, in: E. Scherer, Strahlentherapie, Thieme Stuttgart (1987)
Reich 1985:	H. Reich, in: F. Kohlrausch, Praktische Physik, Bd. II, Stuttgart (1985)
Reich/Trier 1985:	J. O. Trier, H. Reich, in: F. Kohlrausch, Praktische Physik, Bd. II, Teubner Stuttgart (1985)
Richter:	J. Richter, Untersuchung zur Dosisberechnung bei der Fernbestrahlung mit Photonen, Habilitationsschrift, Würzburg (1982)
Roos 1973:	H. Roos, P. Drepper, D. Harder, The transition from multiple scattering to complete diffusion of high energy electrons, Proceedings of the Fourth Symposium on Microdosimetry, Commission of the European Communities EUR 5122, Luxembourg (1973)
Roos/Großwendt	M. Roos, B. Großwendt, Bremsstrahlungskorrekturen für die Dosimetrie der γ-Strahlung von 60-Co-Therapieanlagen, in: Medizinische Physik S. 371-374 (1984)
Sonntag:	M. R. Sonntag, Photon Beam Dose Calculations in Regions of Tissue Heterogeneity using Computed Tomography, Thesis, Toronto (1979)
Storm/Israel:	E. Storm, H. I. Israel, Nuclear Data Tables A7, p. 565-681 (1970)

Sachregister

Ablenkrohr 100
Ablenkung des Elektronenstrahls **71ff**,100ff
Abschaltfunktion bei Linacs 294f
Absolutdosimetrie 123,132,149,291
Absorption, von β–Strahlung 53,108,204
 – von Elektronen **40f**,90,273,279,283
 – von Photonen **11ff**,19,23,53,90,98,136,
  199, 201,211,216,220,225,227,242,247,
  251,254ff,258,273,297
Absorptionskante 13
 –koeffizient→Energieabsorptionskoeff.
Abstandsquadratgesetz 93,110,147f,183f,
  197–**204**,211,218f,221f,225ff,230,241,**247**,
  251,253,255,258ff,273ff,292,298
Afterloading–Anlagen 52,**113ff**,285,287
 –Dosimetrie 151,158,184,287,**295ff**
 –Dosisverteilungen **116ff**,199,**247ff**
 –Quellen 115,184,204ff,286
Aktivität 53,55,108ff,112,115f,183ff,
  188,198,253,258
 –, effektive 109,184,188,201,204
 –, massenspezifische **53,55**,115
Aktivitätsbelegung 109
 –messung 121,151f,204
 –konzentration 53,55
 –verteilung 253
Aktivatorzentren 164,166
Aktivierung 23,**53ff**,93f,108
Aktivimeter 149
α–Strahlung 48,105
Annealing von TLD 173,175,**180f**
Anregung von TLD 162,164ff
Antimaterie 19
Antineutrino 46
Applikation v. Strahlung 51f,56,78,113f
Applikationsraum 53,113
Applikator 52,113,115,117ff,204,206f,247ff,
  251ff,254ff,257f,260
Äquivalentquadratfelder **194ff**,291f,297
Äquivalentdosis 48
Äquivalente, dosimetrische 130,132,**144ff**,148
 –, globale 145f,148
 –, lokale 130,148
 –, bzgl. Strahlungsqualität 25,108
 –, bzgl. Meßtiefe 147
Atomgewicht, relatives 145f
Atomstöße 31
Aufbaueffekt 211
 –kappe 131,140,184,186,221
 –zone **211**,216,266f
Aufhärtung 26,91,203,213
Augereffekt 13ff
Ausgleichsfolie für Elektronen 70,**78f**,187,203
Ausgleichskörper für Photonen 70,89,90,
  92ff,139,192,203,214
Austrittsdosis 210

Auswerteeinheit für TLD 177

Backscatter → Rückstreuung
Bahnlänge v. Elektronen in Materie 43f
Bahnradius v. Elektronen im Magnetfeld 72
Bändermodell **161ff**
Bandlücke 161f
Beamhardener 70,89,**92ff** (→ Aufhärtung)
Beamloading in Linacsektionen 61
Beamstopper → Elektronenfänger
Beschleuniger 51,**56ff**,**100ff**,186f,189,191ff,
  202ff,215,221,232,164,287,294
Beschleunigung von Elektronen 61ff,100ff
Beschleunigungseinheit von Linacs 57,**60ff**
Beschleunigungsfeld in Linacs 62f,67
Beschleunigungsrohr 57,61f,64f,101,192
Beschleunigungsspalt 100,106
Bestrahlung, endoluminal 51,114
 –, interstitiell 51,114
 –, intracavitär 51,114f
 –, perkutan 51f,108,199
Bestrahlungsplanung 121,232f,**237ff**,277
 –, Fehler 125f,204,278f
Bestrahlungsraum 287
β–Strahlung **45f**,51f,108,115,287
Betatron 52,80,**102ff**,264
Bewegungsbestrahlung 87,111,117f,294,296
Bewegungsenergie, Comptonelektronen 17
 –, Betateilchen 46
 –, Elektronen im Umlenkmagneten 72
 –, Elektron–Positron–Paar 19
 –, Sekundärelektronen 29,32,128
Bewertungsfaktoren 48
Blendensystem → Kollimatorsystem
Brachytherapie 51f,113,219
BRAGG–GRAY–Bedingungen 129,**131ff**,
  138,140,142,183,221,243
BRAGG–Kurven 50
BRAGG–Maximum 50
Bremsstrahlung 29,31,33f,78,128,134f,264
Bremsstrahlungsausbeuten 315
 –erzeugung in Linacs **88ff**
 –kontamination von Elektronenstrahlen–
  bündeln 271
 –korrektur 134ff
 –schwanz 264,266f,269,271
Bremstarget 58,76,79,**88ff**,139,203
Bremsvermögen für Elektronen **32ff**,145
Brennfleck bei Beschleunigern 203,216
Buncher (in Linacs) 64,69

Cäsiumanlage 52,54
C–E–Methode 144
Cerenkovstrahlung 269
Chemolumineszenz 174,177
C–λ–Methode **140f**,138 309

C–λ–Faktor 60–Co 140
Compton–Effekt **15ff**,90f,128,145,147f,
 208,235,239f
 –elektron 16,132
 –photon 16,223
 –(streu)koeffizient 15,235

D<small>EE</small> 105
Defektelektronen 162f,164
Dekrementlinienverfahren 241
δ–Elektronen 128ff,215
Densitometer 290
Dermaplatten 52
Deuteronen 50,105
Dichteeffekt bei Elektronen 141,143,149,262
DIN–Methode 138,140
Displacementfaktor 156
Divergenz 40,78,147,189,199,201,203,211,
 216f,219,221,225,227,229f,237,273,279f
Doppelfoliensystem 80
Doppeldosismonitor → Dosismonitor
Dosimetrie, absolute 149,223
 –, klinische 120ff
 –, relative 160
 –, Betastrahlung 151
 –, Elektronenstrahlung 41f,**142ff**,157f,261ff
 –, Fehler 134,152ff,214
 –, Genauigkeit **124ff**,134f,152ff,182
 –, Geräte 285ff
 –, ultraharter Photonen **138ff**,158,185
Dosisaufbaueffekt, Photonen 211ff
 –, Elektronen 266
Dosisberechnung, Afterloadingquellen 253ff
 –, Elektronenstrahlung 282f
 –, Photonenstrahlung 238ff
Dosisleistung therapeutischer Strahlungs–
 quellen 183ff
Dosisleistungs–Berechnung 258
 –Faktoren 186,296
 –Fehler 185
 –Konstante 184,198,204,253,257f
 –Meßgerät f. Strahlenschutz 287
 –Regelung beim Linac 186
 –Verteilung bei AL–Quellen 116ff,247ff
 –Verteilung im Patienten 121,183,220
Dosismaximum 185,297
 –v. Photonen 156,**211ff**,217,267
Dosismonitor 56,70,82,**97ff**,150,153,183,185f,
 192,203,294
Dosisquerprofil 85,229,**227ff**,245,289,291f,295
 –, Elektronen 80,85,276
 –, Photonen 91f,209,241f,249
Dosisverteilung 56,86,125,147,183,293
 –, um AL–Quellen 116ff,199,**247ff**,251
 –, Messung mit TLD 123
 –, v. perkutanen Photonen 208ff,238ff
 –, Berechnung um AL–Quellen 253ff
 –, v. perkutanen Elektronen **261ff**,282ff
Dosiswirkungskurven 125ff
Dotierung v. TLD 160,163ff,170,175

Duplettlinsen 78
Durchstrahlkammer 97f,149f,157
dynamische Bestrahlung 97,195

E<small>i</small>genabsorption → Selbstabsorpion
Einzelquellenmethode bei AL 117
Eisensulfatdosimetrie 123,127,**158f**
Elektrodisintegration 31
electron–blow–up 280
Elektronen
 –applikator 87,203,271
 –bindungsenergie 12,17,27f,32,134
 –bündelung in Linacs 63f,67ff,71
 –eintrittsenergie 45,142,262f,**266f**,275,316
 –energie, mittlere 37,142,262f,272
 –energie, wahrscheinlichste 142,262
 –fallen → Traps
 –fänger 70,89f
 –gleichgewicht 130,133
 –kanone 57,60f
 –kreisbeschleuniger 100ff
 –linearbeschleuniger 52,**56ff**,88ff,191ff
 –loch 13f,161f
 –quelle 60
 –sonden 130ff,**138**
 –strahl in Linacs 70ff,73f,78f,85ff
 –strahl in Mikrotrons 100ff
 –strahl in Betatrons 102ff
 –strahlungsquellen 51f,100f
 –streuung → Streuung
 –trimmer → Elektronenapplikator
 –wechselwirkung 31ff
Elektron–Loch–Paar 162,166
Elektron–Positron–Paar 19,132
Emissionsspektren von TLD 170
endoluminal 114f
Energie–absorption, Elektronen 279
 –absorption, Photonen 11,23,27ff,136,145,
 175,234f,256
 –absorption, Sekundärelektronen 27,30
 –absorptionskoeffizient 29f,40,137,145,235,
 255f
 –akzeptanz in Linacsektionen 68f
 –analyse von Elektronen 68ff,105
 –bilanz in der Ionisationssonde 129ff
 –dosis 120,128f,134,**137ff**,144f,210,234
 –dosisverteilungen, AL–Quellen 116ff,247ff
 –dosisverteilungen, Elektronen **261ff**,282ff
 –dosisverteilungen, Photonen 208ff
 –gewinn v. Elektronen im Linac 61ff
 –gewinn v. Elektronen im Mikrotron 100f
 –Massen–Äquivalent 19f,27,46
 –selektion → Energieanalyse
 –spalt 75ff,79,82
 –spektren, Elektronen 36ff,120,276,269ff
 –spektren, Photonen 26,90,92,120
 –straggling 36,78f,213,266
 –tiefendosen, Elektronen 261ff
 –tiefendosen, Photonen 210ff
 –transfer, linearer 32,**47f**

–übertragung → Energieumwandlungskoeff.
–unschärfe 72f,75,101
–umwandlungskoeffizient **27ff**,255
Erstdosimetrie am Linac 291f,296
Essener Kubus 290,296
Extraktionsspannung 61
Extrapolationskammer 150f

F ading 122,124,169,171f
Faktorisierungsmethode → Zerlegungsmeth.
Fehlstellen im TLD–Kristall → Dotierung
Feldausgleich, Betatron 105
 –, Linac Elektronen 71,**78ff**,229,231
 –, Linac Photonen **90ff**,229,231
Feldbereich, ausgeglichener 228
Feldgröße 228ff
Feldhomogenisierung → Feldausgleich
Feldkontrollaufnahmen 124,227,290,295
Feldstärke in Linacsektionen 62
Festkörperphantom 206f,289f,**297ff**
Filmdosimeter **122ff**,248f,277
Filterfaktoren 241
Fingerhutkammer 150f,157,288
Flächenbelegung 24f
Flächendosisprodukt 122,150
Flächenquelle, effektive 202f
Flachkammer 142,150,155ff,223,261,288,320
Fluoreszenz 163,165f
Fokussierung von Elektronenbündeln 71,73f
Fokus → Brennfleck
Folienausgleich → Streufolienverfahren
Fricke–Dosimeter → Eisensulfatdosimeter
Frei–Luft–Messungen 133,185f,200,204,223, 243,297
Fremdatome im Kristallgitter → Dotierung
Füllhalterdosimeter 123,151

G ammastrahlung 52f,108,115,287
Gantry 57,296
Gap → Bandlücke
Geometrische Kontrollen 296
Geräteausstattung für die Dosimetrie 285ff
Gesetzliche Vorschriften zur Dosimetrie 284
Gewebe–äquivalenz 122,289
 –Luft–Verhältnis 183,222,**225f**,242ff, 245,289,292,296
 –Maximum–Verhältnis 140,183,222,**225f**, 242f,245,289,292,296
 –zusammensetzung 323
g–Faktor → DIN–Methode
Gitteratome 161ff
Gitterschwingungen → Phononen
Gleichgewichtssonden 130,**133**,137
Glowkurven 168f,**170ff**,177,179f
Grenzenergie v. Photonenstrahlung 90ff
G–Wert → Bremsstrahlungskorrektur

H albblenden → Kollimator
Halbleitersonden 261,277
Halbschatten 191,227,229f

–, geometrischer 227ff
–trimmer 111
Halbwertbreite, Elektronenspektrum 36
Halbwertschichtdicke, Photonen 24,26,90, 131,139,210,218,224
Halbwertzeit 53
–, 60–Co–Quelle 108
Hautdosis → Oberflächendosis
HDR (High–Dose–Rate) 114ff
heterogene Photonenstrahlung 25f,139
 – Elektronenstrahlung 74
Heißgasleser 177
Heizprofile (TLD) 179ff
Heizzyklus (TLD) 179ff
Heizeinrichtung (TLD) 177ff
Hochfrequenz 57ff,100f,105ff
 –quellen, für Beschleuniger **57ff**,105
 –welle **62ff**,66,68f
Hohlraumbedingungen → Bragg–Gray–Bed.
Hohlraumsonden → Elektronensonden
Hohlraumresonator 100f
Homogenität von Dosisverteilungen 70,**231f**, 227,277,289,292,295
Homogenisierung → Feldausgleich
Homogenitätsgrad v. Photonenspektren 26f
HWSD → Halbwertschichtdicke

I mpulsfrequenz (Linearbeschleuniger) 61,68
Infrarotstrahlung 174
Inhomogenitäten 121,242
 –, Photonenstrahlung 234ff
 –, Elektronenstrahlung 277f,**279ff**
 –, bei Messungen 155
Inhomogenitätskorrektur 246,283,296f
Intensitätsmaximum (v. Glowkurven) 168ff
Intensitätsverteilung, Photonen 91f
Interlock–System 83,94,98,121,293
interstitiell 114
intracavitär 114
in–vivo–Dosimetrie 123,151,153,160,207f, 288,295
Ionendosis(leistung) 32,128,204
Ionentiefendosiskurven, Elektronen 261ff
Ionisationsdosimetrie 122,**128ff**,287
 –Kontrollen und Korrekturen 152ff
Ionisationskammern 32,97f,120,122,128f, 142,149ff,261,277,287
 –, Bauformen 149ff,133
 –. Bedingungen für die Bauform 130ff
 –, Richtungsabhängigkeit 123,**149ff**,157f
Ionisierung 31f,48ff
Ionisierungsdichte 15,**48f**,32
 –energie 135
 –konstante 135,140,153
 –vermögen 32,48f
Isodosen, Elektronen 262,**277ff**
 –, Afterloading 117ff
 –linien 209,232,238,248,258,291f,289
 –, Photonen **232ff**,242
 –verschiebung, Elektronen 263,**282f**,292

333

Isozentrum 139,185,296
Isozentrumsabstand 111,297

Kalibrierfaktor, Standardionendosis 140,298
 —, Luftkerma 299
 —, Wasserenergiedosis 137,299,141
Kalibrierung 123ff,133ff,137,140,152,207
 —von Phantomem für AL 297ff
Kammerfaktoren (Ionisationskammern) 319
Keilfilter 111,232f,238,242f
 —faktoren 292
Kenndosisleistung 183ff,194,199,230,295,297
 —, AL–Quellen 204ff,249,258
 —, Co–60–Quellen 108ff,112,201
 —, Messung 121,125,184,222,289,291
 —, Meßtiefe ultraharte Photonen 147
Kerma 11,128,134f,213,255
 —leistung 184,198,204,255
Kernfluoreszenz 21
Kernstreuung 31,38
Kernphoto–Effekt 21
 —Reaktionen 21,31,93
 —Absorptionskoeffizient 21
kinetische Energie → Bewegungsenergie
K–Kante → Absorptionskante
klassische Streuung → Thomsonstreuung 20f
Klystron 58ff
Kobalt–Anlage 52,55,**108ff**,158f,185,188,194,
 200,214f,220,287,295f
Kollimation, Elektronen **84ff**,221,266,272
 —, Photonen **95ff**,84f,87,192ff,199
 —, Kobaltanlagen **111f**,188ff,200f
Kollimatoreffekt, AL–Applikatoren 231f
Kompaktkammer 142,156,288,319
 —korrektur 144
Kondensatorkammer **150f**,208
Kontakttherapie 51f,113
Kontaminationsprüfung 121
Kontrollbereich Co–60–Anlagen 112
Kontrollvorrichtung 152ff,157,182,288,294
Kopplungsraum, Linacsektionen 65ff
Korrekturen, Ionisationsdosimeter 152ff
Kristall (ideal, real) 163ff
 —Elektronen 161
 —Fehler → Störstellen
K–Schalen–Fluoreszenz 14
Kugelkammer 149,151,156
Kühlung, Bremstarget 88ff

Lamellenkollimator 96f (→ Kollimator)
Laufzeitröhre 58
LDR (Low–Dose–Rate) 114
Leitungsband 161f,164,166ff
Lesezone (TLD) 179ff
LET → Energietransfer
Leuchtzentrum 164ff
Linearität der Dosisanzeige (TLD) 172ff
linearer Energietransfer → Energietransfer
Lichtvisier 58
Löcherleitung 161

Longitudinalwelle, Linacsektionen 62ff
Low–Z–Filter 203
Luftäquivalenz → Äquivalenz
Luftdosiskonzept → C–λ–Methode
Luftdruckkorrektur (Ionisationsk.) 153
Luftfeuchtekorrektur (Ionisationsk.) 154
Luftkerma 128,**133ff**,204,288
 —leistung, AL–Quellen 184,297ff
Lumineszenz 165f

Magnetfelder 71ff,76f,100ff,103f,105f
Magnetron 58f
Magnetspektrometer 269
Markusformel 267
Massen
 —bedeckung → Flächenbelegung
 —bremsvermögen, totales **34ff**,148
 —energieabsorptionskoeff. 130,136ff,148,
  153,175f,234ff,240,299,302ff
 —enenergieumwandlungskoeff. **27ff**,130,136
 —photonenwechselwirkungskoeff. 322
 —reichweite, Elektronen 45
 —schwächungskoeff., Photonen **24f**,300f
 —stoßbremsvermögen **34f**,139,153,262f,
  310ff,317f,321
 —strahlungsbremsvermögen **34f**,314,317
 —streuvermögen 40
 —zahl 12,15,22
Matrixverfahren 240,248f,282,289,292
Maximumsdosisleistung 185,276
MDR (Medium–Dose–Rate) 114
Mehrfeldertechniken 97
Mehrquellenmethode (AL) 117
Meßmittel für die klinische Dosimetrie 285ff
Meßort (effektiver) **155ff**,158,185,287
 —verschiebung 156,261
Mikrokammern 151
Mikrotron 52,**100ff**
Modulator 57,61
Monitor–Einheit (ME,Monitorimpuls) 97
 —Kalibrierung 186,291,295
 —System → Dosismonitor
Monte–Carlo–Methode 139,239,282
Moulagentechnik 217

Nadelstrahltechnik 278,283
Nachheizzone TLD 179f
Neutronen 52,93f,108,160,287
Nukleonen 21
Normaldosimeter 149,152
Nuklearmedizin (Dosimetrie) 121,151

Oberflächendosis, Photonen 93,210ff,**214ff**
 —, Elektronen 264ff,267ff,275
Ordnungszahl 12,14f,19f,22,24,33,35,40f,44f,
 78f,86ff,90ff,96,149,175,186,234f,249,266f,
 279,282
 —, effektive **145ff**,268
Ortsdosisleistung 121ff,287
Outputfactor → Dosisleistungsfaktor

Paarbildung **19f**,90f,128,145,208,239f
Paarvernichtung → Vernichtungsstrahlung
Parallelplattenkammer 149
Personendosimeter 122,160
Perturbationkorrektur 141,143f,261
Phantom 206,238,288ff,294,298
 —Aufbau 148,222,225
 —Messung 184ff,208ff,223,261,297ff
 —Streuung 186,192
 —Maximum–Verhältnis 187
Phasenfokussierung 62f,68
Phononen 163
Phosphoreszenz 165
Photoeffekt **11ff**,15,128,145,147,175,208,239f
 —elektronen 13,15,137
 —multiplier 160,170,177,179,181
 —spaltung 21
Photonendosismessungen 133ff,138ff
 —flußdichte 211f
 —sonden → Gleichgewichtssonden
 —target → Bremstarget
Planungsprotokoll 238
Post–Read–Annealing → Nachheizzone
Pre–Read–Annealing → Vorheizzone
Primärkollimator 70f,89f,95,111,189ff,192ff

Quadratfelder, äquivalente 194
Quadrupol–Linsen 75,77,97
 —Magnet 82
Qualitäts–Kontrollen 290,294
 —Sicherung Bestrahlungsplanung 296
 —Sicherung Strahlentherapie 121,293
Quantisierungsmethode (AL–Quellen) 254ff
Quellort, effektiver 200ff
Quellenverschiebung (Co–Anlage) 201
Quenchen, thermisches (TLD) 169,171

Radionuklide in der Strahlentherapie 54
Race–Track–Mikrotron 101f
Radium–Therapie 57,113f,116,253,287
Reflektorelektrode (Klystron) 59ff
Referenz–Dosisleistung, absolute 242,249
 —Entfernung 198
 —Geometrie 238,244
Reichweite, Alphastrahlung 48
 —, Augerelektronen 15,37
 —, Betastrahlung 46
 —, Elektronen 279f,291,295
 —,— maximale **43ff**,88,131,133,266f,269,272
 —,— mittlere **43ff**,132,212,217,165f,275
 —,— praktische **43ff**,88,143,266f,272,320
 —,— therapeutische 266f,269f,275
Rekombinationsverluste (Ionisationsk.) 154f
Rekombination (TLD) 161,165,167f,175
Relativdosimeter 123
Replacement–Technik 156
Resonanzraum 59f,62,64,69
Resonanzbedingung, Mikrotron 100ff
 —, Zyklotron 106
Röntgen, Wilhelm Conrad 52

 —Röhre 52,88
 - Therapiegerät 185,295
Röntgenstrahlung, charakteristische 13f,198
 —, diagnostische 35,121,215,218,234
 —, therapeutische 51ff,108,215,287,289f
Rückstreufaktoren, Photonen 183,**221ff**,225f
Rückstreukoeffizient, Elektronen 40f
Rückstreuung 187,199,201,206,236,288
 —, Elektronen **40ff**,215,281f
 —, Photonen 16,192ff,223f

Scanverfahren 78,82ff
Scatter → Streuung
Scatter–Air- Ratio → Streu–Luft–Verhältnis
Schachtionisationskammer 149ff
Schwellendosis f. Strahlenwirkung 125f
Schwächung von Photonen 23ff,240,255
Schwächungskoeffizient 24ff,90,109f,235
Sektion → Beschleunigungsrohr
Sekundärelektronengleichgewicht 129,**130**f,
 134,148,175,183,221,144
Sektormagnet 73ff
Sektormethode 245
Sekundär–Elektronen 13,27,29,36,**129ff**,133,
 135,139,145,211ff,266,275
 —Photonen 91
 —Teilchen 11,128,211ff,134,22,27,141f,
 148,298
Selbstabsorption, von Photonen 88,183
 —, in AL–Strahlern 183,253,255,247
 —, in Co–60–Quellen 108ff,200
Separations–Energie 21,93f,107
 —verfahren 243ff
Signalverlust → Fading
Slalom–Umlenksystem 76f
Sondenmethode **128ff**,138,144,148
Spickungen 51f,113f
Spiegelmagnet 74
Spots (hot, cold) 279,282
Stabdosimeter → Füllhalterdosimeter 123,151
Standardionendosis 128,**133ff**,140,144,149,
 183,211,298
Stehwellenprinzip 64ff
Störstellen (TLD–Kristall) 163f
Störstrahlungsfeld an Co–60–Anlagen 112
Stoßbremsvermögen **32ff**,45,47,78f,88,131,
 139,145,240,262,266,279
Strahlenschutz 112,121ff,151f,160,175,284ff
 —verordnung 284
 —richtlinie 284ff
Strahlerkopf, Linac 56f,**70ff**,88ff,191ff,243
 —, Kobaltanlage 110ff,188ff
Strahloptik 71ff
Strahlungsbremsung **33ff**,36,38
 —bremsvermögen **33**f,78f,131,145,268
 —feldbedingungen **128ff**,130
 —qualität 121,124
 —qualität, Photonen 124,**138ff**,158,160,175,
 192,208,211f,220f,223,291,294f
 —qualitätsfaktor 140,298

–qualitätsindex, Photonen 139f
–quellen, therapeutische 51ff,113
Strahlumlenkung 70ff
Streufaktor 186,200,221
  –folie 79f,192,194,229
  –folienverfahren **78ff**,84
  –Luft–Verhältnis 243ff
  –Maximum–Verhältnis 225,243
Streuung 158,183,**185ff**,**189ff**,192,195,199ff,
  211,216,220,223,227,229f,241,243,247,251,
  254f,257f,273,296f
  –, Elektronen 31,**38ff**,41,78f,85ff,93,203,
  265,272,275,283
  –, inkohärente → Comptoneffekt
  –, klassische 20f
  –, Photonen 15,53,98
Streuvermögen (Elektronen) 32,**38**,145
  –winkelquadrat, mittleres **38ff**,78f,265,279
Stromnormale 152
Sublinearität von TLD 174
Supralinearität von TLD 172f
Synchrotron 52
Synchrozyklotron 107
Symmetrie 97,227,**231f**,289,292,298

T_{AR} → Gewebe–Luft–Verhältnis
TDK → Tiefendosiskurve
Teletherapie 51f,109,111,186,199,219,247
Temperaturkorrektur b. JK 153
Therapiesimulator 288,290,296
Thermolumineszenz **166ff**,179
  –Dosimetrie **169ff**,177ff,181f,248f,289
  –Dosimeter (TLD) 122f,151,160ff,**175ff**,208
Thomson–Streuung → Streuung, klassische
Tiefendosiskurve, Elektronen 45,50,70,75,79,
  83,142,195,**261ff**
  –, Photonen 91ff,108,156,183f,194,**210–221**,
  235f,,239,241f,249,264f,296,
  –, radiale von AL–Quellen 256
Tissue–Air–Ratio → Gewebe–Luft–Verhältnis
TMR → Gewebe–Maximum–Verhältnis
Trägerheizverfahren (TLD) 178f
Translationsmethode (Elektronen) 280f,283
Transmission (Photonen) 191,227,229f
Transmissionskoeffizient (Elektronen) 40f
Transmissionskammer → Duchstrahlkammer
Traps **164ff**,179f
Triboluminseszenz 174f,177
Trimmer → Elektronenapplikator
Tripplettbildung → Paarbildung
Tubus (Elektronenstrahlung) 85ff

Umgebungsäquivalenz → Äquivalenz, dosim.
  –korrekturfaktoren 137,308
Umlenkung (Elektronen) → Ablenkung
Umlenkmagnet 57,97,100ff,102ff
Umrechnung, Umrechnungsfaktoren
  –CE–Faktor 144
  –Energiedosis im Material 11f,138143,145ff
  –Ionendosis/Energiedosis 261f,262,120,128

–Kerma/Wasserenergiedosis 136
–Luftkerma/Kerma im Material 136
–Meßtiefen 147
–Tiefendosisgrößen 226f
–Standardionendosis/Luftkerma 134, 307
Umwegfaktor (Elektronen) 44
Untergrundstrahlung (TLD) 174

Valenzband 161f,164,166ff
Verschlüsse Co–Anlage 110f
Verstärkungskappe → Aufbaukappe
Verifikationsaufnahmen → Feldkontrollaufn.
Verifikationssystem 58,294
Van–de–Graff–Gererator 52
Vernichtungsstrahlung 20,94
Vorheizzone (TLD) 179ff
Vorwärtsstreuung 187,225,252 (→ Streuung)

Wanderwellenbeschleuniger 62ff,67ff
Wasserenergiedosis 136f,140,184
  –konzept, Elektronen 143f
  –konzept, Photonen 137f,141f
Wasserkerma 134ff
  –leistung 184
  –kalibrierung 299
Wasserphantom 288ff
Wechselwirkungskoeffizient (Photonen) 145
  –exponent 145
Weichstrahltherapie 51
  –dosimetrie 137,157,215 (→ Dosimetrie)
  –kammer 288
Wellenleitersystem 58
Winkelabhängigkeit der DL bei AL 251,257
Winkelstraggling 75
Winkelverteilung
  – bei AL 249,251f
  – von Photoelektronen 15
  – von Comptonelektronen 16f
  – von Comptonphotonen 16f
  – von Elektronen im Linac 71,73ff,80
  – von Photonen im Linac 90f

Zehntelwerttiefe 210
Zentralstrahl 71,90,93ff,96,188ff,194,
  209f,227,231f,241,244f
  – dosisleistung 195,221
  – TDK für Elektronen 264,272
Zerlegungsmethode (AL) 249f
Zusammensetzung von Geweben 323
Zyklotron 105ff,52
  Synchro– 107
  Isochron– 107
Zylinderkammer 141f,**150f**,154ff,157,261,288